Studienbücher Chemie

Herausgegeben von
Prof. Dr. rer. nat. Christoph Elschenbroich
Prof. Dr. rer. nat. Dr. h.c. Friedrich Hensel
Prof. Dr. phil. Henning Hopf

Die Studienbücher der Reihe Chemie sollen in Form einzelner Bausteine grundlegende und weiterführende Themen aus allen Gebieten der Chemie umfassen. Sie streben nicht die Breite eines Lehrbuchs oder einer umfangreichen Monographie an, sondern sollen den Studierenden der Chemie – aber auch den bereits im Berufsleben stehenden Chemiker – kompetent in aktuelle und sich in rascher Entwicklung befindende Gebiete der Chemie einführen. Die Bücher sind zum Gebrauch neben der Vorlesung, aber auch anstelle von Vorlesungen geeignet. Es wird angestrebt, im Laufe der Zeit alle Bereiche der Chemie in derartigen Lehrbüchern vorzustellen. Die Reihe richtet sich auch an Studierende anderer Naturwissenschaften, die an einer exemplarischen Darstellung der Chemie interessiert sind.

Rudi Hutterer

Fit in Organik

Das Prüfungstraining für Mediziner, Chemiker und Biologen

3., aktualisierte Auflage

STUDIUM

 Springer Spektrum

Dr. Rudi Hutterer
Universität Regensburg
Deutschland

ISBN 978-3-8348-2390-8   ISBN 978-3-8348-2391-5 (eBook)
DOI 10.1007/978-3-8348-2391-5

Die Deutsche Nationalbibliothek verzeichnet diese Publikation in der Deutschen Nationalbibliografie;
detaillierte bibliografische Daten sind im Internet über http://dnb.d-nb.de abrufbar.

Springer Spektrum
© Vieweg+Teubner Verlag | Springer Fachmedien Wiesbaden 2006, 2011, 2013

Lektorat: Kerstin Hoffmann

Gedruckt auf säurefreiem und chlorfrei gebleichtem Papier

Springer Spektrum ist eine Marke von Springer DE.
Springer DE ist Teil der Fachverlagsgruppe Springer Science+Business Media.
www.springer-spektrum.de

Vorwort

„Was empfehlen Sie mir als Vorbereitung für die Klausur – gibt es ein empfehlenswertes Übungsbuch?"

Mit dieser Frage werde ich immer wieder konfrontiert, seit ich hier in Regensburg Studenten der Medizin und Zahnmedizin auf dem Weg durch zwei Semester Chemie begleite. Und in der Tat, Aufgaben mit medizinischem Hintergrund, chemischer Denksport also, mit dem Anspruch, Gelerntes nicht nur zu reproduzieren sondern anzuwenden, mit ausführlich diskutierten Lösungen, schienen Mangelware zu sein.

Sechs Jahre sind vergangen, seit ich versuchte, hier mit einer geeigneten Aufgabensammlung Abhilfe zu schaffen. „Fit in Organik" – der Titel sollte zugleich Programm sein: denn Fitness erfordert fleißiges Training – und so ist nicht Reproduzieren von Fakten gefragt, sondern aktives Lösen von Problemen. Viel zu viel wird im Medizinstudium nur auswendig gelernt, zuwenig problemorientiertes Denken verlangt und gefördert. Zwar ist die Chemie für die Medizin nur eine Hilfswissenschaft – doch ohne Verständnis chemischer Grundlagen bauen andere Fächer, wie Biochemie oder klinische Chemie, auf Sand. Umso mehr scheint es geboten, anhand möglichst praxisrelevanter Beispiele – Naturstoffe, pharmakologisch aktive Substanzen, Toxine, Arzneistoffe – zu zeigen, warum organische Chemie auch für den angehenden Mediziner oder Zahnmediziner eine wichtige Rolle spielt.

Nachdem in den vergangenen Jahren mit „Fit in Anorganik" und „Fit in Biochemie" auch die anderen chemischen Disziplinen mit Trainingsmaterial ausgestattet worden sind, liegt nun die dritte Auflage vor. Diese wurde nicht nur sorgfältig korrigiert, sondern auch mit 30 neuen Aufgaben versehen. Einige Probleme, insbesondere in den Kapiteln 5 zu mechanistischen Aspekten und in Kapitel 6 zu Synthesestrategien, liegen jenseits dessen, was in den Kursen für Mediziner bewältigt werden kann. Sie sollen v.a. Studierende der Chemie (und auch der Biologie und der Biochemie) ansprechen, die hier Übungsmaterial zum typischen Stoff einer Grundvorlesung in organischer Chemie finden.

Manche Probleme mögen aus der Sicht des erfahrenen organischen Chemikers zu stark vereinfacht sein, manche Reaktionen nur „auf dem Papier" und nicht im Labor ablaufen. Diese Vereinfachungen werden in Kauf genommen, um insbesondere mit dem beschränkten Repertoire, das Medizinstudenten zur Verfügung steht, dennoch Aufgaben formulieren zu können, die allgemeine Reaktionsprinzipien an interessanten, weil praxisrelevanten, Verbindungen zeigen. Häufig beinhaltet die Fragestellung einige Hintergrundinformationen zu Vorkommen, Bedeutung oder medizinischer Wirkung der Verbindung, auf die sich die Aufgabe bezieht.

Kapitel 1 enthält Aufgaben vom Multiple Choice-Typus, wie sie im Physikum vorgelegt werden. Der zugehörige Lösungsteil diskutiert jede einzelne Antwortmöglichkeit, so dass der Studierende exakt nachvollziehen kann, warum eine einzelne Antwort richtig oder falsch ist. So werden einzelne Sachverhalte immer wieder wiederholt, prägen sich ins Gedächtnis ein und stehen für die Lösung ähnlicher Aufgaben zur Verfügung.

Kapitel 2 ist ähnlich gestaltet, nur handelt es sich hier um Multiple Choice-Aufgaben, bei denen jeweils mehrere Antworten als richtig bzw. falsch zu identifizieren sind. Durch die nicht bekannte Anzahl richtiger Antworten ist es hier erforderlich, jede Antwortalternative genau zu prüfen.

Die folgenden Kapitel schließlich umfassen Aufgaben, bei denen Antworten frei formuliert werden sollen. Gefordert werden hier Berechnungen, Erklärungen, Identifizierung funktioneller Gruppen, Ergänzung von Reaktionsschemata und v.a. die Formulierung von Reaktionsgleichungen für einfache Synthesen, typische Metabolisierungsreaktionen und einige häufige Reaktionsmechanismen. Die in der zweiten Auflage vorgenommene grobe inhaltliche Sortierung wurde beibehalten – allerdings ließen sich die meisten Aufgaben problemlos mehreren Kapiteln zuordnen, da in den einzelnen Teilaufgaben oft verschiedene unterschiedliche Aspekte zu einer Verbindung angesprochen werden.

In den Lösungen wird Wert darauf gelegt, die Antworten so verständlich wie möglich zu gestalten. Neben meist ausführlichen Begründungen spielt der Einsatz von Farbe und Elektronenpfeilen eine wichtige Rolle bei der Veranschaulichung von Reaktionsabläufen. Fast alle organischen Reaktionen, mit denen Medizin- und Zahnmedizinstudenten, aber auch die Chemiestudenten in der Grundvorlesung, konfrontiert werden, beinhalten die Wechselwirkung eines Nucleophils mit einem Elektrophil; dieses allgemeine Reaktionsmuster sollte in den Lösungen klar herausgearbeitet werden. Wo immer dieses Schema erkennbar ist, sind daher nucleophile Reaktionspartner, wie z.B. N- oder O-Atome in Amino- bzw. Hydroxygruppen, rot geschrieben, das entsprechende Elektrophil, z.B. ein Carbonyl-C-Atom, dagegen blau. Gute Abgangsgruppen sind grün gekennzeichnet. Dies soll dem Leser helfen, beim Nachvollziehen der Lösung das allgemeine Prinzip zu erkennen, anstatt zu versuchen, einzelne Reaktionen auswendig zu lernen.

So will dieses Buch Lust machen auf das Lösen chemischer Probleme mit medizinischem, pharmazeutischem oder toxikologischem Hintergrund und dazu beitragen, sich durch Anwendung von Gelerntem auf Prüfungssituationen besser vorzubereiten – denn nur die Übung macht den Meister!

Mein Dank gilt allen Studierenden, die durch ihre Fragen mithelfen, die Lehre weiter zu verbessern und mich auf Fehler in den beiden bisherigen Auflagen aufmerksam gemacht haben, sowie dem Verlag Springer Spektrum für die Realisierung.

Regensburg, im März 2012   Rudi Hutterer

Inhalt

Sachverzeichnis

Hinweise zur Benutzung

Folgende Symbole und Farbcodes werden benutzt:

In Reaktionsgleichungen:

Δ   Erhitzen (höhere Temperatur)

rot: nucleophile Gruppe / nucleophiles Atom
mit negativer Ladung oder zumindest negativer Partialladung (δ^-):
Diese Gruppen besitzen stets mindestens ein freies Elektronenpaar, das im
Allgemeinen der Übersichtlichkeit halber nicht explizit gezeichnet ist.

blau: elektrophile Gruppe / elektrophiles Zentrum
mit positiver Ladung oder zumindest positiver Partialladung (δ^+):

grün: gute Abgangsgruppe (schwach basisch)

A_E: Elektrophile Addition

A_N: Nucleophile Addition

AE_N: Nucleophile Acylsubstitution (Additions-Eliminierungsmechanismus)

E: Eliminierung

S_E: Elektrophile (aromatische) Substitution

S_N: Nucleophile Substitution

S_R: Radikalische Substitution

Elektronenpfeile:

Gehen stets aus von einem freien (oft nicht explizit gezeichnet) oder gebundenen
Elektronenpaar hin zur neuen Lokalisation des Elektronenpaars.

Reagieren gleichzeitig mehrere Gruppen in gleicher Weise, wurde auf die Angabe von
Elektronenpfeilen verzichtet.

In Lösungen zu Aufgaben, in denen funktionelle Gruppen identifiziert werden sollen:

rot:	Alkohol	orange:	Amin
violett:	Thiol / Enol	blau:	Alken / Alkin
ocker:	Halogen	hellblau:	Aldehyd / Keton
grün:	Carbonsäure + Carbonsäure-Derivate	pink:	Ether / Thioether

Kapitel 1

Multiple Choice Aufgaben

Aufgabe 1

Ordnen Sie die unten abgebildeten Verbindungen nach abnehmender Acidität!

H_3C-OH

1

(Struktur 2: Pentan-2,4-dion)

2

$ClCH_2-COOH$

3

(Struktur 4: 2-Nitrophenol, mit OH und O_2N)

4

CH_3-COOH

5

( ) 3 > 5 > 2 > 4 > 1   ( ) 3 > 5 > 1 > 2 > 4

( ) 1 > 5 > 3 > 4 > 2   ( ) 2 > 1 > 3 > 5 > 4

( ) 5 > 3 > 2 > 4 > 1   ( ) 3 > 5 > 4 > 2 > 1

Aufgabe 2

Ordnen Sie die folgenden Verbindungen nach abnehmender Basizität!

$CH_3-NH-CH_3$ (mit CH_3)

1

(Struktur 2: Pyridin)

2

(Struktur 3: Anilin, NH_2)

3

(Struktur 4: N-Methylpropanamid)

4

(Struktur 5: Enolat)

5

(Struktur 6: Methylpyrrol, N–H)

6

( ) 1 > 4 > 5 > 2 > 3 > 6   ( ) 5 > 2 > 3 > 1 > 4 ≈ 6

( ) 4 > 1 > 2 > 3 > 5 > 6   ( ) 1 > 5 > 2 > 4 ≈ 6 > 3

( ) 5 > 1 > 4 ≈ 6 > 2 > 3   ( ) 5 > 1 > 2 > 3 > 4 ≈ 6

Aufgabe 3

Welche Aussage zur Verbindung Cyclohexen ist richtig?

( )   Die Doppelbindung im Cyclohexen ist *trans*-konfiguriert, da *trans*-Alkene stabiler sind als *cis*-Alkene.

( )   Der Cyclohexenring ist planar.

( )   Cyclohexen enthält 4 sp^3-hybridisierte und 2 sp^2-hybridisierte C-Atome.

( )   Die Verbindung kann zu einem tertiären Alkohol hydratisiert werden.

( )   Im Vergleich zu Cyclobuten ist Cyclohexen erheblich weniger stabil, weil der Ring größer ist.

( )   Die Verbindung ist ein Isomeres des Hexens.

Aufgabe 4

Welche Aussage zu folgender Reaktion ist falsch?

( )   Das Brom reagiert als Elektrophil.

( )   Die Reaktion läuft in Abwesenheit des Katalysators FeBr$_3$ nicht ab, da Chlorbenzol ein wenig reaktiver Aromat ist.

( )   Neben dem gezeigten *para*-Substitutionsprodukt kann auch das *ortho*-Produkt entstehen.

( )   Es handelt sich um eine Reaktion vom Typ „elektrophile aromatische Substitution".

( )   FeBr$_3$ fungiert als Lewis-Säure und erleichtert die Spaltung der Br–Br-Bindung.

( )   Wenn der Katalysator weggelassen wird, reagiert das Brom unter Addition an Chlorbenzol.

Aufgabe 5

Mit welchem der folgenden Reagenzien kann man ein Amin leicht acetylieren?

( ) CH_3-CH_2-Cl

( ) $CH_3-C\overset{O}{\underset{OH}{\diagdown}}$

( ) $CH_3-C\overset{O}{\underset{O^{\ominus}\,Na^{\oplus}}{\diagdown}}$

( ) $CH_3-C\overset{O}{\underset{Cl}{\diagdown}}$

( ) benzene ring $-C\overset{O}{\underset{Cl}{\diagdown}}$

( ) $CH_3-C\overset{O}{\underset{NH-CH_3}{\diagdown}}$

Aufgabe 6

Welche Aussage zur abgebildeten Form der Aminosäure Prolin ist falsch?

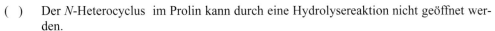

( )   Es ist die Form dargestellt, die am isoelektrischen Punkt vorliegt.

( )   Es ist das *L*-Enantiomer dargestellt.

( )   Die dargestellte Form enthält eine protonierte sekundäre Amino-gruppe.

( )   Der *N*-Heterocyclus im Prolin kann durch eine Hydrolysereaktion nicht geöffnet werden.

( )   Prolin ist die einzige der natürlich vorkommenden Aminosäuren, die in einem Protein nicht endständig am *C*-Terminus auftreten kann.

( )   Prolin ist wesentlicher Bestandteil des Strukturproteins Kollagen.

Aufgabe 7

Welche Angabe zu den abgebildeten Verbindungen ist falsch?

$$HOOC-CH_2-CH_2-COOH$$

$$\underset{H}{\overset{HOOC}{C}}=\underset{COOH}{\overset{H}{C}}$$

( )   Beide Verbindungen sind aliphatische Dicarbonsäuren.

( )   Für beide Verbindungen gilt, dass das erste acide Proton leichter abgegeben wird als das zweite, d.h. $pK_{S1} < pK_{S2}$.

( )   Beide Verbindungen lösen sich unter CO_2-Entwicklung in einer wässrigen $NaHCO_3$-Lösung.

( )   Wegen der in beiden Verbindungen relativ geringen Anzahl von C-Atomen handelt es sich bei beiden Verbindungen um leicht flüchtige Flüssigkeiten.

( )   Beide Verbindungen können sowohl Mono- als auch Diester bilden.

( )   Die Verbindungen können durch eine Redoxreaktion ineinander umgewandelt werden; sie sind also Bestandteil eines Redoxpaares.

Aufgabe 8

Welche Aussage zu folgender Verbindung ist falsch?

$$\overset{\ominus}{O}OC \diagdown\diagup\overset{\overset{O}{\parallel}}{C}\diagdown_{O}\diagdown\overset{\overset{O}{\parallel}}{\underset{OH}{P}}\diagdown O^{\ominus}$$

$$\oplus NH_3$$

( )   Die gezeigte Verbindung kann als reaktives Carbonsäure-Derivat bezeichnet werden.

( )   Bei der Verbindung handelt es sich um einen Phosphorsäureester.

( )   Die Verbindung leitet sich von der Aminosäure Glutaminsäure ab.

( )   Die Verbindung lässt sich leicht hydrolysieren.

( )   Die Verbindung liegt nur bei annähernd neutralen pH-Werten in der gezeigten Form vor.

( )   Bei der Reaktion obiger Verbindung mit der Aminosäure Alanin entsteht ein Dipeptid.

Aufgabe 9

Die drei Aminosäuren Leucin, Serin und Lysin werden miteinander zu Tripeptiden verknüpft, wobei jede der drei Aminosäuren in dem gebildeten Tripeptid nur einmal vorkommen soll.

Welche der folgenden Aussagen trifft zu?

( )   Durch Zugabe von etwas verdünnter HCl-Lösung werden die Peptide leicht in die einzelnen Aminosäuren gespalten.

( )   Bei einem pH-Wert von 11 tragen die Tripeptide drei negative Ladungen, da jede Aminosäure in der basischen Form vorliegt.

( )   Die unterschiedlichen Tripeptide (z.B. Leu–Ser–Lys und Ser–Lys–Leu) lassen sich durch Ionenaustauschchromatographie nicht trennen.

( )   Will man das Tripeptid Leu–Ser–Lys herstellen, müssen die drei Aminosäuren in der angegebenen Reihenfolge unter Säurekatalyse zusammengegeben und erhitzt werden.

( )   Bei der Bildung eines solchen Tripeptids werden drei Peptidbindungen geknüpft.

( )   Die Tripeptide sind bei neutralem pH-Wert ungeladen.

Aufgabe 10

Es soll experimentell die Gleichgewichtskonstante $K_{Hydrolyse}$ für die säurekatalysierte Hydrolyse von Benzoesäurebutylester bestimmt werden. Sie starten die Reaktion mit einer Anfangskonzentration von Ester bzw. Wasser von jeweils 3 mol/L; die Gleichgewichtskonzentration der Carbonsäure wird durch Titration mit NaOH-Lösung ($c = 0{,}20$ mol/L) ermittelt. Bei der letzten Titration nach einer Reaktionsdauer von 4 h einer 5 mL-Probe des Reaktionsgemisches benötigen Sie 22,5 mL der NaOH-Lösung bis zum Äquivalenzpunkt.

Wie groß ist $K_{Hydrolyse}$ für die vorliegende Reaktion?

( )   0,184   ( )   1,84   ( )   2,33

( )   5,44   ( )   0,429   ( )   0,821

Aufgabe 11

Die nebenstehend gezeigte Verbindung Enalapril kommt bei der Bekämpfung von Bluthochdruck zum Einsatz. Dabei hemmt ein Metabolit der Verbindung das Angiotensin I-konvertierende Enzym.

Welche Aussage zur gezeigten Verbindung ist falsch?

Enalapril

( )   Bei einer sauren Hydrolyse von Enanapril entsteht Ethanol.

( )   Bei neutralem pH-Wert liegt die Verbindung bevorzugt als Kation vor.

( )   Zusätzlich zu dem gezeigten Stereoisomer existieren zu der Verbindung prinzipiell noch sieben weitere Stereoisomere.

( )   Setzt man die Verbindung mit Essigsäurechlorid um, so erhält man das *N*-Acetyl-Derivat von Enanapril.

( )   Die Verbindung reagiert mit einer wässrigen $NaHCO_3$-Lösung.

( )   Bei einer Hydrolyse der Verbindung erhält man u.a. die Aminosäure Prolin.

Aufgabe 12

Die Verbindung Isatisin A wurde im Jahr 2007 auf der Suche nach anti-HIV wirksamen Verbindungen aus den Blättern der Indigopflanze *Isatis indigotica* isoliert, die traditionell in der chinesischen Medizin zur Behandlung viraler Krankheiten wie Influenza, Mumps und Hepatitis eingesetzt wird.

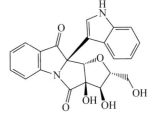

Welche der folgenden Aussagen ist falsch?

( )   Die Verbindung ist ein tertiäres Amid.

( )   Die Verbindung enthält 5 chirale C-Atome.

( )   Die Verbindung könnte mit Aceton zu einem Ketal umgesetzt werden.

( )   Die Verbindung verhält sich in wässriger Lösung basisch.

( )   Isatisin A enthält ein Indolringsystem.

( )   Behandelt man Isatisin A mit $Cr_2O_7^{2-}$, so lässt sich als Produkt eine sauer reagierende Verbindung isolieren.

Aufgabe 13

Eine unbekannte Verbindung zeigt folgende Eigenschaften:

Sie löst sich mäßig in Wasser und verursacht dabei keine merkliche Veränderung des pH-Werts. Die Zugabe von HCl verbessert die Löslichkeit nicht. Bei der Zugabe von schwefelsaurer $K_2Cr_2O_7$-Lösung wird die Bildung grün-blauer Cr^{3+}-Ionen beobachtet. Das isolierte Reaktionsprodukt reagiert mit Ammoniak-Lösung zu einem Salz.

Welcher Substanzklasse gehört die unbekannte Verbindung an?

( )   sekundärer Alkohol   ( )   Halbacetal

( )   Carbonsäureester   ( )   Keton

( )   primärer Alkohol   ( )   sekundäres Amin

Aufgabe 14

Vergleichen Sie die beiden Verbindungen Pyridin und Pyrrol.

Welche Aussage trifft zu?

( )   Nur Pyridin besitzt ein aromatisches 6-π-Elektronensystem.

( )   Beide sind Amine und besitzen deshalb sehr ähnliche Basizität.

( )   Pyridin kann durch eine katalytische Hydrierung in Piperidin übergeführt werden.

( )   Beide Verbindungen zeigen ähnliche Reaktivität bei einer elektrophilen Substitution.

( )   Das freie Elektronenpaar am Stickstoff im Pyridin trägt zum aromatischen System bei.

( )   Pyridin findet sich als Base in den Nucleinsäuren.

Aufgabe 15

Welche Aussage zu nebenstehender Verbindung ist falsch?

( )   Die Verbindung gehört zu den Aldotriosen.

( )   Die Verbindung kann leicht oxidiert werden.

( )   Die Verbindung lässt sich leicht hydrolysieren.

( )   Die Verbindung leitet sich von der Verbindung Glycerolaldehyd ab.

( )   Bei der Verbindung handelt es sich um einen Phosphorsäureester.

( )   Die Verbindung besitzt *S*-Konfiguration.

Aufgabe 16

Die Verbindung Carbazolol (4-(2-Hydroxy-3-isopropylaminopropoxy)carbazol) wird in der Veterinärmedizin als β-Blocker für Schweine verwendet, zur Stressminderung auf dem Weg zum Schlachthof, und zur Verhinderung eines stressbedingten beschleunigten Glykogenstoffwechsels, der zur Bildung von sogenanntem „PSE-Fleisch" („pale, soft, exudative" – also „blass, weich, wässrig") führt.

Welche der folgenden Aussagen zu dieser Verbindung ist falsch?

( )   Carbazolol besitzt ein heterocyclisches aromatisches Ringsystem.

( )   Bei der Umsetzung mit Essigsäureanhydrid kann ein dreifach acetyliertes Produkt entstehen.

( )   Die Verbindung zeigt basische Eigenschaften.

( )   Die Verbindung wird sehr leicht hydrolysiert.

( )   Durch Einführung einer Sulfonsäuregruppe in das aromatische System könnte die Wasserlöslichkeit der Verbindung noch verbessert werden.

( )   Die Verbindung besitzt ein Chiralitätszentrum.

Aufgabe 17

Welche Aussagen zu Acetaldehyd (Ethanal) sind falsch?

A   Acetaldehyd hat verglichen mit Acetessigester eine geringere Tendenz zur Ausbildung eines Enols.

B   Acetaldehyd reagiert mit einem primären Amin unter Ausbildung eines Imins (Schiff´-sche Base).

C   Acetaldehyd kann mit einer schwachen Base wie HCO_3^- in das entsprechende Enolat überführt werden.

D   Acetaldehyd kann im Organismus durch eine NAD^+-abhängige Oxidation entstehen.

E   Acetaldehyd hat einen höheren Siedepunkt als Essigsäure (Ethansäure).

F   Acetaldehyd kann mit einem Alkohol zu einem Halbacetal reagieren.

( )   Nur A und C   ( )   Nur A, C und E   ( )   Nur A, B, und D

( )   Nur C und E   ( )   Nur B, D und E   ( )   Alle

Aufgabe 18

Gegeben ist das folgende Lipid:

Welche der folgenden Aussagen ist falsch?

( ) Die Verbindung lässt sich durch Hydrolyse unter basischen Bedingungen spalten. Dabei entstehen u.a. zwei unterschiedliche Seifen.

( ) Die Verbindung ist kein Fett.

( ) Versetzt man eine Lösung dieser Verbindung mit etwas Brom-Lösung, so beobachtet man Entfärbung der zugesetzten Brom-Lösung.

( ) Die Verbindung ist ein Phosphatidylcholin.

( ) Verbindungen dieses Typs sind wesentlich am Aufbau von Zellmembranen beteiligt.

( ) In Anwesenheit eines Katalysators wie z.B. Raney-Ni lässt sich die Verbindung hydrieren.

Aufgabe 19

Nebenstehend ist ein Kohlenhydrat in der Sesselform gezeigt.

Welche Aussage zu der Verbindung ist falsch?

( ) Es handelt sich um eine Aldohexose.

( ) Die Verbindung könnte noch mehrfach acetyliert werden.

( ) Bei einer Hydrolyse der Verbindung entsteht 2-Amino-galaktose.

( ) Die Verbindung ist der Monomerbaustein des Polysaccharids Chitin.

( ) Die Verbindung zeigt reduzierende Eigenschaften gegenüber Ag^+-Ionen.

( ) Die Verbindung gehört zur Reihe der D-Zucker.

Aufgabe 20

Welche Aussage zu folgender Reaktion ist falsch?

$$CN^{\ominus} + \quad \diagdown\!\diagup\!\diagdown I \quad \longrightarrow \quad \diagdown\!\diagup\!\diagdown CN \quad + \quad I^{\ominus}$$

( )   Es handelt sich um eine Reaktion vom Typ bimolekulare nucleophile Substitution (S_N2).

( )   Das Cyanid-Ion reagiert als Nucleophil.

( )   Die Reaktion kann nicht ablaufen, weil der Kohlenstoff, der das Iodatom trägt, schon gesättigt ist.

( )   Die Reaktion verläuft in einem Schritt ohne detektierbares Zwischenprodukt.

( )   Die Reaktion könnte auch mit dem entsprechenden Bromalkan durchgeführt werden.

( )   Eine Beschleunigung der Reaktion durch Säurekatalyse ist nicht zu erwarten.

Aufgabe 21

Welche Angabe zu folgenden Verbindungen trifft zu?

Es handelt sich um

( )   Diastereomere   ( )   Phenole

( )   tertiäre Amine   ( )   Enantiomere

( )   aromatische Amine   ( )   Konstitutionsisomere

Aufgabe 22

Im Folgenden sind mehrere Aussagen zur Stereochemie und absoluten Nomenklatur gegeben. Welche der Aussagen ist richtig?

( )   Eine Verbindung mit mehreren Chiralitätszentren ist stets chiral.

( )   Sind an ein Chiralitätszentrum zwei identische Atome gebunden, so ist keine Klassifizierung nach R/S möglich.

( )   Eine C–O-Gruppe besitzt niedrigere Priorität als eine C≡N-Gruppe.

( )   Die Verbindung *trans*-2-Penten besitzt *E*-Konfiguration.

( )   Ein Chiralitätszentrum in einem Molekül ist immer ein C-Atom.

( )   Fluor hat höhere Priorität als Chlor, weil es das elektronegativere Element ist.

Aufgabe 23

Welche Aussage zu den beiden Verbindungen Cyclohexanol und Phenol ist richtig?

( )   Beide sind Alkohole und besitzen deshalb vergleichbare Acidität.

( )   Beide Verbindungen lassen sich ohne weiteres oxidieren.

( )   Es handelt sich in beiden Fällen um aromatische Verbindungen.

( )   Phenol kann durch eine katalytische Hydrierung in Cyclohexanol überführt werden.

( )   Eine Unterscheidung beider Verbindungen ist leicht möglich, da sich nur Phenol gut in verdünnter HCl löst.

( )   Nur eine der beiden Verbindungen kann ohne weiteres acyliert werden.

Aufgabe 24

Welche Aussage zur Verbindung Cyclopenten ist falsch?

( )   Die Doppelbindung im Cyclopenten ist *cis*-konfiguriert, obwohl für offenkettige Alkene das *trans*-Isomer i.A. stabiler ist als das entsprechende *cis*-Alken.

( )   Cyclopenten addiert Brom zu einem racemischen Gemisch aus 1,2-Dibromcyclopentan.

( )   Cyclopenten enthält 3 sp^3-hybridisierte und 2 sp^2-hybridisierte C-Atome.

( )   Die Verbindung kann zu einem sekundären Alkohol hydratisiert werden.

( )   Im Vergleich zu Cyclobuten ist Cyclopenten erheblich weniger stabiler, weil der Ring größer ist.

( )   Die Verbindung ist ein Isomer des Pentadiens.

Aufgabe 25

Die Anzahl der Doppelbindungen z.B. in einem Fett wurde vor der Verfügbarkeit moderner spektroskopischer Methoden durch Bestimmung der sogenannten Iodzahl ermittelt. Sie ist definiert als die Masse an Iod, die an 100 g des Fettes addiert werden kann. Die Methode beruht letztlich auf einer elektrophilen Addition an C=C-Doppelbindungen sowie einer iodometrischen Titration.

Die Auswertung zu einem entsprechenden Versuch ergab die folgenden Ergebnisse:
Eine Lösung von 1 mmol eines Fettes bzw. eine Blindprobe ohne Fett wurde mit einem Überschuss an Br_2 versetzt, nicht addiertes Br_2 nach 1 Stunde mit Iodid reduziert und die dabei ausgeschiedene Menge an I_2 mit $Na_2S_2O_3$ titriert (c ($Na_2S_2O_3$) = 0,50 mol/L). Hierbei ergab sich für die Blindprobe ein Verbrauch an $Na_2S_2O_3$-Lösung von 24 mL, für die Fettprobe von 8 mL.

Wie viele Doppelbindungen enthielt das Fett?

( ) 1   ( ) 2   ( ) 3   ( ) 4   ( ) 6   ( ) 8   ( ) 10

Aufgabe 26

Gegeben sind die beiden folgenden Verbindungen:

1   **2**

Welche der folgenden Aussagen ist richtig?

( )   Beide Verbindungen können keine Konstitutionsisomere sein, da sie unterschiedliche funktionelle Gruppen enthalten.

( )   Nur die Verbindung **1** lässt sich mit $K_2Cr_2O_7$ in saurer Lösung oxidieren.

( )   Nur Verbindung **2** kann durch einen Hydrid (H^-)-Donor, z.B. NADH, zu einem Diol reduziert werden.

( )   Verbindung **1** bildet leicht ein cyclisches Halbacetal.

( )   Die Verbindungen **1** und **2** sind Isomere und wandeln sich deshalb leicht ineinander um.

( )   Beide Verbindungen zeigen stark unterschiedliche Acidität.

Aufgabe 27

Welche Aussage zur Bindung in organischen Molekülen trifft zu?

( )   Ein Kohlenstoffatom kann nicht gleichzeitig an zwei Doppelbindungen beteiligt sein.

( )   Ein sp^2-Hybridorbital entsteht, wenn man die Wellenfunktion für ein p-Orbital quadriert und mit derjenigen für das s-Orbital multipliziert.

( )   Aus den Valenzorbitalen des Kohlenstoffs können nach Hybridisierung durch Überlappung mit Atomorbitalen von Wasserstoffatomen vier bindende Molekülorbitale gebildet werden.

( )   Aus der Lewis-Schreibweise des Ethens geht hervor, dass zwischen den beiden C-Atomen zwei identische Bindungen vorliegen.

( )   Werden zwei sp^2-hybridisierte C-Atome miteinander verknüpft, so verbleiben die beiden nicht in die Hybridisierung miteinbezogenen p-Orbitale als nichtbindende Orbitale am Kohlenstoff.

( )   Die Bindung im Benzolmolekül lässt sich durch ein System aus alternierenden Einfach- und Doppelbindungen beschreiben.

Aufgabe 28

Cocain ist ein Tropan-Alkaloid, das aus den Blättern des Coca-Strauchs (bot. *Erythroxylum coca*) gewonnen wird. Der Gehalt an Alkaloiden in der Pflanze beträgt zwischen 0,1 und 1,8 Prozent. In den Ursprungsländern wurden die Blätter des Coca-Strauchs gekaut, um den Hunger zu vertreiben und euphorische Gefühle zu erzeugen. Angebaut wird die Coca-Pflanze in Südamerika (Bolivien, Peru, Kolumbien) und Java in einer Höhe zwischen 600 und 1000 m.

Physiologisch wirkt Cocain vor allem auf die Nerven, betäubt die Ganglien und macht sie unempfindlich gegen Reize. Deshalb wurde es in der Medizin auch zur Lokalanästhesie benutzt. Weitere körperliche Wirkungen erinnern an eine Schilddrüsenüberfunktion oder Atropin-Vergiftung, z.B. Pupillenerweiterung, Hervortreten der Augäpfel,

Cocain   Pseudococain

Pulsbeschleunigung und verstärkte Darmbewegungen. Schwächere Dosen erregen das Zentralnervensystem, bei größeren Dosen herrschen Lähmungserscheinungen vor, eine betäubende Wirkung, die sich auch auf die Schleimhäute des Magens erstreckt.

Welche Aussage zu den beiden folgenden Verbindungen ist richtig?

Die beiden Verbindungen sind

( )   Konstitutionsisomere   ( )   Carbonsäureamide

( )   Enantiomere   ( )   achiral

( )   Diastereomere   ( )   Pyridin-Derivate

( )   essentielle Vitamine

Aufgabe 29

Die folgende Verbindung mit Namen Atropin gehört zu den sogenannten Alkaloiden, von denen viele Substanzen starke pharmakologische Wirkung zeigen. Atropin ist eine giftige Verbindung, die in der Natur in Nachtschattengewächsen wie Alraune, Engelstrompete, Stechapfel, Tollkirsche oder Bilsenkraut vorkommt.

Eine der ersten medizinischen Anwendungen des Atropins war die Asthmabehandlung, sowohl in Form von Injektionen als auch in Form von sogenannten Asthma-Zigaretten. Diese Therapien wurden wegen Ihrer Nebenwirkungen später aufgegeben. Heute wird Atropin überwiegend in der Notfallmedizin sowie topisch in der Augenheilkunde (medikamentöse Mydriasis) eingesetzt.

Atropin kann verwendet werden, um den Parasympathikus zu blockieren, indem die Signal-
transduktion in der Nervenleitung unterbrochen wird. Atropin hemmt die muskarinartigen
Wirkungen des Acetylcholins durch kompetitive Inhibition der Acetylcholin-Rezeptoren im
synaptischen Spalt. Aus diesem Grund wird es als Antidot gegen Nervenkampfstoffe eingesetzt, deren toxische Wirkung auf einer Hemmung der Acetylcholinesterase beruhen.

Welche der folgenden Aussagen ist falsch?

( )   Atropin enthält die funktionelle Gruppe eines tertiären Amins.

( )   Atropin kann durch Oxidationsmittel wie $K_2Cr_2O_7$ leicht oxidiert werden.

( )   Bei der Hydrolyse von Atropin entsteht eine β-Hydroxycarbonsäure.

( )   Atropin enthält das heterocyclische Pyrrol-Ringsystem.

( )   Atropin enthält die funktionelle Gruppe eines Carbonsäureesters.

( )   Atropin kann als Paar von Enantiomeren vorkommen.

Aufgabe 30

Eine Flüssigkeit zeigt folgendes Verhalten:
Sie ist nur wenig löslich in Wasser, löst sich aber bei Zugabe von etwas
verdünnter HCl. Bei Reaktion mit einem reaktiven Carbonsäure-Derivat
entsteht eine Substanzklasse, welche die nebenstehend gezeigte allgemeine
Struktur aufweist:

Die unbekannte Flüssigkeit gehört demnach zur Substanzklasse

( )   primärer Alkohol   ( )   Carbonsäureamid

( )   primäres Amin   ( )   sekundäres Amin

( )   Phenol   ( )   Carbonsäurechlorid

Aufgabe 31

Ordnen Sie folgende Verbindungen nach zunehmender Acidität:

$\underline{1}$ $\underline{2}$ $\underline{3}$ $\underline{4}$ $\underline{5}$ $\underline{6}$

( ) $2 < 3 < 6 < 1 < 5 \approx 4$ ( ) $1 < 2 < 4 < 5 < 3 < 6$

( ) $1 < 3 < 2 \approx 4 < 5 < 6$ ( ) $3 < 1 < 2 < 6 < 4 < 5$

( ) $1 < 2 \approx 4 < 3 < 6 < 5$ ( ) $5 < 6 < 1 < 2 \approx 4 < 3$

Aufgabe 32

Die nebenstehend abgebildete Glykocholsäure ist ein Hauptbestandteil der Gallenflüssigkeit. Sie spielt eine wesentliche Rolle
beim Verdau von Fetten, da sie zur Emulgation von Fetten beiträgt und so die Einwirkung fettspaltender Enzyme ermöglicht.

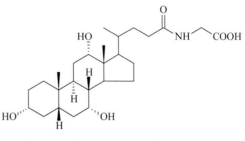

Welche Aussage zu dieser Verbindung ist
falsch?

( )   Glykocholsäure enthält eine Amidbindung und ist deshalb gegen Hydrolyse recht
      stabil.

( )   Bei der Hydrolyse entsteht die Aminosäure Glycin.

( )   Glykocholsäure enthält neben einer sauren auch eine basische Gruppe und liegt des-
      halb bei einem schwach sauren pH-Wert als Zwitterion vor.

( )   Glykocholsäure kann mit Glucose zu einem Glykosid verknüpft werden.

( )   Glykocholsäure entwickelt mit einer wässrigen Lösung von Natriumhydrogencarbonat
      langsam CO_2.

( )   Glykocholsäure enthält drei sekundäre aliphatische Hydroxygruppen.

Aufgabe 33

Die nebenstehende Verbindung mit dem Namen Fentanyl wurde erstmals in den späten 50er-Jahren des vergangenen Jahrhunderts in Belgien hergestellt und unter
dem Markennamen Sublimaze® in die medizinische
Praxis eingeführt. Es handelt sich um eine sehr stark
analgetisch wirksame Substanz, die in der schmerzstillenden Wirkung sogar das Morphin etwa 80-fach übertrifft. Zusammen mit einigen analogen Verbindungen
spielt Fentanyl eine wichtige Rolle beim Management chronischer Schmerzen. Ab den 70er-
Jahren kam es auch vermehrt zu illegalem Gebrauch dieser Verbindungen in der Drogensze-
ne, da die Fentanyle analoge biologische Effekte zeigen, wie Heroin.

Welche Aussage zum Fentanyl ist falsch?

( )   Die Verbindung kann unter energischen Bedingungen hydrolysiert werden.

( )   Man kann die Verbindung als Acylderivat eines aromatischen Amins bezeichnen.

( )   Die Verbindung enthält zwei tertiäre Aminogruppen.

( )   Die Verbindung enthält das heterocyclische Ringsystem des Piperidins.

( )   Die Verbindung zeigt basische Eigenschaften.

( )   In Abwesenheit eines Katalysators reagiert die Verbindung nicht mit Bromwasser.

Aufgabe 34

Die Verbindung Colchicin ist bekannt als das Hauptalkaloid (und damit der Hauptträger der giftigen Wirkung) der einheimischen Herbstzeitlose, *Colchicum autumnale*. Die Alkaloide der Colchicin-Gruppe umfassen etwa 40 Vertreter; ihr Vorkommen in der Natur ist beschränkt auf einige Gattungen der Familie *Liliaceae*. Der Naturstoff ist ein starkes Mitosegift; er verhindert die Ausbildung des mikrotubulären Systems und des Spindelapparates der Zellen im Verlauf der Zellteilung. Eine Vergiftung beim Menschen führt u.a. zur Beeinträchtigung der Leukozytenbeweglichkeit und der Phagozytose, zur Schädigung von Nervenzellen, zu Störungen der sensiblen Nervenfunktion (zunächst Erregung, später Lähmung) und zur Lähmung des Vasomotorenzentrums. In der Medizin wird Colchicin als wirksames Medikament zur Therapie bzw. Vorbeugung des akuten Gichtanfalls eingesetzt; es wirkt hierbei entzündungshemmend und schmerzstillend.

Welche der folgenden Aussagen zu diesem Molekül ist falsch?

( )   Colchicin enthält mehrere Methoxygruppen.

( )   Colchicin kommt als Paar von Enantiomeren vor.

( )   Colchicin bildet bei Reduktion mit einem Hydrid-Donor ein Paar von Diastereomeren.

( )   Colchicin kann als acetyliertes primäres Amin bezeichnet werden.

( )   Colchicin besitzt (R)-Konfiguration.

( )   Colchicin kann hydrolytisch gespalten werden.

Aufgabe 35

Die Substanz Lisinopril ist ein Therapeutikum für Herz-Kreislauf-Erkrankungen; es wird eingesetzt gegen Bluthochdruck und Herzversagen. Herzleistung und Blutdruck werden laufend durch ein kompliziertes System aus verschiedenen Botenstoffen und Nervensignalen den Bedürfnissen des Körpers angepasst. Einer der Botenstoffe, die an der normalen Blutdruckeinstellung im Körper beteiligt sind, ist das Hormon Angiotensin II. Es erhöht den Blutdruck durch eine Verengung der Blutgefäße. Gleichzeitig regt es in der Nebenniere die Bildung des Hormons Aldosteron an. Lisinopril blockiert das Angiotensin-Converting Enzyme, kurz ACE genannt. Durch diese Blockade wird weniger Angiotensin gebildet. In der Folge erweitern sich die Gefäße, und das Herz muss nicht mehr gegen den hohen Widerstand anpumpen. So wird das Herz entlastet und der Blutdruck sinkt.

Welche der folgenden Aussagen ist richtig?

( )   Lisinopril enthält drei proteinogene Aminosäuren.

( )   Lisinopril kann insgesamt in Form von acht verschiedenen Stereoisomeren vorliegen.

( )   Lisinopril enthält die funktionelle Gruppe eines sekundären Amids.

( )   Lisinopril sollte bei einem pH-Wert von 7 etwa zwei negative Nettoladungen aufweisen.

( )   Lisinopril addiert leicht ein Molekül Brom.

( )   Lisinopril ist ein Derivat der Benzoesäure.

Aufgabe 36

Welche Aussage zu Carbanionen bzw. Carbenium-Ionen ist richtig?

( )   Carbenium-Ionen sind gute Nucleophile.

( )   Ein Carbenium-Ion entspricht dem Übergangszustand im Zuge einer S_N1-Reaktion.

( )   Ein Carbanion, das eine benachbarte Carbonylgruppe aufweist, kann an zwei unterschiedlichen Positionen protoniert werden.

( )   Ein Carbanion besteht aus einem C-Atom mit drei Nachbarkohlenstoff-Atomen und ist deshalb trigonal planar (sp^2).

( )   Ein Carbenium-Ion wird kann durch eine benachbarte (α-ständige) Carbonylgruppe mesomeriestabilisiert werden.

( )   Ein Enolat-Ion ist die tautomere Form zu einem Carbanion.

Aufgabe 37

Welche Aussage zu elektrophilen Additionen ist richtig?

( )   Für die elektrophile Addition von HBr an 1-Buten ist ein regioselektiver Verlauf zu erwarten.

( )   Die elektrophile Addition von HBr an Benzol liefert Brombenzol.

( )   Carbanionen sind typische Intermediate bei einer elektrophilen Addition.

( )   Die elektrophile Addition von Wasser an 2-Buten liefert eine optisch aktive Verbindung.

( )   Die Addition von Brom an Cyclohexen liefert selektiv das cis-1,2-Dibromcyclohexan.

( )   Die elektrophile Addition von Wasser an ein Alken wird durch OH$^-$-Ionen katalysiert.

Aufgabe 38

Ordnen Sie die folgenden Verbindungen nach zunehmender Basizität!

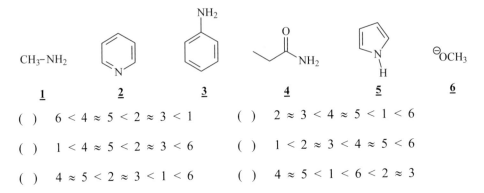

CH_3-NH_2

1   **2**   **3**   **4**   **5**   **6**

( ) $6 < 4 \approx 5 < 2 \approx 3 < 1$ ( ) $2 \approx 3 < 4 \approx 5 < 1 < 6$

( ) $1 < 4 \approx 5 < 2 \approx 3 < 6$ ( ) $1 < 2 \approx 3 < 4 \approx 5 < 6$

( ) $4 \approx 5 < 2 \approx 3 < 1 < 6$ ( ) $4 \approx 5 < 1 < 6 < 2 \approx 3$

Aufgabe 39

Verschiedene Lipidspezies lassen sich beispielsweise durch Dünnschichtchromatographie relativ gut trennen. Gesetzt den Fall, Sie verwenden eine polare stationäre Phase (z.B. Kieselgel) und ein unpolares Laufmittel (z.B. Petrolether; ein Gemisch von Kohlenwasserstoffen), in welcher Reihenfolge sollten die R_F-Werte für die folgenden Verbindungen zunehmen?

(Zur Erinnerung: der R_F-Wert beschreibt den Quotient aus Laufstrecke des Lipids und Front der mobilen Phase).

1   Palmitinsäure
2   Cholesterol
3   Cholesterolester
4   Tripalmitoylglycerol („Tripalmitin")
5   Phosphatidylcholin (Lecithin)
6   Sphingomyelin

( ) $1 < 2 < 5 \approx 6 < 3 \approx 4$ ( ) $5 < 4 \approx 3 < 1 \approx 6 < 2$

( ) $5 \approx 6 < 1 < 2 < 3 \approx 4$ ( ) $4 \approx 3 < 1 < 2 < 5 \approx 6$

( ) $5 \approx 6 < 1 < 3 \approx 4 < 2$ ( ) $6 < 3 < 2 < 1 < 4 < 5$

Aufgabe 40

Die wohlbekannte Verbindung Nikotin ist nach Jean Nicot benannt; es handelt sich um ein Alkaloid, das in besonders hoher Konzentration in den Blättern der Tabakpflanze vorkommt. Es ist stark giftig für höhere Tiere, da es die Ganglien des vegetativen Nervensystems blockiert. Nikotin führt außerdem zu einer Aktivierung der Thrombozyten, was wahrscheinlich der Hauptgrund für die vermehrten Gefäßerkrankun-gen bei Rauchern ist. In kleinen Konzentrationen hat es einen stimulierenden Effekt; es beschleunigt den Herzschlag, erhöht den Blutdruck und verringert den Appetit. Daneben zeigt Nikotin insektizide Wirkung und wurde daher früher als Pflanzenschutzmittel eingesetzt. Aufgrund der hohen akuten Toxizität des Nikotins ist man von dieser Praxis aber abgekommen.

Welche Aussage zum Nikotin ist falsch?

( )   Die abgebildete Verbindung ist ein Derivat des Pyridins.

( )   Eine elektrophile aromatische Substitution am Nikotin gelingt wesentlich schwieriger (erfordert drastische Reaktionsbedingungen) als z.B. am Anilin (Aminobenzol).

( )   Die Verbindung lässt sich mit einem Alkylierungsmittel wie CH_3–I methylieren.

( )   Eine Protonierung von Nikotin erfolgt bevorzugt am Stickstoffatom im Sechsring.

( )   Nikotin kommt als Paar von zwei Enantiomeren vor.

( )   In der gezeigten Form liegt Nikotin nur bei höheren pH-Werten vor.

Aufgabe 41

Gestrinon kann in das „Designer-Steroid" Tetrahydrogestrinon umgewandelt werden, das vor einigen Jahren von Forschern des Dopingkontroll-Labors der Universität von Californien nachgewiesen worden ist. Derzeit werden Tausende eingelagerter Proben auf das Designer-Steroid Tetrahydrogestrinon (THG) getestet. Dutzende von US-Athleten wurden vor Gericht zitiert.

Tetrahydrogestrinon wurde speziell zu Dopingzwecken entwickelt; medizinische Wirkungen sind nicht bekannt. THG ist daher nicht als Medikament zugelassen. Es wird angenommen, dass die Wirkungen mit denjenigen von Gestrinon vergleichbar sind und es keine bis kaum anabole Wirkung zeigt. In Kombination mit dem nicht nachweisbaren Wachstumshormon Somatotropin soll jedoch eine bessere und schnellere Regeneration erzielt werden können.

Gestrinon

Tetrahydrogestrinon

Welche Aussage ist falsch?

( )   Gestrinon enthält ein konjugiertes π-Elektronensystem.

( )   Gestrinon kann durch ein geeignetes Enzym in Anwesenheit von NADH/H$^+$ als Coenzym zu einem sekundären Alkohol reduziert werden.

( )   Die Umwandlung in Tetrahydrogestrinon erfordert 4 mol Wasserstoff pro Mol Gestrinon.

( )   Es ist ein selektiver Katalysator notwendig, um die Hydrierung von Gestrinon zu Tetrahydrogestrinon zu bewerkstelligen.

( )   Gestrinon kann nicht zu einem Diketon oxidiert werden.

( )   Eine Addition von Wasser unter H$^+$-Katalyse an Gestrinon könnte zu einem Enol führen, welches zur entsprechenden Keto-Verbindung tautomerisiert.

Aufgabe 42

Welche Aussage zu folgender Reaktion ist ist richtig?

( )   Der Erstsubstituent erhöht die Reaktivität des aromatischen Rings im Vergleich zu Methoxybenzol.

( )   Als Produkt entsteht ein Gemisch zweier Enantiomere.

( )   Die Reaktion erfordert die Katalyse einer Lewis-Säure, um die Elektrophilie des Broms zu erhöhen.

( )   Für den positiv geladenen σ-Komplex kann eine mesomere Grenzstruktur formuliert werden, bei der alle Atome (außer H) ein Oktett aufweisen.

( )   Die Reaktion liefert als Produkt den 2,4-Dibrombenzoesäuremethylester.

( )   Es findet eine nucleophile Substitution an der Methylgruppe statt.

Aufgabe 43

Nystatin A1, das aus *Streptomyces noursei* gewonnen wird, ist eine ziemlich komplexe Verbindung aus der Gruppe der Polyen-Antibiotika, die gegen Hefepilze (v.a *Candida albicans*) eingesetzt werden kann. Seine Wirkung beruht auf einer Komplexbildung mit Sterolen in der Cytoplasmamembran der Pilze.

Nystatin A1

Welche der folgenden Aussagen ist falsch?

( )   Nystatin A1 könnte zu einem Polyketon oxidiert werden.

( )   Die Verbindung sollte bei neutralem pH-Wert in zwitterionischer Form vorliegen.

( )   Die Verbindung enthält drei hydrolysierbare Bindungen.

( )   Nystatin A1 kann als Glykosid bezeichnet werden.

( )   Nystatin A1 besitzt ein ausgedehntes System kumulierter Doppelbindungen.

( )   Nystatin A1 ist ein makrocyclisches Lacton.

Aufgabe 44

Nichtsteroidale entzündungshemmende Substanzen (nonsteroidal anti-inflammatory drugs, NSAIDs) wie Sulindac und das nebenstehend gezeigte Indomethacin sind schon lange als Wirkstoffe zur Behandlung von Schmerzen und Entzündungen bekannt. Ihre Wirkung ist auf die Fähigkeit, die enzymatische Aktivität von Cyclooxygenasen (COX) zu inhibieren, zurückzuführen. Es konnte gezeigt werden, dass NSAIDs einen abwehrenden Effekt gegen Darmkrebs und Herz-Kreislauf-Erkrankungen besitzen.

Welche der folgenden Aussagen ist falsch?

( )   Indomethacin ist ein Derivat der 4-Chlorbenzoesäure.

( )   Die Verbindung besitzt ein substituiertes Indol-Ringsystem.

( )   Indomethacin wird in verdünnter wässriger Säure nur langsam hydrolysiert.

( )   Indomethacin besitzt neben einer sauren auch eine basische Gruppe.

( )   Indomethacin reagiert mit NH_3 unter Bildung eines Salzes.

( )   Die Verbindung besitzt einen *para*-disubstituierten Benzolring.

Aufgabe 45

Ordnen Sie folgende Verbindungen nach fallender Basizität:

<u>1</u>	<u>2</u>	<u>3</u>	<u>4</u>	<u>5</u>	<u>6</u>

( ) $2 > 3 > 6 > 1 > 5 \approx 4$ ( ) $6 > 3 > 2 > 5 > 1 > 4$

( ) $6 > 3 > 2 > 5 > 1 \approx 4$ ( ) $3 > 6 > 2 > 1 > 5 \approx 4$

( ) $6 > 3 > 2 > 1 > 4 \approx 5$ ( ) $3 > 6 > 4 > 1 > 2 > 5$

Aufgabe 46

Das nebenstehend gezeigte Präparat Lysthenon ist ein kurzwirkendes depolarisierendes peripheres Muskelrelaxans. Die Verbindung bewirkt eine periphere Lähmung der quergestreiften Muskulatur, die nach i.v. Injektion binnen einer Minute eintritt, etwa 2 Minuten anhält und binnen 8–10 Minuten abklingt. Die Lähmung tritt in folgender Reihenfolge ein: Lidmuskeln, Kaumuskeln, Extremitäten-, Bauch-, Glottis-, Interkostalmuskeln, Zwerchfell. Lysthenon zeigt wesentlich geringere muskarinartige Wirkungen als Acetylcholin. Wie dieses bewirkt es eine Depolarisation der Muskelzellmembran (initiale Muskelfaszikulationen). Es wird nicht durch die Acetylcholinesterase des Gewebes, sondern durch die Serumcholinesterase inaktiviert. Daher bleibt die Depolarisation und somit die Unerregbarkeit gegen Nervenimpulse so lange bestehen, bis Lysthenon infolge Abfalls seiner Serumkonzentration aus dem Gewebe abdiffundiert. Durch Dauerinfusion oder wiederholte Injektion kann eine Dauerrelaxation erzielt werden, deren Stärke den Erfordernissen bei einer Operation rasch angepasst werden kann.

Welche Aussage zur abgebildeten Verbindung trifft nicht zu?

( )   Sie ist ein quartäres Ammoniumsalz.

( )   Sie ist ein Diester der Bernsteinsäure (Butandisäure).

( )   Wird die Verbindung hydrolysiert, so erhält man Cholin.

( )   Bei der alkalischen Verseifung von 1 mol der abgebildeten Verbindung werden 2 mol NaOH verbraucht.

( )   Die Verbindung ist ein Diacylglycerol.

( )   Die Verbindung ist trotz der beiden positiven Ladungen stabil.

Aufgabe 47

Es soll die Gleichgewichtskonstante $K_{\text{Hydrolyse}}$ für die säurekatalysierte Spaltung von Acetyl-CoA, einem Thioester, bestimmt werden. Sie starten die Reaktion mit einer Anfangskonzentration von Acetyl-CoA bzw. Wasser von jeweils 1,0 mol/L; die Gleichgewichtskonzentration der Carbonsäure wird durch Titration mit KOH-Lösung ($c = 0{,}20$ mol/L) ermittelt. Bei der letzten Titration nach einer Reaktionsdauer von 2 h einer 5,0 mL-Probe des Reaktionsgemisches benötigen Sie 23,5 mL der KOH-Lösung bis zum Äquivalenzpunkt.

Wie groß ist $K_{\text{Hydrolyse}}$ für die vorliegende Reaktion?

( ) 24,5   ( ) $4{,}07 \times 10^{-3}$ ( ) 245

( ) 15,7   ( ) 0,0634   ( ) 235

Aufgabe 48

Eine unbekannte Verbindung zeigt folgende Eigenschaften:
Sie löst sich nur wenig in Wasser und verursacht dabei keine merkliche Veränderung des pH-Werts. Bei der Zugabe von schwefelsaurer $K_2Cr_2O_7$-Lösung beobachtet man die Bildung von Cr^{3+}-Ionen. Die Verbindung reagiert nicht mit Elektrophilen, wird aber von nucleophilen Reagenzien relativ leicht angegriffen.

Welche funktionelle Gruppe enthält die unbekannte Verbindung?

( ) primärer Alkohol   ( ) sekundäres Amin

( ) Aldehyd   ( ) tertiärer Alkohol

( ) Carbonsäureester   ( ) Alkylhalogenid

Aufgabe 49

Nelfinavir (Handelsname Viracept®), 1997 von der FDA zu Therapiezwecken zugelassen, gehört zur Klasse der antiretroviralen Substanzen, die Protease-Inhibitoren genannt werden. Die Wirkungsweise dieser Substanzen besteht in der Hemmung eines viruseigenen Enzyms, der HIV-Protease. Die Verbindung verhindert die Spaltung des viralen *gag-pol*-Proteins. Dies führt zu unreifen, nicht-infektiösen Viren, d.h. diese können keine weiteren Zellen mehr infizieren. Protease-Inhibitoren verhindern deshalb bei HIV-infizierten Personen neue Infektionszyklen.

Zwischen den einzelnen Protease-Inhibitoren besteht eine weitgehende Kreuzresistenz; d.h. gegen Viren, die auf die eine Substanz unempfindlich geworden sind, wirken auch die anderen Medikamente dieser Substanzklasse nicht mehr, oder zumindest nicht mehr zuverlässig.

Welche der folgenden Aussagen trifft zu?

( ) Die Verbindung enthält drei basische Gruppen.

( ) Die Verbindung reagiert mit HCO_3^- unter stürmischer Freisetzung von CO_2.

( ) Bei einer Hydrolyse der Verbindung erhält man eine sauer und eine basisch reagierende Verbindung.

( ) Die Verbindung enthält die funktionelle Gruppe eines Thiols.

( ) Die Verbindung kann nicht ohne Zerstörung des Kohlenstoffgerüstes oxidiert werden.

( ) Mit Aldehyden kann die Verbindung zu einem Imin reagieren.

Aufgabe 50

Von den beiden gezeigten Verbindungen **1** und **2** ist Verbindung **1** nur analgetisch (schmerzlindernd) wirksam, Verbindung **2** dagegen sowohl analgetisch als auch antiphlogistisch (entzündungshemmend).

Welche Aussage zu den beiden Verbindungen ist richtig?

( ) Beide Verbindungen sind identisch. Sie unterscheiden sich nur in ihrer pharmakologischen Wirksamkeit.

( ) Es handelt sich bei **1** und **2** um Enantiomere.

( ) Verbindung **1** ist acider und deshalb stärker analgetisch wirksam als Verbindung **2**.

( ) Verbindung **2** ist hydrophiler als Verbindung **1** und deshalb antiphlogistisch wirksam.

( ) Es handelt sich bei **1** und **2** um Verbindungen mit unterschiedlicher Konstitution.

( ) Es handelt sich bei **1** und **2** um zwei Verbindungen, die sich leicht ineinander umwandeln.

Aufgabe 51

Kautschuk und Guttapercha sind zwei Materialien, die in der Zahnmedizin wegen ihrer Elastizität für Wurzelfüllungen verwendet werden. Es handelt sich um zwei Polymere; folgende Abbildung zeigt Ausschnitte aus der jeweiligen Polymerkette.

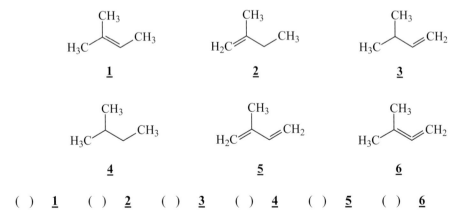

a) Bei den beiden Polymeren handelt es sich um

( )   Konstitutionsisomere

( )   Enantiomere

( )   Konfigurationsisomere

( )   Konformationsisomere

( )   Tautomere

( )   identische Moleküle (nur unterschiedliche Schreibweise)

b) Beide Polymere entstehen durch Polymerisation desselben Monomers. Aus welchem der Monomere können Guttapercha bzw. Kautschuk entstehen?

( ) **1**   ( ) **2**   ( ) **3**   ( ) **4**   ( ) **5**   ( ) **6**

Aufgabe 52

Während der Fettsäure-Biosynthese wird die gebildete Acetessigsäure, die über eine Thio-estergruppe an die zentrale SH-Gruppe des Multienzymkomplexes (MEK) gebunden ist, in folgender Weise verändert:

Welche Klassifizierung der jeweiligen Reaktion ist nicht richtig?

( )   Reaktion 1: Reduktion   ( )   Reaktion 1: Hydrierung

( )   Reaktion 2: Eliminierung   ( )   Reaktion 2: Dehydratisierung

( )   Reaktion 3: Hydrierung   ( )   Reaktion 3: Oxidation

Aufgabe 53

Sie haben beschlossen, Ihr eigenes Aspirin herzustellen, um künftig autark zu sein. Hierzu setzen Sie 69 g Salicylsäure (2-Hydroxybenzoesäure) mit 60 g Essigsäure um und erhalten dabei 72 g reines Aspirin. Berechnen Sie Ihre Ausbeute in Prozent der theoretisch möglichen Ausbeute!

Relative Atommassen: $M_r(C) = 12$; $M_r(H) = 1$; $M_r(O) = 16$

( )   80 %   ( )   90 %   ( )   72 %

( )   75 %   ( )   40 %   ( )   60 %

Aufgabe 54

Das Hormon Adrenalin und der pharmazeutische Wirkstoff Clenbuterol haben eine ähnliche chemische Struktur. Clenbuterol ist während einer der letzten Olympiaden als Dopingmittel bekannt geworden. Es ist aber auch bei Tierärzten bekannt, denn es zeigt ebenso gute Ergeb-nisse bei der Kälbermast wie beim Muskelaufbau von Sportlern.

Adrenalin   Clenbuterol

Welche Aussage zu den beiden Verbindungen ist falsch?

( )   Beide Verbindungen enthalten die funktionelle Gruppe eines sekundären Amins.

( )   Beide Verbindungen enthalten die funktionelle Gruppe eines sekundären Alkohols.

( )   Beide Verbindungen sind zu Ketonen oxidierbar.

( )   Beide Verbindungen weisen eine hydrolysierbare Bindung auf.

( )   Beide Verbindungen sind mehrfach acetylierbar.

( )   Beide Verbindungen enthalten ein Chiralitätszentrum.

Aufgabe 55

Die Pflanze „Giftsumach" enthält in ihren Blättern eine Verbindung der abgebildeten Struktur, die bei Berührung der Blätter einen stark juckenden Hautausschlag verursacht.

Wie und mit welchem der folgenden Hausmittel würden Sie die betroffene Hautstelle behandeln, um die Verbindung möglichst schnell und vollständig von der Haut zu entfernen?

( )   Abwechselnde Behandlung mit Backpulver (enthält $NaHCO_3$), Seife und Wasser.

( )   Behandlung mit Nagellackentferner (enthält Aceton und Essigsäureethylester).

( )   Behandlung mit „Sagrotan" (enthält Ethanol und ein desinfizierend wirkendes Phenol).

( )   Behandlung mit einem milden Oxidationsmittel, z.B. mit einer verdünnten H_2O_2-Lösung.

( )   Waschen mit Wasser.

( )   Waschen mit Essig.

Aufgabe 56

Die unten dargestellte Verbindung

A   enthält die Aminosäuren Glutaminsäure, Cystein und Glycin.

B   enthält zwei Peptidbindungen.

C   kann zu einem Disulfid oxidiert werden.

D   ist ein Thiol.

E   kann mit konzentrierter Salzsäure hydrolysiert werden.

F   besitzt zwei Chiralitätszentren mit unterschiedlicher absoluter Konfiguration (nach (R/S)-Nomenklatur).

Welche Aussagen sind richtig?

( )   Nur B und D   ( )   Nur C, D und E   ( )   Alle Aussagen sind richtig.

( )   Nur A, C und D   ( )   Nur A, B, C und D   ( )   Nur A, C, E und F

Aufgabe 57

In der traditionellen chinesischen Pflanzenheilkunde kommt die getrocknete Rinde reifer Früchte von *Citrus reticulata Blanca*, der „Mandarinorange" vor. Sie wirkt temperatursenkend, appetitanregend und stimulierend auf das Immunsystem und enthält u.a. die Verbindungen Hesperidin (HP) und Synephrin (SP).

Welche der folgenden Aussagen ist falsch?

( )   Beide enthalten die funktionelle Gruppe der Phenole.

( )   HP lässt sich mit einem biologischen Hydrid-Überträger wie NADH/H$^+$ reduzieren.

( )   HP enthält eine Esterbindung, die unter basischen Bedingungen hydrolysiert wird; dabei entsteht Methanol.

( )   Bei der Hydrolyse von HP erhält man u.a. ein Gemisch aus α- und β-*D*-Glucose.

( )   SP lässt sich relativ leicht dehydrieren.

( )   SP kann in einer nucleophilen Substitution mit einem Methylierungsmittel wie CH$_3$–I reagieren.

( )   SP kann mit einem Monosaccharid zu einem Glykosid umgesetzt werden.

Aufgabe 58

Vitamin B$_6$ umfasst eine Gruppe von Vitameren. Neben Pyridoxin sind die wichtigsten Vitamin-B$_6$-aktiven Verbindungen Pyridoxal und Pyridoxamin. Pyridoxin ist überwiegend in Pflanzen vorhanden, während Pyridoxal und Pyridoxamin hauptsächlich in Lebensmitteln tierischer Herkunft vorkommen. Chemisch unterscheiden sie sich nur durch verschiedene Seitengruppen. Physikalisch reagieren sie unterschiedlich auf Hitze. Pyridoxin ist dabei verglichen mit Pyridoxal und Pyridoxamin relativ hitzestabil.

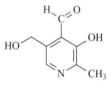

Welche Aussage zur abgebildeten Verbindung trifft nicht zu?

( )   Sie enthält einen Pyridinring.

( )   Sie kann am N-Atom protoniert werden.

( )   Wird die primäre Alkoholgruppe mit Phosphorsäure verestert, so liegt das Coenzym Pyridoxalphosphat vor.

( )   Sie kann an der Aldehydgruppe zum Pyridoxol (Pyridoxin) reduziert werden.

( )   Sie gehört zu den fettlöslichen Vitaminen.

( )   Mit Aminosäuren kann die Verbindung zu einer Schiff'schen Base reagieren.

Aufgabe 59

Folgende drei Verbindungen sind gegeben:

1   **2**   **3**

Welche Aussage zu den Verbindungen ist falsch?

( )   **1** und **3** sind proteinogene Aminosäuren.

( )   Es handelt sich bei allen drei Verbindungen um α-Aminosäuren.

( )   Anhand der Formeln sind die Konstitution und die Konfiguration zu erkennen, die Konformation jedoch ist unklar.

( )   Alle Verbindungen weisen als funktionelle Gruppe eine primäre Aminogruppe auf.

( )   Alle Verbindungen sind Ampholyte.

( )   Nur die Verbindungen **2** und **3** liegen bei neutralem pH-Wert überwiegend in der gezeigten Form vor.

Aufgabe 60

Die unten gezeigte Verbindung Leiodermatolid ist ein Makrolid mit potenter antimitotischer Wirkung, das von dem marinen Schwamm *Leiodermatium sp.* produziert wird.

Welche der folgenden Aussagen ist falsch?

Die Verbindung

( )   sollte an genau einer der funktionellen Gruppen mit saurer $Cr_2O_7^{2-}$-Lösung reagieren

( )   zeigt in wässriger Lösung keine ausgeprägten sauren oder basischen Eigenschaften

( )   enthält vier hydrolisierbare Bindungen

( )   weist 9 Chiralitätszentren auf

( )   ist farbig, weil sie zahlreiche Doppelbindungen enthält

( )   enthält ein C-Atom in seiner höchstmöglichen Oxidationsstufe

Aufgabe 61

Welche Definition ist richtig?

Diastereomere sind

( ) Verbindungen, die sich wie Bild und Spiegelbild verhalten.

( ) eine spezielle Art von Enantiomeren.

( ) Verbindungen mit unterschiedlicher Verknüpfung der Atome untereinander.

( ) Stereoisomere, die keine optische Aktivität zeigen.

( ) Verbindungen, die die Ebene von linear polarisiertem Licht um den gleichen Betrag, aber in verschiedene Richtungen drehen.

( ) Konfigurationsisomere, die sich nicht wie Bild und Spiegelbild verhalten.

Aufgabe 62

Welche Aussage zur abgebildeten Verbindung trifft nicht zu?

( ) Die Formel zeigt Glutamin.

( ) Es handelt sich um das Amid der Glutaminsäure.

( ) Bei neutralen pH-Werten liegt die Verbindung in kationischer Form vor.

( ) Die Verbindung kann im Nierentubulus durch Hydrolyse Ammoniak freisetzen.

( ) Von der Verbindung existieren zwei Enantiomere.

( ) Die Verbindung ist eine proteinogene Aminosäure.

Aufgabe 63

Abgebildet ist ein Ausschnitt aus der Kette eines Polymers, das als biologisch abbaubarer Kunststoff im medizinischen Bereich, z.B. als chirurgisches Nahtmaterial, Verwendung findet.

Welche der folgenden Aussagen zu diesem Kunststoff ist falsch?

( )   Bei dem Monomeren, aus dem der polymere Kunststoff aufgebaut ist, handelt es sich um α-Hydroxypropansäure.

( )   Die Bildung des polymeren Kunststoffs aus dem Monomer kann man als Polykondensation bezeichnen.

( )   Wenn man das O-Atom in der Polymerkette durch die NH-Gruppe ersetzt, hat man ein Polypeptid vor sich, das nur aus Alanin aufgebaut ist.

( )   Der Kunststoff ist biologisch abbaubar, weil er Esterbindungen enthält.

( )   Die Abbaureaktion des Kunststoffs kann man als Hydrolyse bezeichnen.

( )   Der Kunststoff ist im Magen beständig und kann deshalb zur Einkapselung von Medikamenten benutzt werden, die nicht im Magen in Freiheit gesetzt werden sollen.

Aufgabe 64

Welche Aussage zur Verseifung eines Esters trifft nicht zu?

( )   Die Reaktionsgleichung für die alkalische Hydrolyse lautet (Reaktion 1):

$$R-\underset{O}{\overset{O}{C}}-O-R' + OH^{\ominus} \rightleftharpoons R-\underset{O}{\overset{O}{C}}-O^{\ominus} + R'-OH$$

( )   Bei der Reaktion 1 werden OH⁻-Ionen verbraucht.

( )   Bei saurer Hydrolyse lautet die Reaktionsgleichung (Reaktion 2):

$$R-\underset{O}{\overset{O}{C}}-O-R' + H_2O \overset{H^{\oplus}}{\rightleftharpoons} R-\underset{OH}{\overset{O}{C}} + R'-OH$$

( )   Die Reaktion 2 wird durch H⁺-Ionen katalysiert.

( )   Die Reaktionsenthalpie ist für beide Reaktionen gleich, da es sich in beiden Fällen um eine Hydrolyse handelt.

( )   Im Gegensatz zu Reaktion 2 muss Reaktion 1 nicht als Gleichgewicht formuliert werden, da die Reaktion praktisch vollständig abläuft.

Aufgabe 65

Von der Kletterpflanze Yams gibt es etwa 650 Arten in Asien, Afrika und Südamerika. In Westafrika und in der Karibik sind Yamswurzeln Hauptnahrungsmittel; sie werden wie Kartoffeln zubereitet. Besondere Bedeutung als Naturarznei hat die mexikanische Yamswurzel, deren Gehalt an Diosgenin, dem Hauptwirkstoff der Wurzel, wesentlich höher ist als in anderen Arten. Diosgenin wird von japanischen Forschern bereits seit 1936 untersucht.

Es soll Frauen bei Wechseljahrsproblemen helfen, der Osteoporose vorbeugen und den Alte-
rungsprozess bremsen. Yamswurzel und Diosgenin regen die körpereigene Synthese von De-
hydroepiandrosteron (DHEA) in der Nebennierenrinde an. Die Wurzel wird eingesetzt bei
Rheuma und Gicht, bei Muskelkrämpfen, Perio-
denbeschwerden und Wechseljahrsbeschwerden.
Diosgenin wird technisch als natürlicher Ausgangsstoff für industrielle Partialsynthesen von
in Antikontrazeptiva enthaltenen Gestagenen eingesetzt. Bis in die 80er-Jahre deckte Dioge-
nin etwa 80 % der Weltproduktion an Steroiden ab.

Welche Aussage zu dieser Verbindung ist falsch?

( )   Die Verbindung kann unter Säurekatalyse dehydratisiert werden.

( )   Durch schwefelsaure $Cr_2O_7^{2-}$- Lösung wird Diosgenin zu einem Keton oxidiert.

( )   Die Verbindung kann zu einem Glykosid reagieren.

( )   Durch eine saure Hydrolyse werden zwei der insgesamt sechs Ringe geöffnet.

( )   Diosgenin kann als Diether bezeichnet werden.

( )   Gibt man zu einer Lösung der Verbindung etwas Brom-Lösung, so verschwindet die
       braune Farbe des Broms.

Aufgabe 66

Nebenstehend gezeigt ist das Antibiotikum Erythromycin.
Erythromycin ist ein natürliches, bakteriostatisch wirksames sogenanntes Makrolid-Antibiotikum, das vom Pilz
Streptomyces erythraeus gebildet wird. Erythromycin
hemmt die bakterielle Proteinsynthese, indem es an die
50S-Untereinheit der bakteriellen Ribosomen bindet.
Durch diese Bindung verhindert es den Transfer der Peptidyl-tRNA von der Akzeptorstelle zur Donorstelle des Ri-
bosoms. Dabei wird die Peptidyl-tRNA an der Akzeptorstelle fixiert und die Proteinsynthese unterbrochen. Erythromycin wirkt gegen ein breites Spektrum grampositiver
Erreger, wobei die Wirksamkeit gegenüber Staphylokokken durch Resistenzentwicklung vermindert sein kann.
Weiterhin ist es wirksam gegen einzelne gramnegative
Bakterien (z.B. Legionellen) und Bakterien ohne Zellwand
(Chlamydien). Zur äußeren Anwendung kommt Erythromycin bei allen Formen der *Akne vulgaris*.

Welche der folgenden Aussagen ist falsch?

( )   Die Verbindung kann durch Erhitzen in NaOH-Lösung in eine offenkettige Verbindung überführt werden.

( )   Die Verbindung ist ein Lacton.

( )   Von dieser Verbindung existieren mehr als 8 Stereoisomere.

( )   Mit einem geeigneten Oxidationsmittel wie $K_2Cr_2O_7$ kann Erythromycin zu einer Verbindung mit vier Ketogruppen oxidiert werden.

( )   Bei Reduktion der Verbindung mit einem geeigneten Hydrid-Donor entsteht ein weiteres Chiralitätszentrum.

( )   Erythromycin besitzt gleich viele saure wie basische Gruppen und liegt daher bei pH 7 überwiegend als Zwitterion vor.

Aufgabe 67

Die Verbindung Sulpirid nimmt eine Zwischenstellung zwischen den Neuroleptika und den Antidepressiva ein, da es sowohl neuroleptische als auch antidepressive Eigenschaften besitzt.

Es greift modulierend in das gestörte Botenstoffsystem ein und wirkt sowohl gegen Halluzinationen und Verfolgungswahn als auch gegen Antriebslosigkeit, sozialen Rückzug und Depressionen. Sulpirid gehört zu den modernen, atypischen Neuroleptika. Unerwünschte Störungen im Bewegungsablauf des Körpers, wie Zittern und Krämpfe, wie sie bei den klassischen Neuroleptika auftreten, kommen bei der Behandlung mit Sulpirid seltener vor. Trotzdem müssen Patienten, die Sulpirid hochdosiert und längere Zeit einnehmen, regelmäßig auf sich entwickelnde Bewegungsstörungen untersucht werden.

Welche der folgenden Aussagen ist falsch?

( )   Die Verbindung gehört zur Substanzklasse der Sulfonamide.

( )   Sulpirid besitzt eine basisch reagierende Gruppe.

( )   In der Verbindung kommt das heterocyclische Pyrrol-Ringsystem vor.

( )   Bei einer Hydrolyse der Verbindung erhält man ein Derivat der Salicylsäure.

( )   Aus der gezeigten Verbindung kann Ammoniak freigesetzt werden.

( )   Sulpirid ist eine chirale Verbindung.

Aufgabe 68

Die HMG-CoA-Reduktase ist das geschwindigkeitsbestimmende Enzym der Cholesterol-Biosynthese; dementsprechend spielt die Regulation dieses Enzyms im Stoffwechsel eine wichtige Rolle. Eine Möglichkeit zur Behandlung einer Hypercholesterolämie besteht daher in der Gabe kompetitiver Inhibitoren der HMG-CoA-Reduktase. Ein derartiger Inhibitor ist das Lovostatin, ein Produkt aus Pilzen, dessen Wirkung auf seiner Ähnlichkeit eines Strukturteils mit dem Mevalonat, dem Substrat der HMG-CoA-Reduktase beruht.

Mevalonat

Lovostatin

Welche der folgenden Aussagen zu den beiden gezeigten Verbindungen ist falsch?

( )   Beide Verbindungen können eine säurekatalysierte Ringschlussreaktion eingehen.

( )   Die beiden Verbindungen sind chiral.

( )   Eine der beiden Verbindungen kann hydrolytisch gespalten werden.

( )   Beide Verbindungen liefern bei einer Oxidation eine oder mehrere Ketogruppen.

( )   Lovostatin reagiert in Anwesenheit von Raney-Nickel mit Wasserstoff.

( )   Lovostatin enthält 6 sp^2-hybridisierte C-Atome.

Aufgabe 69

Welche der folgenden Aussagen zu den beiden abgebildeten Verbindungen ist richtig?

( )   Es handelt sich um Konstitutionsisomere.

( )   Es handelt sich um Diastereomere.

( )   Es handelt sich um Keto-Enol-Tautomere.

( )   Es handelt sich um Enantiomere.

( )   Beide Verbindungen sind Diester der Phosphorsäure.

( )   Beide Verbindungen liegen bei pH > 7 ungeladen vor.

Aufgabe 70

Bei den beiden Teilfragen a) und b) geht es um die sechs Verbindungen **1** – **6**.

$$H_3C-(CH_2)_4-CH_2-NH_2 \qquad C_6H_5-NH_2 \qquad C_6H_{11}-NH_2$$

$$\underline{\textbf{1}} \qquad\qquad\qquad \underline{\textbf{2}} \qquad\qquad \underline{\textbf{3}}$$

$$\underline{\textbf{4}} \qquad\qquad \underline{\textbf{5}} \qquad\qquad \underline{\textbf{6}}$$

a) Nur eine der Verbindungen hat keine basischen Eigenschaften. Welche Verbindung ist das?

( ) **1**   ( ) **2**   ( ) **3**

( ) **4**   ( ) **5**   ( ) **6**

b) Welche Aussage zu den Verbindungen ist falsch?

( )   Die Verbindungen **1**, **2** und **3** sind primäre Amine.

( )   Wenn man die Verbindungen **1**, **2** und **3** mit HCl behandelt, entstehen die entsprechen-den Ammoniumsalze.

( )   Wenn man die Verbindungen **4** und **6** in wässriger Salzsäure hydrolysiert, entstehen Ammonium-Ionen und Carbonsäuren.

( )   Wenn man die Verbindungen **4** und **6** in wässriger NaOH hydrolysiert, entstehen Ammoniak und die Anionen von Carbonsäuren.

( )   Verbindung **3** ist eine stärkere Base als **2**.

( )   Verbindung **6** ist ein Aminodiketon.

Aufgabe 71

Ordnen Sie die abgebildeten Verbindungen nach abnehmender Acidität!

$$\underline{1} \qquad \underline{2} \qquad \underline{3} \qquad \underline{4} \qquad \underline{5} \qquad \underline{6}$$

( )   3 > 5 > 6 > 2 > 4 > 1   ( )   3 > 4 > 5 > 1 > 2 > 6

( )   4 > 1 > 5 > 3 > 6 > 2   ( )   3 > 5 > 4 > 2 > 1 > 6

( )   5 > 3 > 4 > 2 > 1 > 6   ( )   2 > 3 > 5 > 4 > 6 > 1

Aufgabe 72

Welche Aussage zu den abgebildeten Verbindungen ist richtig?

$$\underline{1} \qquad\qquad\qquad \underline{2}$$

( )   Bei **1** handelt es sich um Acetylessigsäure.

( )   Bei der Decarboxylierung von **1** entsteht Aceton.

( )   Verbindung **2** kann Keto-Enol-Tautomerie zeigen.

( )   Die Verbindungen können durch eine Redoxreaktion ineinander umgewandelt werden.

( )   Beide Verbindungen kann man als α-Hydroxymonocarbonsäuren bezeichnen.

( )   Beide Verbindungen liegen bei niedrigen pH-Werten kationisch vor.

Aufgabe 73

Bei welcher der folgenden Verbindungen handelt es sich um ein Derivat der Aminosäure Cystein? Der Begriff Derivat ist so zu verstehen, dass alle Atome des Gerüstes von Cystein in der gleichen Oxidationsstufe auftauchen müssen.

( ) H$_3$C—O—C(=O)—O—C(=O)—CH(CH$_3$)—S—C(=O)—O—CH$_3$ ( ) HO—C(=O)—CH(CH$_2$CH$_2$SH)—N(H)—C(=O)—CH$_3$

1   **2**

( ) HO—C(=O)—CH$_2$—N(H)—C(=O)(S—CH$_3$)   ( ) H$_3$C—O—C(=O)—N(H)—CH$_2$—CH(SH)—C(=O)—OH

3   **4**

( ) (H$_3$C)$_2$N—CH(CH$_2$SH)—CH$_2$—OH   ( ) H$_3$C—C(=O)—S—CH$_2$—CH(NH$_2$)—C(=O)—O—CH$_3$

5   **6**

Aufgabe 74

Die Verbindung 4-(4-Hydroxyphenyl)butan-2-on wurde erstmals 1939 in freier Form in Himbeeren gefunden; sie besitzt eine sehr niedrige Geruchsschwelle (1 µg/kg) und gilt daher als Schlüsselkomponente des Himbeeraromas („Himbeerketon"). Sie zeigt zudem antibakterielle Eigenschaften und wirkt als Lockstoff für Honigbienen.

Welche der folgenden Aussagen ist falsch?

( )   Die Verbindung kann durch Oxidation aus einem sekundären Alkohol entstehen.

( )   Bei einer Reduktion, z.B. mit dem biologischen Reduktionsmittel NADH, können zwei enantiomere Alkohole entstehen.

( )   Die Verbindung zeigt schwach saure Eigenschaften.

( )   Die Verbindung kann als *para*-substituiertes Phenol bezeichnet werden.

( )   Die Verbindung addiert leicht Brom.

( )   Eine weitere Oxidation der Verbindung ohne Zerstörung des Kohlenstoffgerüstes ist nicht möglich.

Aufgabe 75

Ganciclovir (CYMEVEN) ist ein synthetisches Nucleosid-Analogon mit enger chemischer Verwandtschaft zum Aciclovir (ZOVIRAX). Während der klinischen Erprobung ist es auch als „DHPG" bekannt geworden, eine Abkürzung, die sich von der chemischen Nomenklatur Dihydroxy-2-propoxymethylguanin ableitet.

Ganciclovir hemmt *in vitro* (Untersuchungen an Zellkulturen) verschiedene Viren der Herpes-Gruppe bereits bei Konzentrationen, die deutlich unter den *in vivo* erreichbaren Spiegeln liegen. Intrazellulär wird Ganciclovir zunächst durch zelluläre Kinasen in das entsprechende Triphosphat umgewandelt. Die erhöhte Aktivität dieser Enzyme in infizierten Zellen bewirkt eine etwa zehnfach höhere Konzentration des Triphosphats in Virus-infizierten im Vergleich zu nicht-infizierten Zellen. Das biologisch aktive Derivat (Triphosphat) wird in die DNA der Zelle anstelle des physiologischen Substrates eingebaut und bewirkt eine Hemmung der DNA-Replikation. Die antivirale Aktivität der Substanz lässt sich also durch eine Schädigung elementarer Zellfunktionen erklären, die bevorzugt – aber nicht ausschließlich – in Virus-infizierten Zellen abläuft. Zum Anwendungsspektrum des Ganciclovir gehören neben Zytomegalie-Viren auch die Herpes simplex-Viren Typ 1 und 2 sowie das Epstein-Barr- und das Varizella-Zoster-Virus. Da Ganciclovir nur intravenös verabreicht werden kann und bei Anwendung des Chemotherapeutikums erhebliche unerwünschte Wirkungen (Blutbild, Gastrointestinaltrakt) in Kauf genommen werden müssen, kommt eine Behandlung mit Ganciclovir nur bei immunsupprimierten Patienten mit schweren Infektionen durch Zytomegalie-Viren in Frage.

Welche Aussage zu der Verbindung Ganciclovir ist richtig?

( )   Die Verbindung ist ein Pyridinderivat.

( )   Die höchste Oxidationsstufe eines C-Atoms im Ganciclovir ist +3.

( )   Die Verbindung ist ein Keton.

( )   Ganciclovir gibt in wässriger Lösung leicht zwei Protonen ab und reagiert zu einem Dianion.

( )   Ganciclovir kann als Monoether des Glycerols bezeichnet werden.

( )   Bei der Umwandlung von Ganciclovir in das Ganciclovirmonophosphat entsteht ein Phosphorsäureanhydrid.

Aufgabe 76

Die aus Südamerika stammende Engelstrompete ist als Zierpflanze auch in unseren Breitengraden sehr beliebt. Im Umgang mit der hochgiftigen Pflanze ist allerdings Vorsicht geboten. Alle Pflanzenteile enthalten Tropanalkaloide, Substanzen wie Scopolamin und Atropin, die auf das Zentralnervensystem wirken und schon in geringsten Mengen Vergiftungen hervorrufen können. So häuft sich jeden Herbst im Giftinformationszentrum in Göttingen die Zahl der Anfragen wegen plötzlich erweiterter Pupillen. Der bloße Hautkontakt mit der Pflanze ist zwar harmlos; gelangen die Alkaloide, u.a. Atropin, aber etwa durch Reiben ins Auge, reagieren die Augennerven mit einer Erweiterung der Pupillen.

Scopolamin   Atropin

Welche der folgenden Aussagen zu den beiden Verbindungen ist falsch?

( )   Beide Verbindungen sind tertiäre Amine.

( )   Bei der Hydrolyse von Atropin entsteht eine β-Hydroxycarbonsäure.

( )   Scopolamin kann aus Atropin formal durch eine Oxidation entstehen.

( )   Scopolamin ist ein Epoxid.

( )   Die beiden Verbindungen sind Diastereomere.

( )   Atropin kann zu einer Carbonsäure oxidiert werden.

Aufgabe 77

Welche Aussage zu folgender Reaktion ist falsch?

( )   Die Reaktion läuft nach dem Typ einer bimolekularen nucleophilen Substitution (S_N2) ab.

( )   Das Hydroxid-Ion reagiert als Nucleophil.

( )   Das Chiralitätszentrum im Edukt racemisiert im Zuge der Reaktion.

( )   Die Reaktion verläuft in zwei Schritten.

( )   Die Reaktion könnte auch mit dem entsprechenden Iodalkan durchgeführt werden.

( )   Eine Beschleunigung der Reaktion durch Säurekatalyse ist nicht zu erwarten.

Aufgabe 78

Domoinsäure, auch als „Amnesic Shellfish Poison" (ASP) bezeichnet, ist ein Phycotoxin, das von verschiedenen Algenarten gebildet wird. Die Verbindung akkumuliert leicht in Meeresorganismen, die sich von Phytoplankton ernähren, wie z.B. Schellfisch, Anchovis und Sardinen. Domoinsäure wirkt im Säugerorganismus als potentes Neurotoxin. Es bindet sehr fest an den Glutamat-Rezeptor im Gehirn. Zunächst kommt es häufig zu gastrointestinalen Symptomen, wie z.B. Übelkeit und Durchfall, bevor mit einer Verzögerung von einigen Stunden bis Tagen die neurologischen Symptome, die in schweren Fällen zum Tod führen können, auftreten.

Welche Aussage zu dieser Verbindung ist falsch?

( )   Die Verbindung ist ein Prolin-Derivat.

( )   Man kann die Verbindung als Aminotricarbonsäure bezeichnen.

( )   Der isoelektrische Punkt der Verbindung wird im sauren pH-Bereich deutlich unterhalb von pH = 7 liegen.

( )   Die Verbindung ist ein konjugiertes Dien.

( )   Domoinsäure enthält drei Chiralitätszentren.

( )   Bei einer katalytischen Hydrierung können zwei Mol Wasserstoff an ein Mol der Domoinsäure angelagert werden.

Aufgabe 79

Eine vermehrte Ablagerung von Cholesterol und Fetten an den Wänden der Blutgefäße (häufig als Arteriosklerose bezeichnet) verringert den Blutfluss und damit die Sauerstoffversorgung für Herz, Gehirn und andere Organe. Häufig wird daher angestrebt, erhöhte Werte von Cholesterol und Fetten medikamentös zu senken, um die Gefahr von Herzkrankheiten zu verringern.

Eine Behandlung mit Statinen ist eine der Hauptinterventionen bei Patienten mit Herz-Kreislauf-Erkrankungen. Diese stellen in Deutschland sowohl bei Männern als auch bei Frauen die häufigste Todesursache dar. Daher sind Aussagen zu einer substanzspezifischen Überlegenheit eines bestimmten Wirkstoffs der Statingruppe von entscheidender Bedeutung für Patienten und Ärzte. Wie in kontrollierten Vergleichsstudien wiederholt gezeigt wurde, haben Statine bei Patienten mehrere Effekte. Offenbar senken sie nicht nur den Cholesterolspiegel, sondern beeinflussen beispielsweise auch die Gerinnungsfähigkeit des Blutes. Zudem können sie entzündungshemmend wirken.

Die gezeigte Verbindung Atorvastatin gehört zu den sogenannten HMG-CoA Reduktase-Inhibitoren und trägt zu einer Senkung der körpereigenen Cholesterolproduktion bei. Eine vom Atorvastatin-Hersteller Pfizer reklamierte Überlegenheit des Präparats gegenüber anderen Statinen wurde in einer Studie des Instituts für Qualität und Wirtschaftlichkeit im Gesundheitswesen (IQWiG) jedoch nicht bestätigt.

Welche Aussage zur Verbindung Atorvastatin ist richtig?

( )   Bei neutralen pH-Werten liegt die Verbindung als Zwitterion vor, da sowohl eine saure als auch eine basische Gruppe vorhanden ist.

( )   Die Verbindung ist ein mehrfach substituiertes Pyridin-Derivat.

( )   Die Verbindung enthält zwei Chiralitätszentren mit (S)-Konfiguration.

( )   Mit Methanal kann die Verbindung zu einem cyclischen Acetal reagieren.

( )   Atorvastatin wird in verdünnter wässriger Säure leicht unter Freisetzung von Anilin hydrolysiert.

( )   Die Verbindung ist nur unter gleichzeitiger Zerstörung des Kohlenstoffgerüsts oxidierbar.

Aufgabe 80

Azithromycin (Handelsname Zithromax®) gehört zur Gruppe der sogenannten Makrolid-Antibiotika. Azithromycin wird gegen bestimmte bakterielle Infektionen, wie Bronchitis, Lungenentzündung und sexuell übertragbare Krankheiten (STD) eingesetzt. Wie alle Vertreter dieser Klasse von Antibiotika weist es eine sehr komplizierte Struktur mit zahlreichen Chiralitätszentren auf.

Welche Aussage zum dem gezeigten Antibiotikum ist falsch?

( )   Von den 15 Ringatomen, die den Makrocyclus bilden, sind 10 Chiralitätszentren.

( )   Von den im Molekül vorhandenen OH-Gruppen können genau drei oxidiert werden.

( )   Hydrolysiert man die gezeigte Verbindung in basischer wässriger Lösung, so erhält man nur ein (organisches) Reaktionsprodukt.

( )   Eine Hydrolyse unter sauren Bedingungen liefert dagegen zwei Reaktionsprodukte.

( )   Azithromycin enthält zwei tertiäre Aminogruppen.

( )   Die Reaktion, die zum Ringschluss des 15-gliedrigen Ringes führen kann, kann man als intramolekulare Acylierung eines sekundären Alkohols bezeichnen.

Aufgabe 81

Methenolon-Acetat (17β-Acetoxy-1-methyl-5α-androst-1-en-3-on) gehört zu der Gruppe anaboler Steroide, die gerne zu Dopingzwecken missbraucht werden, da sie sich oral applizieren lassen und hohe anabole Wirksamkeit aufweisen. Bei der Untersuchung der Biotransformation dieser Verbindung im Organismus wurden u.a. folgende Verbindungen gefunden:

Welche Aussage zu den gezeigten Metaboliten ist falsch?

( )   Die Umwandlung von **1** in **2** ist eine Oxidation.

( )   Die Umwandlung von **2** in **3** ist eine Hydroxylierung.

( )   Alle Verbindungen außer **4** sind α,β-ungesättigte Carbonylverbindungen.

( )   Die Umwandlung von **5** in **6** erfordert eine Reduktion.

( )   Die Verbindungen **3**, **4** und **6** sind Isomere.

( )   Die Verbindung **1** (1-Methyl-5α-androst-1-en-17β-ol-3-on) entsteht aus Methenolon-Acetat (17β-Acetoxy-1-methyl-5α-androst-1-en-3-on) durch eine Hydrolyse.

Aufgabe 82

Gitogenin gehört zu den sogenannten Steroid-
Saponinen, die als Ausgangsmaterial für eine
Reihe von kommerziell hergestellten Steroiden
dienen.

Welche Aussage zu dieser Verbindung ist falsch?

( )   Die Verbindung könnte unter Säurekatalyse
        zu einem Trien dehydratisiert werden.

( )   Durch schwefelsaure $Cr_2O_7^{2-}$ - Lösung wird
        Gitogenin zu einem Triketon oxidiert.

( )   Die Verbindung kann als Aglykon aus einem Glykosid entstehen.

( )   Durch eine basische Hydrolyse werden zwei der insgesamt sechs Ringe geöffnet.

( )   Durch eine Reaktion mit Methanal (Formaldehyd) unter H^+-Katalyse könnte es zur
        Ausbildung eines weiteren Ringes kommen.

( )   Gibt man zu einer Lösung der Verbindung etwas Brom-Lösung, so verschwindet die
        braune Farbe des Broms nicht.

Aufgabe 83

Nebenstehend gezeigt ist ein Cumarin-
Derivat, das zur Fluoreszenzmarkierung
von Biomolekülen eingesetzt werden kann.
Auf diese Weise lassen sich Biomoleküle,
die selbst (nach entsprechender Anregung)
keine Emission von Licht im sichtbaren
Spektralbereich zeigen, sichtbar machen,
z.B. mit Hilfe eines Fluoreszenzmikros-
kops.

Welche Aussage zu dem gezeigten Cumarin-Derivat ist falsch?

( )   Die Verbindung ist ein Lacton.

( )   Durch eine basische Hydrolyse können zwei Bindungen hydrolysiert werden.

( )   Die Verbindung kann im Sinne einer nucleophilen Substitution nach dem
        S_N2-Mechanismus reagieren.

( )   Die Verbindung enthält zwei basisch reagierende tertiäre Aminogruppen.

( )   Bei einer sauren Hydrolyse der Verbindung entstünde u.a. 2-Iodessigsäure.

( )   Die Verbindung absorbiert Licht im sichtbaren Spektralbereich, weil sie ein ausge-
        dehntes π-Elektronensystem aufweist.

Aufgabe 84

Ofloxacin gehört ebenso wie Ciprofloxacin zu einer Klasse von synthetischen Antibiotika, die als Fluoroquinolone bezeichnet werden und inzwischen seit ca. 20 Jahren im Einsatz sind. Die Wirkung von Ofloxacin beruht auf der Hemmung der bakteriellen DNA-Gyrase sowie der DNA Topoisomerase IV. Im Vergleich zu den älteren verwandten Derivaten betragen die minimalen Hemmkonzentrationen oftmals nur ein Hundertstel oder weniger. Neben *Staphylokokken, Streptokokken, Neisseria gonorrhoeae, Hämophilus influenza, E. coli* und anderen Enterobakterien gehören auch „Problemkeime" wie *Proteus spez.* oder *Pseudomonas aeruginosa* zum Spektrum der Anwendung von Ofloxacin.

Ofloxacin   Ciprofloxacin

Welche Aussage zu den beiden gezeigten Verbindungen ist falsch?

( )   Beide Verbindungen können als β-Ketocarbonsäuren bezeichnet werden.

( )   Ciprofloxacin besitzt zwei aromatische Aminogruppen.

( )   Ofloxacin kann als cyclischer Ether bezeichnet werden.

( )   Man kann erwarten, dass beide Verbindungen bei neutralem pH-Wert überwiegend als Zwitterionen vorliegen.

( )   Die beiden Verbindungen sind chiral.

( )   Die beiden N-Atome, die sich im gleichen Sechsring befinden, weisen jeweils deutlich unterschiedliche Basizität auf.

Aufgabe 85

Warfarin, ein Cumarin-Derivat, ist eines der am häufigsten eingesetzten Anticoagulantien. Cumarine behindern die Synthese der Vitamin K-abhängigen Gerinnungsfaktoren II, VII, IX und X. Der Vitamin K-abhängige Schritt beinhaltet eine Carboxylierung von Glutamat-Resten und erfordert die Regeneration von Vitamin K in seine reduzierte Form, was durch Cumarin-Derivate wie Warfarin verhindert wird. Neben seinem therapeutischen Einsatz fand die Verbindung v.a. früher breite Verwendung als Rhodentizid zur Bekämpfung unerwünschter Nagetiere.

Welche Aussage zu Warfarin ist falsch?

( )   Warfarin enthält die funktionelle Gruppe eines Enols.

( )   Die Verbindung zeigt Keto-Enol-Tautomerie.

( )   Warfarin kommt in Form von zwei Enantiomeren vor.

( )   Warfarin kann als Lactam bezeichnet werden.

( )   Bei der Hydrolyse von Warfarin erhält man eine sauer reagierende Verbindung.

( )   Setzt man die Verbindung mit einer Brom-Lösung in Anwesenheit von FeBr$_3$ um, so erhält man als Nebenprodukt HBr.

Aufgabe 86

Die Verbindung Meloxicam ist ein relativ neuer nicht-steroidaler Entzündungshemmer. Im Gegensatz zu anderen derartigen bislang erhältlichen Verbindungen soll Meloxicam eine stärkere Hemmwirkung auf das induzierbare Isomer des Enzyms Cyclooxygenase (welches an entzündlichen Reaktionen beteiligt ist) ausüben als auf das konstitutive Isomer, dessen Hem-

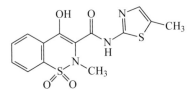

mung unerwünschte Nebenwirkungen hervorruft. Im Jahr 2000 wurde die Verbindung von der FDA als Mittel zur Behandlung rheumatoider Arthritis zugelassen.

Welche Aussage zur Verbindung Meloxicam ist falsch?

( )   Die gezeigte Verbindung liegt in der Enolform vor.

( )   Es handelt sich um ein cyclisches Sulfonsäureamid.

( )   Die Verbindung enthält einen Imidazolring.

( )   Meloxicam enthält zwei hydrolysierbare Bindungen.

( )   Der Fünfring in Meloxicam besitzt aromatischen Charakter.

( )   Die Verbindung kann in eine aromatische Sulfonsäure umgewandelt werden.

Aufgabe 87

Einer der Botenstoffe, die an der normalen Blutdruckeinstellung im Körper beteigt sind, ist das Hormon Angiotensin II. Es erhöht den Blutdruck durch eine Verengung der Blutgefäße. Gleichzeitig regt es in der Nebenniere die Bildung des Hormons Aldosteron an. Aldosteron beeinflusst den Wassergehalt des Körpers, indem es die Salz- und Wasserausscheidung über die Niere verringert. Die Flüssigkeitsmenge nimmt zu, und das Blutvolumen steigt – auch dies führt zu einem Blutdruckanstieg. Die gezeigte Verbindung Captopril ist ein ACE-Hemmer; sie blockiert das an der Herstellung von Angiotensin beteiligte Angiotensin-Converting Enzyme, kurz ACE genannt. Dadurch wird weniger Angiotensin gebildet, die Gefäße erweitern sich, das Herz wird entlastet, und der Blutdruck sinkt.

Welche der Aussagen zur Verbindung Captopril ist falsch?

( )   Captopril ist ein Derivat der natürlich vorkommenden Aminosäure L-Prolin.

( )   Die Verbindung könnte zu einem Disulfid oxidiert werden.

( )   Captopril kann ausgehend von einem reaktiven Derivat der 3-Mercapto-2-methyl-propansäure synthetisiert werden.

( )   Zu der gezeigten Verbindung existiert sowohl eine enantiomere als auch eine dia-stereomere Verbindung.

( )   Captopril liegt überwiegend in einer zwitterionischen Form vor.

( )   Die Verbindung kann zu einem Thioester acyliert werden.

Aufgabe 88

Epirubicin gehört ebenso wie z.B. Doxorubicin und Daunorubicin zu den Anthracyclinen. Anthracycline sind Antibiotika, die als Chemotherapeutika gegen verschiedene Krebsarten eingesetzt werden. Sie hemmen die Nucleinsäuresynthese und die Zellteilung, indem sie zum einen durch Intercalation zwischen die Basenstapel an DNA binden und zum anderen die DNA-Topoisomerase II in ihrer Aktivität hemmen. Durch das schnelle Wachstum der Krebs-zellen werden diese stärker gestört als gesunde Zel-len. Allerdings werden auch gesunde Körperzellen angegriffen, was zu schweren Nebenwirkungen, u.a Cardiotoxizität, Knochenmarktoxizität (Myelosuppression), Alopezie, Nausea und Erbrechen führen kann.

Welche der folgenden Aussagen zum Epirubicin ist falsch?

( )   Epirubicin besitzt eine Vollacetal-Struktur.

( )   Einer der Ringe in Epirubicin weist eine chinoide Struktur auf.

( )   Durch Oxidation von Epirubicin kann man eine α-Ketocarbonsäure erhalten.

( )   Alle Ringatome der vier kondensierten Ringe liegen in einer Ebene.

( )   Der aminosubstituierte Ring lässt sich unter sauren Bedingungen hydrolytisch vom Rest des Moleküls abspalten.

( )   Man kann erwarten, dass die Verbindung intramolekulare Wasserstoffbrücken ausbildet.

Aufgabe 89

In Deutschland sind ca. 16 Millionen Menschen zu der Gruppe der Hypertoniker zu zählen. Nach Vorgaben der WHO wird als Zielwert für jüngere Patienten (< 65 Jahre) und Diabetiker ein Blutdruck von 130/85 mm Hg angegeben. Zur Erreichung dieser Zielwerte erhalten die Patienten oft eine Kombinationstherapie, wobei Diuretika zu den Mitteln der ersten Wahl gehören. Empfohlen werden Antihypertensiva, die in niedriger Dosierung den Blutdruck effektiv senken und zugleich die Stoffwechselparameter nicht negativ beeinflussen.

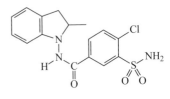

Die nebenstehende Verbindung Indapamid wurde speziell für die Therapie der Hypertonie entwickelt. Durch Verwendung einer Matrixtablette wird der Wirkstoff in einer Dosierung von 1,5 mg gleichmäßig über 24 Stunden freigesetzt. Die Substanz besitzt einen dualen Wirkmechanismus. Schon in niedrigen Dosierungen bewirkt sie eine Senkung des peripheren Gefäßwiderstands; bei höheren Dosierungen kommt zusätzlich eine saluretische Komponente zum Tragen.

Welche Aussage zu der Verbindung Indapamid ist falsch?

( )   Indapamid enthält ein teilweise hydriertes Indol-Ringsystem.

( )   Die Verbindung weist ein C-Atom mit vier verschiedenen Substituenten auf, ist also chiral.

( )   Indapamid gehört zu den Sulfonamiden.

( )   Bei einer basischen Hydrolyse von Indapamid werden zwei Bindungen gebrochen; es entsteht Ammoniak.

( )   Indapamid kann zu einem sekundären Alkohol reduziert werden.

( )   Indapamid könnte sulfoniert werden, um die Wasserlöslichkeit zu verbessern.

Aufgabe 90

Haloperidol, entwickelt 1958/59, ist ein in Deutschland zugelassenes und sehr potentes Neuroleptikum (Markenname z.B. Haldol®). Haloperidol hat gegenüber der „Ursubstanz" einen in etwa 50-fach höheren antipsychotischen Effekt bei verringerten vegetativen Nebenwirkungen (wie z.B. Mundtrockenheit, Tachykardie usw.).

Die genaue Wirkungsweise ist nicht bekannt, man nimmt aber an, dass Haloperidol spezifische Dopamin-Rezeptoren blockiert, während die Blockade der Rezeptoren, die vor allem Nebenwirkungen erzeugen, wie muscarinische und adrenerge, eher weniger ausgeprägt ist. Wie bei allen Neuroleptika sind zwei Wirkungen voneinander zu unterscheiden: eine akute und eine langfristige. Die Primärwirkung ist dämpfend und sedierend, kann also bei Erregungszuständen gewünscht sein. Erst bei längerfristiger Anwendung tritt die eigentliche Heilwirkung ein: Haloperidol wirkt stark antipsychotisch und kann als medikamentöse Begleittherapie helfen, Krankheiten wie z.B. die Schizophrenie effektiver zu behandeln.

Welche Aussage zu Haloperidol ist richtig?

( )   Haloperidol ist ein aromatischer Aldehyd.

( )   Haloperidol wird leicht zu einem Diketon oxidiert.

( )   Die beiden aromatischen Ringe sind verglichen mit Benzol wesentlich reaktiver gegenüber einer elektrophilen aromatischen Substitution.

( )   Haloperidol ist achiral.

( )   Haloperidol besitzt sowohl saure als auch basische Eigenschaften und liegt daher in wässriger Lösung als Zwitterion vor.

( )   Der Stickstoff im Haloperidol ist sp^2-hybridisiert.

Aufgabe 91

Nebenstehend abgebildet ist die Fusidinsäure, eine antibiotisch wirksame Substanz. Der Stoff wirkt aufgrund einer Hemmung der Proteinsynthese bakteriostatisch, insbesondere auf Staphylokokken, aber auch gegen Penicillinasebildner und gegen Methicillin-resistente *Staphylococcus aureus*-Stämme (MRSA).

Die steroidartige Struktur der Fusidinsäure ist verantwortlich für die hohe Penetration in Gewebe und das Fehlen von Kreuzresistenzen und Kreuzallergien mit anderen klinisch eingesetzten Antibiotika.

Fusidinsäure wird hauptsächlich lokal gegen Infektionen der Augen und der Haut durch *Staphylococcus* eingesetzt, kann aber auch als Tablette oder Infusion systemisch verabreicht werden.

Welche Aussage zu der gezeigten Verbindung ist falsch?

( ) Fusidinsäure könnte zu einem Diketon oxidiert werden.

( ) Nicht alle Sechsringe liegen in der stabilen Sesselkonformation vor.

( ) Die beiden Doppelbindungen sind Z-konfiguriert.

( ) Nach hydrolytischer Abspaltung von Essigsäure könnte es zur Ausbildung eines Lactonrings kommen.

( ) Eine Deprotonierung bei höheren pH-Werten erhöht die Wasserlöslichkeit der Verbindung.

( ) Beide OH-Gruppen nehmen axiale Positionen ein.

Aufgabe 92

Losartan ist der erste Angiotensin-Antagonist, der oral verabreicht werden kann. Losartan blockiert die Angiotensin-Rezeptoren selektiv, kompetitiv und ohne agonistische Aktivität. Das Medikament geht nur mit einem der zwei zur Zeit bekannten Angiotensin II-Rezeptoren (AT$_1$) eine Bindung ein. Durch die Besetzung dieses Rezeptors werden alle wesentlichen biologischen Wirkungen von Angiotensin II, die zur Entstehung einer Hypertonie beitragen können, hochspezifisch antagonisiert. Unter Losartan steigen die Plasma-Renin-Aktivität und die Angiotensin II-Spiegel im Plasma an.

Losartan, bisher nur zur Behandlung der Hypertonie zugelassen, ist auch bei Kranken mit Herzinsuffizienz untersucht worden. In der sogenannten LIFE-Studie (LIFE steht für „*Losartan Intervention For Endpoint Reduction in Hypertension*" (Losartan-Therapie zur Reduktion des Risikos von Bluthochdruck-bedingten Folgeerkrankungen und Tod)) wurde wissenschaftlich nachgewiesen, dass Losartan das Risiko eines Herzinfarkts oder eines Schlaganfalls in Folge von Bluthochdruck sowie das Risiko, vorzeitig an einer Herz-Kreislauf-Erkrankung zu versterben, stärker senkt als ein anderes Bluthochdruck-Medikament.

Welche Aussage zu der gezeigten Verbindung ist richtig?

( )   Die Verbindung ist ein Zwitterion.

( )   Losartan enthält einen Pyrrolring.

( )   Losartan weist ein Chiralitätszentrum auf.

( )   Losartan wird leicht zu einem Keton oxidiert.

( )   Es handelt sich um ein mehrfach substituiertes Imidazol-Derivat.

( )   Eines der Stickstoffatome ist sp³-hybridisiert.

Aufgabe 93

Die Verbindung Patulin zählt zu den Mykotoxinen; sie wird von einigen Pilzen der *Penicillium*- und *Aspergillus*-Arten gebildet. Patulin hat antibiotische Eigenschaften und wurde als genotoxisch eingestuft, nicht jedoch als carcinogen. *P. expansum* ist die Hauptursache der Fäulnis von Äpfeln und vielen anderen Früchten und Gemüse. Daher wird Patulin meist in Obst und Gemüse gefunden, wobei besonders braunfaule Äpfel dieses Toxin enthalten können. Aber auch andere Lebensmittel, wie Brot und Fleischprodukte, bieten diesen Pilzen gute Wachstumsbedingungen und können daher Patulin enthalten.

Anders als die meisten anderen Mykotoxine wird Patulin durch längeres Kochen, beim Vergären von Fruchtsäften oder durch Bakterien abgebaut. Die Gesundheitsgefährdung durch Patulin wird daher im Vergleich zu anderen Mykotoxinen als eher gering erachtet.

Welche Aussage zu der gezeigten Verbindung ist falsch?

( )   Patulin enthält zwei *E*-konfigurierte Doppelbindungen.

( )   Patulin ist ein cyclisches Halbacetal.

( )   Patulin wird leicht oxidiert.

( )   Die Verbindung ist planar.

( )   Bei einer Hydrolyse von Patulin entsteht eine Verbindung, die einem Keto-Enol-Gleichgewicht unterliegt.

( )   Patulin kann als Paar von Enantiomeren vorliegen.

Aufgabe 94

Die Bildung neuer Blutgefäße – Angiogenese oder Neovascularisation – ist nicht nur für eine Reihe physiologischer Vorgänge, wie Embryonalentwicklung und Wundheilung, von fundamentaler Bedeutung, sondern auch für pathologische Prozesse, wie z.B. Tumorwachstum und Tumormetastasierung. Aus diesen Gründen hat sich die Angiogenese zu einem attraktiven Ansatzpunkt bei der Behandlung bösartiger Krankheiten entwickelt. Eine vielversprechende Strategie die Bildung neuer Blutgefäße zu inhibieren ist die Blockierung der Biosynthese angiogenese-relevanter Enzyme und Proteine, wie z.B. Serin- und Matrixmetallo-Proteinasen, die für den Abbau der die Gefäße umgebenden Basalmembran verantwortlich sind.

Es konnte gezeigt werden, dass der Angiogenese-Inhibitor Fumagillin die Ets-1 Expression drastisch reduziert. Der Pilzmetabolit Fumagillin ist einer der stärksten angiostatischen Wirkstoffe. Sein synthetisches Analogon TNP-470 war der erste antiangiogene Wirkstoff, der in klinischen Studien angewendet wurde.

Fumagillin   TNP-470

Welche Aussage zum Fumagillin ist falsch?

( )   Fumagillin enthält dreimal die funktionelle Gruppe eines Ethers.

( )   Fumagillin besitzt ein ausgedehntes delokalisiertes π-Elektronensystem.

( )   Bei einer Hydrolyse der Verbindung entsteht eine mehrfach ungesättigte Dicarbonsäure.

( )   Fumagillin ist ein Glykosid.

( )   Eine der Doppelbindungen kann nicht durch die Z/E-Klassifikation beschrieben werden.

( )   Bei einer Synthese von Fumagillin bzw. TNP-470 könnte man von dem gleichen Alkohol ausgehen.

Aufgabe 95

1992 entdeckten der tschechische Physiologe Jaroslav Vese-
ly und der französische Biologe Laurent Meijer die Verbindung Olomoucin, die nach der nordmährischen Stadt Olo-
mouc (Olmütz) benannt wurde. Die Wissenschaftler unter-
suchten Substanzen, die das Wachstum von Pflanzen stimu-
lierten und stießen dabei auf das Olomoucin, eine Substanz
mit genau dem gegenteiligen Effekt. Inzwischen wurden die
zellulären Effekte von Olomoucin in einer Vielzahl von
Pflanzen- und Tiermodellen untersucht. Die Verbindung erwies sich als potenter Inhibitor
Cyclin-abhängiger Kinasen, die sich aus einer Kompetition um die ATP-Bindungsstelle der
Enzyme ergibt. Diese Spezifität gegenüber an der Regulation des Zellzyklus beteiligten Enzymen erweckte Hoffnungen, dass Olomoucin als Anti-Krebsmedikament geeignet sein könnte.

Welche Aussage zum Olomoucin ist falsch?

( )   Die Verbindung ist ein Purin-Derivat.

( )   Olomoucin weist mehrere basische Gruppen auf.

( )   Die Verbindung besitzt ein Chiralitätszentrum und ist somit chiral.

( )   Olomoucin kann mit einem Monosaccharid wie Ribose sowohl eine *N*- als auch eine
       O-glykosidische Bindung ausbilden.

( )   Eines der C-Atome im Olomoucin liegt in seiner höchstmöglichen Oxidationsstufe
       vor.

( )   Olomoucin kann als substituiertes Ethanolamin aufgefasst werden.

Aufgabe 96

Frisch gepresstes Olivenöl enthält, wie vor einigen Jahren in *Nature* zu lesen (<u>437</u> (2005) 45-
46), die Verbindung Oleocanthal **1**. Diese verursacht ein Brennen im Hals, ähnlich wie der
seit langem bekannte und eingesetzte Wirkstoff Ibuprofen **2**. Letzterer hemmt bekanntlich die
Cyclooxygenase-Enzyme COX-1 und COX-2 unspezifisch, nicht aber die Lipoxygenase, die
bei Entzündungsreaktionen entlang des Arachidonsäure-Pfades eingreift. Wie die Forscher
feststellten, hemmt Oleocanthal ebenso wie Ibuprofen die COX-Enzyme im Stoffwechsel,
zeigt aber *in vitro* keinen Effekt auf die Lipoxygenase. Damit könnte eine mögliche Erklärung
für die gesundheitsfördernde Wirkung einer „mediterranen" Diät mit viel Olivenöl gefunden
sein. Ein hoher Anteil an Oleocanthal wirkt demnach im Organismus analog wie Ibuprofen
und andere Schmerzmittel aus der Gruppe der nichtsteroidalen Entzündungshemmer.

(−)-Oleocanthal **1**   Ibuprofen **2**

Welche Aussage zu den beiden Verbindungen ist richtig?

( )   Die beiden Verbindungen können als Phenole bezeichnet werden.

( )   Oleocanthal kann durch Oxidation und nachfolgende Hydrolyse zu einer Tricarbonsäure umgesetzt werden.

( )   Oleocanthal besitzt in wässriger Lösung stärker sauren Charakter als Ibuprofen.

( )   Nur eine der beiden Verbindungen ist chiral.

( )   Die beiden Verbindungen enthalten jeweils eine hydrolysierbare Bindung.

( )   Beide Verbindungen reagieren leicht unter Addition von Brom.

Aufgabe 97

Chemotherapien und Mittel, die die Zellvermehrung hemmen (Zytostatika) sollen bei der Krebsbehandlung ein Selbstmordprogramm der Tumorzellen auslösen. Oft ist diese Apoptose aber gestört und der Krebs ist resistent gegenüber der Therapie. Einer neuen Untersuchung an der Universität Ulm zufolge kann das Polyphenol-Derivat Resveratrol, das ist Rotwein vorkommt, die Tumorzellen für eine Therapie wieder zugänglich machen. Der Verbindung wird bislang v.a. eine vorbeugende Wirkung gegen Herz-Kreislauf-Erkrankungen nachgesagt. Jetzt wurde herausgefunden, dass Resveratrol auch das Apoptose-hemmende Protein Survivin blockiert und dass es rascher zum Selbstmord von Krebszellen kommt, wenn man den Stoff zusammen mit Zytostatika verabreicht. Diese Befunde wecken nun Hoffnungen auf neue Kombinationstherapien gegen Krebs.

Welche Aussage zum Resveratrol ist falsch?

( )   Resveratrol kann mehrfach acyliert werden.

( )   Die Verbindung zeigt in wässriger Lösung schwach saure Eigenschaften.

( )   Resveratrol weist nur sp^2-hybridisierte C-Atome auf.

( )   *Trans*-Resveratrol steht bei Raumtemperatur im Gleichgewicht mit der entsprechenden *cis*-Verbindung.

( )   Resveratrol kann nach zwei unterschiedlichen Mechanismen mit Brom reagieren.

( )   Resveratrol kommt als Aglykon in verschiedenen Glykosiden in Frage.

Aufgabe 98

Benzodiazepine stellen die wichtigste Gruppe der Tranquilizer dar. Sie werden heute vielfach eingesetzt und sind wegen ihrer großen therapeutischen Breite relativ sicher. Diese Medikamente werden aber auch in suizidaler Absicht überdosiert.

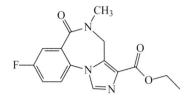

Flumazenil, Handelsname Anexate®, ist das Gegenmittel (Antidot) für Medikamente der Benzodiazepin-Gruppe und hebt sämtliche Wirkungen derselben auf. Es wirkt dabei als kompetitiver Antagonist am GABA-Rezeptor. Es muss intravenös gegeben werden, da es bei oraler Gabe weitgehend von der Leber abgebaut wird. Die Wirkung setzt rasch ein (≈ zwei Minuten), hält aber nur relativ kurz an (ca. zwei Stunden). Daher besteht bei längerwirksamen Benzodiazepinen die Gefahr des *Rebounds*, der wiedereinsetzenden Wirkung nach dieser Zeit.

Als Nebenwirkungen treten neben Übelkeit und Erbrechen Angst- und Unruhezustände auf. Bei Benzodiazepin-Abhängigen kann eine akute Entzugssymptomatik einsetzen.

Flumazenil darf nicht bei Überempfindlichkeit gegen Benzodiazepine, Leberinsuffizienz, bei Kindern und in der Schwangerschaft gegeben werden.

Welche Aussage zum Flumazenil ist richtig?

( )		Flumazenil weist ein substituiertes Imidazol-Ringsystem auf.

( )		Bei einer säurekatalysierten Hydrolyse zerfällt Flumazenil in drei Verbindungen.

( )		Die Verbindung kann als Lacton bezeichnet werden.

( )		Flumazenil enthält die funktionelle Gruppe eines sekundären Amids.

( )		Die Verbindung enthält C-Atome in ihrer höchstmöglichen Oxidationsstufe.

( )		Die Verbindung reagiert mit $NaHCO_3$-Lösung unter Gasentwicklung.

Aufgabe 99

Die meisten der heute therapeutisch verwendeten Virustatika sind Nucleosidanaloga – die Moleküle dieser Arzneimittel bestehen aus einem Zuckeranteil und einer Base. Im Vergleich zu den physiologischen DNA-Bausteinen wurde der Zuckeranteil derart chemisch modifiziert, dass es zu einer Störung der Nucleinsäure-Synthese durch Kettenabbruch oder Polymerase-Hemmung kommt. Im Gegensatz zu den bisher verfügbaren Nucleosidanaloga ist das nebenstehend gezeigte Ribavirin (Virazol®) eine Substanz mit veränderter Base.

Der Wirkungsmechanismus dieses Antimetaboliten ist noch nicht genau bekannt, beschrieben wurden jedoch eine Hemmung der Synthese von Guanosin-Nucleosiden, eine Hemmung der RNA-Polymerase und eine indirekte Hemmung der Proteinbiosynthese. Zur systemischen Gabe ist Ribavirin in den USA seit 1972 verfügbar, seit 1986 ist es von der FDA auch zur Aerosol-Behandlung zugelassen. Ribavirin wirkt zwar gegen ein recht breites Spektrum von Viren (z. B. Hepatitis A-, Influenza-, Masern-, Herpes- und HI-Viren); therapeutisch relevant ist jedoch nur die Aktivität gegen RS-Viren (= *Respiratory-Syncytial*-Viren). Unter experimentellen und therapeutischen Bedingungen wurde bisher keine Resistenzentwicklung beobachtet, wie sie von anderen Virustatika (z.B. Aciclovir (Zovirax®) oder Zidovudin (Retrovir®)) bekannt ist.

Welche Aussage zum Ribavirin ist falsch?

( )   Die Verbindung kann als Ribose-Derivat bezeichnet werden.

( )   Durch Veresterung mit Phosphorsäure entsteht aus dem Ribavirin ein Nucleotid.

( )   Bei der Verbindung handelt es sich um ein *N*-Glykosid.

( )   Die Verbindung kann als primäres Amin bezeichnet werden.

( )   Durch Umsetzung mit Methanal kann es zur Bildung eines Vollacetals kommen.

( )   Bei einer sauren Hydrolyse von Ribavirin entstehen Ammonium-Ionen.

Aufgabe 100

Die Fusarien sind eine Gruppe von wenig spezia-
lisierten Krankheitserregern an Kulturpflanzen, insbesondere an allen Getreidearten. Die bedeutendsten
Mykotoxine im Getreideanbau sind heute Deoxynivalenol und Nivalenol aus der Gruppe der Typ B
Trichothecene, wobei Deoxynivalenol wahrscheinlich das am häufigsten vorkommende Mykotoxin in
Nahrungs- und Futtermitteln ist. Beide Toxine werden vor allem durch *F. graminearum*, daneben auch
durch *F. culmorum* und *F. crookwellense* gebildet. Von *F. graminearum* scheinen in Nord- und
Südamerika, Europa und Asien die Deoxynivalenol bildenden Stämme zu dominieren; in
Japan und Australien die Nivalenol-Bildner. Nivalenol kommt weniger häufig in Getreide vor
als Deoxynivalenol; gleichzeitig weiß man viel weniger über die Toxizität von Nivalenol.

Die Trichothecene sind starke Hemmstoffe der Proteinsynthese. Allgemein wirken Trichothe-
cen daher zellschädigend. Sie sind nicht erbschädigend; die häufigsten Substanzen wie Nivalenol und Deoxynivalenol sind durch die International Agency for Research in Cancer
(IARC) als nicht krebserzeugend eingestuft. Trichothecene sind hauttoxisch und greifen zunächst den Verdauungstrakt an, aber auch das Nervensystem und die Blutbildung werden
beeinträchtigt. Außerdem stören sie das Immunsystem und führen dadurch zu erhöhter Anfälligkeit gegenüber Infektionskrankheiten. Beim Menschen sind Erbrechen, Durchfall und
Hautreaktionen die häufigsten Beschwerden bei Aufnahme von Trichothecenen durch die
Nahrung.

Welche der folgenden Aussagen zur Verbindung Nivalenol ist falsch?

( )   Nivalenol könnte zu einer Tetraoxocarbonsäure oxidiert werden.

( )   Sechsring und Fünfring im Nivalenol sind *cis*-verknüpft.

( )   Nivalenol enthält einen Epoxidring.

( )   Bei einer Reduktion der Verbindung kann ein zusätzliches Chiralitätszentrum
       entstehen.

( )   Die Verbindung zeigt keine ausgeprägt sauren oder basischen Eigenschaften.

( )   Die beiden Ethergruppen im Molekül besitzen sehr ähnliche Reaktivität.

Kapitel 2

Multiple Choice Aufgaben (Mehrfachauswahl)

Aufgabe 101

D-Glucopyranose kann mit verschiedenen anderen D-Aldohexopyranosen über eine glykosidische Bindung zu Disacchariden verknüpft werden.

Welche Aussagen zu den entstehenden Disacchariden sind richtig?

( )   1 Die entstehenden Disaccharide unterscheiden sich in der Summenformel, je nach dem, ob die zweite Aldohexopyranose Glucose, Mannose oder Galaktose ist.

( )   2 Mit D-Glucopyranose als zweitem Monosaccharid können mehrere konstitutionsisomere Disaccharide entstehen.

( )   3 Alle Disaccharide, die nur aus D-Glucopyranose bestehen, haben auch identische Schmelzpunkte.

( )   4 Die Art der Verknüpfung beider Monosaccharide ist entscheidend für die Zuordnung zur D- bzw. L-Reihe.

( )   5 Durch Verknüpfung von zwei Molekülen D-Glucopyranose kann sowohl ein reduzierendes als auch ein nicht-reduzierendes Disaccharid entstehen.

( )   6 Bei einer 1→4-Verknüpfung zweier Moleküle D-Glucopyranose können zwei Produkte entstehen, die sich im Ausmaß der Drehung der Ebene linear polarisierten Lichts (bei gleicher Konzentration im gleichen Lösungsmittel) unterscheiden.

( )   7 Bei einer Hydrolyse des entstandenen Disaccharids entstehen die gleichen Produkte unabhängig davon, ob es sich bei der ursprünglichen D-Glucopyranose um die α- oder die β-Form gehandelt hat.

( )   8 Das Disaccharid besitzt die funktionelle Gruppe eines Acetals.

( )   9 Die Hydrolyse des entstandenen Disaccharids erfordert drastische Bedingungen, z.B. Einwirkung von konz. HCl bei 110 °C über mehrere Stunden.

( )   10 Für die Geschwindigkeit einer enzymatisch katalysierten Hydrolysereaktion spielt es keine Rolle, ob das Disaccharid eine α- oder β-glykosidische Bindung enthält.

Aufgabe 102

Gegeben sind im Folgenden die Strukturformeln von sechs Verbindungen, denen Sie die unten genannten Eigenschaften zuordnen sollen. Mindestens eine der Verbindungen erfüllt die Anforderungen immer; es können aber auch mehrere Verbindungen die genannte Eigenschaft besitzen.

Folgende Eigenschaft trifft zu auf Verbindung Nr.	1	2	3	4	5	6
a) Die Verbindung kann leicht oxidiert werden.						
b) Die Verbindung enthält ein oder mehrere Chiralitätszentren.						
c) Die Verbindung ist ein Carbonsäure-Derivat.						
d) Die Verbindung ist durch Hydrierung in einen primären Alkohol überführbar.						
e) Die Verbindung kann mit einem primären Amin zu einem Imin reagieren.						
f) Die Verbindung entfärbt Bromwasser.						
g) Die Verbindung ist hydrolysierbar.						
h) Die Verbindung kann leicht decarboxylieren.						
i) Die Verbindung ist durch Nucleophile leicht angreifbar.						

Aufgabe 103

Welche Aussagen zur folgenden Verbindung sind richtig?

( ) 1 Es handelt sich um einen Zucker der *D*-Reihe.

( ) 2 Es handelt sich um einen Zucker in der Furanoseform.

( ) 3 Man kann nicht a priori sagen, ob die Verbindung rechts- (+) oder links- (–) drehend ist.

( ) 4 Es handelt sich um einen acetylierten Aminozucker.

( ) 5 Die Verbindung ist ein Derivat der Galaktose.

( ) 6 Die Verbindung zeigt reduzierende Eigenschaften.

( ) 7 Durch Umsetzung mit Methanol lässt sich die Verbindung in ein cyclisches Halbacetal überführen.

( ) 8 Das anomere C-Atom besitzt β-Konfiguration.

( ) 9 Bei säurekatalysierter Hydrolyse der Verbindung erhält man Essigsäure.

( ) 10 Bei Reaktion mit einem Molekül Glucose kann sowohl ein reduzierender als auch ein nicht-reduzierend wirkender Zucker entstehen.

Aufgabe 104

Welche Aussagen zu Verbindungen, die als „Fette" bezeichnet werden, treffen zu?

( ) 1 Fette sind chemisch gesehen Triacylglycerole.

( ) 2 Bei saurer Hydrolyse von Fetten werden diese quantitativ unter Bildung der entsprechenden Fettsäuren gespalten.

( ) 3 Fette sind als amphiphile Verbindungen am Aufbau von Biomembranen beteiligt.

( ) 4 Die ungesättigten Fettsäuren in Fetten weisen überwiegend die stabilere *trans*-Konfiguration auf.

( ) 5 Je höher der Anteil an ungesättigten Fettsäuren, desto höher liegt auch der Schmelzpunkt des Fettes.

( ) 6 Fette entstehen bei der Veresterung eines Diacylglycerols mit einer langkettigen Fettsäure.

( ) 7 Fette werden alternativ auch als Phospholipide bezeichnet.

( ) 8 Fette bilden in wässriger Lösung Micellen aus.

( ) 9 Fette zeigen bei Dünnschichtchromatographie mit einer polaren stationären und einer unpolaren mobilen Phase recht hohe R_F-Werte.

( ) 10 Fette sind gut löslich in Lösungsmitteln wie Dichlormethan.

( ) 11 Fette sind Derivate des Glykols.

Aufgabe 105

Welche Aussagen zu den Eigenschaften von Kohlenhydraten treffen zu?

( )   1 Kohlenhydrate umfassen Mono-, Di- und Polysaccharide.

( )   2 Kohlenhydrate lassen sich alle durch die gemeinsame Summenformel $C_n(H_2O)_n$ beschreiben.

( )   3 Polysaccharide sind synthetische Polymere.

( )   4 Polysaccharide gehören zu den hydrolysierbaren Verbindungen.

( )   5 In Kohlenhydraten sind die einzelnen Aminosäuren über Amidbindungen verknüpft.

( )   6 Bei der Reaktion von Monosacchariden mit Alkoholen entstehen Glykoside.

( )   7 Monosaccharide sind am Aufbau von Nucleinsäuren beteiligt.

( )   8 Kohlenhydrate erkennt man an ihrem süßen Geschmack nach Zucker.

( )   9 Kohlenhydrate sind stets chiral.

( )   10 Die Blutgruppenantigene werden durch unterschiedliche Oligosaccharide auf Zelloberflächen determiniert.

( )   11 Reduzierende Disaccharide zeigen das Phänomen der Mutarotation.

( )   12 Polysaccharide entstehen aus Monosacchariden durch Polymerisation.

( )   13 Chitin ist ein Polysaccharid, das aus acetylierten 2-Aminoglucose-Monomeren besteht.

( )   14 Saccharose ist ein nicht-reduzierendes Disaccharid.

( )   15 Epimere sind Verbindungen, die sich wie Bild und Spiegelbild verhalten.

( )   16 In Nucleotiden ist der Zucker Ribose durch eine Amidbindung mit der Base verknüpft.

( )   17 Saccharose besteht aus einer Hexose und einer Pentose.

Aufgabe 106

Welche Aussagen zu den Eigenschaften von Proteinen treffen zu?

( )   1 Proteine bestehen aus den essentiellen Aminosäuren.

( )   2 Proteine sind synthetische Polymere.

( )   3 Proteine gehören zu den nicht-hydrolysierbaren Verbindungen.

( )   4 Proteine werden bei längerer Reaktion mit konz. HCl hydrolysiert.

( )   5 Die Information für die dreidimensionale Faltung von Proteinen steckt in der Aminosäuresequenz.

( )   6 In Proteinen sind die einzelnen Aminosäuren über glykosidische Bindungen verknüpft.

( )   7 Proteine sind ebenso wie Nucleinsäuren lineare Polykondensationsprodukte.

( )   8 Die Aminosäurekette eines Proteins ist fast immer stark verzweigt.

( )   9 Proteine besitzen einen isoelektrischen Punkt.

( )   10 Da Nucleinsäuren bei physiologischen pH-Werten negativ geladen sind, ist zu erwarten, dass Proteine, die eine starke Wechselwirkung mit DNA zeigen, viele Lysin- und Argininreste enthalten.

( )   11 Die Ausbildung von Disulfidbrücken ist auch zwischen Cysteinresten möglich, die in der Aminosäuresequenz weit voneinander entfernt sind.

( )   12 Es gibt sogenannte Transmembranproteine, die biologische Membranen durchspannen.

( )   13 Proteine, die eine Quartärstruktur aufweisen, können i.A nicht denaturiert werden.

( )   14 Bei der Trennung von Proteinen durch SDS-Polyacrylamidgelelektrophorese ist die Wanderungsgeschwindigkeit der Proteine direkt proportional zu ihrer molaren Masse.

Aufgabe 107

Die nebenstehend abgebildete Taurocholsäure ist ein wesentlicher Bestandteil der Gallenflüssigkeit. Gallensäuren
spielen im Organismus eine wichtige
Rolle bei der Emulgation von Fetten im
Lipidstoffwechsel.

Welche der folgenden Aussagen treffen
zu?

Taurocholsäure

( )   1 enthält eine Esterbindung, die leicht hydrolysiert werden kann.

( )   2 besitzt ein freies Elektronenpaar am Stickstoff und liegt deshalb bei einem pH-Wert
        von 4 als Kation vor.

( )   3 setzt bei der Hydrolyse eine Aminosulfonsäure frei.

( )   4 kann unter Säurekatalyse dehydratisiert werden.

( )   5 besitzt mehrere acide Protonen, die mit HCO_3^- unter CO_2-Bildung reagieren.

( )   6 wandert auf einer DC-Platte aus Kieselgel mit einem unpolaren Laufmittel schneller
        als Cholesterol.

( )   7 addiert leicht Brom.

( )   8 kann zu einem Triketon oxidiert werden.

( )   9 gehört zur Substanzklasse der Fette.

( )   10 kann über eine glykosidische Bindung mit Zuckerresten verknüpft werden.

( )   11 kann mit einem weiteren Taurocholsäure-Molekül eine Disulfidbrücke bilden.

( )   12 weist eine *trans*-Verknüpfung zwischen Fünf- und Sechsring auf.

Aufgabe 108

Folgende Verbindungen sind in klassischen Pflanzendrogen der chinesischen Medizin gefunden worden; man schreibt ihnen u.a. schmerz- und hustenlindernde und antiallergene Eigenschaften zu:

Liquiritin
1

Licoisoflavon A
2

Licochalconel A
3

Kreuzen Sie an, welche Verbindungen die genannten Eigenschaften aufweisen!

Folgende Eigenschaft trifft zu auf Verbindung Nr.	1	2	3
a) addiert Brom			
b) enthält ein oder mehrere Chiralitätszentren			
c) kann als Glykosid bezeichnet werden			
d) kann unter milden Bedingungen hydrolysiert werden			
e) kann Wasser unter Bildung eines tertiären Alkohols addieren			
f) lässt sich mit einem reaktiven Carbonsäure-Derivat acylieren			
g) kann als α,β-ungesättigte Carbonylverbindung bezeichnet werden			
h) zeigt in wässriger Lösung basische Eigenschaften			
i) enthält das Naphthalin-Grundgerüst			
k) setzt bei Reaktion mit $NaHCO_3$-Lösung CO_2 frei			
l) enthält eine Methoxygruppe			

Aufgabe 109

Die drei im Folgenden gezeigten Verbindungen gehören zu den sogenannten „β-Blockern":

Propanolol	Bupranolol	Oxtrenolol
1	2	3

Kreuzen Sie jeweils an, welche Eigenschaften auf die Verbindungen zutreffen.

Folgende Eigenschaft trifft zu auf Verbindung Nr.	1	2	3
a) besitzt eine tertiäre Butylgruppe			
b) ist ein aromatischer Ether			
c) ist ein tertiärer Alkohol			
d) besitzt in wässriger Lösung saure Eigenschaften			
e) addiert leicht Brom			
f) kann mehrfach acyliert werden			
g) wird leicht hydrolysiert			
h) reagiert mit Aldehyden zum entsprechenden Imin			
i) reagiert mit einer sauren Lösung von $Cr_2O_7^{2-}$ zu einem Keton			
k) kann als Naphthalin-Derivat bezeichnet werden			

Aufgabe 110

Im Folgenden sind einige weit verbreitete Pestizide gezeigt.

Bentazon	2,4-Dichlorphenoxyessigsäure	Propanil	Diuron
1	2	3	4

Entscheiden Sie, welche Aussagen auf die einzelnen Verbindungen zutreffen.

Folgende Eigenschaft trifft zu auf Verbindung Nr.	1	2	3	4
a) Sie lässt sich in basischer Lösung hydrolysieren.				
b) Sie enthält die funktionelle Gruppe eines Alkohols.				
c) Sie kann als Sulfonsäureamid bezeichnet werden.				
d) Sie besitzt in wässriger Lösung saure Eigenschaften.				
e) Die Verbindung addiert leicht Brom.				
f) Die Verbindung ist ein Harnstoff-Derivat.				
g) Sie reagiert mit $NaHCO_3$ unter Gasentwicklung.				
h) Die Verbindung ist ein tertiäres Carbonsäureamid.				
i) Die Verbindung reagiert mit Aldehyden zum entsprechenden Imin.				
k) Die Verbindung setzt bei einer sauren Hydrolyse Propansäure frei.				
l) Die Verbindung lässt sich durch Reduktion in einen sekundären Alkohol überführen.				
m) Sie kann als Naphthalin-Derivat bezeichnet werden.				

Aufgabe 111

Treffen Sie eine Zuordnung zwischen den folgenden zehn Aussagen und den zehn Verbindungen, deren Strukturformeln im Folgenden angegeben sind. Jede Aussage ist eindeutig einer Verbindung zuzuordnen.

Aussage	Verbindung Nr.
1. Die Verbindung kann bei der Hydrolyse von Harnstoff entstehen.	
2. Die Verbindung entsteht bei der Hydrolyse eines cyclischen Esters.	
3. Die Verbindung entsteht bei der Oxidation eines cyclischen Halbacetals.	
4. Die Verbindung entsteht bei der Decarboxylierung von Acetylessigsäure (Acetessigsäure).	
5. Die Verbindung ist ein mögliches Ausgangsprodukt zur Herstellung von Essigsäure durch eine Oxidationsreaktion.	
6. Die Verbindung ist das Ausgangsprodukt zur Herstellung von Glycerol durch eine Reduktionsreaktion.	
7. Die Verbindung entsteht bei der nucleophilen Addition der endständigen Aminogruppe einer basischen Aminosäure an CO_2.	
8. Die Verbindung entsteht bei der intramolekularen Addition einer primären Hydroxygruppe an eine endständige Aldehydgruppe.	
9. Die Verbindung entsteht bei der Reaktion von Acetaldehyd mit Glycin.	
10. Die Verbindung entsteht bei der Decarboxylierung der heterocyclischen Aminosäure Histidin.	

Aufgabe 112

Reserpin ist das wichtigste der sogenannten *Rauwolfia*-Alkaloide. Seine
biologische Wirkung besteht u.a. in
der Behinderung der Speicherung des
Neurotransmitters Dopamin in synaptischen Vesikeln. Als Sedativum und
zur Blutdrucksenkung in Medikamenten eingesetzt vermindert es die Herz-
frequenz und wirkt relaxierend auf die
Blutgefäße.

Welche Aussagen zu der Verbindung
Reserpin treffen zu?

( )   1 Versetzt man Reserpin mit einer verdünnten Brom-Lösung, so erfolgt Addition an
die Doppelbindungen.

( )   2 Bei einer Hydrolyse in basischer Lösung werden zwei Bindungen gespalten.

( )   3 Behandelt man die Verbindung mit wässriger Säure, so entsteht u.a. 3,4,5-
Trimethoxybenzoesäure.

( )   4 Die Verbindung enthält zwei sp^3-hybridisierte Stickstoffatome.

( )   5 Nur eines der beiden N-Atome zeigt in wässriger Lösung merklich basische
Eigenschaften.

( )   6 Die Verbindung kann als Triketon bezeichnet werden.

( )   7 Die Verbindung zeigt saure Eigenschaften.

( )   8 Die Verbindung besitzt die funktionelle Gruppe eines tertiären Amids.

( )   9 Es handelt sich um ein Glykosid.

( )   10 Mit einem Alkylierungsmittel wie z.B. CH_3–I könnte eine quartäre Ammoniumverbindung entstehen.

( )   11 Die Verbindung enthält zwei Chiralitätszentren.

( )   12 Die Verbindung lässt sich zu einem sekundären Alkohol reduzieren.

Aufgabe 113

Verschiedene Mikroorganismen der Gattung *Streptomyces* erzeugen sogenannte Makrolid-Antibiotika, die gewöhnlich aus einem 12-, 14- oder 16-gliedrigen makrocyclischen Lacton sowie Amino- und Desoxyzuckern bestehen. In letzter Zeit erregte die anti-Chlamydia- und anti-Mycoplasmaaktivität dieser Verbindungen einige Aufmerksamkeit. Je nach anwesenden Substituenten am Ring lässt sich eine große Zahl verschiedener Verbindungen unterscheiden; ein Vertreter, das Leucomycin U ist nebenstehend gezeigt.

Welche Aussagen zu der gezeigten Verbindung treffen zu?

( )　　1 Die Verbindung enthält zwei kumulierte Doppelbindungen.

( )　　2 Die beiden Zuckerreste können in wässriger Säure vom Makrocyclus abgespalten werden.

( )　　3 Die Verbindung weist zwei Vollacetalgruppen auf.

( )　　4 Mit Acetyl-CoA könnte die Verbindung mehrfach acetyliert werden.

( )　　5 Für eine Lösung der Verbindung in Wasser ist die Einstellung eines pH-Werts < 7 zu erwarten.

( )　　6 Die Verbindung reagiert mit saurer $Cr_2O_7^{2-}$-Lösung zu einer Verbindung mit einer aciden Gruppe.

( )　　7 Der makrocyclische Ring lässt sich durch Reaktion mit wässriger NaOH-Lösung öffnen.

( )　　8 Bei einer Hydrolyse der Verbindung entsteht u.a. Glucose.

( )　　9 Die beiden Doppelbindungen sind Z-konfiguriert.

( )　　10 Die Verbindung enthält eine sekundäre Aminogruppe.

( )　　11 Mit Acetaldehyd (Ethanal) in basischer Lösung könnte eine Aldolkondensation erfolgen.

( )　　12 Mit Formaldehyd (Methanal) könnte die Verbindung ein cyclisches Vollacetal bilden.

Aufgabe 114

Entscheiden Sie für die folgenden Paare von Verbindungen jeweils, ob es sich um Konstitutionsisomere (K), Diastereomere (D), Enantiomere (E) oder mesomere Grenzstrukturen (M) handelt und tragen Sie das entsprechende Symbol in das Kästchen ein.

1 ☐

2 ☐

3 ☐

4 ☐

5 ☐

6 ☐

7 ☐

8 ☐

9 ☐

10 ☐

Aufgabe 115

Entscheiden Sie für die folgenden Paare von Verbindungen, welche stabiler ist und kreuzen Sie entsprechend an.

1

2

3

4

5

6

7

8

Aufgabe 116

Welche der folgenden funktionellen Gruppen bzw. Verbindungen sind bereits mit relativ schwachen Oxidationsmitteln und ohne Zerstörung der Kohlenstoffkette oxidierbar (dehydrierbar)?

$$( )\quad R-\overset{\displaystyle H}{\underset{\displaystyle H}{C}}-O-R \qquad ( )\quad R-\overset{\displaystyle H}{\underset{\displaystyle H}{C}}-OH \qquad ( )\quad R-\overset{\displaystyle H}{\underset{\displaystyle OH}{C}}-OH \qquad ( )\quad R-\overset{\displaystyle H}{\underset{\displaystyle O-R}{C}}-OH$$

$$\underline{1} \qquad\qquad \underline{2} \qquad\qquad \underline{3} \qquad\qquad \underline{4}$$

$$( )\quad R-\overset{\displaystyle R}{\underset{\displaystyle OH}{C}}-OH \qquad ( )\quad R-\overset{\displaystyle OH}{\underset{\displaystyle H}{C}}-NH-R \qquad ( )\quad R-\overset{\displaystyle H}{\underset{\displaystyle O-R}{C}}-O-R \qquad ( )\quad R-\overset{\displaystyle O}{C}-NH-R$$

$$\underline{5} \qquad\qquad \underline{6} \qquad\qquad \underline{7} \qquad\qquad \underline{8}$$

$$( )\quad R-\overset{}{\underset{\displaystyle R}{C}}=N-R \qquad ( )\quad H-\overset{\displaystyle O}{C}-OH \qquad ( )\quad \overset{-O}{\underset{}{}}\!\!\overset{O-R}{\underset{\displaystyle H}{}} \qquad ( )\quad \overset{-O}{\underset{}{}}\!\!\overset{OH}{\underset{\displaystyle H}{}}$$

$$\underline{9} \qquad\qquad \underline{10} \qquad\qquad \underline{11} \qquad\qquad \underline{12}$$

Aufgabe 117

Welche Aussagen zu den beiden Verbindungen, die unten abgebildet sind, treffen zu?

( )   1 Die beiden Verbindungen sind typische Bestandteile des Körperfetts.

( )   2 In wässriger Lösung bilden beide Verbindungen Lipiddoppelschichten.

( )   3 Bei einem pH-Wert von 6 liegt nur Verbindung **1** überwiegend in der gezeigten Form vor.

( )   4 Beide Verbindungen enthalten genau vier hydrolysierbare Bindungen.

( )   5 Verbindung **1** kann als gesättigtes Lecithin bezeichnet werden.

( )   6 Es ist anzunehmen, dass die Phasenübergangstemperatur von Verbindung **1** deutlich höher liegt, als von Verbindung **2**.

( )   7 Verbindung **2** ist ein Phosphorsäurediester.

( )   8 Bei einer sauren Hydrolyse von Verbindung **2** entstehen u.a. Linol- und Ölsäure.

( )   9 Verbindung **2** entsteht bei einer Veresterung von Phosphatidsäure mit der Aminosäure Glycin.

( )   10 Es handelt sich um typische Micellbildner.

( )   11 Verbindung **2** wird durch Luftsauerstoff allmählich oxidiert, während **1** deutlich weniger oxidationsempfindlich ist.

( )   12 Durch eine dreifache Methylierung enthält man aus **1** das 1,2-Dipalmitoylphosphatidylcholin.

Aufgabe 118

Das Wachstum von schnell wachsenden Tumoren kann man dadurch zum Stillstand bringen, dass man die Neubildung von Blutgefäßen (Angiogenese), die den Tumor mit Nahrungsstoffen versorgen, behindert. Dies ist ein vielversprechender neuer Ansatz in der Tumortherapie.

Die Neubildung von Blutgefäßen wird z.B. durch das Peptid **1** behindert.

In Analogie zur Struktur von Peptid **1** ist der pharmazeutische Wirkstoff **2** so hergestellt worden, dass seine Struktur der Struktur des Peptids **1** in mancher Hinsicht ähnlich ist.

1   **2**

Welche der folgenden Aussagen zu den beiden Substanzen **1** und **2** sind richtig?

( )   1 Beide Verbindungen enthalten die funktionelle Gruppe des Guanidiniumsystems.

( )   2 Beide Verbindungen enthalten als Strukturbaustein die Aminosäure Glycin.

( )   3 Beide Verbindungen enthalten als Strukturbaustein die saure Aminosäure Glutaminsäure.

( )   4 Verbindung **1** ist ausschließlich aus α-Aminosäuren aufgebaut.

( )   5 Verbindung **2** enthält neben einer α-Aminosäure auch eine β-Aminosäure.

( )   6 Bei der Hydrolyse der Verbindung **1** werden fünf α-Aminosäuren gebildet.

( )   7 Bei der Hydrolyse der Verbindung **2** werden zwei verschiedene Verbindungen gebildet.

( )   8 Beide Verbindungen enthalten die gleiche Anzahl von sauren und basischen Gruppen im Molekül und haben deshalb einen ähnlichen isoelektrischen pH-Wert.

( )   9 Beide Verbindungen liegen im gezeigten Ladungszustand dann vor, wenn der pH-Wert kleiner ist als 4.

( )   10 Alle in Verbindung **2** enthaltenen funktionellen Gruppen befinden sich im gleichen Oxidationszustand.

Aufgabe 119

Flavonoide gehören zu einer Gruppe von polyphenolischen Verbindungen, die in der Natur weit verbreitet ist. Sie wirken als natürliche Antioxidantien und Radikalfänger. Es handelt sich zwar um keine essentiellen Nahrungsbestandteile, jedoch haben diese Verbindungen aufgrund ihrer potentiell gesundheitsfördlichen Eigenschaften breites Forschungsinteresse auf sich gezogen. In den zahlreichen Studien wird u.a. auf antivirale, antiallergische, „anti-aging" sowie entzündungshemmende Eigenschaften hingewiesen.

Im Folgenden gezeigt sind die Stammverbindungen einiger der Flavonoid-Klassen, von denen sich eine Vielzahl von Einzelverbindungen ableitet.

Flavon   Flavonol   Isoflavon

Flavanon   Flavan-3-ol

Welche Aussagen zu den gezeigten Flavonoiden sind falsch?

( )   1 Flavon und Isoflavon sind Konstitutionsisomere.

( )   2 Flavon und Isoflavon sind Diastereomere.

( )   3 Flavonol kann als Oxidationsprodukt von Flavon aufgefasst werden.

( )   4 Flavan-3-ol und Flavonol sind isomere Verbindungen.

( )   5 Flavonol unterliegt der Keto-Enol-Tautomerie.

( )   6 Flavan-3-ol und Flavonol bilden ein Redoxpaar.

( )   7 Flavanon und Flavan-3-ol sind beides Phenole.

( )   8 Von den gezeigten Verbindungen ist genau eine chiral.

( )   9 Alle fünf Verbindungen können zu einem sekundären Alkohol reduziert werden.

( )   10 Flavonol und Flavan-3-ol reagieren mit Glucuronsäure zu einem Glykosid.

( )   11 Der hydrophile Charakter von Flavon ist weniger ausgeprägt als von Flavonol.

( )   12 Flavanon kann mit Brom in einer elektrophilen Addition reagieren.

( )   13 Führt man mit Flavanon eine elektrophile aromatische Substitution durch, kann man erwarten, dass diese bevorzugt am phenolischen Ring stattfindet.

Aufgabe 120

Im Folgenden gezeigt sind die drei Alkaloide Nicergolin, Lisurid und Haemanthamin, wobei sich die beiden ersten von der bekannten Lysergsäure ableiten.

Nicergolin   Lisurid   Haemanthamin

Bei dem synthetischen Mutterkornalkaloid-Derivat Nicergolin steht die alpha-sympatholytische, gefäßerweiternde Wirkung im Vordergrund. Zusätzlich werden u.a. Wirkungen auf die Thrombozytenaggregation und die Sauerstoffutilisation im Gewebe geltend gemacht. Elektroenzephalographisch lassen sich zwar Behandlungseffekte nachweisen, es ist jedoch umstritten, ob das Ausmaß der beobachteten Verbesserungen eine klinisch relevante therapeutische Wirksamkeit belegen kann.

Nicergolin wird schnell und nahezu vollständig aus dem Magen-Darm-Trakt resorbiert. Durch Hydrolyse der Esterbindung und *N*-Demethylierung wird die Verbindung nahezu vollständig verstoffwechselt und die entstehenden, aktiven Metabolite glykosyliert. Elimination der Metabolite von Nicergolin erfolgt zu 80 % über die Niere und zu 10 % durch Ausscheidung mit den Fäzes. Vereinzelt kann es nach oraler Gabe von Nicergolin zu geringfügigen Magenbeschwerden kommen, welche durch Einnahme zu den Mahlzeiten vermieden werden können. Gelegentlich können vorübergehend leichtes Hitzegefühl, Kopfdruck, Müdigkeit und Schlaflosigkeit sowie Hautrötung auftreten. Aufgrund der alpha-adrenolytischen Wirkung kann es vor allem bei Patienten mit niedrigem Blutdruck zu einem mäßigen Blutdruckabfall eventuell mit kreislaufbedingten Schwindelzuständen kommen. Dies gilt insbesondere bei parenteraler Gabe.

Lisurid ist ein Dopamin-Agonist. Es kann im Gegensatz zu Dopamin die Blut-Hirn-Schranke passieren und bindet an Dopamin (D2)- und Serotonin (5-HT1A)-Rezeptoren. Die Parkinson-Krankheit ist durch einen Mangel des Botenstoffs Dopamin im Gehirn (in Folge zu geringer Dopamin-Synthese) gekennzeichnet. Durch Lisurid können die Symptome der Parkinson-Krankheit gebessert werden. Außerdem wird es bei Stoffwechselstörungen eingesetzt, die durch erhöhte Produktion der Hormone Prolaktin und Wachstumshormon gekennzeichnet sind.

Haemanthamin findet sich zusammen mit einigen anderen Alkaloiden u.a. in verschiedenen Narzissengewächsen, wie dem Ritterstern.

Welche der folgenden Aussagen sind falsch?

( )   1 Nicergolin und Lisurid enthalten das heterocyclische Indol-Ringsystem.

( )   2 Nicergolin ist ein Pyrimidin-Derivat.

( )   3 Lisurid kann als ein Derivat des Harnstoffs bezeichnet werden.

( )   4 Nicergolin ist ein Nicotinsäureester.

( )   5 Alle drei Verbindungen sind chiral.

( )   6 Haemanthamin enthält einen Furanring.

( )   7 Alle drei Verbindungen enthalten zumindest eine hydrolysierbare Bindung.

( )   8 Lisurid enthält eine sekundäre Aminogruppe.

( )   9 Bei der Umsetzung von Haemanthamin mit wässriger Säure enthält man zwei phenolische OH-Gruppen und einen leicht flüchtigen Aldehyd.

( )   10 Alle Verbindungen reagieren mit Brom in einer elektrophilen Addition.

( )   11 Alle Verbindungen zeigen basische Eigenschaften.

( )   12 Haemanthamin kann zu einer Carbonsäure oxidiert werden.

( )   13 Nach einer Hydrolyse von Nicergolin kann das tetracyclische Produkt mit Glucuronsäure konjugiert und so für eine Ausscheidung besser wasserlöslich gemacht werden.

Kapitel 3

Funktionelle Gruppen und Stereochemie

Aufgabe 121

Einige der folgenden Molekülformeln entsprechen stabilen Verbindungen. Wenn möglich, zeichnen Sie eine stabile Struktur zu jeder Formel.

CH_2 CH_3 CH_4 CH_5

C_2H_2 C_2H_3 C_2H_4 C_2H_5 C_2H_6 C_2H_7 C_2H_8

C_3H_3 C_3H_4 C_3H_5 C_3H_6 C_3H_7 C_3H_8 C_3H_9

Gibt es eine allgemeine Regel für die Anzahl der H-Atome in stabilen Kohlenwasserstoffen?

Aufgabe 122

Erinnern Sie sich an die Elektronegativitäten der Elemente, und entscheiden Sie für die im Folgenden aufgeführten Bindungen,

a) die Richtung des Dipolmoments

b) ob das Dipolmoment relativ groß oder klein ist

$C-Cl$ $C-H$ $C-Li$ $C-N$ $C-O$

$C-Mg$ $N-H$ $O-H$ $C-Br$ $C-F$

Aufgabe 123

a) Zeichnen Sie alle Isomere mit der Summenformel $C_5H_{11}Br$ und geben Sie systematische Namen für alle Isomere an.

b) Wie viele davon sind primäre, wie viele sekundäre und wie viele tertiäre Halogenalkane?

Aufgabe 124

Die unten gezeigte Verbindung Cephalosporin C wird in der Natur von dem Schimmelpilz *Cephalosporium acremonium* gebildet. Cephalosporin C wurde 1978 entdeckt und dient bis heute als Grundsubstanz für die Herstellung zahlreicher weiterer (halbsynthetischer) Cephalosporine. Cephalosporine sind eine Gruppe von Breitband-Antibiotika für den medizinischen Einsatz. Wie auch die Penicilline gehören sie der Gruppe der β-Lactam-Antibiotika an. Sie wirken bakteriostatisch, d.h. sie hindern die Bakterien an der Vermehrung durch Eingriff in die Zellwandsynthese, töten sie jedoch nicht ab. Daher ist eine ausreichende Anwendungsdauer und -dosis entscheidend für den Erfolg der Therapie. Neben den „klassischen" Cephalosporinen gibt es eine Reihe von abgewandelten Verbindungen, die als Cephalosporine der zweiten und dritten Generation bezeichnet werden.

Der Vorteil der zweiten Generation ist eine bessere Resistenz gegen β-Lactamase, ein Enzym, mit dem Bakterien das Antibiotikum inaktivieren können. Die dritte Generation hat ein breiteres Wirkungsspektrum (also weniger Resistenzen). Mindestens 18 Substanzen waren in den 90er Jahren auf dem deutschen Markt zugelassen; nach einer Konsolidierungsphase enthält die „Rote Liste" jetzt noch 9 Cephalosporine mit guter Verträglichkeit und Wirksamkeit.

a) Markieren und benennen Sie alle funktionellen Gruppen im Cephalosporin C!

b) Welche Produkte entstehen bei einer vollständigen basischen Hydrolyse dieser Verbindung? Zeichnen Sie die Strukturformeln für diese Hydrolyseprodukte!

Aufgabe 125

Biologisch abbaubare Kunststoffe kommen für Anwendungen im medizinischen Bereich in Frage, wenn ein rascher Abbau der Verbindung erwünscht ist, z.B. bei der Verwendung als chirurgisches Nahtmaterial oder als Implantat zur kontrollierten Freisetzung von Arzneimitteln. Folgende Strukturformel zeigt einen Ausschnitt aus der Kette eines solchen Kunststoffs:

a) Zeichnen Sie die Strukturformel des Monomers und geben Sie seinen Namen an!

b) Durch welche funktionelle Gruppe wird die Kette des Polymers aufgebaut?

c) Durch welche chemische Reaktion wird die Kette des Polymers abgebaut?

d) Welche funktionelle Gruppe liegt in dem Polymer für den Fall vor, dass O durch -NH- ersetzt wird und wie heißt das zugehörige Monomer?

Aufgabe 126

Formulieren Sie Strukturformeln für alle Dicarbonsäuren, die folgende Kriterien erfüllen:

- nicht mehr als vier C-Atome, die durch Einfach- oder Mehrfachbindungen verknüpft sein können
- außer den beiden Carboxylgruppen keine weiteren funktionellen Gruppen mit Heteroatomen
- isomere Strukturen müssen deutlich gekennzeichnet sein

Aufgabe 127

Das Glykosid Strophanthin kommt im Samen von verschiedenen afrikanischen Pflanzen der Gattung *Strophanthus* aus der Familie der Hundsgiftgewächse vor. Die jeweilige Substanz aus *Strophanthus kombe* und *gratus* gehört zu den herzwirksamen Digitaloiden und ist von den eigentlichen – aus dem Fingerhut (*Digitalis*) stammenden – Digitalisglykosiden zu unterscheiden. In höheren Konzentrationen, die klinisch nur durch hohe Dosierungen intravenös verabreichten Strophanthins zu erreichen sind, hemmt der Wirkstoff die in der Zellwand lokalisierte Natrium-Kalium-ATPase, den Rezeptor für Herzglykoside. Diese Hemmung der Natrium-Kalium-ATPase wird als die klassische Wirkung der Herzglykoside angesehen, die über den erhöhten zellulären Gehalt an Natrium und somit auch Calcium (via Natrium-Calcium-Austauscher) zu einer Steigerung der Kontraktionskraft der Herzmuskelzelle führt (sog. positiv inotroper Effekt), ein wichtiges Wirkprinzip bei Herzinsuffizienz, der klassischen Indikation für Herzglykoside.

In geringen, physiologischen Konzentrationen, wie sie als Hormon, nach oraler Gabe sowie auch nach langsamer intravenöser Injektion in niedriger Dosierung gemessen werden, wirkt Strophanthin hingegen stimulierend auf die Natrium-Kalium-ATPase, was zur Senkung des zellulären Natrium- und Calciumgehalts führt.

Oben gezeigt ist das Aglykon von Strophanthin, das als Strophanthidin bezeichnet wird.

a) Markieren Sie alle funktionellen Gruppen im Molekül, indem Sie die daran beteiligten Atome einkreisen und benennen Sie die funktionellen Gruppen!

b) Strophanthin kann ohne Zerstörung des C-Gerüstes oxidiert werden. Formulieren Sie eine entsprechende Redoxteilgleichung für die vollständige Oxidation unter Erhalt des Kohlenstoffgerüsts.

c) Bei der Hydrolyse von Strophanthin entstehen zwei neue funktionelle Gruppen. Welche sind dies?

Aufgabe 128

Im Folgenden sind einige Verbindungen gezeigt, für die jeweils mehrere mesomere Grenzstrukturen formuliert werden können. Vernachlässigen Sie dabei sehr instabile Grenzstrukturen, für die nur ein sehr geringer Beitrag zur tatsächlichen Struktur zu erwarten ist und geben Sie jeweils an, welche Struktur den größten Beitrag leistet. Gibt es Strukturen, bei denen alle Grenzstrukturen den gleichen Beitrag leisten?

Aufgabe 129

Der Duft- und Aromastoff (–)-Menthol ist die Hauptkomponente der verschiedenen Minz- und Pfefferminzöle (v.a. Arvensis- und Piperita-Öle). Kommerziell erhältliches (–)-Menthol stammt in den meisten Fällen aus Pfefferminzölen, die den Stoff schon durch einfaches Ausfrieren freigeben. Menthol ist der praktisch bedeutsamste gesättigte Terpenalkohol, abgeleitet vom p-Menthan. Der Terpenalkohol ist darüber hinaus verbreitet in weiteren natürlichen ätherischen Ölen, jedoch nur als Nebenkomponente. Geringe Mengen von Menthol sind z.B. enthalten in Kalaminthkrautöl (Bergmelisse), Geraniumöl Afrika (ca. 1 %) sowie – neben Menthon und Isomenthon – in Buccublätteröl. Menthol wird in der Lebensmittel- und Kosmetikindustrie in einem breiten Einsatzfeld gebraucht, vor allem als Aromastoff für Süßwaren, Kaugummi, Liköre, Zahn- und Mundpflegemittel sowie für Zigaretten; weiterhin als duftender, erfrischender und desinfizierender Bestandteil von Kosmetika (Haar- und Körperpflegemittel,

Lotionen, Balsame usw.). Die Pharmazie nutzt Menthol aufgrund seiner zahlreichen pharmakologischen Wirkungen. Die Konstitution von Menthol ist nebenstehend gezeigt.

a) Zeichnen Sie die Verbindung in ihrer stabilsten Konformation und bestimmen Sie für eventuell vorhandene Chiralitätszentren die absolute Konfiguration des von Ihnen gezeichneten Stereoisomers. Wieviele Stereoisomere kommen vor?

b) Welche Verbindung(en) entsteht/entstehen bei der säurekatalysierten Dehydratisierung aus Menthol? Falls mehrere Verbindungen entstehen können – entstehen sie in gleicher Menge? (kurze Begründung!)

c) Warum wird die Reaktion bevorzugt mit H_2SO_4 durchgeführt und nicht etwa mit HCl?

Aufgabe 130

a) Ordnen Sie den Heteroatomen in folgenden Verbindungen formale Ladungen zu:

$$H-\ddot{\underset{..}{O}}: \quad CH_3-\underset{\underset{CH_3}{|}}{\overset{\overset{CH_3}{|}}{N}}-CH_3 \quad H-\underset{\underset{H}{|}}{\overset{\overset{H}{|}}{C}}-H \quad CH_3-\underset{..}{\overset{..}{O}}-CH_3 \quad H-\underset{\underset{H}{|}}{\overset{\overset{H}{|}}{N}}-\underset{\underset{H}{|}}{\overset{\overset{H}{|}}{B}}-H$$

b) Geben Sie die Hybridisierungen für die C, O und N-Atome in folgenden Verbindungen an:

$$CH_3-CH=CH-CH=C=CH_2 \qquad \underset{H}{\overset{H}{>}}C=CHC\equiv C-H \qquad CH_3\overset{\overset{O}{\|}}{C}CH_2-OH \qquad CH_3NH-CH_2CH_2N=CHCH_3$$
$$\text{a} \qquad\qquad\qquad \text{b} \qquad\qquad\qquad \text{c} \qquad\qquad\qquad \text{d}$$

Aufgabe 131

Das synthetische Antibiotikum Norfloxacin (BARAZAN®) wurde 1984 als neues Präparat zur Behandlung von Harnwegsinfektionen eingeführt. Es zeigt breite Wirkungsspezifität gegen pathogene gramnegative und grampositive Bakterien. Die Wirkung beruht auf einer Wechselwirkung mit dem Enzym DNA-Gyrase, das für die Synthese bakterieller DNA erforderlich ist. Dadurch wird die Ausbildung der erforderlichen DNA-Quartärstruktur verhindert. Norfloxacin wird in Tablettenform als Noroxin hauptsächlich zur Behandlung von Harnwegsinfektionen und Gonorrhoe verschrieben. Die wichtigsten Nebenwirkungen sind Übelkeit, Appetitlosigkeit und Erbrechen.

a) Identifizieren Sie alle funktionellen Gruppen im Molekül und bezeichnen Sie diese eindeutig.

b) Mit einem geeigneten Elektrophil wie CH_3–I kann die Verbindung methyliert werden. Formulieren Sie eine entsprechende Reaktion.

Aufgabe 132

Gegeben sind die beiden Enantiomere *D*- und *L*-Milchsäure. Letztere kommt überwiegend natürlich vor, z.B. in Joghurt und anderen Milchprodukten. Als Endprodukt des Glucoseabbaus im Zuge der Glykolyse entsteht sie, wenn Pyruvat z.B. infolge starker Muskelaktivität und mangelnder Sauerstoffversorgung nicht rasch genug zu Acetyl-CoA abgebaut werden kann.

a) Zeichnen Sie beide Verbindungen in der Fischer-Projektion und benennen Sie die Milchsäure nach rationeller Nomenklatur.

b) In welchen Eigenschaften unterscheiden sich diese beiden Verbindungen?

c) Milchsäure kann zu einem Polykondensationsprodukt reagieren. Die Polymilchsäure (PLA) wird aus nachwachsenden Rohstoffen gewonnen. Der Kunststoff aus Milchsäure ist kohlendioxidneutral, wird umweltfreundlich auf biologische Weise abgebaut und bietet angesichts stetig steigender Ölpreise eine Werkstoffalternative auf heimischer Rohstoffbasis. Stärkehaltige Pflanzen wie Roggen, Mais oder Zuckerrüben liefern den Grundstoff für die Produktion des zukunftsträchtigen Polymerwerkstoffs.
Formulieren Sie diese Polykondensationsreaktion und markieren Sie die Wiederholeinheit im Polymer-Ausschnitt durch eine eckige Klammer.

Aufgabe 133

Die Verbindung Nelfinavir-Mesylat (Handelsname Viracept®) gehört zur Klasse der antiretroviralen Substanzen, die Protease-Inhibitoren genannt werden. Nelfinavir-Mesylat hemmt ebenso wie die bisher bekannten Arzneistoffe aus dieser Gruppe (Indinavir (Crixivan®), Ritonavir (Norvir®) und Saquinavir (Invirase®, Fortovase®)) ein viruseigenes Enzym, die HIV-Protease, wodurch die Spaltung des viralen *gag-pol*-Proteins verhindert wird. Dies führt zu unreifen, nicht-infektiösen Viren, die keine weiteren Zellen mehr infizieren können.

Protease-Inhibitoren verhindern deshalb bei HIV-infizierten Personen neue Infektionszyklen. Zwischen den einzelnen Protease-Inhibitoren besteht eine weitgehende Kreuzresistenz; d.h. gegen Viren, die gegenüber einer Substanz unempfindlich geworden sind, wirken auch die anderen Medikamente dieser Substanzklasse nicht mehr, oder zumindest nicht mehr zuverlässig. Nelfinavir ist zugelassen zur Kombinationstherapie der HIV-Infektion und wird vorzugsweise zusammen mit zwei Nucleosidanaloga RT-Hemmern eingesetzt.

a) Bezeichnen Sie alle funktionellen Gruppen im Molekül so exakt wie möglich.

b) Wieviele acylierbare Gruppen enthält Nelfinavir? Formulieren Sie eine Reaktionsgleichung für eine vollständige Acetylierung mit einem geeigneten Carbonsäure-Derivat.

Aufgabe 134

a) Betrachten Sie die Verbindung Propansäureethylester. An welchem der beiden Sauerstoffatome erwarten Sie die höhere Elektronendichte?

b) Gegeben sind die beiden Verbindungen *N*-Cyclohexylpropansäureamid und *N*-Phenylpropansäureamid. Welche der beiden Verbindungen weist die größere Elektronendichte am Sauerstoff auf?

c) Welche Art von Isomerie liegt bei den beiden folgenden Verbindungen vor? Unterscheiden sich die beiden Verbindungen hinsichtlich der Elektronendichte am Stickstoffatom?

Aufgabe 135

Mykotoxine sind sekundäre Metaboliten mit relativ niedrigen molaren Massen, die von bestimmten Pilzen bei ihrem Wachstum auf Lebensmitteln gebildet werden. Sie sind häufig Abkömmlinge von Peptiden, Aminosäuren, Phenolen oder Terpenen, welche die Pilze in ihrem normalen Stoffwechsel verwenden. Ein solches Mykotoxin ist das nebenstehend gezeigte Ochratoxin A, das von *Penicillium*- und *Aspergillus*-Spezies gebildet wird. Es wurde erstmal 1969 auf einer amerikanischen Maisprobe entdeckt und wird als potentielles Carcinogen für den Menschen betrachtet.

a) Bezeichnen Sie alle Chiralitätszentren nach der (*R/S*)-Nomenklatur.

b) Unter stark sauren Bedingungen kann die Verbindung hydrolysiert werden. Formulieren Sie eine entsprechende Reaktionsgleichung. Eines der Produkte sollte Ihnen bekannt vorkommen. Benennen Sie die Verbindung mit ihrem Trivial- sowie mit ihrem rationellen Namen.

Aufgabe 136

Die abgebildete Domoinsäure, auch als „*Amnesic Shellfish Poison*" (ASP) bezeichnet, ist ein Phycotoxin, das von verschiedenen Algenarten gebildet wird. Die Verbindung akkumuliert leicht in Meeresorganismen, die sich von Phytoplankton ernähren, wie z.B. Schellfisch, Anchovis und Sardinen. Die Verbindung wirkt im Säugerorganismus als potentes Neurotoxin. Sie bindet sehr fest an den Glutamat-Rezeptor im Gehirn.

Zunächst kommt es häufig zu gastrointestinalen Symptomen, wie z.B. Übelkeit und Durchfall, bevor mit einer Verzögerung von einigen Stunden bis Tagen die neurologischen Symptome, die in schweren Fällen zum Tod führen können, auftreten.

Die sehr ähnliche Verbindung **2** kann aus einer Vorläuferverbindung **1** entstehen.

a) In welchem Verhältnis steht die Verbindung **2** zur Domoinsäure?

b) Domoinsäure erweist sich bei genauerem Hinsehen als eine disubstituierte proteinogene Aminosäure. Welche Aminosäure ist in der Domoinsäure enthalten und wie ist die absolute Konfiguration (*R/S*) am α-C-Atom?

c) Welche Reagenzien benötigen Sie, um die Umwandlung von **1** in **2** zu bewerkstelligen? Formulieren Sie entsprechende Reaktionsgleichungen.

Aufgabe 137

Azithromycin (Handelsname Zithromax®) gehört zur Gruppe der sogenannten Makrolid-Antibiotika. Azithromycin wird gegen bestimmte bakterielle Infektionen, wie Bronchitis, Lungenentzündung und sexuell übertragbare Krankheiten (STD) eingesetzt. Wie alle Vertreter dieser Klasse von Antibiotika weist es eine sehr komplizierte Struktur mit zahlreichen Chiralitätszentren auf:

a) Bestimmen Sie exemplarisch die absolute Konfiguration der beiden C-Atome **1** und **2**, an die die beiden Zuckerreste gebunden sind.

b) Wie ändert sich die Anzahl der Chiralitätszentren, wenn Sie die Verbindung einer Oxidation (ohne Zerstörung des C-Gerüsts), z.B. mit $Cr_2O_7^{2-}$ unterwerfen?

c) Durch welche Reaktion lassen sich die beiden Zuckerreste vom Makrocyclus abspalten? Wird die Struktur des 15-gliedrigen Rings durch diese Reaktion beeinflusst? Formulieren Sie eine entsprechende Reaktionsgleichung.

Aufgabe 138

Nandrolon, auch 19-Nortestosteron, gehört zu den anabolen Steroiden; ebenso wie Testosteron beeinflusst es die Entwicklung der männlichen Geschlechtsorgane und die Proteinsynthese in der Muskulatur. Da Nandrolon eine wesentlich höhere Aktivität als Testosteron aufweist und das Verhältnis zwischen virilisierender Wirkung und anaboler Wirkung zugunsten des Stoffwechseleffekts verschoben ist, ist es als Dopingmittel von Interesse und als solches auch schon wiederholt in Erscheinung getreten. Einige Berühmtheit erlangte im Jahr 1999 der Fall des Mittelstreckers Dieter Baumann, dessen positiver Test auf Nandrolon für einigen Wirbel sorgte. Damals hatte das Kölner Doping-Labor von Wilhelm Schänzer bei seinen Nachforschungen die Zahnpasta der Familie als mögliche Dopingquelle ausgemacht. Die Creme sei offensichtlich mit Nandrolon oder dessen Vorläufersubstanzen durchsetzt gewesen. Nebenstehend gezeigt ist die zweidimensionale Darstellung der Verbindung.

a) Leiten Sie aus dieser die vermutlich stabilste dreidimensionale Konformation ab.

b) Welche funktionellen Gruppen sind vorhanden? Welcher Reaktionstyp käme in Frage, um den ungesättigten Ring aufzubauen?

Aufgabe 139

Ezetimib ist der erste Vertreter der neuen Wirkstoffklasse der Cholesterol-Resorptionshemmer. Es vermindert die intestinale Resorption sowohl des mit der Nahrung aufgenommenen Cholesterols als auch des endogenen Cholesterols aus der Galle (enterohepatischer Kreislauf).

Die Anwesenheit des Wirkstoffs führt v.a. zur Senkung des LDL-Cholesterol-Spiegels.

a) Wie bezeichnet man das heterocyclische Ringsystem? Weist die Verbindung eher saure oder basische Eigenschaften auf?

b) Kann die Verbindung oxidiert werden?

Aufgabe 140

Natamycin ist ein Antimykotikum aus *Streptomyces natalensis*, einem Actinobacterium der Gattung *Streptomyces*. Es ist ein Makrolid-Polyen-Antimykotikum und findet Verwendung als Arzneimittel und in der Lebensmittelindustrie. Unter dem Kürzel E 235 ist die Verbindung als Konservierungsmittel für die Oberflächenbehandlung von Käse und getrockneten bzw. gepökelten Würsten zugelassen. In einigen Nicht-EU-Ländern ist der Einsatz von Natamycin auch für andere Lebens- und Genussmittel erlaubt, z.B. für Wein. Die Substanz dient dabei einerseits zum Unterbrechen der Gärung bei einem bestimmten Restzuckergehalt und andererseits als Schutz gegen unerwünschte mikrobielle Einflüsse nach der Gärung durch Schadorganismen. Um eine Wirkung zu erzielen, ist in etwa ein Zusatz von 10 mg/L Natamycin zum Produkt notwendig.

Wie u.a. Spiegel Online berichtete, wurden in Rheinland-Pfalz 103.000 Flaschen eines Weines mit der Bezeichnung „Villa Atuel 2008 San Rafael Syrah Merlot, Argentina" sichergestellt bzw. aus den Regalen genommen, der für eine Supermarktkette abgefüllt worden war, weil sie das Antibiotikum Natamycin enthielten. Die Weinkontrolle in Rheinland-Pfalz hatte nach Hinweisen auf belastete Importe aus Übersee insgesamt 17 Kontrollen durchgeführt.

a) Nennen Sie alle funktionellen Gruppen, die Sie im Natamycin identifizieren können. Wie viele hydrolysierbare Funktionalitäten sind vorhanden? Spielt dabei der pH-Wert eine Rolle?

b) Welchen Ladungszustand erwarten Sie für die Verbindung im neutralen pH-Bereich?

Aufgabe 141

1,8-Diazabicyclo[5.4.0]undec-7-en (DBU) ist eine farblose, mit Wasser frei mischbare Flüssigkeit, die auch in vielen organischen Lösungsmitteln löslich ist. Es handelt sich um eine sogenannte Amidin-Base, die aufgrund ihres sterischen Anspruchs häufig dann eingesetzt wird, wenn Nebenreaktionen durch die nucleophilen Eigenschaften des Stickstoffatoms von gewöhnlichen Aminen zu unerwünschten Nebenreaktionen wie z.B. S_N2-Reaktionen führen.

Wie schätzen Sie die Basenstärke von DBU im Vergleich zu gewöhnlichen aliphatischen Aminen ein und an welchem der beiden Stickstoffatome erwarten Sie die Protonierung?

Aufgabe 142

Reis ernährt weltweit mehr Menschen als jede andere Kulturpflanze. Erkrankungen der Reispflanzen durch Schimmelpilze können jedoch erhebliche Schäden in der Landwirtschaft verursachen. In allen bislang bekannten Fällen sind es die Pilze selbst, die Substanzen produzieren, welche die Pflanzen schwächen oder abtöten. Im Fachblatt *Nature* wurde nun von einer Entdeckung mit weit reichender Bedeutung berichtet: Im Fall der Reiskeimlingsfäule nimmt sich der Pilz *Rhizopus microsporus* zur Produktion des Pflanzengiftes Bakterien zu Hilfe. Der Pilz, der die Wurzeln junger Reispflanzen befällt, beherbergt eine neue Bakterienart (*Burkholderia rhizoxinica*) als Endosymbiont, die das Pflanzengift Rhizoxin bildet, und nicht der Pilz, wie man bisher angenommen hatte.

Rhizoxin bindet an β-Tubulin in eukaryontischen Zellen und behindert die Ausbildung von Mikrotubuli, was letztlich die Ausbildung des Spindelapparats und damit die Zellteilung stört. Die Funktion von Rhizoxin ist damit ähnlich derjenigen der sogenannten Vinca-Alkaloide. Klinische Studien zum Einsatz von Rhizoxin als Krebsmedikament wurden jedoch aufgrund der relativ geringen *in vivo*-Aktivität wieder eingestellt.

Die Molekülstruktur von Rhizoxin ist offensichtlich einigermaßen kompliziert; es enthält mehrere Ringsysteme, eine längere ungesättigte Kette und zahlreiche Chiralitätszentren.

a) Versuchen Sie, die Ringsysteme im Rhizoxinmolekül zu benennen. Welche weiteren funktionellen Gruppen können Sie ermitteln?

b) Welche der Ringe können durch Hydrolyse unter basischen Bedingungen geöffnet werden? Welches Produkt würden Sie dabei erwarten?

Aufgabe 143

Benzol (C_6H_6) kann als der Prototyp für die Klasse von Verbindungen angesehen werden, die als „aromatisch" bezeichnet werden.

a) Geben Sie die Kriterien für Aromatizität an. Was besagt die „Hückel-Regel"?

b) Aromatische Verbindungen müssen nicht neutral sein, sondern können auch eine Ladung aufweisen. Die Verbindung 1,3-Cyclopentadien (C_5H_6) ist ein Kohlenwasserstoff mit ungewöhnlich aciden Eigenschaften ($pK_S \approx 16$). Geben Sie eine Erklärung für dieses Verhalten.

c) Die Verbindung 5-Brom-5-methyl-1,3-cyclopentadien ist nur wenig polar und erwartungsgemäß kaum wasserlöslich. Das ähnlich schwach polare 7-Brom-7-methyl-1,3,5-cycloheptatrien bildet dagegen in Anwesenheit von Wasser rasch ein leicht lösliches Salz. Erklären Sie dieses unterschiedliche Verhalten.

Aufgabe 144

Bei einem peptischen Geschwür handelt es sich um einen scharf begrenzten Gewebedefekt, der die Schleimhaut und darunterliegende Gewebeschichten betrifft. Zur Therapie werden neben Antazida, die den Ulkusschmerz lindern bzw. beseitigen sollen, insbesondere sogenannte H_2-Antihistaminika eingesetzt, die kompetitiv die H_2-Rezeptoren des Histamins blockieren. Darüberhinaus unterdrücken sie nichtkompetitiv die durch den Vagus und Gastrin induzierte Säurefreisetzung. Ein derartiger Histamin-H_2-Rezeptor-Antagonist ist das Cimetidin (Tagamet®), das schon bald nach seiner Einführung große Bedeutung erlangt hat. Es bessert die Schmerzsymptomatik, beschleunigt die Ulkusheilung und ist auch zur Rezidivprophylaxe geeignet.

a) Cimetidin enthält zahlreiche Stickstoffatome in unterschiedlichen funktionellen Gruppen. Diskutieren Sie die basischen Eigenschaften für die einzelnen N-Atome.

b) Als einer von mehreren Metaboliten von Cimetidin wurde das Sulfoxid nachgewiesen. Formulieren Sie eine Redoxteilgleichung für die Bildung des Sulfoxids und ergänzen Sie unter Annahme von Sauerstoff als Oxidationsmittel zur Gesamtredoxgleichung.

Aufgabe 145

Die Verbindung Streptomycin ist der vermutlich bekannteste Vertreter aus der Gruppe der Aminoglycosid-Antibiotika, zu denen außerdem Vertreter der Neomycin- und der Kanamycin-Gentamicin-Gruppe gezählt werden. Ihre Wirkungsweise beruht auf einer irreversiblen Bindung an die 30S-Untereinheit der Ribosomen, was zur Störung der Proteinsynthese führt.

Dabei wird einerseits die Bindung von *N*-Formyl-methionin-t-RNA an die 30S-Untereinheit blockiert, was den Start der Proteinsynthese unterdrückt, andererseits die Anlagerung von Aminoacyl-t-RNA verhindert, so dass eine Verlängerung bereits begonnener Peptidketten unterbleibt.

Das Streptomycin wurde 1943 als zweites therapeutisch verwendetes Antibiotikum aus *Streptomyces griseus* isoliert. Die Gabe erfolgt i.A. intramuskulär, da es bei oraler Gabe nur in sehr geringem Maß resorbiert wird. Streptomycin wirkt nur gegen extrazellulär gelegene Keime, da es praktisch nicht in die Zellen eindringen kann. Inzwischen ist es aufgrund der raschen Resistenzentwicklung trotz seines ursprünglich breiten Wirkungsspektrums im Wesentlichen nur noch gegen Tuberkulose (in Kombination mit anderen Präparaten, wie Isoniazid) indiziert.

a) Streptomycin weist zahlreiche funktionelle Gruppen auf. Welchen Ladungszustand erwarten Sie für das Molekül im physiologischen pH-Bereich? Korrespondiert dies mit seiner geringen Membrangängigkeit?

b) Benennen Sie den umrandeten Baustein des Streptomycinmoleküls.

c) Welche physiologisch bedeutsame Verbindung würden Sie erhalten, wenn Sie das Streptomycin einer vollständigen Hydrolyse unterwerfen?

Aufgabe 146

Antimykotika sind Wirkstoffe, die zur Behandlung von Pilzerkrankungen dienen. Hierzu gehören z.B. antimykotisch wirksame Antibiotika wie das Polyen-Antibiotikum Nystatin. Zu den Breitspektrum-Antimykotika, die sich in einem hohen Prozentsatz bei den verschiedensten Pilzerkrankungen als wirksam erwiesen haben, gehören die Substanzen der Miconazol-Gruppe, von denen das gezeigte Ketoconazol (Nizoral®) das bislang einzige ist, das oral appliziert werden kann. Es wird bei Haut-, Schleimhaut- und Haarmykosen, die lokal nicht ausreichend behandelt werden können, eingesetzt.

a) Benennen Sie die verschiedenen funktionellen Gruppen, die im Ketoconazol auftreten.

b) An welcher Stelle im Molekül würden Sie am ehesten eine Protonierung erwarten?

c) Welche Reaktionsbedingungen würden Sie wählen, um die Verbindung zu deacetylieren?

Aufgabe 147

Epothilone sind 16-gliedrige makrocyclische Verbindungen, die 1987 erstmals aus dem Myxobakterium *Sorangium cellulosum* von G. Höfle und H. Reichenbach an der ehemaligen Braunschweiger Gesellschaft für Biotechnologische Forschung (GBF, heute Helmholtz-Zentrum für Infektionsforschung) isoliert wurden. Beachtung gewannen die Strukturen erst, als in einem *in vitro*-Screening beim amerikanischen National Cancer Institute (NCI) die außergewöhnlich hohe Wirkung auf Brust- und Dickdarm-Tumorzellen festgestellt wurde. Als dann noch der Paclitaxel-artige Wirkmechanismus bekannt wurde und die Tatsache, dass das gezeigte Epothilon A Paclitaxel von dem Target verdrängt, also die stärkeren Wechselwirkungen besitzt, wurde Epothilon für die pharmazeutische Forschung interessant.

a) Welche funktionellen Gruppen sind vorhanden?

b) Wie viele Stereozentren besitzt das Epothilon und wie ändert sich die Zahl, wenn Sie die Verbindung mit

   i) $NaBH_4$ ii) $Cr_2O_7^{2-}$ umsetzen?

Aufgabe 148

Gegeben ist die Verbindung 2-Methylpentan. Betrachten Sie die Rotation um die Bindung zwischen C-3 und C-4 und zeichnen Sie Newman-Projektionen für alle Konformationen, die Maxima bzw. Minima der Energie darstellen. Ordnen Sie die Projektionen qualitativ in einer Auftragung der inneren Energie gegen den Torsionswinkel an.

Aufgabe 149

Niedere Thiole und Sulfide sind aufgrund ihres üblen Geruchs berühmt und berüchtigt. Beispielsweise nutzt das Stinktier die Verbindungen 3-Methyl-1-butanthiol und *trans*-2-Butenyl-methyldisulfid, um seine Feinde in die Flucht zu schlagen. In sehr großer Verdünnung dagegen wirkt der Geruch von Schwefelverbindungen oft recht angenehm, z.B. ist das Dimethylsulfid ein Bestandteil des Aromas von schwarzem Tee.

Die nebenstehend gezeigte Verbindung ist für den einzigartigen Geruch von Grapefruits verantwortlich; dabei beträgt ihre Konzentration in der Frucht weniger als 1 ppb. Selbst bei einer Konzentration von nur 10^{-3} ppb kann die Verbindung noch wahrgenommen werden.

a) Geben Sie einen korrekten Namen für die Verbindung nach rationeller Nomenklatur an.

b) Gesetzt den Fall, die Verbindung wird in ein mit Wasser gefülltes Schwimmbecken gegeben (Länge = 50 m; Breite = 20 m; Tiefe = 2 m). Welche Stoffmenge müsste im Becken gelöst werden, damit die Verbindung bei obengenannter Geruchsschwelle noch wahrnehmbar wäre?

c) Geben Sie die Strukturformeln der beiden Schwefelverbindungen an, die das Stinktier zur Feindabwehr einsetzt.

Aufgabe 150

Von dem chlorierten Kohlenwasserstoff 1,2,3,4,5,6-Hexachlorcyclo-
hexan existieren mehrere *cis-trans*-Isomere.

a) Formulieren Sie alle Isomere mit Hilfe entsprechender Keilstrichformeln.

b) Die als γ-Isomer bezeichnete Verbindung ist unter dem Trivialnamen Lindan bekannt und wurde erstmals 1825 durch Michael Faraday
hergestellt. Die insektizide Wirkung von Hexachlorcyclohexan wurde
1935 entdeckt; seit 1942 wird Lindan als Insektizid eingesetzt.

In der Schweiz verwendete man von 1946 an ein Hexachlorcyclohexan (HCH)-Isomeren-
gemisch. Bald stellte sich heraus, dass Rüben, Kartoffeln und Kohl durch die Anwendung von
HCH einen modrigen Geschmack bekamen, der sie ungenießbar machte. Da die Geschmacks-
beeinträchtigung nicht vom γ-HCH, sondern von anderen HCH-Isomeren ausging, wurden
Verfahren entwickelt, um reines Lindan zu isolieren. Nach einem Höhepunkt um 1969 ging
die Produktion von Lindan weltweit zurück. In Deutschland darf Lindan seit 1980 nur mehr
in Form von isomerenreinem γ-Hexachlorcyclohexan als Fraß- und Kontaktgift eingesetzt
werden. Die früher mit ausgebrachten α- und β-Isomere erwiesen sich als toxischer und noch
schwerer abbaubar als die ebenfalls nicht unproblematische γ-Struktur.

Da Lindan relativ stark lipophil ist und nur langsam abgebaut wird, reichert es sich in der
Nahrungskette des Menschen vor allem über Fische an. Die Substanz steht darüber hinaus im
Verdacht, krebserregend zu sein. Zusammen mit anderen Insektiziden auf Basis chlorierter
Kohlenwasserstoffe wird Lindan als Mitauslöser der Parkinson-Krankheit diskutiert.

Zeichnen Sie die beiden Sesselformen für Lindan und schätzen Sie ab, welche der beiden
stabiler sein sollte.

c) Für welches der unter a) gezeichneten Isomere sollten sich die beiden Sesselformen in ihrer
Energie maximal unterscheiden?

Kapitel 4

Grundlegende Reaktionstypen: Addition, Eliminierung, Substitution, Redoxreaktionen

Aufgabe 151

Nach übermäßigem Ethanolgenuss greifen viele Menschen zu einer weiteren Chemikalie, die seit gut 100 Jahren unter der Handelsbezeichnung Aspirin bekannt ist. Der Wirkstoff ist bekanntlich eine einfache Substanz mit dem Namen Acetylsalicylsäure; Salicylsäure bezeichnet die 2-Hydroxybenzoesäure.

a) Zur Überprüfung dieser Behauptung soll die Acetylsalicylsäure durch Hydrolyse möglichst quantitativ in Salicylsäure übergeführt werden. Formulieren Sie die Reaktionsgleichung für einen entsprechenden zweistufigen Prozess!

1. Hydrolyse von Acetylsalicylsäure
2. Bildung der freien Salicylsäure

b) Eine Aspirintablette enthält laut Angabe des Herstellers 500 mg Acetylsalicylsäure. Nach Durchführung obiger Reaktion mit einer Tablette erhalten Sie schließlich 345 mg Salicylsäure. Errechnen Sie die prozentuale Ausbeute in Prozent der Theorie!

relative Atommassen: M_r (H) = 1; M_r (C) = 12; M_r (O) = 16

Aufgabe 152

Beim Verzehr von Knoblauch kommen Sie unweigerlich mit einer Substanz in Kontakt, die dafür verantwortlich ist, dass viele Menschen dieses Gewächs meiden: Es handelt sich um Dipropenyldisulfid, die Substanz, die für den Geruch von Knoblauch verantwortlich ist. Diese Verbindung kann im Prinzip durch Oxidation aus dem entsprechenden 3-Propen-1-thiol (3-Mercapto-1-propen) entstehen. Als Oxidationsmittel könnte z.B. die Verbindung *para*-Benzochinon dienen, die dabei zu Hydrochinon (1,4-Dihydroxybenzol) reduziert wird.

Formulieren Sie die Gesamtredoxgleichung ausgehend von den entsprechenden Teilgleichungen.

1. Oxidation von 3-Mercapto-1-propen zu Dipropenyldisulfid
2. Reduktion von *para*-Benzochinon zu Hydrochinon

Aufgabe 153

Natriumethanolat soll mit 1-Brompropan in Ethanol als Lösungsmittel umgesetzt werden.

a) Wie können Sie einfach eine Lösung von Natriumethanolat in Ethanol erhalten?

b) Formulieren den Mechanismus für die genannte Reaktion und achten Sie dabei auf korrekte dreidimensionale Darstellung der Stereochemie und Verwendung von Elektronenpfeilen.

c) Wie wird diese Reaktion beeinflusst, wenn folgende Änderungen vorgenommen werden:

1. Verwendung von 1-Fluorpropan anstelle von 1-Brompropan

2. Verwendung von Brommethan anstelle von 1-Brompropan

3. Verwendung von von Natriumethanthiolat ($NaSCH_2CH_3$) anstelle von Natriumethanolat

4. Verwendung von Dimethylformamid anstelle von Ethanol

Aufgabe 154

Aceton (Propanon) ist eine der wichtigsten organischen Grundchemikalien. Für ihre Herstellung kommt prinzipiell folgende Reaktionsfolge in Betracht:

1. Schritt: Eine elektrophile Addition an ein geeignetes Alken

2. Schritt: Oxidation des Reaktionsprodukts aus Schritt 1 zu Aceton

a) Formulieren Sie beide Reaktionen und entwickeln Sie die Gesamtgleichung für Schritt 2 aus zwei Redoxteilgleichungen. Als Oxidationsmittel kommt z.B. das bekannte $Cr_2O_7^{2-}$ in Betracht, das zu Cr^{3+} reduziert wird.

b) Wenn man anstelle von einem Alken von einem Alkin ausgeht, erübrigt sich die Oxidation im zweiten Schritt, da das zunächst gebildete Additionsprodukt spontan in Aceton umlagert. Formulieren Sie auch für diese Reaktion die entsprechende Gleichung (incl. dem sich umlagernden Primärprodukt). Zu welcher Stoffklasse gehört das zunächst gebildete Additionsprodukt?

Aufgabe 155

Das Nebennierenhormon Adrenalin wurde im Jahre 1901 von dem japanisch-amerikanischen Chemiker Jokichi Takamine (1854–1922) aus der Nebenniere gewonnen. Andere Quellen geben John Jakob Abel (1857–1938) als Entdecker seiner chemischen Struktur (1897) an. Er bezeichnete die von ihm gefundene Substanz als Epinephrin. Adrenalin war das erste Hormon, welches rein dargestellt und dessen Struktur bestimmt werden konnte. Es fungiert als Agonist an α_1, α_2 und β-Adreno-Rezeptoren. Als Arzneistoff (Suprarenin®) ist es ein entscheidender Wirkstoff bei Wiederbelebungsmaßnahmen (Reanimationen). Allerdings ist seine Wirkung vor allem in höheren Dosierungen nicht unumstritten, da es zu einer Tachykardie führt und der Herzmuskel (Myokard) mehr Sauerstoff als nötig verbraucht. Auch ist die Gefahr von Herz-Rhythmusstörungen relativ hoch. Daneben findet Adrenalin auch Anwendung bei der Therapie z.B. von anaphylaktischen Reaktionen.

Die Biosynthese erfolgt in mehreren Schritten aus der Aminosäure Phenylalanin. Im ersten Schritt erfolgt eine zweifache Hydroxylierung von Phenylalanin zu einer Verbindung, die allgemein mit DOPA abgekürzt wird.

a) Formulieren Sie die Redoxteilgleichung für die Bildung von DOPA (3,4-Dihydroxy-phenylalanin) aus Phenylalanin!

b) DOPA wird zu Dopamin decarboxyliert und anschließend an der dem aromatischen Ring benachbarten CH_2-Gruppe hydroxyliert (mit einer OH-Gruppe versehen), wobei das Noradrenalin entsteht. Im letzten Schritt, der Umwandlung von Noradrenalin zu Adrenalin, wird die Methylgruppe in das Molekül eingebaut.
Formulieren Sie die Zwischenprodukte bis zum Noradrenalin sowie eine Reaktionsgleichung für die Umwandlung von Noradrenalin in Adrenalin. Geben Sie an, um welchen Reaktionstyp es sich dabei handelt!

c) Setzt man das Adrenalin mit einem großen Überschuss eines entsprechenden reaktiven Carbonsäure-Derivats um, so kann die Verbindung mehrfach acetyliert werden. Formulieren Sie eine Reaktionsgleichung für diese Umsetzung und denken Sie daran, eine geeignete „Hilfsbase" mit einzusetzen!

Aufgabe 156

Die gezeigte Verbindung *D*-Panthenol ist eine Vorstufe von Pantothensäure, die zum Vitamin B-Komplex gehört. Die Pantothensäure wurde 1931 als Stoff entdeckt, der das Wachstum von Hefen fördert. Danach wurden ähnliche Wirkungen bei Milchsäurebakterien und einigen Tieren nachgewiesen. So erhielt dieses Vitamin seinen Namen, denn *pantothen* bedeutet im Griechischen „überall". Pantothensäure ist, wie die anderen Vitamine der B-Gruppe, hauptsächlich an enzymatischen Reaktionen des Energiestoffwechsels beteiligt. Sie trägt zum Aufbau von verschiedenen Neurotransmittern, Kohlenhydraten, Fettsäuren, Cholesterol, Hämoglobin und der Vitamine A und D bei.

a) *D*-Panthenol enthält eine hydrolysierbare Bindung. Formulieren Sie die Hydrolysereaktion und benennen Sie die Reaktionsprodukte!

b) Gleichzeitig enthält *D*-Panthenol mehrere oxidierbare funktionelle Gruppen. Formulieren Sie eine Teilgleichung für die vollständige Oxidation aller oxidierbaren Gruppen ohne Zerstörung des C-Grundgerüsts!

c) Wenn *D*-Panthenol zur Pantothensäure oxidiert wird, wird dagegen nur diejenige Alkoholgruppe vollständig oxidiert, die sich im Aminteil des *D*-Panthenols befindet; alle anderen oxidierbaren Gruppen bleiben unverändert. Formulieren Sie für die Oxidation zur Pantothensäure eine entsprechende Redoxteilgleichung.

d) Im Weiteren reagiert die Pantothensäure (nach geeigneter Aktivierung, die Sie in diesem Beispiel beiseite lassen dürfen) mit 2-Aminoethanthiol, dem Decarboxylierungsprodukt der Aminosäure Cystein, unter Bildung eines Carbonsäureamids. Im letzten Schritt wird die primäre Alkoholgruppe des gebildeten Carbonsäureamids mit Phosphorsäure verestert.
Ergänzen Sie diese beiden Reaktionen, ausgehend von der unter c) gebildeten Pantothensäure.

Aufgabe 157

Geben Sie die Edukte und Produkte folgender Umsetzungen an:

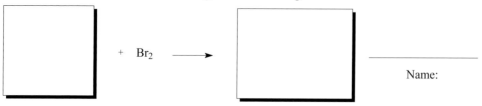

$+$ Br_2 $\longrightarrow$

Name:

Cyclohexen

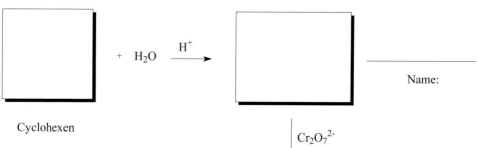

$+$ H_2O $\xrightarrow{H^+}$

Name:

Cyclohexen

$\downarrow Cr_2O_7{}^{2-}$

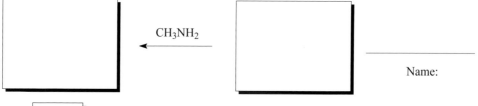

$\xleftarrow{CH_3NH_2}$

Name:

$+$

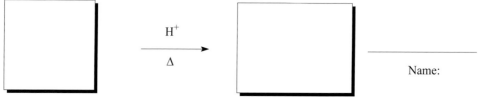

$\xrightarrow[\Delta]{H^+}$

Name:

2-Methylcyclohexanol   (Hauptprodukt)

Aufgabe 158

Cyclopentadien wird in einem Versuch in äquimolarem Verhältnis mit HBr umgesetzt; in einem weiteren analog mit Brom-Lösung.

a) Welcher Reaktionstyp ist zu erwarten?

b) Während im ersten Versuch nur ein Reaktionsprodukt erhalten wird (die Bildung von Stereoisomeren sei hierbei außer betracht gelassen), ergibt die zweite Reaktion zwei Produkte (unter Vernachlässigung von Stereoisomeren). Erklären Sie diesen Befund anhand des Reaktionsablaufs und benennen Sie die jeweiligen Produkte.

Aufgabe 159

Eine unbekannte Verbindung zeigt folgende Eigenschaften:

Sie löst sich nur wenig in Wasser und verursacht dabei keine merkliche Veränderung des pH-Werts. In stark saurer Lösung bei erhöhter Temperatur wird ein Alken gebildet (Reaktion 1). Bei der Zugabe von schwefelsaurer $K_2Cr_2O_7$-Lösung wird eine Farbänderung nach grün-blau beobachtet; es entsteht Cr^{3+} (Reaktion 2). Das (organische) Reaktionsprodukt löst sich leicht in NaOH-Lösung (Reaktion 3) und kann unter Säurekatalyse mit einem Alkohol reagieren (Reaktion 4).

a) Welche funktionelle Gruppe enthielt die ursprüngliche Verbindung?

b) Formulieren Sie alle ablaufenden Reaktionen!

Aufgabe 160

Gezeigt ist die Verbindung 2-Hydroxybutandisäure (Äpfelsäure). Sie ist ein Zwischenprodukt im Citratcyclus und findet sich z.B. in unreifen Äpfeln, Quitten, Weintrauben, Berberitzenbeeren, Vogelbeeren und Stachelbeeren. Die Salze der Äpfelsäure heißen Malate. Äpfelsäure ist als Lebensmittelzusatzstoff E296 für Lebensmittel zugelassen. In der Praxis ist ihre Verwendung aufgrund des relativ hohen Preises eher gering. Stattdessen wird meist die günstigere Citronensäure oder auch Phosphorsäure verwendet. Äpfelsäure kann als Stoffwechselprodukt von Bakterien und Pilzen gewonnen werden.

a) Entscheiden Sie, ob die Verbindung chiral ist!

b) Die Verbindung kann relativ leicht oxidiert werden. Als Oxidationsmittel kommt z.B. das Kaliumdichromat ($K_2Cr_2O_7$) in Frage, das zum Cr^{3+} reduziert wird. Erstellen die entsprechende Redoxgleichung aus den beiden Teilgleichungen.

c) Die bei der Oxidation entstandene Verbindung kann leicht decarboxylieren. Formulieren Sie diese Decarboxylierungsreaktion so, dass offensichtlich wird, warum die Decarboxylierung relativ leicht verläuft (cyclischer Übergangszustand!). Benennen Sie die entstehenden Produkte.

Aufgabe 161

Viele Kunststoffe werden durch Polymerisation hergestellt. Geben Sie mindestens drei Beispiele an, und zeichnen Sie die jeweiligen Monomerbausteine sowie einen Polymerausschnitt! Welche Arten von Zwischenstufen treten im Zuge der Polymerisation auf?

Aufgabe 162

Da in zahlreichen Industrieländern ein hoher Prozentsatz der Bevölkerung übergewichtig, aber dennoch nicht zum Verzicht auf schlechte Ernährungsgewohnheiten bereit ist, schlägt die Nahrungsmittelindustrie daraus erfolgreich Kapital und bringt z.B. sogenannte „fettfreie" Kartoffelchips auf den Markt, die einen unverdaulichen „Null-Kalorien" Fettersatzstoff enthalten. Ein solcher ist z.B. „Olestra", das vermutlich aus sterischen Gründen nicht von den entsprechenden Verdauungsenzymen angegriffen werden kann. Dabei symbolisieren die Reste R langkettige Alkylreste mit 8–22 C-Atomen.

a) Wählen Sie für R einen beliebigen geeigneten Rest, benennen Sie Ihre Edukte und formulieren Sie eine mögliche Synthese für „Olestra".

b) Eine chemische Hydrolyse von „Olestra" liefert (neben dem Kohlenhydratanteil) ein Gemisch aus Palmitat (12,5 %), 2-fach ungesättigtem Linolat (37,5 %) und Oleat (50 %): Wie viel Gramm Brom ($M(Br_2) = 160$ g/mol) können Sie an 0,20 mol „Olestra" addieren?

Aufgabe 163

In der folgenden Abbildung sind drei Cyclohexan-Derivate gezeigt, die einer bimolekularen Eliminierung, z.B. mit Natriumethanolat, unterworfen werden sollen.

Vergleichen Sie die Geschwindigkeiten, mit der eine solche Eliminierung ablaufen sollte.

I   II   III

Aufgabe 164

a) Nucleophile Substitutionen an einem gesättigten C-Atom können nach zwei unterschiedlichen Mechanismen ablaufen. Nennen Sie mindestens 3 Charakteristika, in denen sich beide Mechanismen unterscheiden.

b) Gegeben ist die Verbindung 1-Brom-4-methylpentan, aus der 5-Methylhexansäure gebildet werden soll. Formulieren Sie die erforderlichen Reaktionsschritte.

Aufgabe 165

a) Die Verbindung 1-Chlor-2-buten reagiert leicht mit Wasser zu zwei regioisomeren Alkoholen. Erklären Sie, warum die Solvolyse in diesem Fall rasch verläuft und zeigen Sie den Reaktionsverlauf.

b) Mit guten Nucleophilen (z.B. I⁻) verläuft die Reaktion nach einem anderen Mechanismus, jedoch kann man auch hier die Bildung von zwei Produkten beobachten. Zudem verläuft die Reaktion wesentlich rascher, als mit 1-Chlorbutan. Erklären Sie diese Befunde.

Aufgabe 166

Melatonin ist ein Hormon, das in der Zirbeldrüse, einem winzigen Teil des Zwischenhirns, produziert wird. Diese Drüse steuert über die Melatoninausschüttung den Tag-Nacht-Rhythmus des Körpers. Fällt tagsüber Licht ins Auge, wird die Ausschüttung des Hormons ins Blut eingestellt. Nachts, bei fehlendem Lichteinfall, wird Melatonin aus den Speichern abgegeben und kann seine schlaffördernde Wirkung entfalten. Dieses System ist bei Blinden gestört, aber auch bei Zeitverschiebungen bei Fernreisen und bei Schichtarbeit kommt es zu Verschiebungen im Melatonin-Haushalt.

In den USA kam Melatonin als sogenannte „Wunderdroge" in die Schlagzeilen. Inzwischen wird Melatonin nicht mehr nur als „lebensverlängernd" angepriesen, sondern auch als angeblich wirksam gegen AIDS, Arteriosklerose, die Alzheimer-Krankheit, Krebs und als positiv für die Potenz. Nach Ansicht des Bundesinstituts für gesundheitlichen Verbraucherschutz und Veterinärmedizin sind jedoch weder Wirksamkeit noch Unbedenklichkeit von Melatonin ausreichend wissenschaftlich belegt.

Der Körper stellt mit zunehmendem Alter weniger Melatonin her. Das führte zur Vermutung, dass Melatonin das Altern und altersbedingte Krankheiten beeinflusst. Allerdings könnte die altersbedingte Reduzierung der nächtlichen Melatonin-Ausschüttung auch eine Konsequenz des Alterungsprozesses sein und nicht seine Ursache.

Als Ausgangsmaterial zur Melatonin-Synthese dient letztlich die Ihnen bekannte Aminosäure Tryptophan. Sie sollen im Folgenden die Biosynthese von Melatonin nachvollziehen.

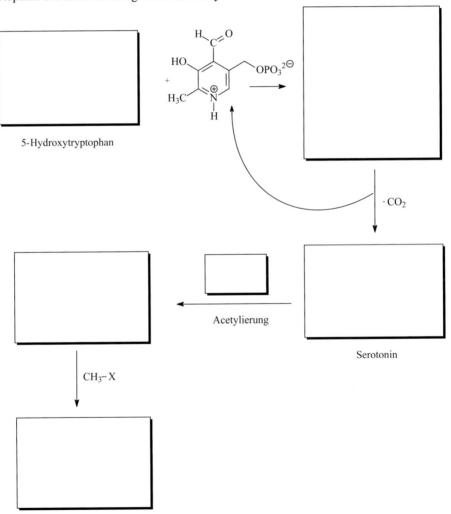

a) Im ersten Schritt erfolgt eine Hydroxylierung (also eine Oxidation) am Benzolring des Tryptophans, und zwar an demjenigen C-Atom, das sich in *para*-Position zum N-Atom des Indolrings befindet. Formulieren Sie die Oxidationsteilgleichung!

b) Das Produkt 5-Hydroxytryptophan wird im folgenden Schritt decarboxyliert. Dazu reagiert das 5-Hydroxytryptophan mit der Aldehydgruppe von Pyridoxalphosphat zu einem Imin (Schiffsche Base). Nach der Decarboxylierung wird auch das Imin wieder hydrolysiert, und man hat das Decarboxylierungsprodukt von 5-Hydroxytryptophan, das 5-Hydroxytryptamin, das auch als Serotonin bekannt ist.

Im folgenden Schritt wird die primäre Aminogruppe acetyliert. Der Organismus verwendet dafür als reaktives Essigsäurederivat das Acetyl-CoA. Im letzten Schritt wird dann noch die OH-Gruppe mit einem geeigneten biologischen Methylierungsmittel (dem *S*-Adenosylmethionin) zur Methoxygruppe methyliert. Vervollständigen Sie die Synthese!

Aufgabe 167

Alles Käse?

Beim Reifungsprozess von Emmentaler-Käse (und natürlich auch anderen) spielen Änderungen in der Konzentration verschiedener Carbonylverbindungen eine wichtige Rolle. Einen wesentlichen Beitrag zur Aromaentwicklung leistet die Lipolyse, bei der aus Fettsäuren im Zuge der β-Oxidation β-Ketosäuren entstehen, die zu Ketonen decarboxylieren können.

Eine solche „Leitsubstanz", deren Konzentration im Zuge der Reifung ansteigt, ist 2-Heptanon. Diese Verbindung könnte in einem zweistufigen Prozess aus Octansäure entstehen. Dazu muss diese im 1. Schritt zur entsprechenden β-Ketosäure oxidiert werden, die anschließend decarboxyliert. Bei der Oxidation könnte eine sogenannte Oxigenase beteiligt sein, die O_2 als Oxidationsmittel verwendet und zu H_2O_2 reduziert.

Formulieren Sie die Redoxgleichung aus den Teilgleichungen sowie die sich anschließende Decarboxylierung. Zeigen Sie den Ablauf der Decarboxylierung mit Elektronenpfeilen. Warum verläuft letztere sehr leicht?

Aufgabe 168

In Anwesenheit einer starken Base (z.B. eines Alkoholat-Ions) stehen viele Aldehyde und Ketone im Gleichgewicht mit ihrem entsprechenden Enolat-Ion. Dieses kann unter Ausbildung einer neuen C–C-Bindung mit einem weiteren Molekül eines Aldehyds oder eines Ketons reagieren: Aldolkondensation.

a) Formulieren Sie die Bildung des Enolat-Ions aus Propanon mit $Na^+ OCH_3^-$ als Base und zeichnen Sie beide mesomere Grenzstrukturen des Enolat-Ions!

b) Formulieren Sie die Reaktion des gebildeten Enolat-Ions mit Benzaldehyd. Symbolisieren Sie alle Elektronenbewegungen mit einem Elektronenpfeil!

c) Säuert man das erhaltene Reaktionsgemisch an, eliminiert das entstehende β-Hydroxyketon spontan Wasser. Benennen Sie das β-Hydroxyketon nach der rationellen Nomenklatur und formulieren Sie die ablaufende Reaktion! Begründen Sie mit einem Satz, warum die ablaufende Reaktion im vorliegenden Fall besonders begünstigt ist!

d) Falls es gelingt, die Dehydratation zu verhindern und die β-Hydroxyverbindung zu isolieren, kann diese leicht durch ein Oxidationsmittel wie $K_2Cr_2O_7$ oxidiert werden. Dabei werden aus dem gelben $K_2Cr_2O_7$ grüne Cr^{3+}-Ionen gebildet, so dass sich der Ablauf der Reaktion gut verfolgen lässt. Formulieren Sie die Redoxgleichung aus den beiden Teilgleichungen!

e) Das entstandene Oxidationsprodukt ist relativ acide ($pK_S \approx 9$), obwohl es keine polare OH-Gruppe besitzt. Geben Sie eine Begründung dafür an!

Aufgabe 169

Schon seit der Antike kennt man das Glykosid Salicin, das sich aus der Rinde von Weidenbäumen isolieren lässt und schon von den alten Griechen aufgrund seiner schmerzstillenden Wirkung geschätzt wurde.

Inzwischen kennt man aber wirksamere Derivate des Salicins, wie das berühmte Aspirin, die Acetylsalicylsäure. Auf Spuren des berühmten Herrn Hoffmann, dem 1897 die Aspirinsynthese gelang, sollen Sie die Verbindung aus Salicin herstellen und die drei erforderlichen Reaktionsschritte formulieren.

a) Der erste Schritt ist eine einfache Hydrolyse, bei der Sie an geeignete Reaktionsbedingungen (sauer, neutral, basisch) denken sollten.

b) Im zweiten Schritt muss das bei der Reaktion unter a) erhaltene Aglykon (der „Nicht-Zuckeranteil") oxidiert werden. Formulieren Sie die entsprechende Redoxteilgleichung.

c) Beim letzten Reaktionsschritt zum Aspirin sollten Sie bei der Wahl der Reaktionspartner daran denken, dass die Umsetzung möglichst vollständig verlaufen soll.

d) Welche funktionelle Gruppe dient *in vivo* zur Aktivierung von Carboxylgruppen?

e) Ausgehend von 400 g Salicin isolieren Sie als Produkt Ihrer Mühen 225 g Acetylsalicylsäure. Berechnen Sie die Ausbeute an Produkt in Prozent der theoretisch maximal möglichen Ausbeute!

relative Atommassen: $M_r(C) = 12$; $M_r(H) = 1$; $M_r(O) = 16$

Aufgabe 170

Sie haben drei in Wasser ziemlich schlecht lösliche Substanzen auf dem Labortisch stehen, von denen Sie wissen, dass es sich um Pentan-3-on, 3-Methylhexan-1-ol und *N,N*-Dimethylaminocyclohexan handelt.

Leider haben Sie vergessen, die Gefäße entsprechend zu beschriften und wissen nun nicht mehr, welche der Verbindungen sich in welchem Präparateglas befindet.

Erklären Sie, wie Sie die Substanzen identifizieren könnten. Geben Sie für jede der obigen Verbindungen eine charakteristische Reaktion sowie Ihre Beobachtung an, mit Hilfe derer Sie die drei Substanzen eindeutig identifizieren können.

Aufgabe 171

Sie haben ein unbekanntes Amin vorliegen, von dem Sie vermuten, dass es sich um 4-Nitroanilin handelt und möchten es zur eindeutigen Identifizierung zu einem Benzoesäureamid mit bekanntem Schmelzpunkt derivatisieren. Sie vereinigen deshalb gleiche Stoffmengen an Benzoesäure und Amin in einem geeigneten Lösungsmittel. Da sie wissen, dass Benzoesäureamide schwer wasserlöslich sind, wundern Sie sich, dass sich durch Versetzen Ihrer Reaktionsmischung mit Eiswasser kein Niederschlag ausfällen lässt.

a) Erklären Sie mit einem Satz, woran das liegt und formulieren Sie eine Reaktionsgleichung, die die tatsächlich abgelaufene Reaktion wiedergibt!

b) Wie müssen Sie Ihren obigen Versuch modifizieren, damit Sie das gewünschte Produkt erhalten? Formulieren Sie die entsprechende Reaktionsgleichung so, dass Sie Ihr Amin möglichst vollständig in das gewünschte Derivat umwandeln!

c) Gemäß des unter b) von Ihnen beschriebenen Verfahrens setzen Sie je 10 mmol des Amins (4-Nitroanilin) und des benötigten Reaktionspartners ein. Bei der Ermittlung der Ausbeute an Amid erhalten Sie eine Masse von 2,56 g.

Berechnen Sie die erzielte Ausbeute in Prozent der theoretisch möglichen Ausbeute. Sind Sie mit dem Ergebnis zufrieden? Kurze Begründung!

relative Atommassen: $M_r (C) = 12$; $M_r (H) = 1$; $M_r (O) = 16$; $M_r (N) = 14$

Aufgabe 172

In Ihrem Labor finden sich zwei Chemikalienflaschen, die die beiden farblosen, flüssigen Chemikalien **A** bzw. **B** enthalten. Leider wissen Sie nicht mehr, welche Substanz sich in welcher Flasche befindet.

Geben Sie eine einfache Reaktion an, mit Hilfe der sich die beiden Strukturen den Chemikalienflaschen zuordnen lassen.

Beschriften Sie nun die beiden Flaschen mit den korrekten Namen nach IUPAC.

Aufgabe 173

Das nebenstehend gezeigte Diazinon gehört zur Gruppe der sogenannten Organophosphat-Insektizide und erfreut sich breiter Anwendung nicht nur in der Agrarwirtschaft, sondern auch im Heim- und Gartenbereich. Es verwundert daher nicht, dass die Verbindung eines der am häufigsten im Trinkwasser auffindbaren Insektizide darstellt.

Das Bundesamt für Gesundheit (BAG) hat per Mai 2002 die Toleranzwerte für Diazinon denjenigen der EU angeglichen. Dies bedeutet, dass für einige Gemüsearten der Toleranzwert deutlich gesenkt wurde und für andere Arten jetzt kein Toleranzwert mehr festgelegt ist.

a) Wie bezeichnet man den heterocyclischen aromatischen Ring, der im Diazinon enthalten ist?

b) Nennen Sie drei Beispiele für natürlich vorkommende Vertreter mit diesem Heterocyclus und geben Sie entsprechende Strukturformeln an.

c) Welche Produkte erhalten Sie bei einer vollständigen Hydrolyse von Diazinon unter alkalischen Bedingungen? Formulieren Sie eine vollständige Reaktionsgleichung!

Aufgabe 174

Die Umsetzung von Aceton mit einem Überschuss an Benzaldehyd unter alkalischen Bedingungen ergibt eine unter dem Namen Aldolkondensation bekannte Reaktion.

a) Geben Sie eine Summengleichung für die ablaufende Reaktion an und erklären Sie mit einem Satz, warum die Dehydratisierung der zunächst gebildeten β-Hydroxycarbonylverbindung im vorliegenden Fall besonders leicht verläuft.

b) Mit welcher einfachen Reaktion können Sie zeigen, dass die Dehydratisierung tatsächlich stattgefunden hat?

c) Wie viele unterschiedliche Produkte erwarten Sie, wenn Sie die basenkatalysierte Aldolkondensation mit stöchiometrischen Mengen an Acetaldehyd und Aceton durchführen? Begründen Sie Ihre Antwort. Welche Verbindung sollte man bei dieser Reaktion als Hauptprodukt erwarten? Bezeichnen Sie dieses Produkt nach der rationellen Nomenklatur!

Aufgabe 175

Die Verbindung Hypoxanthin wird unter Katalyse des Enzyms Xanthin-Oxidase zu Harnsäure oxidiert. Ergänzen Sie die folgende Reaktion zu einer vollständigen Redoxteilgleichung.

Die Harnsäure kann in einer tautomeren Form vorliegen. Zeichnen Sie eine entsprechende Strukturformel.

Aufgabe 176

Die Verbindung 7-Mercaptoheptanoylthreonin-phosphat (HS-HTP) spielt eine Rolle als Coenzym in methanbildenden Bakterien.

a) Welche Produkte entstehen bei der sauren Hydrolyse dieser Verbindung? Formulieren Sie eine entsprechende Reaktionsgleichung und benennen Sie die Produkte.

b) Sowohl HS-HTP wie auch das bekannte Ellman-Reagenz sind farblose Verbindungen. Bei der Umsetzung der beiden Verbindungen miteinander entsteht ein gelb gefärbtes Reaktionsprodukt. Formulieren Sie die Struktur dieser gefärbten Verbindung!

7-HS-HTP

Ellmans Reagenz

Aufgabe 177

Betrachten Sie die elektrophile Addition von Brom an zwei stereoisomere Alkene.

a) Welche Produkte entstehen bei der Addition von Brom an

- *trans*-2-Buten

- *cis*-2-Buten?

Formulieren Sie die Additionsreaktionen und zeigen Sie dabei die entsprechenden Zwischenstufen in räumlicher Darstellung.

b) Welche der Produkte sind chiral?

Aufgabe 178

Saccharin ist ein farbloses, kristallines Pulver, das sich durch 550-fache Süßkraft im Vergleich mit Rohrzucker (Saccharose) auszeichnet und gleichzeitig keinen Nährwert besitzt. Die Verbindung enthält zwei hydrolysierbare Bindungen, was umgekehrt den Weg zur Synthese dieses kommerziellen Süßstoffs weist. Ein billiges Edukt ist Toluol, das im ersten Schritt mit Chlorsulfonsäure zum reaktiven *o*-Toluolsulfonylchlorid umgesetzt wird. Dieses reagiert im nächsten Schritt mit Ammoniak. Dann muss die Methylgruppe zur Carbonsäure oxidiert werden. Das Produkt dieses Oxidationsschritts spaltet beim Erwärmen Wasser ab und liefert das gewünschte Produkt.

a) Ergänzen Sie das folgende Reaktionsschema.

b) Formulieren Sie eine Redoxgleichung für den Oxidationsschritt aus den Teilgleichungen. Als Oxidationsmittel dient Chromsäure H_2CrO_4, die bekanntlich zu Cr^{3+} reduziert wird.

Aufgabe 179

Taurin (2-Aminoethansulfonsäure) kommt als Bestandteil der Taurocholsäure in der Galle vieler Tiere, v.a. der Rinder, vor. Es ist eine kristalline Substanz, die erst oberhalb von 240 °C schmilzt. Sie löst sich in neutraler Reaktion in Wasser, dagegen kaum in Ethanol oder Ether. Industriell fällt der Stoff als Zwischenprodukt bei der Herstellung von Waschmitteln an.

Taurin ist eine biologisch wichtige chemische Verbindung. Der erwachsene menschliche Körper kann Taurin aus den Stoffen Cystein und Vitamin B_6 (Pyridoxin) selbst herstellen. Eine Zufuhr durch Nahrungsmittel ist daher bei Erwachsenen nicht nötig. Bekannt ist Taurin als Zusatz in Energy Drinks. Da Taurin vielen Stoffen den Übergang in die Blutbahn erleichtert, soll so auch mehr Koffein in den Körper gelangen und den Konsumenten beleben. Eine tatsächliche Wirkung ist allerdings nicht nachgewiesen, wäre aber gesundheitlich unbedenklich.

a) Geben Sie die Strukturformel von Taurin an. Berücksichtigen Sie dabei die obengenannten Eigenschaften.

b) Die biochemische „Muttersubstanz" des Taurins ist die Aminosäure *L*-Cystein, aus der zunächst enzymatisch die Mercaptogruppe zur Sulfonsäuregruppe oxidiert wird. Das Produkt „*L*-Cysteinsäure" geht dann unter Wirkung einer spezifischen Decarboxylase in Taurin über. Formulieren Sie die Redoxteilgleichung für die Oxidation von Cystein zur Cysteinsäure.

c) Die Decarboxylierung verläuft unter Beteiligung des Coenzyms Pyridoxalphosphat, wobei sich zunächst das Imin bildet. Dieses decarboxyliert; das entstehende Produkt tautomerisiert und setzt anschließend durch Hydrolyse das Endprodukt Taurin frei.

Komplettieren Sie das Schema mit den entsprechenden Strukturformeln.

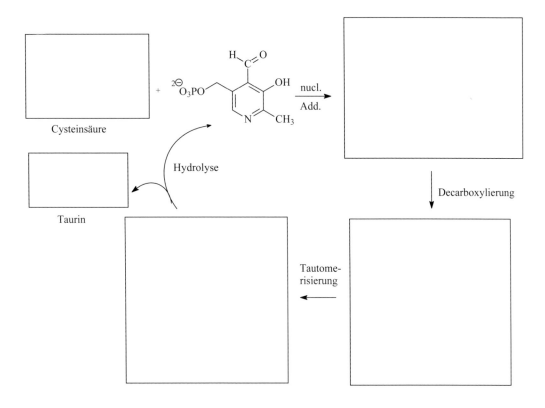

Aufgabe 180

Polycarbonate sind sogenannte thermoplastische Kunststoffe. Sie besitzen gute Lichtdurchlässigkeit, hohe mechanische Festigkeit und gute Wärmebeständigkeit. Polycarbonate eignen sich zum Bau von Gehäusen für Küchenmaschinen, zur Herstellung von Geräten in der Elektrotechnik wie Schaltern oder Steckern, für den Fahrzeugbau, für Sicherheitsverglasungen oder für Schutzhelme. Ein solches Polycarbonat entsteht beispielsweise bei der Kondensation des gezeigten Bisphenol A (2,2-Bis(4-hydroxyphenyl)-propan) mit Phosgen (Kohlensäuredichlorid). Formulieren Sie die Polykondensation und kennzeichnen Sie die wiederkehrende Sequenz durch eine eckige Klammer.

Aufgabe 181

Acetylsalicylsäure wird nach oraler Gabe rasch und zu einem hohen Prozentsatz resorbiert. Während ein Teil bereits während der Schleimhautpassage hydrolysiert wird, werden in der Leber – nach weiterer Hydrolyse – Glucuronide sowie Salicylursäure und, zu einem kleinen Teil, Gentisinsäure gebildet. Vervollständigen Sie das nachfolgende Schema!

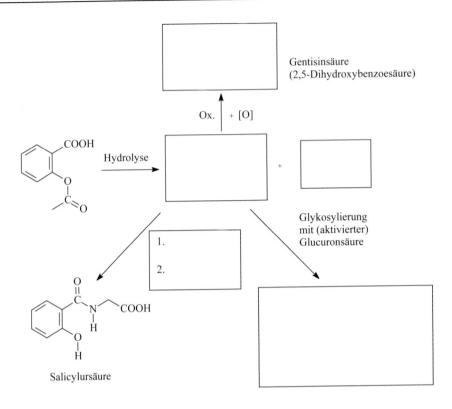

Gentisinsäure
(2,5-Dihydroxybenzoesäure)

Salicylursäure

Aufgabe 182

Die Verbindung Gingerol ist die aktive Komponente in frischem Ingwer (*zingiber officinalis*), die für dessen Schärfe verantwortlich ist. Sie ist verwandt mit Capsaicin und Piperin, die wiederum für die Schärfe von Chili und schwarzem Pfeffer verantwortlich sind.

a) Versuchen Sie, das Gingerol nach der IUPAC-Nomenklatur zu benennen.

b) Beim Gingerol handelt es sich um eine β-Hydroxycarbonylverbindung, so dass man zur Synthese an eine Aldolreaktion denken könnte. Identifizieren Sie die dafür erforderlichen Bausteine und geben Sie an, welche Verbindung Sie als Hauptprodukt erwarten, wenn Sie die beiden Edukte in Anwesenheit von OH⁻-Ionen zur Reaktion bringen.

c) Dieses einfache Rezept ist offensichtlich nicht zufriedenstellend. Welches alternative Vorgehen halten Sie für geeigneter? Erklären Sie mit Hilfe der Strukturformeln.

Aufgabe 183

Pyridoxalphosphat ist ein extrem wichtiges Coenzym, v.a. für den Stoffwechsel der Aminosäuren. Es kann in zwei Reaktionsschritten aus dem Vitamin B_6 (Pyridoxol) entstehen.

Benennen Sie die beiden Reaktionstypen, die eine Umwandlung von Pyridoxol in Pyridoxalphosphat ermöglichen, und formulieren Sie die entsprechenden Gleichungen.

Pyridoxol

Pyridoxalphosphat

Aufgabe 184

Das abgebildete Dobutamin gehört zur Gruppe der Catecholamine und wirkt primär positiv inotrop. Angriffspunkt ist der Beta-1-Rezeptor am Herzen. Hierdurch erfolgt eine Erhöhung von Schlagvolumen und Herzzeitvolumen mit konsekutiver Verbesserung der Perfusion lebenswichtiger Organe (Gehirn, Niere etc.). Als Hauptanwendungsgebiet wird daher Herzinsuffizienz genannt.

Ein Molekülbestandteil leitet sich vom Dopamin ab, dem Decarboxylierungsprodukt der Aminosäure DOPA (3,4-Dihydroxyphenylalanin).

a) Welches Coenzym ist an der Decarboxylierung von DOPA zu Dopamin beteiligt? Welcher Bindungstyp wird zwischen diesem Coenzym und der Aminosäure ausgebildet? Formulieren Sie eine Strukturformel für dieses Addukt.

b) Welcher Reaktionstyp könnte Sie vom Dopamin zum Dobutamin bringen? Formulieren Sie eine entsprechende Reaktionsgleichung mit einem geeigneten Reaktionspartner.

Aufgabe 185

Salene sind mehrzähnige Liganden, die stabile Komplexe mit Übergangsmetallen bilden. Ein einfacher Vertreter dieser Stoffgruppe ist das *N,N′*-Bis(salicyden)-ethylendiamin. Die angesprochenen Komplexe wurden als Katalysatoren für verschiedene organische Reaktionen und in der Spurenanalytik eingesetzt. Die gezeigte Verbindung (Salen I) lässt sich auf einfache Weise in zwei Schritten ausgehend von Salicylalkohol (2-Hydroxymethylphenol) oder Salicylsäure herstellen.

a) Welcher Reaktionstyp ist für den ersten Schritt erforderlich, wenn Sie von Salicylalkohol ausgehen, welcher, wenn Sie mit Salicylsäure starten? Formulieren Sie Teilgleichungen.

b) Im zweiten Schritt werden die beiden Aromaten verknüpft. Formulieren Sie auch diese Reaktion.

Aufgabe 186

Die nebenstehend gezeigte Verbindung wird bezeichnet als „Tri-*o*-Thymotid". Sie kann aufgrund ihrer drei Ringsauerstoffatome (besitzen je zwei freie Elektronenpaare) als Elektronendonor dienen und beispielsweise bestimmte Ionen im Inneren des Ringes komplexieren. Ganz aktuell wurde die Verwendung dieser Verbindung zur Fabrikation eines für Cr^{3+}-Ionen selektiven Sensors beschrieben. Obwohl die Verbindung auf den ersten Blick kompliziert aussieht, kann sie im Prinzip sehr einfach aus nur einem Molekül aufgebaut werden.

Geben Sie an, durch welchen Reaktionstyp Tri-*o*-Thymotid entstehen kann, welche funktionelle Gruppe dabei gebildet wird, und zeichnen Sie das benötigte Eduktmolekül. Benennen Sie dieses nach der rationellen Nomenklatur.

Aufgabe 187

Sie haben drei in Wasser ziemlich schlecht lösliche Substanzen auf dem Labortisch stehen, von denen Sie wissen, dass es sich um 4-Chlorbenzoesäure, 4-Methylhexan-2-ol und 2-Methylphenol handelt. Leider haben Sie vergessen, die Gefäße entsprechend zu beschriften und wissen nun nicht mehr, welche der Verbindungen sich in welchem Präparateglas befindet.

Überlegen Sie sich, wie Sie die einzelnen Substanzen identifizieren können. Geben Sie für jede der obigen Verbindungen eine charakteristische (d.h. mit den beiden anderen Verbindungen nicht ablaufende) Reaktion und Ihre Beobachtung an, die Ihnen zur Identifizierung dient.

Aufgabe 188

Die unten gezeigte Verbindung wurde mit *tert*-Butanolat in 2-Methyl-2-propanol (*tert*-Butanol) umgesetzt, wobei zwei Verbindungen <u>A</u> und <u>B</u> im Verhältnis von etwa 20:80 erhalten wurden. In einem zweiten Experiment wurde die Reaktion mit Ethanolat-Ionen in Ethanol wiederholt, was in etwa das umgekehrte Produktverhältnis ergab.

Formulieren Sie die Reaktion, die zu den beiden Produkten <u>A</u> und <u>B</u> führt und erklären Sie das beobachtete Produktverhältnis.

Aufgabe 189

Pyridin und Piperidin sind zwei typische organische Basen, die auch als Bausteine in vielen Naturstoffen eine wichtige Rolle spielen. Piperidin kann durch eine einfache Reaktion aus Pyridin erhalten werden.

a) Geben Sie an, wie Pyridin in Piperidin umgewandelt werden kann und vergleichen Sie beide Verbindungen bzl. ihrer Basizität.

b) Ein weiteres Pyridin-Derivat ist die Verbindung 4-*N,N*-Dimethylaminopyridin. An welchem der beiden Stickstoffen sollte die Protonierung bevorzugt stattfinden? Wie ist die Basizität im Vergleich zur Stammverbindung Pyridin einzuschätzen?

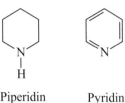

Piperidin   Pyridin

Aufgabe 190

Die Verbindung *N*-(4-Ethoxyphenyl)acetamid (Phenacetin) wurde bereits 1887 als Arzneistoff eingeführt und fand in zahlreichen Präparaten gegen Migräne, Neuralgien und Rheuma Verwendung. Wegen seiner gesundheitsschädlichen, insbesondere nierenschädigenden Wirkung in Kombination mit anderen Schmerzmedikamenten ist dieser Arzneistoff als Fertigarzneimittel jedoch seit 1986 nicht mehr im Handel.

Für die Wirkung im Organismus entscheidend ist das Hauptstoffwechselprodukt des Phenacetins, das Paracetamol (*N*-Acetyl-*p*-Aminophenol). Dieses ist für eine zentral angreifende, antipyretische und analgetische Wirkung von Bedeutung.

Die Synthese von Phenacetin ist nicht besonders schwierig; eine mögliche Reaktionsfolge ist im Folgenden gezeigt.

Geben Sie für die einzelnen Schritte den jeweiligen Reaktionstyp an (z.B. elektrophile *trans*-Addition).

Aufgabe 191

Durch elektrophile aromatische Substitution an aktivierten Aromaten lassen sich sogenannte Azofarbstoffe herstellen, die früher z.B. in der Textilindustrie eine wichtige Rolle spielten. Inzwischen nimmt ihre Bedeutung zu diesem Zweck ab, da sich zeigte, dass einige von ihnen zu cancerogenen Benzolaminen abgebaut werden.

Verbindungen wie das „Buttergelb" (4-Dimethylaminoazobenzol) wurden früher auch als Lebensmittelzusatzstoffe verwendet. Ein bekannter Vertreter der Azofarbstoffe ist das Methylorange, das als pH-Indikator eingesetzt wird und im pH-Bereich um 4 seine Farbe ändert.

Formulieren Sie eine Synthese von Methylorange, ausgehend von 4-Aminobenzolsulfonsäure und *N,N*-Dimethylaminobenzol.

Aufgabe 192

Die Verbindung Ethyl-8-brom-7-hydroxyoct-5-*Z*-enoat kann in drei Reaktionsschritten aus einem Alkin synthetisiert werden. Der Ablauf dieser Synthese ist im Folgenden gezeigt:

Man kann erkennen, dass die Reaktion in jedem der Schritte selektiv verläuft, d.h. von mehreren prinzipiell denkbaren Produkten wird jeweils eines bevorzugt gebildet. Dabei lassen sich unterschiedliche Typen von Selektivität erkennen. Ordnen Sie den einzelnen Schritten die jeweils erforderliche Art von Selektivität zu und erklären Sie.

Aufgabe 193

Viele interessante wissenschaftliche Entdeckungen kommen durch Zufall zustande – so auch diejenige von Polytetrafluorethylen (PTFE), besser bekannt unter der Bezeichnung Teflon. In den 30er-Jahren des vergangenen Jahrhunderts arbeitete man bei der Chemiefirma DuPont an der Entwicklung neuer, nicht-toxischer Verbindungen als Kühlmittel. Dabei kam auch Tetrafluorethen zum Einsatz, ein Gas, das in Druckflaschen aufbewahrt wurde. Als eines Tages der Gasflasche kein Tetrafluorethen mehr zu entnehmen war, obwohl sich die Masse der Flasche nicht etwa durch ausgeströmtes Gas verringert hatte, ging man der Sache auf den Grund. Roy Plunkett öffnete den Zylinder und fand eine weiße wachsartige Masse vor, die sich als äußerst inert gegenüber verschiedenen aggressiven Chemikalien erwies. Es handelte sich um Polytetrafluorethylen, das Polymerisationsprodukt von Tetrafluorethen. Dabei wird die Polymerisation bei hohem Druck mit Peroxiden eingeleitet.

1941 erhielt DuPont das Patent auf PTFE. Zunächst schien eine technische Nutzung der Entdeckung unmöglich, da die Herstellkosten zu hoch waren und keine Anwendung für das ausgesprochen inerte Material gesehen wurde. Im Jahre 1943 standen jedoch die Macher des Manhattan-Projektes vor dem Problem mit dem extrem korrosiven Uranhexafluorid umzugehen, wofür ein geeignetes Behältermaterial gebraucht wurde. So kam das PTFE wieder ins Gespräch und es fand erstmals technische Verwendung als Korrosionsschutz beim Kernwaffenbau. Später beschichtete der französische Chemiker Marc Grégoire seine Angelschnur mit PTFE, um sie leichter entwirren zu können. Seine Ehefrau Colette kam dann 1954 auf die Idee, Töpfe und Pfannen damit zu beschichten.

PTFE ist sehr reaktionsträge. Selbst aggressive Säuren wie Königswasser können PTFE nicht angreifen. Der Grund liegt in der besonders starken Bindung zwischen den Kohlenstoff- und den Fluoratomen. Charakteristisch ist auch sein sehr geringer Reibungskoeffizient, was es als Trockenschmierstoff (Festschmierstoff) und als Beschichtung für Lager und Dichtungen interessant macht.

In der Medizin wird PTFE unter anderem für Implantate wie beispielsweise Gefäßprothesen verwendet. Zum einen sorgt seine chemische Beständigkeit für eine lange Lebensdauer und gute Verträglichkeit, zum anderen verringert die glatte Oberfläche die Entstehung von Blutgerinnseln. Aufgrund dieser Verträglichkeit findet es auch immer mehr Anwendung als Piercing-Schmuck. Weiterhin gibt es Implantate für das Gesicht aus PTFE, die in der Plastischen Chirurgie Verwendung finden.

Die Polymerisation von Tetrafluorethen verläuft nach einem Radikalmechanismus, wobei man als Radikalstarter meist ein organisches Peroxid einsetzt.

a) Erklären Sie, warum sich Peroxide hierfür besonders gut eignen.

b) Polymerisiert man ein unsymmetrisches Alken wie Phenylethen (Styrol), stellt sich die Frage nach der Regioselektivität der Reaktion. Formulieren Sie diese Polymerisation und erklären Sie ggf. eine zu beobachtende Regioselektivität.

Aufgabe 194

Halogenalkane dienen häufig als Edukte für nucleophile Substitutionen, die je nach Art des Halogenalkans und des Nucleophils nach einem monomolekularen (S_N1) oder einem bimolekularen Mechanismus (S_N2) verlaufen können. Für S_N2-Substitutionen beobachtet man dabei meist eine starke Erhöhung der Reaktionsgeschwindigkeit, wenn man von Methanol als Solvens zu Dimethylsulfoxid (DMSO) wechselt, obwohl es sich bei beiden um polare Lösungsmittel handelt. Erklären Sie diesen Befund.

Aufgabe 195

Im Folgenden sind einige nucleophile Substitutionen gegeben. Entscheiden und begründen Sie jeweils, ob ein Reaktionsverlauf nach dem S_N1- oder nach dem S_N2-Mechanismus zu erwarten ist, formulieren Sie das entsprechende Produkt und beachten Sie dabei auch den stereochemischen Verlauf.

Aufgabe 196

Bei der Addition von Halogenwasserstoffen (HX) an unsymmetrische Alkene wird i.A. bevorzugt das Halogenatom an das höher substituierte C-Atom addiert. Eine alternative Reaktionsführung zur Addition von HBr an Alkene erfolgt unter Anwesenheit eines Peroxids und Einwirkung von UV-Licht.

Erklären Sie, welchen Reaktionsverlauf Sie erwarten, wenn Sie 2-Methyl-1-buten mit HBr den oben genannten Bedingungen aussetzen.

Worauf könnte es zurückzuführen sein, dass eine analoge Reaktion weder mit HCl noch mit HI abläuft?

Aufgabe 197

Im Folgenden sind einige Eliminierungsreaktionen gezeigt. Entscheiden und begründen Sie jeweils, ob ein Reaktionsverlauf nach dem E1- oder nach dem E2-Mechanismus zu erwarten ist, formulieren Sie das entsprechende Produkt und beachten Sie dabei gegebenenfalls auch den stereochemischen Verlauf.

Aufgabe 198

Versuchen Sie, die Produkte für eine E2-Eliminierung aus folgenden Edukten vorherzusagen und begrüden Sie den jeweiligen Reaktionsverlauf.

Aufgabe 199

Wie kann man sich die Produktverteilung bei folgender Reaktion erklären? Denken Sie an die relativen Stabilitäten von Carbenium-Ionen: $3° > 2° > 1°$!

Aufgabe 200

Cortison (von lateinisch *cortex*, „Rinde") ist ein Steroidhormon, das um 1935 als erster Wirkstoff in der Nebennierenrinde des Menschen gefunden wurde. Umgangssprachlich werden Medikamente mit Cortisolwirkung häufig fälschlicherweise als „Cortison" bezeichnet, obwohl es selbst keinerlei Wirkung auf den Organismus besitzt, da es weder an den Glucocorticoid-Rezeptor noch an den Mineralocorticoid-Rezeptor bindet. Bei oraler oder intravenöser Aufnahme wird Cortison durch das Enzym β-Hydroxy-Steroid-Dehydrogenase in der Leber in Cortisol umgewandelt, das die eigentliche Wirkung zeigt.

Cortison   Cortisol

a) Um welchen Reaktionstyp handelt es sich dabei? Welche Art(en) von Selektivität werden bei der gezeigten Umwandlung beobachtet? Ließe sich diese Reaktion so im Labor nachvollziehen?

b) Zu Therapiezwecken wird häufig das Cortisonacetat eingesetzt. Welcher Vorteil könnte damit verbunden sein?

Aufgabe 201

Erbrechen ist ein häufiges und unspezifisches Symptom, dem viele Ursachen zugrunde liegen können, wie eine Magenerkrankung, Gallenblasenaffektionen, chronische Pankreatitis, Urämie, hepatisches Koma oder eine akute Infektion. Es ist außerdem ein Hauptsymptom der sogenannten Kinetosen (Bewegungskrankheiten), die bei Reisen auftreten können und auf schnellen, sich wiederholenden passiven Veränderungen des Gleichgewichts, mangelhafter

Fixierung der rasch im Auge vorüberziehenden Gegenstände und psychischer Erregung beruhen. Antiemetika dienen zur Unterdrückung von Brechreiz und Erbrechen.

Zu diesen gehört die Verbindung Metoclopramid (Gastrosil®), dessen Wirkung auf einer Blockade von Dopamin D_2-Rezeptoren in der Area postrema beruht.

a) Metoclopramid enthält drei Stickstoffatome mit freiem Elektronenpaar, die sich aber in ihrer Basizität erheblich unterscheiden. Erklären Sie.

b) Zur Herstellung von Metoclopramid könnte man von 4-Amino-2-methoxybenzoesäure ausgehen. Welche Reaktionen sind erforderlich, um ausgehend von dieser Verbindung zum gewünschten Präparat zu gelangen?

Aufgabe 202

Die Verbindung (R)-2-Brombutan wird einer radikalischen Chlorierung unterworfen. Analysieren Sie die möglichen Produkte und achten Sie dabei auch auf stereochemische Aspekte.

Aufgabe 203

Die Einführung einer funktionellen Gruppe in ein Biomolekül durch eine enzymatische Reaktion muss nicht nur an der richtigen Stelle erfolgen („regiospezifisch") sondern i.A. auch mit der richtigen Stereochemie („stereospezifisch"). Ein typisches Beispiel ist die Biosynthese von Adrenalin, bei der im ersten Schritt aus dem achiralen Dopamin das (–)-Noradrenalin gebildet wird. Nur das (–)-Enantiomer ist physiologisch wirksam, d.h. die Synthese muss möglichst stereoselektiv verlaufen.

a) Wie ist die absolute Konfiguration im (–)-Noradrenalin?

b) Mit welcher stereochemischen Eigenschaft bezeichnet man die beiden Wasserstoffatome an der dem Ring benachbarten Methylengruppe, an denen die Reaktion stattfindet?

c) Angenommen, die Reaktion verläuft nicht in Anwesenheit eines Enzyms. Sind die beiden Übergangszustände, die bei einer radikalischen Oxidation unter Bildung von (+)- bzw. (–)-Noradrenalin durchlaufen werden, von gleicher oder unterschiedlicher Energie?

Wie beeinflusst das Enzym den Übergangszustand, damit die Bildung des (–)-Enantiomers begünstigt wird?

d) Wie könnten Sie aus racemischem Noradrenalin das reine (–)-Enantiomer gewinnen?

Aufgabe 204

Gegeben sind mehrere Substrate für eine nucleophile Substitution, die mit Natriumazid, NaN_3, in Ethanol als Lösungsmittel umgesetzt werden sollen.

a) Entscheiden Sie, für welche der nachfolgenden Verbindungen eine S_N2-Reaktion mit ausreichender Geschwindigkeit ablaufen sollte und begründen Sie Ihre Entscheidungen.

b) Durch welche Maßnahme könnte für das gegebene Nucleophil die Reaktivität nach S_N2 noch verbessert werden?

Aufgabe 205

Das nebenstehend gezeigte Halogenalkan kann mit Na-Ethanolat in Ethanol prinzipiell entweder eine Substitution oder eine Eliminierungsreaktion eingehen. Erläutern Sie, welche Faktoren den wahrscheinlichsten Mechanismus bestimmen und formulieren Sie den Mechanismus für die Bildung des wahrscheinlichsten Reaktionsprodukts.

Aufgabe 206

Während gewöhnliche Ether sich den meisten Reagenzien gegenüber ziemlich inert verhalten, können Oxacyclopropane aufgrund ihres stark gespannten dreigliedrigen Ringsystems relativ leicht Ringöffnungsreaktionen mit Nucleophilen eingehen. Bei symmetrischen Strukturen verläuft der nucleophile Angriff dabei an beiden C-Atomen des Ethers mit gleicher Wahrscheinlichkeit:

Bei dieser nucleophilen Substitution fungiert das Sauerstoffatom des Ethers als Abgangsgruppe, was insofern ungewöhnlich ist, da das Alkoholat-Ion eine stark basische und daher sehr schlechte Abgangsgruppe darstellt. Die Triebkraft für die Reaktion kommt durch Auflösung der Ringspannung im Dreiring zustande.

Betrachtet man substituierte unsymmetrische Oxacyclopropane, wie z.B. das 2,2-Diethyloxacyclopropan, so können bei einer Ringöffnungsreaktion offensichtlich mehrere Produkte entstehen. Vergleichen Sie die Umsetzungen von 2,2-Diethyloxacyclopropan einerseits mit Na-Methanolat und andererseits mit Methanol unter Katalyse durch H_2SO_4 und versuchen Sie den jeweiligen Reaktionsverlauf zu erklären.

Aufgabe 207

Kartoffelchips mit Acrylamid belastet!

Als im Frühjahr 2002 solche Schlagzeilen durch die Medien gingen, schreckten viele Liebhaber von Pommes frites, Keksen, Chips, Kaffee und ähnlichen Nahrungsmitteln auf. Ein Team um die Umweltchemikerin Margareta Törnqvist von der Universität Stockholm hatte herausgefunden, dass beim Backen, Frittieren und Braten von stärkehaltigen Lebensmitteln das giftige Acrylamid (2-Propensäureamid) entsteht. Es bildet sich, wenn oberhalb von 120 °C die Aminosäure Asparagin mit Zuckermolekülen wie Glucose oder Fructose reagiert. Acrylamid gilt als starkes Nervengift, das in Tierversuchen Krebs auslöst und das Erbgut schädigt. Durch verbesserte Produktionsbedingungen und Rezepturen ist es inzwischen gelungen, den Acrylamid-Gehalt vieler Lebensmittel drastisch zu senken.

a) Im ersten Schritt der sogenannten Maillard-Reaktion, die letztlich zur Bildung von Acrylamid führen kann, reagieren Asparagin und Glucose unter Ausbildung einer *N*-glykosidischen Bindung. Formulieren Sie diesen Schritt.

b) Acrylamid wird leicht durch Nucleophile wie z.B. Basen der DNA angegriffen. Formulieren Sie exemplarisch den nucleophilen Angriff der Aminogruppe eines Adenosin-Moleküles auf Acrylamid.

c) Während Acrylamid in seiner monomeren Form daher stark toxisch ist, ist das daraus durch Polymerisation entstehende Polyacrylamid, das verbreitet für die Trennung von Proteinen durch Gelelektrophorese verwendet wird, unproblematisch. Formulieren Sie die Bildung von Polyacrylamid aus dem Monomer.

In der Praxis wird während der Polymerisation normalerweise ein sogenannter Quervernetzer wie *N,N'*-Methylenbisacrylamid zugesetzt. Erklären Sie dessen Rolle und versuchen Sie die Polymerisation in Anwesenheit von *N,N'*-Methylenbisacrylamid zu formulieren.

Kapitel 5

Wichtige Reaktionen und ihre Mechanismen

Aufgabe 208

Eine wichtige Reaktion zur Neuknüpfung von C–C-Bindungen ist die sogenannte Aldolkondensation. Hierbei reagiert die Enol-Form eines Aldehyds oder eines Ketons mit der Carbonylgruppe eines anderen (oder auch des gleichen) Aldehyds oder Ketons.

Formulieren Sie die Aldolkondensation zwischen Benzaldehyd (dem einfachsten aromatischen Aldehyd) und Aceton. Die entstehende Verbindung spaltet leicht Wasser ab. Geben Sie das Produkt dieser Reaktion und seinen systematischen Namen an!

Aufgabe 209

Eine häufig erforderliche Reaktion ist die Substitution der Hydroxygruppe in Alkoholen beispielsweise durch ein Halogenid-Ion, Cyanid, o.ä.

a) Warum ist eine direkte Substitution der OH-Gruppe durch ein gutes Nucleophil wie Br^- nicht erfolgreich?

b) Typischerweise setzt man den in ein Halogenalkan umzuwandelnden Alkohol zunächst mit Thionylchlorid ($SOCl_2$) oder p-Toluolsulfonylchlorid („TsCl") um. Gängig sind auch die Verbindungen Methansulfonylchlorid ($H_3C–SO_2Cl$) und Trifluormethansulfonylchlorid ($F_3C–SO_2Cl$). Formulieren Sie den Mechanismus für die Umsetzung von 1-Propanol mit einem der beiden Sulfonylchloride und die anschließende Bildung von 1-Brompropan.

Aufgabe 210

Die Verbindung γ-Aminobuttersäure (GABA; 4-Aminobutansäure) wird als „biogenes Amin" bezeichnet und ist der wichtigste inhibitorische (hemmende) Neurotransmitter im Zentralnervensystem.

GABA wird mit Hilfe der Glutamat-Decarboxylase aus Glutamat synthetisiert. In einem Schritt wird also aus dem wichtigsten exzitatorischen der wichtigste inhibitorische Neurotransmitter. GABA wird zum Teil in benachbarte Gliazellen transportiert. Dort wird es durch die GABA-Transaminase zu Glutamin umgewandelt und bei Bedarf so wieder in die präsynaptische Zelle gebracht und in Glutamat umgewandelt (Glutaminzyklus). Danach kann es erneut in GABA umgewandelt werden. GABA-Rezeptoren kommen auch häufig an der präsynaptischen Zelle vor, was zu einer präsynaptischen Hemmung führt.

Der Neurotransmitter GABA kann nach seiner Verwendung entweder wieder in die präsynaptische Zelle aufgenommen und in Vesikeln gespeichert werden, oder durch die GABA-Transaminase metabolisiert, oder im Glutaminzyklus in Gliazellen weiterverarbeitet werden. Diese Decarboxylierung von Glutamat zu GABA wird durch Pyridoxalphosphat katalysiert. Es reagiert mit der primären Aminogruppe von Glutamat zu einem Imin.

Ergänzen Sie:

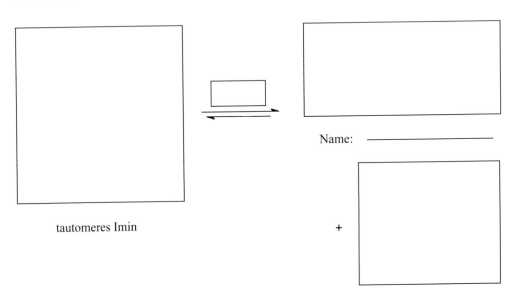

Glutamat   Pyridoxalphosphat

Dieses Imin kann anschließend decarboxylieren, wobei (nach Hydrolyse) obengenannte γ-Aminobuttersäure entsteht. Alternativ kann das Imin tautomerisieren und anschließend hydrolysiert werden. Geben Sie die Strukturen für das tautomere Imin und die Hydrolyseprodukte an! Benennen Sie das aus der Aminosäure entstandene Produkt!

tautomeres Imin   Name: _____

                                               +

Aufgabe 211

Die Aldolkondensation ist eine (auch in der Biochemie) wichtige Methode zur Knüpfung von C–C-Bindungen. Eine sehr ähnliche Reaktion ist die Esterkondensation, bei der das Anion eines (Thio)esters (ein Esterenolat-Ion) unter Ausbildung einer neuen C–C-Bindung mit einem anderen (Thio)estermolekül reagiert. In der Biochemie findet man diese Reaktion z.B. bei der Lipidbiosynthese und bei der Bildung der sogenannten „Ketonkörper".

a) Formulieren Sie die Kondensation zweier Acetyl-CoA-Moleküle (dem mit CoA-SH gebildeten Thioester der Essigsäure), wobei Sie dasjenige, welches als Nucleophil reagiert, in seiner Enolatform formulieren sollten. Zeigen Sie alle Elektronenpaarverschiebungen durch entsprechende Elektronenpfeile an.

b) Wenn Sie das Kondensationsprodukt hydrolysieren und das entstehende Hydrolyseprodukt leicht erwärmen, beobachten Sie eine unter Gasentwicklung verlaufende Reaktion.
Formulieren Sie zunächst die Hydrolyse. Bei der sich anschließenden Reaktion sollten Sie mit Hilfe von Elektronenpfeilen verständlich machen, warum diese Reaktion erstaunlich leicht vonstatten geht. Wie können Sie das gasförmige Reaktionsprodukt nachweisen?

Aufgabe 212

Cystische Fibrose (CF) ist eine verhältnismäßig häufige genetische Krankheit, die rezessiv vererbt wird. Im homozygoten Zustand verursacht der Defekt des Gens eine Störung des Wasser- und Salzhaushalts bei allen Drüsen, die häufig durch zähes Sekret verstopft sind. Zäher Schleim verschließt die Bronchien, so dass es oft zu Virus- und Bakterieninfektionen kommt. Das CF-Gen codiert für ein Ionentransport-Protein, das Chlorid-Ionen durch die Zellmembran transportiert (CFTR-Protein). Inzwischen weiß man, dass in 70 % aller Fälle eine Deletion von drei Basenpaaren vorliegt, die den Verlust eines Phenylalanins an Position 508 des Proteins zur Folge hat. Diese Deletion verursacht Störungen bei der Membranlokalisation des Proteins. Kürzlich wurde entdeckt, dass die gezeigte Verbindung Curcumin an CFTR binden kann und so dessen Kanaleigenschaften modifiziert, was eine potentielle Therapiemöglichkeit erschließen könnte.

a) Curcumin steht im Gleichgewicht mit einer tautomeren Form. Um welche Art von Tautomerie handelt es sich? Formulieren Sie die tautomere Verbindung. Woran könnte es liegen, dass für Curcumin die gezeigte Form (entgegen sonstigen derartigen Gleichgewichten!) begünstigt ist?

b) Wenn es gelingt, die benötigte Dicarbonylverbindung mit 5 C-Atomen an den richtigen Stellen zu deprotonieren (was mit speziellen starken Basen möglich ist), könnte Curcumin durch eine zweifache Aldolkondensation mit dem entsprechenden aromatischen Aldehyd gebildet werden. Formulieren Sie diese Reaktionsfolge.

Aufgabe 213

Zimtsäure (3-Phenylpropensäure) ist die einfachste aromatische Monocarbonsäure mit ungesättigter Seitenkette. Sie kommt frei oder in veresterter Form in sogenannten ätherischen Ölen und Harzen vor. Neben Zimtaldehyd und Eugenol ist sie ein wichtiger Bestandteil von Zimt. Bei der Darstellung macht man sich eine Abwandlung der Aldolkondensation zunutze, die unter dem Namen Perkin-Synthese bekannt ist. Aus Acetanhydrid entsteht in Anwesenheit einer Base wie Natriumacetat im Gleichgewicht ein mesomeriestabilisiertes Anion, das mit Benzaldehyd unter Addition an die elektrophile Carbonylfunktion reagiert. Das entstehende Anion nimmt ein Proton auf (z.B. von der Essigsäure) und spaltet Wasser ab. Im letzten Schritt erfolgt die Hydrolyse zu Zimtsäure und Essigsäure.

a) Formulieren Sie den beschriebenen Mechanismus für diese Synthese.

b) Verwendet man für die beschriebene Reaktion statt des Benzaldehyds die Verbindung o-Hydroxybenzaldehyd, so kann als finales Reaktionsprodukt eine Verbindung entstehen, die zwei Sechsringe enthält und keine sauren Eigenschaften aufweist. Um welche Verbindung handelt es sich und wie erklären Sie sich ihre Entstehung?

Aufgabe 214

Die einfachste Methode zur Überführung eines Alkens in einen Alkohols ist die regioselektiv verlaufende säurekatalysierte elektrophile Addition von Wasser.

a) Welche Regioselektivität wird bei dieser Reaktion für unsymmetrische Alkene beobachtet?

b) Die gleiche Nettoumsetzung kann auch durch eine als Oxymercurierung–Demercurierung bekannte Reaktionsfolge erzielt werden. Dieser Prozess verläuft i.A. stereospezifisch als *anti*-Addition und mit der gleichen Regioselektivität wie die säurekatalysierte Reaktion, aber ohne die bei letzterer häufig auftretenden Umlagerungen. Dabei wird das Alken mit Quecksilber(II)acetat in wässrigem Tetrahydrofuran (THF; ein cyclischer Ether) umgesetzt, wobei es im ersten Schritt zur Bildung eines cyclischen Mercurinium-Ions (analog zum Bromonium-Ion bei der elektrophilen Addition von Br_2) kommt, das in Gegenwart von Wasser das entsprechende Additionsprodukt bildet, z.B.

Im Anschluss wird der quecksilberhaltige Substituent durch Behandlung mit $NaBH_4$ in basischer Lösung abgespalten (Demercurierung).

Diese Reaktionsfolge wurde für das nachfolgende Alken benutzt, wobei es zu der folgenden Umsetzung kam:

Erklären Sie schrittweise, wie dieses Produkt zustande kommt.

Aufgabe 215

2-Cyanoacrylsäureethylester, auch Ethyl-2-cyanoacrylat genannt, ist ein Nitrilderivat des Ethylesters der Acrylsäure. Es handelt sich um eine farblose Flüssigkeit mit charakteristisch stechendem Geruch, die bei Kontakt mit Feuchtigkeit, Aminen, alkalischen Substanzen und Alkohol sehr schnell in einer exothermen Reaktion polymerisiert. Hauptsächlich wird die Verbindung als Sekundenkleber verwendet, aber auch in der Medizin für fadenlose Wundnähte eingesetzt. Daneben findet die Substanz Anwendung in der Forensik, um mit Hilfe von Cyanacrylat-Dämpfen Fingerabdrücke sichtbar zu machen.

a) Im ersten Schritt der Additionspolymerisation kommt es zu einem nucleophilen Angriff z.B. durch anwesende Hydroxid-Ionen am β-C-Atom des Acrylsäureesters. Erklären Sie mit Hilfe geeigneter Grenzstrukturen, warum der Angriff bevorzugt hier erfolgt.

b) Formulieren Sie dann den Mechanismus für die folgenden Schritte der Polymerisationsreaktion, die durch Addition eines Protons (aus H_2O) im letzten Schritt abgeschlossen wird.

Aufgabe 216

Primäre Halogenalkane lassen sich durch eine nucleophile Substitution mit OH^--Ionen in die entsprechenden primären Alkohole überführen. Eine analoge Synthese primärer Amine mit NH_3 als Nucleophil ist zwar naheliegend und prinzipiell möglich, aber dennoch nicht empfehlenswert.

a) Erklären Sie, warum diese Synthesemethode wenig geeignet ist.

b) Da Azide (RN_3) mit dem starken Hydrid-Donor $LiAlH_4$ zu primären Aminen reduziert werden können, stellt diese Route eine gute Alternative dar. Wie bei Reaktionen mit $LiAlH_4$ üblich, muss die Reaktion in einem nichtprotischen Lösungsmittel erfolgen. An den eigentlichen Reduktionsschritt schließt sich eine wässrige Aufarbeitung an, durch die das Amin freigesetzt und überschüssiges $LiAlH_4$ vernichtet wird.

Formulieren Sie eine entsprechende Synthese für 3-Methylbutan-1-amin.

Aufgabe 217

Lässt man Alkene mit Brom in einem inerten Lösungsmittel reagieren, so erhält man in einer elektrophilen *anti*-Addition das entsprechende Dibromalkan. Führt man die Reaktion dagegen in Anwesenheit von Wasser durch, so beobachtet man einen anderen Reaktionsverlauf.

a) Erklären Sie, wie das Wasser den Reaktionsverlauf beeinflusst.

b) Formulieren Sie einen Mechanismus für die Reaktion von Brom mit 1-Ethylcyclohexen in Wasser. Spielt die Stereochemie bei dieser Reaktion eine Rolle?

Aufgabe 218

Ähnlich wie die Bildung des Bromonium-Ions bei der Addition von Brom an Alkene verläuft auch die Bildung von cyclischen Dreiring-Ethern, sogenannter Epoxide. Als Reagenz dient hierbei eine Peroxycarbonsäure (RCO_3H) wie die rechts gezeigte *m*-Chlorperbenzoesäure, die ein Sauerstoffatom auf die Doppelbindung im Alken überträgt. Formulieren Sie die Bildung des Epoxids für 2-Buten und erklären Sie, ob es eine Rolle spielt, ob dabei von *cis*- oder von *trans*-2-Buten ausgegangen wird.

Aufgabe 219

Neben der Addition von Wasser an Alkene, die zur Bildung von Alkoholen führt, existieren auch Möglichkeiten, zwei Hydroxygruppen an den C-Atomen der Doppelbindung einzuführen, also Diole herzustellen. Je nach der gewählten Methode können dabei, wie das folgende Beispiel zeigt, Diole mit unterschiedlicher Stereochemie entstehen:

Erklären Sie durch welche Reaktion Sie jeweils aus dem gegebenen Alken zu dem entsprechenden Diol gelangen können.

Aufgabe 220

Neben der säurekatalysierten Addition von Wasser an Alkene und der Oxymercurierung/-Demercurierung (Aufgabe 214) steht mit der sogenannten Hydroborierung/Oxidation ein dritter Reaktionsweg zur Verfügung, um ein Alken in einen Alkohol umzuwandeln. Letzterer umfasst in einem ersten Schritt die Addition von BH_3 an die Doppelbindung, bevor in einem zweiten Schritt durch Oxidation der C–B-Bindung mit H_2O_2 in basischer Lösung der Alkohol entsteht.

Die Hydroborierung unterscheidet sich auf charakteristische Art und Weise von der säurekatalysierten Addition. Erklären Sie den zu erwartenden Reaktionsverlauf am Beispiel von 1-Methylcyclohexen.

Aufgabe 221

Aufgrund ihres +M-Effekts wirkt die NH_2-Gruppe bekanntlich bei einer elektrophilen aromatischen Substitution stark aktivierend.

a) Wir betrachten im Folgenden die Umwandlung von Aminobenzol (Anilin) in 4-Nitroanilin. Dabei erweist sich ein Umweg über das Acetanilid (die Aminogruppe ist hierin zum Essigsäureamid derivatisiert) als nützlich. Formulieren Sie diese Reaktionsfolge zum 4-Nitroanilin, und versuchen Sie, den Grund dieses Vorgehens zu erklären.

b) Auch bei der Synthese von 1,3,5-Tribrombenzol spielt die Aminogruppe eine entscheidende Rolle. Können Sie dies erklären?

Aufgabe 222

Imine sind wichtige Zwischenprodukte bei vielen organischen Synthesen, u.a. bei einer schon sehr lange bekannten Möglichkeit zur Synthese von α-Aminosäuren. Diese geht auf Adolph Strecker (1822–1871) zurück, der fand, dass Aldehyde und Ketone zusammen mit Ammoniak und HCN (bzw. einer Mischung aus NH_4Cl und $NaCN$, die in wässriger Lösung mit NH_3, HCN und NaCl im Gleichgewicht steht) α-Aminonitrile ergeben, die in einem Folgeschritt zur Aminosäure hydrolysiert werden können. Dabei entsteht zunächst ein elektrophiles Iminium-Ion (protoniertes Imin), das anschließend von Cyanid unter Bildung des α-Aminonitrils angegriffen wird.

Formulieren Sie für die Aminosäure Phenylalanin den Mechanismus einer solchen Strecker-Synthese.

Aufgabe 223

Die Addition von primären Aminen an Aldehyde und Ketone ist eine typische nucleophile Additionsreaktion. Untersucht man die Geschwindigkeit einer solchen Reaktion als Funktion des pH-Werts, so beobachtet man typischerweise einen Zusammenhang wie rechts gezeigt.

a) Erklären Sie mit Hilfe des Mechanismus, wie sich diese Abhängigkeit ergibt. Welche Substanzklasse wird dabei erhalten?

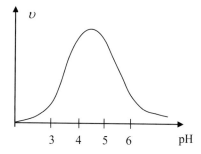

b) Anstelle von primären Aminen R-NH$_2$ kann man ganz analog auch das Hydroxylamin (H$_2$N-OH) mit Carbonylverbindungen umsetzen; die Produkte werden als Oxime bezeichnet. Ein in der Praxis bedeutsames Beispiel ist die Herstellung von Cyclohexanon-Oxim, da diese Verbindung unter stark sauren Bedingungen unter Ringerweiterung zum ε-Caprolactam umgelagert werden kann (sogenannte Beckmann-Umlagerung). Dieses wiederum wird im Megatonnenmaßstab produziert und zu Nylon 6 polykondensiert.

Versuchen Sie, den Mechanismus dieser Umlagerung zu formulieren und geben Sie eine Gleichung für die Polykondensationsreaktion mit einem Strukturausschnitt von Nylon 6 an.

Aufgabe 224

Bei der Synthese von Peptiden, aber auch vielen anderen komplizierteren Synthesen ist es erforderlich, Aminogruppen mit einer Schutzgruppe zu versehen, um beispielsweise ihren Angriff auf Elektrophile zu verhindern. Dazu wird die Aminogruppe oft zu einem Carbamat (RNHCO$_2$R) umgesetzt, häufig unter Verwendung der *tert*-Butyloxycarbonyl(Boc)-Gruppe. Die Boc-Gruppe lässt sich durch Reaktion mit dem entsprechenden, rechts gezeigten Anhydrid in Anwesenheit eines tertiären Amins einführen.

a) Formulieren Sie den Mechanismus für diese Reaktion und erklären Sie, warum das Carbonyl-C-Atom in der Boc-Gruppe relativ wenig reaktiv gegenüber Nucleophilen ist.

b) Eine weitere häufig benutzte Schutzgruppe für Amine zur Überführung in ein Carbamat ist die Carboxybenzyl-Gruppe (Cbz), die durch Umsetzung des Amins mit Benzylchloroformiat (PhCH$_2$OCOCl) in Anwesenheit einer Base eingeführt wird.

Formulieren Sie diese Reaktion für den Methylester des Alanins.

Aufgabe 225

Polyethylenterephthalat (PET) ist ein Polyester, der jährlich in Mengen von mehr als 20 Millionen Tonnen produziert wird. Etwa 70 % davon werden zu Fasern versponnen (z.B. Terylen$^®$, Dracon$^®$), ca. 7 % werden für Polyesterfilme verwendet, knapp 20 % werden für Lebensmittelverpackungen eingesetzt, z.B. für Getränkeflaschen. Das PET ist ein thermoplastisches Polymer, d.h. es erweicht beim Erhitzen und erhärtet wieder beim Abkühlen. Da dieser Vorgang oftmals wiederholt werden kann, ohne dass sich die chemischen Eigenschaften des Materials verändern, lässt es sich gut recyclen. PET-Flaschen verdrängen daher die klassische Pfandflasche aus Glas mehr und mehr, was aus ökologischer Sicht zumindest bedenklich erscheint.

Die Herstellung von PET erfolgt aus Ethan-1,2-diol und Benzol-1,4-dicarbonsäuredimethylester (Terephthalsäuredimethylester = Dimethylterephthalat). Formulieren Sie diesen Prozess Schritt für Schritt. Was können Sie über die Lage des Gleichgewichts aussagen, und wie kann es zugunsten des gewünschten Produkts beeinflusst werden?

Aufgabe 226

Carbonylverbindungen mit mindestens einem H-Atom am α-C-Atom stehen im Gleichgewicht mit dem korrespondierenden Enol (Keto-Enol-Tautomerie), wobei das Gleichgewicht meist weit auf der Seite der Ketoform liegt.

a) Eine Dicarbonylverbindung wie der 3-Oxopentansäuremethylester kann dabei zwei unterschiedliche Enole ausbilden. Formulieren Sie das Keto-Enol-Gleichgewicht und erklären Sie, welche der beiden Enolformen bevorzugt ist.

b) In der Synthese spielen Enolat-Ionen von Aldehyden, Ketonen und Estern eine wichtige Rolle. Warum gilt dies nicht analog für Enolate von Carbonsäure und sekundären Amiden?

c) Enole sind Nucleophile und ermöglichen die Einführung von Nucleophilen am α-C-Atom. Eine derartige nützliche Reaktion ist die Bildung von α-Bromcarbonsäuren, die als „Hell-Volhard-Zelinsky"-Reaktion bekannt ist. Hierbei wird die Carbonsäure mit PBr_3 und Br_2 umgesetzt; es entsteht zunächst das Carbonsäurebromid, dessen Enol anschließend am α-C-Atom bromiert wird. Im letzten Schritt wird das Säurebromid zur Carbonsäure hydrolysiert. Formulieren Sie den Mechanismus dieser Reaktion für die Bildung von 2-Brombutansäure.

Aufgabe 227

Eine sehr wichtige Methode zur Knüpfung von C–C-Bindungen ist neben der Aldolkondensation auch die Esterkondensation („Claisen-Kondensation"), bei der ein Esterenolat-Ion mit einem weiteren Estermolekül in einer nucleophilen Acylsubstitution reagiert. Im einfachsten Fall reagieren dabei zwei Moleküle desselben Esters miteinander; falls nicht, spricht man von einer gekreuzten Claisen-Kondensation.

Betrachten Sie als einfaches Beispiel Essigsäureethylester.

a) Welche Base würden Sie zur Deprotonierung verwenden? Wirkt sie katalytisch, oder müssen Sie sie in stöchiometrischer Menge einsetzen?

b) Formulieren Sie den Ablauf der Reaktion Schritt für Schritt. Wäre die Reaktion mit 2-Methylpropansäureethylester in gleicher Weise erfolgreich?

Aufgabe 228

Die Verbindung 2-Methylbutan soll einfach chloriert werden.

a) Welche unterschiedlichen Produkte können dabei erhalten werden? Versuchen Sie, eine Aussage über die relativen Mengen zu treffen, in denen die Produkte entstehen.

b) Nach welchem Reaktionstyp verläuft diese Reaktion? Formulieren Sie den Mechanismus für eines der Produkte.

Kapitel 6

Synthetische Fingerübungen

Aufgabe 229

Isoproturon (siehe nebenstehende Formel) ist ein billiges hochwirksames Pflanzengift, das (obwohl verboten) noch häufig zur „Entgrünung" von Bodenflächen eingesetzt wird. Es handelt sich bei Isoproturon um ein Harnstoff-Derivat, das schwer abbaubar ist und dessen Rückstände auch in Gewässern und im Trinkwasser nachweisbar sind.

Formulieren Sie eine Synthese von Isoproturon, die das reaktive Derivat der Kohlensäure (Kohlensäuredichlorid; Phosgen) benutzt, in zwei Stufen!

Aufgabe 230

Chloramphenicol ist ein Breitband-Antibiotikum, das erstmals 1947 aus *Streptomyces venezuelae* gewonnen wurde. Aufgrund seines breiten Wirkungsspektrums und seines günstigen Preises wurde es früher großflächig eingesetzt. Heute ist sein Einsatz – zumindest in der EU – aufgrund seiner Nebenwirkungen auf den Menschen in der Viehzucht untersagt. Aufgrund der potentiell lebensbedrohlichen Nebenwirkungen (Schädigung des Knochenmarks, aplastische Anämie) wird Chloramphenicol heute nur noch in der Klinik als Reserveantibiotikum verwendet, dessen Einsatz sorgfältig abgewogen werden muss. Chloramphenicol ist ein Translationshemmer, wirkt also blockierend auf die Knüpfung der Peptidbindung bei der Proteinsynthese an den prokaryotischen Ribosomen. Viele auch klinisch relevante Bakterien sind inzwischen gegen Chloramphenicol resistent. Die Resistenz entsteht durch eine kovalente Modifikation des Antibiotikums: Das Enzym Chloramphenicol-Acetyltransferase überträgt eine Acetylgruppe von Acetyl-CoA auf die primäre Hydroxygruppe des Chloramphenicols. Das modifizierte Antibiotikum bindet nicht mehr an Ribosomen.

Haupteinsatzgebiete für Chloramphenicol sind schwere, sonst nicht zu beherrschende Infektionskrankheiten wie Typhus, Paratyphus, Fleckfieber, Ruhr, Diphtherie und Malaria.

a) Sie sollen sich eine Synthese für diese Verbindung überlegen, ausgehend von 2,2-Dichlorethansäure und einem geeigneten zweiten (aromatischen) Ausgangsmaterial.

b) Mit welchen Nebenreaktionen müssten Sie rechnen?

c) Wie viele Chiralitätszentren besitzt Chloramphenicol? Zeichnen Sie Ihr Syntheseprodukt so, dass alle auftretenden Chiralitätszentren (*S*)-Konfiguration aufweisen.

Aufgabe 231

Jahr 1958 wurde die Verbindung (+)-Ophiobolin A erstmals aus der Kulturbrühe des pathogenen Pilzes *Ophiobolus miyabeanus* isoliert; 1965 konnte seine Struktur mittels Röntgenkristallographie aufgeklärt werden. Die Verbindung zeigt biologische Aktivität gegenüber Nematoden, Pilzen und Bakterien und hemmt die Calmodulin-aktivierte Phosphodiesterase, die cyclische Nucleotide spaltet.

Im Jahr 2011 wurde von K. Tsuna et al. in der „Angewandten Chemie" erstmals eine konvergente Totalsynthese von (+)-Ophiobolin A beschrieben.

a) Die Verbindung weist C=C-Doppelbindungen auf. Für welche der beiden erwarten Sie, dass eine elektrophile Addition, beispielsweise von HBr, leichter verläuft? Welches Hauptprodukt würden Sie erwarten?

b) Für den Aufbau eines der Ringe (den Ringschluss) käme prinzipiell eine Aldolkondensation in Frage. Wie müsste das entsprechende Vorläufermolekül aussehen und welche Schwierigkeit wäre zu erwarten?

Aufgabe 232

Im Nobelaufsatz des Jahres 2011 von E. Negishi (Angew. Chem. 2011, 123, 6870), der sich mit Übergangsmetall-katalysierten Kreuzkupplungen befasst, findet sich neben vielen anderen auch die Verbindung Siphonarienon, für die im Jahr 2004 eine Totalsynthese publiziert worden war. Während der Aufbau der Kohlenstoffkette mit den Stereozentren sicherlich nicht einfach ist, könnte man die Doppelbindung prinzipiell relativ leicht durch eine bekannte organische Grundreaktion zur Ausbildung von C–C-Bindungen einführen.

Siphonarienon

Ein geeignetes Vorläufermolekül ist der gezeigte Alkohol, der sich in zwei Schritten zum Siphonarienon umsetzen lassen sollte. Formulieren Sie eine entsprechende Sequenz. Welches Problem könnte dazu führen, dass in der publizierten Arbeit eine andere Reaktionssequenz zum Einsatz kam?

Aufgabe 233

Polyester und Polyamide sind synthetische Polymere von enormer wirtschaftlicher Bedeutung, die aus dem Alltag nicht wegzudenken sind.

a) Was ist Nylon?

b) Worin unterscheidet sich die Herstellung von Polystyrol oder Polyvinylchlorid von der Herstellung von Nylon (außer natürlich durch unterschiedliche Ausgangsmaterialien)?

c) Formulieren Sie die Synthese eines Polyamids aus zwei beliebigen, geeigneten Ausgangsmaterialien und kennzeichnen Sie die sich wiederholende Monomereinheit im Produkt durch eine eckige Klammer!

Aufgabe 234

Paracetamol (*p*-Hydroxyacetanilid) ist ein schmerzstillender und fiebersenkender Arzneistoff, der in verschiedenen Darreichungsformen verfügbar ist. Er ist wirksamer Bestandteil vieler Schmerz- und Erkältungsmedikamente, sowohl als Monopräparat als auch in Kombipräparaten. Seit ihrer Einführung zählen Arzneimittel mit dem Wirkstoff Paracetamol weltweit zu den bekanntesten und meistverwendeten Schmerzmitteln neben jenen, die Acetylsalicylsäure (Aspirin) oder Ibuprofen enthalten. Indikationen sind vor allem leichte bis mittelstarke Schmerzen, etwa Kopfschmerzen, Migräne oder Zahnschmerzen, sowie Fieber. Auch bei Sonnenbrand und arthrosebedingten Gelenkschmerzen ist Paracetamol wirksam. Als Monopräparat in geringer Dosierung gilt Paracetamol als weitgehend unschädlich und kann unter medizinischer Überwachung sogar langfristig angewendet werden.

In Kombination mit anderen Arzneistoffen oder Alkohol ergeben sich aber Wechselwirkungen, die besonders an Leber und Nieren langfristig Organschäden verursachen können (toxische Fettleber, Schmerzmittelnephropathie). Wegen der geringen therapeutischen Breite des Wirkstoffs und der einfachen Verfügbarkeit treten auch häufig versehentliche oder beabsichtigte akute Vergiftungen auf.

Die Wirkungsweise von Paracetamol ist bis heute nicht vollständig geklärt. Bekannt ist jedoch, dass mehrere Mechanismen zusammenspielen, und dass der analgetische Effekt hauptsächlich im Gehirn und Rückenmark zustande kommt. Die Hauptwirkung scheint in einer Hemmung der Cyclooxygenase 2 (COX-2) im Rückenmark zu liegen. Dieses Enzym ist über die Bildung von Prostaglandinen maßgeblich an der Schmerzweiterleitung ins Gehirn beteiligt. Andere Wirkungen betreffen die Serotonin-Rezeptoren (Typ 5-HT$_3$) im Rückenmark (über diesen Rezeptortyp kann das Gehirn die Weiterleitung von Schmerz hemmen), die Glutamat-NMDA-Rezeptoren im Gehirn (viele schmerzverarbeitende Gehirnzellen besitzen diesen Rezeptortyp) und die Wirkung von NO im Gehirn. Während andere Medikamente das aktive Zentrum von COX direkt blockieren, wirkt Paracetamol indirekt. Diese indirekte Blockierung passiert im Gehirn, aber nicht in Immunzellen, die hohe Konzentrationen von Peroxiden aufweisen. Dies ist der Grund, warum Paracetamol – im Gegensatz etwa zu Acetylsalicylsäure – keine entzündungshemmende Wirkung besitzt.

Paracetamol ist prinzipiell leicht aus 4-Aminophenol und einem geeigneten reaktiven Derivat der Essigsäure herstellbar. Ein unerfahrener Laborkollege versucht, Arbeit zu sparen und stattdessen die Reaktion mit Essigsäure durchzuführen. Und es scheint zu klappen – nachdem er das Lösungsmittel entfernt hat, isoliert er ein schönes weißes kristallines Produkt. Doch leider liefert die anschließende Schmelzpunktbestimmung eine Enttäuschung: er liegt gegenüber dem literaturbekannten Wert für *p*-Hydroxyacetanilid viel zu hoch.

a) Warum ist die Reaktion nicht wie gewünscht verlaufen? Welches Produkt hat der Kollege isoliert?

b) Formulieren Sie die richtige Reaktionsgleichung für die Synthese von Paracetamol unter Verwendung von Essigsäureanhydrid.

c) Ein Pharmakonzern stellt Paracetamol im großen Stil her. Ein bewährtes Verfahren liefert eine Ausbeute von 86 % an reinem Produkt. Welche Masse an Paracetamol wird erhalten, wenn man $2,00 \times 10^3$ kg des Edukts 4-Aminophenol einsetzt?

relative Atommassen: $M_r(C) = 12$; $M_r(H) = 1$; $M_r(O) = 16$; $M_r(N) = 14$

d) Ein neuer Mitarbeiter erprobt eine Verfahrensänderung und erhält dabei aus $2,00 \times 10^3$ kg 4-Aminophenol $2,90 \times 10^3$ kg an Produkt. Sollte das neue Verfahren eingeführt werden, oder haben Sie Bedenken?

Aufgabe 235

Der weibliche Menstruationscyclus wird von drei Proteinhormonen der Hypophyse kontrolliert: Das follikelstimulierende Hormon (FSH) induziert die Reifung der Eizelle, das luteinisierende Hormon (LH) den Eisprung. Das dritte im Bunde, das luteotrope Hormon schließlich bewirkt die Bildung des Gelbkörpers (*corpus luteum*). Durch regelmäßige Einnahme der Anti-Baby-Pille werden Eireifung und Eisprung verhindert, da dem Körper durch die Zufuhr stark wirksamer synthetischer Östrogen- und Progesteron-Derivate eine Schwangerschaft vorgetäuscht wird.

Eine typische im Handel erhältliche Pille enthält eine Kombination aus 0,05 mg Mestranol und 1 mg Norethynodrel. Mestranol enthält ebenso wie das natürlich vorkommende Hormon Östradiol einen aromatischen Ring und sollte sich aus diesem synthetisieren lassen.

Östradiol   Mestranol

a) Schlagen Sie eine plausible Syntheseroute für das Mestranol ausgehend von Östradiol vor.

b) Angenommen, es liegt eine Probe an Mestranol vor, die möglicherweise noch mit Östradiol verunreinigt ist. Wodurch sollte sich diese Verunreinigung relativ leicht von Mestranol abtrennen lassen?

Aufgabe 236

Die *p*-Aminobenzoesäure ist ein wichtiger Bakterienwuchsstoff und kommt als Baustein in der Folsäure vor. Ein Folsäuremangel wirkt sich u.a. auf die Biosynthese der Nucleinsäuren aus, da die Synthese der Purinvorstufen gestört wird. Ein Fehlen der Folsäure im Körper verändert das Blutbild und kann in der Schwangerschaft zu Fehlbildungen wie *Spina bifida*, einer Anencephalie des Neuralrohrs beim Embryo oder zu einer Frühgeburt führen.

Ausgangsstoff für die technische Synthese von *p*-Aminobenzoesäure ist *p*-Toluidin (4-Methylanilin bzw. 4-Aminotoluol). Vermeintlich kann die gewünschte Verbindung einfach durch eine einstufige Oxidation der Methylgruppe gewonnen werden; es zeigt sich aber, dass unter den erforderlichen Bedingungen auch die Aminogruppe oxidiert wird. Die Lösung ist ein Schutz der Aminogruppe durch Acetylierung, anschließend die Oxidation der Methylgruppe mit $KMnO_4$ und schließlich die Abspaltung der Schutzgruppe durch saure Hydrolyse.

a) Formulieren Sie die drei Reaktionsschritte. Die Redoxreaktion müssen Sie sich aus den Teilgleichungen erarbeiten (das Permanganat-Ion wird zu Mn^{2+} reduziert).

b) Durch zwei weitere Reaktionsschritte gelangt man von der *p*-Aminobenzoesäure zu dem als Lokalanästhetikum gebräuchlichen Tetracain (*p*-Butylaminobenzoesäure-β-dimethylaminoethylester.) Im ersten Schritt soll die Butylgruppe am Stickstoff eingeführt werden. Um welchen Reaktionstyp handelt es sich dabei? Mit welcher Verbindung würden Sie die *p*-Aminobenzoesäure umsetzen?

Im zweiten Schritt erfolgt dann die Veresterung mit dem entsprechenden Aminoalkohol. Müssen Sie befürchten, dass es zu einer Nebenreaktion mit der nucleophilen Aminogruppe des Aminoalkohols kommt?

Aufgabe 237

Bernsteinsäure (Butandisäure) findet sich – ihrem Namen entsprechend – im Bernstein und anderen Harzen, sowie in zahlreichen Pflanzen, z.B. Algen, Pilzen, im Rhabarber, in unreifen Weintrauben und Tomaten. Physiologisch tritt sie als Zwischenprodukt im Citratcyclus auf.

Eine Herstellung von Bernsteinsäure ist ausgehend von Ethen, einer der einfachsten organischen Verbindungen, möglich. Durch Bromierung werden im ersten Schritt zwei Abgangsgruppen eingeführt. Im Folgeschritt kommt es zu einer nucleophilen Substitution, durch die die beiden zusätzlichen C-Atome eingeführt werden. Der letzte Schritt schließlich ist eine saure Hydrolyse. Formulieren Sie die Reaktionsfolge.

Aufgabe 238

Captopril gehört zur Gruppe der Antihypertensiva, deren Wirkung vorwiegend auf einer Hemmung des Angiosin Converting Enzymes (ACE) beruht. Dadurch wird die Überführung von Angiotensin I in Angiotensin II unterdrückt. Letzteres bewirkt eine Verengung der Blutgefäße und dadurch eine Erhöhung des Blutdrucks. Gleichzeitig regt es in der Nebenniere die Bildung des Hormons Aldosteron an. Aldosteron beeinflusst den Wassergehalt des Körpers: Es verringert die Salz- und Wasserausscheidung über die Niere. Die Flüssigkeitsmenge nimmt zu und das Blutvolumen steigt – auch dies führt zu einem Blutdruckanstieg.

Eine Synthese der gezeigten Verbindung erscheint nicht allzu schwierig, da ein Baustein als Proteinbestandteil in großen Mengen günstig zur Verfügung steht. Allerdings könnte die nucleophile Eigenschaft der Mercaptogruppe des zweiten Bausteins Schwierigkeiten bereiten, da zu befürchten ist, dass diese Verbindung auch mit sich selbst reagiert.

Um dies zu verhindern, könnte man zunächst die leichte Oxidierbarkeit dieser Ausgangsverbindung ausnutzen, im nächsten Schritt die Kopplung mit dem zweiten Baustein durchführen und schließlich das Produkt reduktiv zur gewünschten Verbindung Captopril spalten.

Skizzieren Sie diese Reaktionsfolge.

Aufgabe 239

Bromhexin gehört zu den Sekretlösern (Mukolytica) und bewirkt durch vermehrte Lysosomenbildung und Aktivierung hydrolytisch wirkender Enzyme den Abbau saurer Mucopolysaccharide. Dadurch werden Fasern des Bronchialschleims abgebaut, so dass mehr dünnflüssiges Sekret entsteht und gleichzeitig seröse Drüsenzellen stimuliert. Bromhexin beugt so Entzündungen vor und lindert Hustenattacken bei festsitzendem Husten.

Eine denkbare Synthese für diese Verbindung könnte von 2-Brommethylanilin und Cyclohexanamin ausgehen. Können Sie die drei Reaktionsschritte formulieren, die von diesen Ausgangsstoffen zum Produkt führen?

Aufgabe 240

Der UV-B Anteil z.B. des Sonnenlichts bewirkt die Entstehung des allgemein bekannten Sonnenbrandes. Derartige Lichtdermatosen (lichtbedingte Hauterkrankungen) lassen sich durch effektive Lichtschutzfilterkombinationen weitgehend vermeiden.

p-Methoxyzimtsäure-2-ethylhexylester gehört zu einer Gruppe von Verbindungen, die als UV-B Filter in den üblichen Sonnenschutzmitteln Verwendung finden. Die Verbindung soll schrittweise aus einfacheren Substanzen aufgebaut werden. Ausgangsmaterial ist p-Hydroxybenzaldehyd, der als Akzeptor in einer Aldolkondensation mit einem geeigneten Aldehyd reagieren soll. Der entstehende β-Hydroxyaldehyd eliminiert sehr leicht Wasser und liefert so den p-Hydroxyzimtaldehyd.

Damit im folgenden Schritt die Veresterung stattfinden kann, muss die Zimtsäure gebildet werden, die anschließend mit dem entsprechenden Alkohol umgesetzt wird. Im letzten Schritt muss schließlich noch die phenolische OH-Gruppe methyliert werden.

Formulieren Sie eine entsprechende Reaktionsfolge.

Aufgabe 241

Überlegen Sie sich einen (mehrstufigen!) Weg für die folgende Umsetzung und bedenken Sie dabei, dass Aldehyde gegenüber Nucleophilen deutlich reaktiver sind als Ketone!

Aufgabe 242

Carbaryl (1-Naphtyl-*N*-methylcarbamat) ist ein Insektizid, das beispielsweise in China aufgrund des niedrigen Preises großflächig zum Einsatz kommt. Es enthält ein C-Atom in seiner höchstmöglichen Oxidationsstufe und kann daher als Derivat der Kohlensäure bzw. des Harnstoffs betrachtet werden. Entdeckt und kommerziell zugelassen wurde Carbaryl im Jahre 1958 durch die Firma Union Carbide. Anwendung findet das Insektizid (Markenname Sevin) vor allem in der kommerziellen Landwirtschaft, in Hausgärten und beim Waldschutz.

Der Abbau der Verbindung verläuft nach Hydrolyse über das Naphthol und Naphtholsulfat, sowie über an unterschiedlichen Positionen hydroxyliertes Carbaryl, das als Sulfat und Glucuronid ausgeschieden werden kann. Auch *N*-Hydroxymethyl-Bildung am intakten Carbaryl wurde beobachtet. Der Wirkungsmechanismus beruht (wie bei den Phosphorsäureestern) auf einer Hemmung der Cholinesterase, was zur Anhäufung von Acetylcholin an den postsynaptischen Membranen führt und dadurch Dauererregung bis zum Exitus bewirkt. Unterschiede zur Hemmkinetik der Phosphorsäureester liegen in den Halbwertszeiten der spontanen Reaktivierung der blockierten Enzyme.

a) Für die Synthese von Carbaryl kann man von einem reaktiven Kohlensäure-Derivat ausgehen. Formulieren Sie für das gezeigte Carbaryl eine Synthese in zwei Schritten, bei der Sie zunächst den aromatischen Molekülteil und anschließend den N-haltigen Rest an das Kohlensäure-Derivat anknüpfen sollen. Denken Sie an Bedingungen, die einen möglichst vollständigen Reaktionsablauf gewährleisten.

b) Setzt man als Elektrophil alternativ Methylisocyanat ($O{=}C{=}N{-}CH_3$) ein, das Kohlenstoff ebenfalls in seiner höchsten Oxidationsstufe enthält, so wird nur ein Reaktionsschritt benötigt. Formulieren Sie auch diese Synthese.

c) Formulieren Sie potentielle Ausscheidungsprodukte, die durch Hydroxylierung von Carbaryl am unsubstituierten Benzolring und anschließende Bildung des Sulfats (Schwefelsäureesters) bzw. Glucuronids entstehen.

Aufgabe 243

Chirale Enone wie die nebenstehend gezeigte Verbindung sind wichtige Duftstoffe und Bausteine in der Synthese von Naturstoffen. Die Verbindung kann aus einer offenkettigen difunktionellen Verbindung entstehen.

a) Das für eine einfache Synthese in Frage kommende Edukt steht in basischer Lösung im Gleichgewicht mit zwei konstitutionsisomeren Enolat-Ionen. Formulieren Sie dieses Gleichgewicht.

b) Ausgehend von einem der beiden Enolate kann die gezeigte α,β-ungesättigte Verbindung in drei Schritten entstehen; der letzte Schritt ist eine Dehydratisierung. Formulieren Sie die Reaktionsfolge ausgehend von dem geeigneten unter a) gebildeten Enolat schrittweise unter Verwendung von Elektronenpfeilen. Warum reagiert das zweite Enolat-Ion praktisch nicht zu einem entsprechenden Kondensationsprodukt?

c) Benennen Sie das gezeigte Produkt nach rationeller Nomenklatur.

Aufgabe 244

Die Verbindung Cyclofenil (rechts) steht als leistungssteigernde Substanz für männliche Athleten auf der Liste der WADA (*World Anti-Doping Agency*). Cyclofenil blockiert die Östrogen-Rezeptoren und verhindert so die Bindung der körpereigenen Östrogene. Zugleich erhöht es die Testosteronproduktion und hilft dadurch beim Aufbau von Körpermasse und Kraft. In Bodybuilder-Kreisen ist die Substanz daher wohlbekannt. Aber auch klinische Anwendungen wurden beschrieben: es stimuliert die Ovarien und vermindert dadurch Symptome der weiblichen Menopause. Auch zur Behandlung von Sclerodermie wurde die Verbindung angewandt.

a) Wie schätzen Sie die Eignung von Cyclofenil für eine orale Applikation ein?

b) Ausgehend von einem symmetrischen Keton (4,4′-Dihydroxybenzophenon) könnte man sich folgende Syntheseroute für die Verbindung vorstellen: Durch Addition eines Cyclohexyl-carbanions an das Keton entsteht nach wässriger Aufarbeitung ein tertiärer Alkohol. Das Cyclohexyl-Carbanion ist eine extrem starke Base; es könnte beispielsweise durch Umsetzung von Chlorcyclohexan mit Lithium in Diethylether als sogenanntes „Alkyllithium-Reagenz" entstehen. Unter den stark basischen Bedingungen werden die beiden phenolischen OH-Gruppen zunächst in deprotonierter Form vorliegen. Sie werden nach dem Additionsschritt durch Zugabe wässriger Säure protoniert. Bis zum gezeigten Endprodukt fehlen dann noch zwei Schritte, die Sie ergänzen sollen.

Additionsprodukt

Cyclofenil

c) Welche alternative Methode käme zur Knüpfung der Doppelbindung in Frage?

Aufgabe 245

Bei der Synthese von Alkinen der allgemeinen Form $R^1–CH_2–C≡C–CH_2R^2$ kann man sich die Acidität terminaler Alkine $R–C≡CH$ zunutze machen, die mit sehr starken Basen in die entsprechenden Anionen umgewandelt werden. Diese können als Nucleophile in S_N2-Substitutionen beispielsweise mit Halogenalkanen (Alkylhalogeniden) reagieren, wobei Alkine der oben gezeigten Form entstehen können.

Überlegen Sie sich, wie Sie auf diese Weise die Verbindung 4-Octin-2-on herstellen könnten, und denken Sie dabei daran, dass deprotonierte Alkine ($R–C≡C^-$) als gute Nucleophile auch an Carbonylgruppen addieren. Wie kann dies verhindert werden?

Aufgabe 246

Die Verbindung mit der Bezeichnung Sulpirid (Dogmatil®, Meresa®, Neogama®) nimmt eine Zwischenstellung zwischen den Neuroleptika und den Antidepressiva ein, da es sowohl neuroleptische als auch antidepressive Eigenschaften aufweist. Es wirkt dabei nicht sedierend, sondern antriebssteigernd und stimmungsaufhellend. Während es bei psychosomatischen Erkrankungen, Antriebs- und Affektstörungen, depressiven Verstimmungen und insbesondere bei Schwindel in einer Dosierung von 150–300 mg eingesetzt wird, ist Sulpirid bei akuten und chronischen Schizophrenien in hoher Dosierung (600–1200 mg) indiziert.

Denkt man über Synthesemöglichkeiten für die Verbindung nach, ist ein disubstituiertes Benzol als Ausgangsmaterial naheliegend. Mit welcher Verbindung würden Sie starten? Skizzieren Sie erforderliche Syntheseschritte und diskutieren Sie, wo Sie evt. Schwierigkeiten erwarten. Ein geeignet substituiertes Pyrrolidin-Derivat sei als vorhanden angenommen.

Aufgabe 247

Eine Synthese des Pheromons Multistriatin erscheint auf den ersten Blick ziemlich schwierig, erweist sich aber in der Praxis trotz des bicyclischen Ringsystems als verhältnismäßig einfach. In dieser Aufgabe soll versucht werden, ausgehend vom Zielmolekül „rückwärts" (retrosynthetisch) zu denkbaren leicht zugänglichen Startmaterialien zu gelangen. Das Molekül weist nur eine funktionelle Gruppe auf, die offensichtlich gebildet werden muss. Welche ist dies und welche fuktionellen Gruppen muss daher ein geeignetes Vorgängermolekül aufweisen?

Dieses Vorgängermolekül kann aus zwei einfacheren Fragmenten durch Knüpfung einer C–C-Bindung gebildet werden. Welche C–C-Bindung eignet sich hierfür am besten und zu welchen Vorläuferfragmenten gelangt man dann?

Das eine der beiden kann auf ein substituiertes Alken zurückgeführt werden.

Versuchen Sie, die Zerlegung von Multistriatin bis zu diesem Punkt nachzuvollziehen. Eine sich daraus ableitende Synthese ist in der Lösung gezeigt.

Aufgabe 248

Für die Herstellung des rechts gezeigten Antibiotikums Cyclo-methycain wurde die zugrundeliegende Carbonsäure benötigt, die sich im Prinzip aus *p*-Hydroxybenzoesäure herstellen lassen sollte.

Welche neue funktionelle Gruppe muss dabei gebildet werden? Erwarten Sie dabei Regioselektivitätsprobleme, da in der Carboxylgruppe auch eine OH-Gruppe vorhanden ist? Was würden Sie als zweites Edukt verwenden?

Aufgabe 249

a) Die Synthese von Thiolen (RSH) mit Hilfe einer direkten Alkylierung von H_2S ist keine sehr empfehlenswerte Reaktion. Können Sie erklären, warum?

b) Als ein „maskiertes" Äquivalent für H_2S kann man stattdessen Thioharnstoff benutzen. Er lässt sich zu einem Thiouronium-Ion alkylieren, das anschließend zum Thiol hydrolysiert wird.

Für die Synthese von Captodiamin, einem Beruhigungsmittel und Tranquillizer, bietet sich im letzten Schritt eine nucleophile Substitution an, für die ein entsprechendes Thiol benötigt wird. Dieses kann über die gerade geschilderte Methode aus einem entsprechenden Halogenalkan hergestellt werden, das sich seinerseits aus dem Alkohol bilden lässt. Bedenkt man, dass sich dieser leicht durch Reduktion aus dem entsprechenden Keton bildet und dieses durch eine Friedel-Crafts-Acylierung gebildet werden kann, ist man durch die Retrosynthese zu käuflichen Edukten gelangt.

Vollziehen Sie diese Retrosynthese nach und formulieren Sie die entsprechende Sequenz der Syntheseschritte.

Aufgabe 250

Sehr häufig benötigte Synthesebausteine enthalten zwei Heteroatomgruppen an benachbarten C-Atomen, beispielsweise $Nu\text{-}CH_2CH_2\text{-}OCOR$ oder $Nu\text{-}CH_2CH_2\text{-}Cl$. Diese lassen sich am besten auf die entsprechenden Alkohole $Nu\text{-}CH_2CH_2\text{-}OH$ zurückführen, die leicht durch Angriff des jeweiligen Nucleophils auf ein Epoxid (Oxiran) entstehen können:

Zahlreiche β-Chloramine besitzen physiologische Aktivität, oft auch Antitumor-Aktivität. Eine derartige Verbindung ist nebenstehend gezeigt. Ihre Synthese ist erstaunlich einfach. Versuchen Sie, das oben skizzierte Syntheseprinzip auf dieses Beispiel anzuwenden und durch Bruch entsprechender Bindungen zu einfachen Startmaterialien zu gelangen.

Aufgabe 251

Im Jahr 2000 wurde von Namikoshi et al. über die Isolierung und strukturelle Charakterisierung einer neuen benzanellierten Spiroverbindung aus dem marinen Pilz *Paecilomyces sp.* berichtet, die sich als stark antimitotisch wirksam erwies und als Paecilospiron bezeichnet wurde. Erst vor kurzem wurde eine Totalsynthese für diese Verbindung beschrieben (Angew. Chem. 2011, 123, 8500).

a) Klassifizieren Sie das das chirale Spiro-C-Atom, das 5- und 6-Ring gemeinsam ist, nach der (*R/S*)-Nomenklatur.

b) Ein Schlüsselschritt bei der Synthese ist sicherlich die Bildung der Spirostruktur. Gesetzt den Fall, diese könnte im letzten Reaktionsschritt aus einer entsprechenden Vorläuferverbindung aufgebaut werden – wie sähe diese Verbindung aus, und welche Reaktionen müssten ablaufen?

c) Als ein Problem erwies sich dabei die sekundäre Hydroxygruppe. Mit welcher Nebenreaktion würden Sie hier rechnen?

Aufgabe 252

Auf einer höheren Oxidationsstufe (vgl. Aufgabe 250) ist es häufig erforderlich, Nucleophile α-ständig zu einer Carbonylgruppe einzuführen. Das α-C-Atom ist normalerweise nicht elektrophil (ein α-Carbonyl-Kation wäre eine sehr instabile Spezies). Als Syntheseäquivalent können aber α-Halogencarbonylverbindungen dienen, die infolge des Elektronenzugs des elektronegativen Halogenatoms gut durch Nucleophile angreifbar sind.

Eines der bekanntesten Herbizide ist die Verbindung 2,4-Dichlorphenoxyessigsäure („2,4-D"), die nach dem beschriebenen Prinzip aus Phenol hergestellt wird.

Formulieren Sie die erforderlichen Syntheseschritte.

"2,4-D"

Aufgabe 253

Eine nützliche Reaktion von Alkenen, die zur Spaltung der C=C-Bindung in zwei Carbonylverbindungen führt, ist die Ozonolyse. Dabei wird das Alken (i.A. bei tiefen Temperaturen) mit Ozon (O_3) umgesetzt, wobei in einer 1,3-Cycloaddition zunächst das sogenannte Molozonid entsteht, welches rasch zum stabileren (wenngleich immer noch sehr reaktiven) Ozonid umlagert.

Dieses wird gewöhnlich nicht isoliert, sondern entweder reduzierend (z.B. mit Dimethylsulfid, Me_2S) oder oxidativ (mit H_2O_2) gespalten. Dabei entstehen im ersten Fall die entsprechenden Aldehyde/Ketone, in letzterem die Carbonsäure(n) bzw. Ketone nach folgendem Schema:

Insbesondere vor der Verfügbarkeit zahlreicher spektroskopischer Methoden zur Strukturaufklärung spielte die Ozonolyse und die Analyse der daraus erhaltenen Produkte eine wichtige Rolle bei der Bestimmung der Position von Doppelbindungen.

Die Verbindung Linalool ($C_{10}H_{18}O$) ist ein einwertiger, tertiärer Alkohol aus der Gruppe der acyclischen Monoterpene. Es ist Bestandteil vieler ätherischer Öle und kommt z.B. im Koriander, Hopfen, Muskat, Ingwer, Bohnenkraut, Zimt, Basilikum, Majoran, Thymian, schwarzen Pfeffer und anderen Gewürzpflanzen vor. Auch als Ester (Linalylacetat) und als Linalooloxid findet es sich in vielen ätherischen Ölen.

Um Aufschluss über seine Struktur zu erhalten, wurden die folgenden Umsetzungen durchgeführt:

a) Reaktion **1** ermöglicht Ihnen eine Aussage über die Anzahl der Doppelbindungen im Linalool. Wie viele enthält dieses Terpen?

b) Das Ergebnis der Reaktion **2** ist mit zwei unterschiedlichen Strukturformeln für das Linalool vereinbar. Ermitteln Sie diese beiden Strukturen.

c) Mit Hilfe der Reaktion **3** kann die richtige Struktur zugeordnet werden. Ebenso wie BH_3 reagiert das Diisoamylboran in einer Hydroborierung/Oxidation. Können Sie sich vorstellen, warum diese Reaktion chemoselektiv verläuft?

Zeichnen Sie das (*S*)-Enantiomer des Linalools und benennen Sie die Verbindung nach der IUPAC-Nomenklatur.

Aufgabe 254

Ibuprofen ist ein bekannter Arzneistoff aus der Gruppe der nichtsteroidalen Antirheumatika, der häufig zur Behandlung von Schmerzen, Entzündungen und Fieber eingesetzt wird. Chemisch gesehen handelt es sich um eine Arylpropionsäure; der Name leitet sich – mit einer Umstellung – von der Struktur ab: 2-(4-**Iso**b**utyl**phen**yl**)**pro**pionsäure. Ibuprofen hemmt nichtselektiv die Cyclooxygenasen I und II, die im Organismus für die Bildung von entzündungsvermittelnden Prostaglandinen verantwortlich sind, woraus seine schmerzstillende (analgetische), entzündungshemmende (antiphlogistische) und fiebersenkende (antipyretische) Wirkung resultiert. Nebenwirkungen, wie z.B. Magenblutungen, sind ebenfalls auf eine

Hemmung der Prostaglandin-Synthese zurückzuführen, da Prostaglandine beispielsweise an der Produktion von Magenschleim beteiligt sind.

Tabletten bis 400 mg (für den Akutgebrauch), Salben, Gele, Zäpfchen und zum Teil Kindersäfte zur Behandlung von Fieber und Schmerzen unterliegen in Deutschland der Apothekenpflicht und können ohne Rezept erworben werden. Höher dosierte Zubereitungen (600 mg und 800 mg) und Präparate zur Behandlung von Entzündungen und rheumatischen Erkrankungen unterliegen der ärztlichen Verschreibungspflicht.

a) Einige Ibuprofenpräparate (beispielsweise Dolormin®, IBU-ratiopharm®Lysinat (D), ratio-Dolor®akut (A)) enthalten Ibuprofen-Lysinat. Was könnte der Gedanke hinter dieser Darreichungsform sein? Formulieren Sie die Strukturformel für diese Verbindung.

b) Seinem verbreiteten Einsatz entsprechend wird Ibuprofen in großem Stil technisch ausgehend von Isobutylbenzol (2-Methylpropylbenzol) hergestellt. Letzteres wird in einem zweistufigen Prozess aus Benzol hergestellt, wobei im ersten Schritt eine Friedel-Crafts-Acylierung mit 2-Methylpropansäurechlorid erfolgt.

Formulieren Sie diese Reaktion, die durch AlCl₃ als Lewis-Säure katalysiert wird, in ihren Einzelschritten. Was für eine Reaktion muss sich anschließen, um zum Isobutylbenzol zu gelangen?

c) Diese Reaktionsführung erscheint auf den ersten Blick eher umständlich, da Isobutylbenzol im Prinzip auch durch eine Friedel-Crafts-Alkylierung mit 1-Chlor-2-methylpropan in Anwesenheit von AlCl₃ erhalten werden kann. Allerdings zeigt die Praxis, dass dabei als Hauptprodukt nicht die gewünschte Verbindung entsteht. Versuchen Sie zu erklären, warum Friedel-Crafts-Alkylierungen sich in der Praxis oftmals als wenig brauchbar erweisen und mit welchem Produkt/welchen Produkten im vorliegenden Fall zu rechnen ist.

Aufgabe 255

Selten wohl wurde die Einführung eines neuen Medikaments mit so großem Medieninteresse bedacht, wie dies am 27. März 1998 der Fall war, als die Substanz Sildenafil des U.S.-Konzerns Pfizer die Zulassung für den amerikanischen Markt erhielt. Unter der Bezeichnung Viagra ist die Substanz heute allgemein bekannt als Medikament zur Behandlung der erektilen Dysfunktion beim Mann.

Ein Teil des physiologischen Prozesses der Erektion beinhaltet die Freisetzung von Stickstoffmonoxid (NO) im *Corpus cavernosum*. Dadurch wird das Enzym Guanylatcyclase aktiviert, welches die Ausschüttung von cyclischem Guanosinmonophosphat (cGMP) erhöht. So wird eine leichte Muskelentspannung im *Corpus cavernosum* ausgelöst, welche das Einströmen von Blut und damit die Erektion ermöglicht. Sildenafil ist ein potenter selektiver Hemmer der cGMP-spezifischen Phosphodiesterase vom Typ 5 (PDE-5), die für die Herabsetzung der Konzentration an cGMP im *Corpus Cavernosum* verantwortlich ist. Als Resultat wird beim Einsatz von Sildenafil eine normale sexuelle Stimulation zu erhöhten Blutspiegeln von cGMP im *Corpus cavernosum* und damit zu einer verstärkten Erektion führen.

Sildenafil ("Viagra")

cyclisches Guanosinmonophosphat (cGMP)

Ein Blick auf die Strukturformel zeigt die strukturelle Ähnlichkeit des heterocyclischen Ringsystems mit dem Guanin im cGMP, was verständlich macht, dass Sildenafil an das aktive Zentrum der PDE-5 binden und als kompetitiver Hemmstoff dienen kann. Dem steigenden Bedarf gehorchend produziert Pfizer jährlich ca. 45 Tonnen der Substanz, was eine effiziente Syntheseroute erfordert. Sildenafil enthält einen zentralen dreifach substituierten Benzolring. Als Syntheseintermediat ist dabei die Verbindung 2-Ethoxy-5-sulfobenzoesäure plausibel.

a) Welches Ausgangsmaterial bietet sich für die Gewinnung dieses Zwischenproduktes an? Schlagen Sie ausgehend hiervon eine Synthese für 2-Ethoxy-5-sulfobenzoesäure vor und überlegen Sie dabei, ob diese die richtige Stellung der Substituenten liefert.

b) Auch die Einführung des Piperazinrings (Derivatisierung der Sulfonsäuregruppe) sollte ohne größere Schwierigkeiten zu bewerkstelligen sein. Formulieren Sie eine geeignete Umsetzung.

Aufgabe 256

Bei der Herstellung mehrfach substituierter aromatischer Verbindungen spielt die Berücksichtigung der jeweiligen dirigierenden Wirkungen der einzelnen Substituenten eine entscheidende Rolle. Danach richtet sich z.B. die Reihenfolge, in der die Substituenten einzuführen sind. Häufig sind dabei Umwandlungen von funktionellen Gruppen in andere Gruppen erforderlich, wodurch sich in vielen Fällen auch die dirigierende Wirkung umkehren lässt, z.B. durch Reduktion einer Nitrogruppe (*m*-dirigierend) in eine Aminogruppe (*o*-/*p*-dirigierend) oder Oxidation einer Methylgruppe (*o*-/*p*-dirigierend) zur Carboxylgruppe (*m*-dirigierend).

Schlagen Sie geeignete Synthesewege vor für

a) 1-Nitro-4-propylbenzol aus Benzol

b) 3-Bromanilin aus Benzol

c) 3-Chlor-4-acetamidobenzolsulfonsäure aus Anilin.

Aufgabe 257

Antiepileptika dienen der symptomatischen Behandlung der verschiedenen Formen der Epilepsie. Solche Substanzen sollen einerseits die Krampfschwelle erhöhen, dabei aber die normale motorische Erregbarkeit möglichst wenig beeinflussen und in krampfhemmenden Dosen möglichst wenig sedativ bzw. hypnotisch wirken. Insbesondere bei Daueranwendung sollte die Substanz nur geringe Nebenwirkungen besitzen – Forderungen, die bislang kein Präparat vollständig erfüllen kann. Viel Antiepileptika weisen als gemeinsames Strukturelement die rechts gezeigte Gruppierung auf, wobei R^1 und R^2 Alkyl- oder Arylreste sind und R^3 ein Alkylrest oder ein H-Atom ist. Ein typisches Beispiel sind die Barbiturate, wie z.B. das Phenobarbital (Luminal®). Es hat sich gezeigt, dass der Phenylrest an C-5 für eine gute antiepileptische Wirkung bei gleichzeitig nur geringem schlafanstoßendem Effekt erforderlich ist.

a) Welche funktionelle Gruppe ist oben als gemeinsames Strukturmerkmal gezeigt? Erwarten Sie für das Phenobarbital aufgrund der beiden N-Atome im Molekül basische Eigenschaften?

b) Antiepileptika mit abweichender Struktur sind u.a. die Benzodiazepine und die Valproinsäure (Dipropylessigsäure; 2-Propylpentansäure). Valproinsäure (Convulex®, Leptilan®) ist besonders gut wirksam bei pyknoleptischen Absencen; auch bei myklonischen Anfällen wird sie eingesetzt. Für eine Synthese dieser Verbindung bietet sich die Malonester-Methode an. Hierbei wird Malonsäurediethylester zweifach alkyliert, anschließend verseift und decarboxyliert.

Formulieren Sie diese Reaktionsfolge für die Synthese der Valproinsäure.

Phenobarbital

Aufgabe 258

a) Analog zur Verwendung von Malonsäurediethylester zur Synthese substituierter Carbonsäuren kann Acetessigester (3-Oxobutansäureethylester) zur Synthese von Methylketonen eingesetzt werden. Auch in diesem Fall dient die zusätzliche Estergruppe zur Aktivierung für eine Substitution in α-Stellung zur Carbonylgruppe. Ein einfaches Beispiel ist die Synthese der rechts gezeigten Verbindung, die industriell in großem Maßstab produziert wird.

Entwickeln Sie eine Synthese ausgehend von 3-Oxobutansäureethylester und Isopren (2-Methyl-1,3-butadien).

b) Eine Variante dieses Syntheseschemas besteht darin, die aktivierende Gruppe nach dem Substitutionsschritt nicht aus dem Molekül zu entfernen, sondern in eine andere Funktionalität umzuwandeln. Dies ermöglicht z.B. die Synthese von 1,3-Diolen wie dem nebenstehend gezeigten. Können Sie ausgehend von dem entsprechend substituierten Aromaten die Synthese formulieren?

Aufgabe 259

Bei α,β-ungesättigten Carbonylverbindungen kann eine nucleophile Addition generell auf zwei Arten erfolgen: entweder das Nucleophil greift direkt das elektrophile Carbonyl-C-Atom an (1,2-Addition) oder die Addition erfolgt am β-C-Atom (konjugierte 1,4-Addition; „Michael-Addition"). Dabei ist das Michael-Additionsprodukt das thermodynamisch stabilere; es wird bevorzugt mit weniger basischen Nucleophilen gebildet, während stark basische Nucleophile meist bevorzugt an der Carbonylgruppe angreifen. So findet man für die Nucleophile RLi, NH_2^-, RO^- sowie Hydrid-Reduktionsmittel überwiegend 1,2-Addition, wogegen RMgX (Grignard-Reagenzien), neutrale Amine, Thiolat-Ionen (RS^-) und stabilisierte Carbanionen eher eine Michael-Addition eingehen.

Der gezeigte α,β-ungesättigte Carbonsäureester kann demnach zu unterschiedlichen Produkten reduziert werden. Welches Reduktionsmittel würden Sie jeweils wählen, um zum entsprechenden Produkt zu gelangen?

Aufgabe 260

Für die Synthese von Alkenen existieren etliche verschiedene Möglichkeiten, allerdings sind für ein gegebenes Problem i.A. nicht alle gleichermaßen geeignet, so dass entsprechende Vorüberlegungen sinnvoll sind. Eine sehr leistungsfähige Methode ist die Wittig-Reaktion, bei der ein sogenanntes Phosphor-Ylid mit einem Aldehyd oder einem Keton zur Reaktion gebracht wird. Das Phosphor-Ylid wird durch Reaktion eines Halogenalkans mit Triphenylphosphin (PPh_3) und nachfolgender Deprotonierung mit einer starken Base gewonnen:

Für die eigentliche Reaktion nimmt man einen konzertierten cyclischen Verlauf an; im Alkenprodukt stammt das eine C-Atom der Doppelbindung aus der Carbonylgruppe des Aldehyds/Ketons, das andere ist das C-Atom des Halogenalkans, welches die Abgangsgruppe trug. Folgender Mechanismus wird angenommen:

Es soll das vergleichsweise einfache, rechts gezeigte Alken gebildet werden. Eine Möglichkeit hierfür wäre die Dehydratisierung eines Alkohols, der sich leicht durch eine Grignard-Reaktion gewinnen ließe. Warum ist diese Syntheseroute dennoch nicht zu empfehlen?

Die bessere Alternative ist eine Synthese mit Hilfe der Wittig-Reaktion, für die verschiedene Edukte in Frage kommen. Formulieren Sie.

Aufgabe 261

Viele Insektenpheromone sind Derivate einfacher Alkene. Ein Beispiel ist die Verbindung Disparlur, ein Epoxid, das den Schwammspinner anlockt. Für die Wirksamkeit der Verbindung ist die Stereochemie von Bedeutung; will man die gleiche Wirkung wie mit der natürlichen Verbindung erzielen, muss also bei einer Synthese darauf geachtet werden, dass das korrekte Stereoisomer entsteht.

Welche Vorläuferverbindung wird benötigt, um daraus das Epoxid herzustellen, und wie würden Sie diese aus zwei einfacheren Bausteinen synthetisieren?

Aufgabe 262

Durch Veränderung der Substituenten am Aminostickstoff des Adrenalins ist es gelungen, β-Sympathomimetika zu entwickeln, die vor allem die β_2-Rezeptoren stimulieren. Dadurch konnten die kardialen Wirkungen der nichtselektiven β-Sympathomimetika wesentlich verringert werden. Allerdings ist diese β_2-Selektivität nicht absolut, so dass bei höherer Dosierung ebenfalls mit kardialen Nebenwirkungen zu rechnen ist. Hauptanwendungsgebiet der β_2-Sympathomimetika ist die Therapie des Asthma bronchiale.

Eine aus einer Reihe derartiger Verbindungen ist das gezeigte Hexoprenalin.

Für eine Synthese dieser Verbindung wird man versuchen, sich die symmetrische Struktur zunutze zu machen. Hätte man das entsprechende zweifach hydroxylierte Styrol zur Hand, könnte das Hexoprenalin in nur zwei weiteren Schritten hergestellt werden, wobei man ausnützt, das Epoxide leicht durch Nucleophile geöffnet werden.

Formulieren Sie die erforderlichen Schritte.

Aufgabe 263

Unter dem Begriff Expektorantien fasst man eine Reihe von Substanzen zusammen, welche die Entfernung von Bronchialsekret aus den Bronchien und der Trachea erleichtern bzw. beschleunigen. Während Sekretolytika durch Stimulation afferenter parasympathischer Fasern und/oder durch direkten Angriff an den schleimproduzierenden Zellen die Bronchialsekretion steigern und dadurch den Schleim verflüssigen sollen, verändern Mucolytika die physiochemischen Eigenschaften des Sekrets, wobei sie insbesondere dessen Viskosität herabsetzen.

Die Verbindung Bromhexin (Auxit®, Bisolvon®) bewirkt durch vermehrte Lysosomenbildung und Aktivierung hydrolytisch wirkender Enzyme den Abbau saurer Mucopolysaccharide, wodurch Fasern des Bronchialschleims abgebaut werden. Gleichzeitig werden Drüsenzellen stimuliert und es kommt unter Sekretvermehrung zu einer Abnahme der Sputumviskosität.

Um sich den Weg in die Apotheke zu ersparen, können Sie sich Gedanken über eine eigene Synthese der Verbindung machen. Als Edukt kommt die kommerziell leicht erhältliche 2-Amino-benzoesäure (Anthranilsäure) in Betracht, wenn man bedenkt, dass sich manche Amine durch eine Reduktion von Amiden herstellen lassen. Das sekundäre Amin *N*-Methylcyclohexanamin sei ebenfalls verfügbar.

Können Sie damit eine Synthese für Bromhexin zu Papier bringen?

Aufgabe 264

Juckreiz ist ein bei vielen Hauterkrankungen auftretendes Symptom, das den Patienten häufig sehr quält. Zur symptomatischen Therapie dienen Wirkstoffe, die die Empfindlichkeit der sensiblen Hautnerven verringern bzw. aufheben. Neben Oberflächenanästhetika, die sowohl schmerz- als auch juckreizlindernd wirken, kommen auch Antihistaminika, Menthol (in stark verdünnter alkoholischer Lösung) und die Verbindung Crotamiton (Euraxil®) zum Einsatz.

a) Versuchen Sie, die beiden letztgenannten Verbindungen, die nebenstehend gezeigt sind, nach der rationellen Nomenklatur zu bezeichnen. Achten Sie dabei auch auf die Stereochemie des Menthols. Wodurch zeichnet sich das gezeigte Stereoisomer aus und wie viele weitere Stereoisomere könnten Sie zeichnen?

b) Das Crotamiton soll aus möglichst einfachen Bausteinen synthetisiert werden. Überlegen Sie sich, welche Bindungen sich zur Knüpfung eignen und die Sie umgekehrt bei der Analyse der Verbindung spalten können (Retrosynthese). Versuchen Sie dann, geeignete Reaktionsschritte zum Aufbau der Verbindung zu formulieren.

Aufgabe 265

Zu den cancerogenen Naturstoffen gehört neben dem von *Aspergillus flavus* durch Befall von Lebensmitteln (z.B. Erdnüssen) gebildeten besonders gefährlichen Aflatoxin B_1 und der in der Osterluzei vorkommenden Aristolochiasäure auch das im Sassafras-Öl enthaltene Safrol. Um die Struktur der aus dem Öl isolierten Verbindung zu bestätigen, soll sie synthetisch hergestellt werden. Als Edukt kommt das erhältliche 1,2-Dihydroxybenzol in Frage.

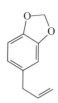

Entwickeln Sie ausgehend hiervon eine plausible Synthese.

Aufgabe 266

Hitzeschockproteine (HSPs) sind Stressproteine, die sich in nahezu allen Organismen finden und die durch Umwelteinflüsse und pathophysiologische Stimuli induzierbar sind. Sie bestehen aus mehreren Klassen mit unterschiedlichen molaren Massen, wobei die HSP60s, HSP70s und HSP90s als hochgradig konservierte Chaperone an der Faltung von Proteinen, der Assemblierung von Proteinkomplexen und dem Proteintransport durch biologische Membranen beteiligt sind. Hitzeschockproteine werden in Krebszellen überexprimiert und sind an der Onkogenese und der Resistenz gegen Chemotherapeutika beteiligt. So korreliert die Überexprimierung von HSP90s und HSP70s in vielen Tumoren mit der Proliferation und dem Überleben u.a. von kolorektalen Carcinomen und Brustkrebs.

Die Induktion und Regulation von HSP70 ist ein einigermaßen komplizierter Vorgang; er umfasst zunächst die Freisetzung des Hitzeschocktranskriptionsfaktors 1 (HSF 1) von HSP90, gefolgt von Trimerisierung, Translokation in den Kern und Bindung an das Hitzeschockelement (HSE).

Man kennt eine Reihe von niedermolekularen Inhibitoren der hitzeinduzierten HSP70 Expression, von denen die Verbindungen Triptolid und Quercetin bislang die effektivsten zu sein scheinen. Während das Triptolid ein ziemlich kompliziertes hochgradig funktionalisiertes Molekül darstellt, ist das Quercetin ein vergleichsweise einfach gebauter Naturstoff aus der Familie der Flavone, der vielfältige biologische Aktivität aufweist, u.a. die Hemmung der HSP70 Expression nach einem bislang unbekannten Mechanismus. Quercetin wird in *vivo* metabolisiert und es ist möglich, dass einige Metaboliten die pharmazeutisch aktive Substanz darstellen.

Quercetin

In einer 2009 veröffentlichten Arbeit wurde daher versucht, alle unterschiedlichen Monomethyl-Derivate sowie einige ausgewählte Carboxymethyl-Derivate zu synthetisieren, was aufgrund der fünf Hydroxygruppen im Molekül kein einfaches Unterfangen ist.

a) Zwei der Hydroxygruppen lassen sich relativ leicht mit einer Schutzgruppe versehen. Formulieren Sie dafür eine geeignete Reaktion.

b) Im Folgenden gelang es, die zur Carbonylgruppe α-ständige Hydroxygruppe in den Benzylether zu überführen (diese Schutzgruppe lässt sich leicht durch Hydrogenolyse mit H_2/Pd wieder entfernen) und schließlich eine der verbleibenden OH-Gruppen mit einer Methylcarboxymethyl-Gruppe (–CH_2COOCH_3) zu versehen.

Formulieren Sie diese beiden Reaktionen.

Aufgabe 267

Durch eine der Aldolreaktion ähnliche Kondensationsreaktion lassen sich β-Diketone herstellen, wie z.B. die rechts gezeigte Verbindung. Man kann hierbei mit zwei unterschiedlichen Eduktpaarungen zum gewünschten Produkt kommen.

Welche sind dies? Ist einer der beiden Wege zu bevorzugen? Begründen Sie.

Aufgabe 268

Norgestimat ist ein Wirkstoff aus der Gruppe der Gestagene mit nur geringer progestogener Aktivität, der in Kombination mit dem Oestrogen Ethinylestradiol zur oralen hormonellen Empfängnisverhütung verwendet wird. Aufgrund seines antiandrogenen Wirkprofils (durch Senkung der Androgen-Konzentrationen) ist Norgestimat zur Behandlung der Akne vulgaris vorgeschlagen worden.

Im Folgenden ist ein Ausschnitt aus der Syntheseroute dargestellt.

a) Ergänzen Sie die fehlenden Reagenzien und schlagen Sie einen Mechanismus für den ersten Schritt vor.

b) Wie lässt sich erklären, dass NaOH im zweiten Reaktionsschritt nur / bevorzugt mit einer der beiden Estergruppen reagiert?

c) Welche funktionelle Gruppe wird im letzten Schritt gebildet? Bei welchen pH-Bedingungen sollte diese Reaktion am besten durchgeführt werden?

Aufgabe 269

Das nebenstehende Diol soll aus zwei C_6-Fragmenten aufgebaut werden. Als Edukte kommen z.B. Cyclohexen und Cyclohexanon in Frage. Die beiden Sechsringe können durch eine Wittig-Reaktion zum entsprechenden Alken verknüpft werden, welches durch eine Dihydroxylierung in das Diol überführt wird.

a) Formulieren Sie die skizzierte Reaktionsfolge.

b) Behandelt man das Diol mit wässriger Schwefelsäure bei 100 °C, so lässt sich (wenngleich mit geringer Ausbeute) das gezeigte Keton isolieren, wobei es offensichtlich zu einer Gerüstumlagerung kommt. Erklären Sie den Mechanismus für diese Reaktion.

Aufgabe 270

Metallorganische Reagenzien können mit α,β-ungesättigten Carbonylverbindungen zu 1,2-oder 1,4-Addukten reagieren: Organo-Lithiumverbindungen (R-Li) bevorzugen dabei den direkten Angriff auf die Carbonylgruppe, während man mit den sogenannten Organocupraten (empirische Formel: R_2CuLi) praktisch ausschließlich konjugierte 1,4-Addition erreichen kann. Als erstes isolierbares Produkt entsteht ein Enolat-Ion, das entweder durch wässrige Aufarbeitung in die entsprechende Carbonylverbindung übergeht, oder durch ein Alkylierungsmittel R-X zum α,β-Dialkylierungsprodukt abgefangen werden kann. Die Organocuprate können durch Umsetzung von zwei Äquivalenten eines Organolithium-Reagenzes mit einem Äquivalent Kupfer(I)iodid hergestellt werden, z.B.:

$$2\,CH_3Li + CuI \longrightarrow (CH_3)_2CuLi + LiI$$

a) Formulieren Sie die 1,4-Addition eines Ethylrestes an Cyclohex-2-enon.

b) Ebenso wie andere Nucleophile können auch Enolat-Ionen konjugierte Additionen an α,β-ungesättigte Carbonylverbindungen eingehen (Michael-Addition). Manche Michael-Akzeptoren, wie z.B. das 3-Buten-2-on, können nach einer Michael-Addition im ersten Schritt in einer darauffolgenden intramolekularen Aldolkondensation reagieren, wobei ein neuer Ring entsteht. Diese Folge aus Michael-Addition und intramolekularer Aldolkondensation ist als Robinson-Anellierung bekannt und findet breiten Einsatz bei der Synthese polycyclischer Ringsysteme z.B. bei Steroidsynthesen.

2-Methylcyclohexanon wird zunächst mit Natriumethanolat in Ethanol zum Enolat-Ion umgesetzt und anschließend mit 3-Buten-2-on zur Reaktion gebracht. Formulieren Sie schrittweise den Ablauf dieser Robinson-Anellierung.

Kapitel 7

Einfache Reaktionen mit Naturstoffen

Aufgabe 271

Die nebenstehende Verbindung ist als Süßstoff zugelassen und unter dem Handelsnamen Aspartam® bekannt. Die Verbindung ist nicht hitzebeständig und kann daher nicht zum Backen verwendet werden.

Von Menschen mit der sehr seltenen angeborenen Stoffwechselerkrankung Phenylketonurie darf Aspartam® nicht eingenommen werden. Deshalb müssen alle Lebensmittel, die Aspartam® enthalten, den Hinweis *„enthält eine Phenylalaninquelle"* tragen. Diesen Warnhinweis findet man zum Beispiel auf zuckerfreien Light-Limonaden. Neugeborene werden heute auf Phenylketonurie routinemässig getestet, damit schwerste Gehirnschäden verhindert werden. Über mögliche weitere Gesundheitsgefahren durch die Verwendung von Aspartam® gibt es kontroverse Meinungen, z.B. bezüglich eines möglichen Beitrags zur Krebsentstehung oder sogar einer krebsauslösenden Wirkung.

a) Aspartam® besitzt zwei Chiralitätszentren. Markieren Sie diese mit einem Pfeil und bestimmen Sie ihre absolute Konfiguration (*R/S*).

b) Welche Produkte erhalten Sie bei einer (säurekatalysierten) Hydrolyse von Aspartam®? Zeichnen Sie die entsprechenden Strukturformeln und geben Sie die Namen der Verbindungen an!

Aufgabe 272

a) Gegeben ist das Disaccharid Saccharose. Begründen Sie, ob es sich um einen reduzierenden, oder einen nicht-reduzierenden Zucker handelt.

b) Die Saccharose wird den im Folgenden genannten Reaktionen unterworfen. Formulieren Sie die jeweilige Reaktion (sofern es eine gibt) und bezeichnen Sie die gebildeten Produkte.

I) Umsetzung mit 1. H^+, H_2O, gefolgt von 2. $NaBH_4$

II) Umsetzung mit einem Überschuss an $(CH_3)_2SO_4$ und $NaOH$

III) Umsetzung mit NH_2OH

Aufgabe 273

a) Im Folgenden sind einige Monosaccharide gezeigt, jedoch in einer unkonventionell ge-zeichneten Fischer-Projektion. Identifizieren Sie die gezeigten Monosaccharide, indem Sie die Strukturen in die „normalen" Darstellungen überführen.

a   b   c

Aufgabe 274

Phosphorsäureester spielen im zellulären Stoffwechsel eine sehr wichtige Rolle. So wird beispielsweise Glucose zu Beginn der Glykolyse in Glucose-6-phosphat umgewandelt. Dieses kann zu Fructose-6-phosphat isomerisiert oder zu 6-Phosphogluconolacton oxidiert werden.

a) Zeichnen Sie α-D-Glucose-6-phosphat in seiner bevorzugten Sesselkonformation!

b) Im sogenannten Pentosephosphatweg wird Glucose-6-phosphat zum Lacton oxidiert. Diese Reaktion kann man sich in einem Sensor zur Glucosebestimmung nutzbar machen. Als Oxi-dationsmittel dient dabei letztlich Sauerstoff, der zu Wasserstoffperoxid reduziert wird.

Formulieren Sie die beiden Teilgleichungen.

Aufgabe 275

Formulieren Sie ein beliebiges Tripeptid, das eine neutrale, eine saure und eine basische Ami-nosäure in ihrer proteinogenen Form enthalten soll (Stereochemie!) in der Form, wie es unter stark sauren Bedingungen vorliegt.

Aufgabe 276

Gemischte Carbonsäure-Phosphorsäure(derivat)-Anhydride spielen als reaktive Carbonsäure-Derivate eine wichtige Rolle im Metabolismus, z.B. beim Fettverdau. Mit der Nahrung auf-genommenes Fett muss hierbei zunächst in seine Bestandteile hydrolysiert werden.

a) Formulieren Sie die vollständige alkalische Hydrolyse eines Fettmoleküls (eines Triacyl-glycerols). Die langkettigen Fettsäurereste können Sie hierbei mit $R^1 - R^3$ abkürzen.

b) Bevor die Fettsäuren weiter durch einen Prozess namens β-Oxidation abgebaut werden können, müssen Sie aktiviert werden. Dabei werden sie im ersten Schritt mit ATP zu einem gemischten Anhydrid („Acyladenylat") umgesetzt. Formulieren Sie exemplarisch die Umsetzung von Hexansäure mit ATP zum gemischten Anhydrid.

c) Im zweiten Schritt reagiert das Acyladenylat mit Coenzym A (CoA-SH) zum Thioester. Formulieren Sie und zeigen Sie den Angriff durch einen entsprechenden Elektronenpfeil!

Aufgabe 277

In der Archäologie wird nicht nur gegraben, sondern man fahndet beispielsweise auch in antiken Scherben nach Spuren antiker Weinreste, um Hinweise auf kulturelle Entwicklungen zu bekommen. Eine wichtige Rolle spielen dabei Polyphenolverbindungen und ihre Abbauprodukte. Zwei derartige Vertreter sind Epicatechin (EC) und Epigallocatechin-3-O-gallat (EgCG).

EC   EgCG

Vergleicht man beide Verbindungen, so erkennt man, dass EC (*prinzipiell!*) in zwei Schritten in EgCG überführt werden kann. Zum einen muss eine Oxidation erfolgen, zum anderen eine Acylierung.

Formulieren Sie diesen zweistufigen Prozess mit H_2O_2 als Oxidationsmittel für den ersten Schritt und Gallussäure als Acylierungsmittel.

Aufgabe 278

Eine andere Gruppe von Markern sind Diterpenverbindungen, wie Derivate der Abietinsäure, die in einigen antiken römischen Weinen gefunden wurden.

Abietinsäure (ABT)   Levopimarsäure (LVP)   Dehydroabietinsäure (DAB)

18-Nor-ABT   7-O-ABT

Die Abietinsäure (die zu den sogenannten „Harzsäuren" gezählt wird) ist ein Hauptbestandteil des Naturstoffs Kolophonium. Kolophonium ist ein natürliches Harz, das aus dem Balsam harzführender Koniferen gewonnen wird.

a) In welchem Verhältnis stehen ABT und LVP zueinander?

b) Durch welchen Typ von Reaktion kann

   I) LVP in DAB bzw.

   II) DAB in 18-Nor-ABT umgewandelt werden?

c) Formulieren Sie eine Redoxteilgleichung für die Überführung von LVP in 7-O-ABT.

Aufgabe 279

Gegeben ist das wohlbekannte Glucosemolekül.

a) Nennen Sie zwei Epimere der Glucose und definieren Sie den Begriff des Epimers.

b) Sie wollen Glucose zur Glucuronsäure oxidieren. Formulieren Sie die Redoxteilgleichung für diese Reaktion ausgehend von der β-D-Glucopyranose. Warum ist diese Reaktion in der Praxis nicht so leicht zu bewerkstelligen?

c) Glucuronsäure dient dem Organismus i.A. dazu schlecht wasserlösliche Stoffe durch Überführung in das entsprechende Glucuronid in eine besser lösliche, mit dem Harn ausscheidbare Verbindung zu überführen. Formulieren Sie diese Reaktion am Beispiel des Thymols (= 2-Isopropyl-5-methylphenol).

Aufgabe 280

Die Verbindung Arbutin, die sich aus Blättern von Birnbäumen oder Preiselbeeren isolieren lässt, hat die Summenformel $C_{12}H_{16}O_7$. Arbutin ist auch der wichtigste und für die desinfizierende Wirkung verantwortliche Inhaltsstoff der Bärentraubenblätter. Das Arbutin selbst wirkt nicht desinfizierend, sondern ist ein „Pro-Drug".

Behandelt man Arbutin mit wässriger Säure oder mit einer β-Glucosidase, erhält man als Produkte D-Glucose und eine Verbindung **X** mit der Summenformel $C_6H_6O_2$, die kein Nettodipolmoment aufweist. Die Verbindung **X** ist gut löslich in NaOH-Lösung, dagegen kaum löslich in wässriger $NaHCO_3$-Lösung. Die relativ toxische Verbindung **X** wird gut resorbiert und in der Leber an Glucuron- und Schwefelsäure gebunden. So entstehen ungiftige Konjugate, die mit dem Harn ausgeschieden werden.

Leiten Sie daraus die Strukturformel von **X** und von Arbutin ab.

Aufgabe 281

Gegeben ist folgendes Lipid:

a) Welche Art von Struktur bildet sich aus, wenn Sie versuchen, dieses Lipid in Wasser zu lösen? (Bezeichnung und schematische Skizze!)

b) Kennzeichnen Sie alle hydrolysierbaren Bindungen mit einem Pfeil. Welche beiden Alkohole entstehen bei einer vollständigen Hydrolyse? Zeichnen Sie die entsprechenden Strukturformeln!

c) Die Verbindung lässt sich im Prinzip auf dieselbe Weise quantitativ bestimmen, wie es bei der Bestimmung der Iodzahl eines Fettes geschieht. Dazu wird eine Lösung mit unbekannter Menge der Verbindung und eine Blindprobe jeweils mit der gleichen Stoffmenge Brom im Überschuss versetzt. Das nicht addierte Brom wird dann mit Iodid reduziert und die dabei gebildete Menge an I_2 mit $Na_2S_2O_3$-Lösung titriert ($c(Na_2S_2O_3) = 0{,}50$ mol/L). Hierbei ergab sich für die Blindprobe ein Verbrauch von 16,2 mL an $S_2O_3^{2-}$-Lösung und für die Lipidprobe ein Verbrauch von 4,2 mL. Die molare Masse des Lipids beträgt 741 g/mol.

Berechnen Sie daraus die Masse des Lipids, die in der Probe vorhanden war!

Aufgabe 282

Das Disaccharid Melibiose zeigt folgende Eigenschaften:

- Melibiose ist ein reduzierender Zucker und unterliegt der Mutarotation.
- Die Hydrolyse von Melibiose mit wässriger Säure oder einer α-Galaktosidase ergibt *D*-Galaktose und *D*-Glucose.
- Bei der Oxidation von Melibiose mit Brom entsteht Melibionsäure. Hydrolysiert man diese, so erhält man *D*-Galaktose und *D*-Gluconsäure.

Leiten Sie aus diesen Befunden eine mögliche Struktur für Melibiose ab.

Aufgabe 283

Das Peptidhormon Oxytocin ist ein Neuropeptid, das im *Nucleus paraventricularis* und zu einem geringen Teil im *Nucleus supraopticus*, Kerngebiete im Hypothalamus, gebildet wird. Von hier wird es über Axone zum Hinterlappen (Neurohypophyse) der Hypophyse transportiert, zwischengespeichert und bei Bedarf abgegeben.

Oxytocin wurde erstmals 1953 von Vincent du Vigneaud isoliert und synthetisiert, wofür er 1955 den Nobelpreis für Chemie erhielt. Das Peptid bewirkt eine Kontraktion der Gebärmuttermuskulatur und löst damit die Wehen während der Geburt aus. Es wird im Rahmen der klinischen Geburtshilfe als Medikament in Tablettenform, als Nasenspray oder intravenös (sog. „Wehentropf") eingesetzt. Gleichzeitig beeinflusst es nicht nur das Verhalten zwischen Mutter und Kind sowie zwischen Geschlechtspartnern, sondern auch ganz allgemein soziale Interaktionen, so dass es in der Boulevardpresse oft als „Kuschelhormon" bezeichnet wird.

a) Kennzeichnen und benennen Sie alle im Oxytocin vorkommenden Aminosäuren.

b) Welche Reaktionen kommen prinzipiell in Frage, um die cyclische Form des Peptids entstehen zu lassen? Formulieren Sie die Reaktion, die Ihnen für die Ausbildung der cyclischen Form des Peptids am wahrscheinlichsten erscheint.

Aufgabe 284

Von Glucose kennt man eine sogenannte α- und eine β-Form.

a) Beschreiben Sie mit einem Satz, worin sich die beiden Formen unterscheiden.

b) Handelt es sich um Konstitutionsisomere, Diastereomere oder Enantiomere?

c) Die Mutarotation von Glucose lässt sich leicht experimentell untersuchen.

α- und β-D-Glucose zeigen unterschiedliche spezifische Drehwinkel:

$$[\alpha\ (\alpha\text{-DGl})] = 111°\ \text{mL g}^{-1}\ \text{dm}^{-1} \qquad [\alpha\ (\beta\text{-DGl})] = 19°\ \text{mL g}^{-1}\ \text{dm}^{-1}$$

Welchen Anfangsdrehwinkel erwarten Sie für eine Lösung von 7,5 g β-D-Glucose in 50 mL Wasser, wenn die Schichtdicke Ihrer Küvette 10 cm beträgt?

d) In Folge der Mutarotation obiger Lösung stellt sich mit der Zeit ein Gleichgewicht von α- und β-D-Glucose ein. Der spezifische Drehwinkel des Gleichgewichtsgemisches $[\alpha_{\text{Gleich}}]$ ergibt sich als Summe der Drehwerte der beiden reinen Anomeren multipliziert mit den jeweiligen Stoffmengenanteilen χ im Gleichgewicht:

$$[\alpha_{\text{Gleich}}] = \chi\ (\alpha\text{-DGl})\ [\alpha(\alpha\text{-DGl})] + \chi\ (\beta\text{-DGl})\ [\alpha(\beta\text{-DGl})]$$

Nach einer Stunde ändert sich der Drehwinkel im Polarimeter nicht mehr und Sie beobachten einen Drehwinkel von 7,65° für Ihr Gleichgewichtsgemisch. Berechnen Sie daraus den spezifischen Drehwinkel des Gleichgewichtsgemisches und den Stoffmengenanteil an β-D-Glucose im Gleichgewichtsgemisch.

Aufgabe 285

Gezeigt ist die Verbindung S-Formylglutathion, ein Derivat des Glutathions, das intrazellulär in hohen Konzentrationen als Schutz gegen oxidative Schädigung in der Zelle vorliegt.

a) Markieren Sie die Peptidbindungen im S-Formylglutathion durch Pfeile und benennen Sie diejenige funktionelle Gruppe, die durch Derivatisierung einer Aminosäure im Glutathion entstanden ist!

b) Formulieren und benennen Sie die Reaktionsprodukte, die bei einer Hydrolyse von S-Formylglutathion unter stark alkalischen Bedingungen zu erwarten sind, mit ihren gebräuchlichen Namen.

c) S-Formylglutathion entsteht in einer zweistufigen Reaktion aus Formaldehyd (Methanal) und Glutathion. Der erste Schritt ist dabei eine nucleophile Addition der Thiolgruppe von Glutathion an den Aldehyd. Formulieren Sie diesen Schritt!
Welche neue funktionelle Gruppe entsteht? Welche Art von Reaktion muss im zweiten Reaktionsschritt stattfinden?

Aufgabe 286

Nebenstehend ist die Strukturformel des Coenzyms Biotin gezeigt. Biotin ist der Cofaktor (prosthetische Gruppe) von Carboxytransferasen und als solcher u.a. beteiligt an der Gluconeogenese und der Fettsäurebiosynthese.

Biotin, früher auch Vitamin H (= „Haut") genannt, ist ein wasserlösliches Vitamin und gehört zum B-Komplex. Durch Untersuchungen über das Wachstum von Hefen ist Biotin seit Beginn des 20. Jahrhunderts bekannt. 1936 wurde es aus dem Eigelb isoliert, danach konnte seine Struktur aufgeklärt werden. Biotin wird vom Menschen nicht nur aus Lebensmitteln aufgenommen, es kann in geringen Mengen im Körper von den Darmbakterien selbst gebildet werden. Ein Biotinmangel ist selten, kann aber bei Aufnahme von großen Mengen von Rohei eintreten, da das Eiklar große Mengen des Proteins Avidin enthält, das fest (jedoch nichtkovalent) an Biotin bindet und dessen Aufnahme im Darm blockiert.

a) Benennen Sie die beiden funktionellen Gruppen, die außer der Carboxylgruppe im Molekül vorkommen!

b) Das Molekül Biotin kann über seine Carboxylgruppe mit der endständigen Aminogruppe in der Seitenkette der basischen Aminosäure Lysin verknüpft und auf diese Weise kovalent an ein Protein gebunden werden.
Formulieren Sie diese Verknüpfungsreaktion und denken Sie daran, dass die Carboxylgruppe in einer geeigneten aktivierten Form vorliegen muss.
Welche funktionelle Gruppe dient *in vivo* zur Aktivierung von Carboxylatgruppen?

c) Das entstandene Biotinyl-Enzym kann mit einem der beiden N-Atome in einer nucleophilen Additionsreaktion an CO_2 addiert werden. Die entstehende Verbindung wird oft auch als „aktiviertes CO_2" bezeichnet und spielt eine wichtige Rolle bei biochemischen Carboxylierungsreaktionen.
Formulieren Sie die Strukturformel für diese Verbindung.
Wie lautet der Name der neu entstandenen funktionellen Gruppe?

Aufgabe 287

Erst kürzlich wurde ein neues Medikament zur AIDS-Bekämpfung zugelassen. Fuzeon® (Substanzname: Enfuvirtide) soll das Eindringen von HIV-1 in die Zelle verhindern, indem es die Fusion der Virus- mit der Zellmembran verhindert. Es handelt sich um ein synthetisches Peptid aus 36 *L*-Aminosäuren, das an eine bestimmte Region des *gp41*-Glykoproteins (ein Bestandteil der Virushülle) bindet, und so eine Konformationsänderung verhindert, die für die Fusion erforderlich ist.

Die Aminosäuresequenz lautet:

Tyr-Thr-Ser-Leu-Ile-His-Ser-Leu-Ile-Glu-Glu-Ser-Gln-Asn-Gln-Gln-Glu-Lys-Asn-Glu-Gln-Glu-Leu-Leu-Glu-Leu-Asp-Lys-Trp-Ala-Ser-Leu-Trp-Asn-Trp-Phe

Der *N*-Terminus liegt in acetylierter Form vor, der C-Terminus als Carbonsäureamid.

a) In welchem pH-Bereich erwarten Sie den isoelektrischen Punkt dieses Peptids?

b) Gesetzt den Fall, Sie wollten Enfuvirtide im Labor herstellen: zu welchem Zeitpunkt der Synthese würden Sie die erforderliche Modifikation der N-terminalen Aminosäure (Acetylierung) bzw. der C-terminalen Aminosäure (Carbonsäureamid) vornehmen?
Formulieren Sie die erforderlichen Reaktionen für diese Modifikationen.

Aufgabe 288

Turgorine (LMF = *Leaf Movement Factors*) wurden nach Schildknecht als Verbindungen beschrieben, die bei Pflanzen als Antwort auf einen äußeren Reiz Bewegungen, insbesondere das Zusammenklappen der Blätter, hervorrufen. Reize sind z.B. Wärme (Thermonastie), Berührung (Thigmonastie), Stoß (Seismonastie), Verwundung (Traumatonastie), Tag- und Nacht-Rhythmus (Nyktinastie; diesbezügliche Turgorine werden auch als PLMF, (*Periodic Leaf Movement Factors*) bezeichnet) oder Chemikalien (Chemonastie). Am besten untersucht ist die Sinnpflanze *Mimosa pudica*, wobei LMF auch in anderen Pflanzen, meist aus der Familie der *Fabaceae* und *Papilionaceae* (Schmetterlingsblütler), beschrieben wurden. Die Turgorine wirken auf die H^+-, Ca^{2+}- und K^+-Ionenströme und verursachen dadurch Änderungen des Membranpotenzials bei den Zellen der Pulvini (Gelenkpolster). Die damit verbundene Turgor-Änderung ist letztlich Ursache des blitzartigen Zusammenklappens der Blätter.

Die oben abgebildete Turgorinsäure PLMF1 wurde als erster Vertreter dieser Substanzklasse isoliert und in seiner Struktur aufgeklärt.

a) Benennen Sie die funktionelle(n) Gruppe(n), die in saurer Lösung hydrolysierbar ist/sind und formulieren Sie die Hydrolyseprodukte.

b) Welche Schwierigkeiten könnten auftreten, wenn Sie versuchen, die Turgorinsäure in Umkehrung der Reaktion unter a) aus den Hydrolyseprodukten zu synthetisieren?

c) Gallussäurepropylester wird als Antioxidans für Lebensmittel verwendet. Formulieren Sie eine Synthese, ausgehend von der Gallussäure, die Sie bei der Hydrolyse unter a) erhalten haben. Zu welcher Verbindung könnte Gallussäurepropylester oxidiert werden?

Aufgabe 289

Die Gruppe der K-Vitamine spielt eine wichtige Rolle bei der Blutgerinnung und kommt im Blut vor. Vitamin K ist in der Leber an der Herstellung verschiedener Blutgerinnungsfaktoren beteiligt (Prothrombin (= Faktor II), Faktor VII, IX und X).

Die Verbindungen besitzen alle eine gemeinsame Grundstruktur, die am Beispiel von Vitamin K_2 gezeigt ist. Die wichtige Rolle von Vitamin K bei der Blutgerinnung kann man sich zunutze machen, um die Blutgerinnung herabzusetzen. Das ist notwendig, wenn die Gefahr der Blutgerinnsel-Bildung besteht, beispielsweise bei Vorhofflimmern im Herzen oder nach Einsetzen von künstlichen Herzklappen. Die Präparate werden dementsprechend Vitamin K-Antagonisten genannt. Eine erhöhte Zufuhr von Vitamin K setzt die Wirkung dieser Medikamente herab.

Eine verwandte Verbindungsreihe bildet das Coenzym Q, das bei Elektronentransportprozessen eine wichtige Rolle spielt. Auch Vitamin K_2 lässt sich zu einem Hydrochinon-System reduzieren.

a) Formulieren Sie die Redoxteilgleichung.

b) Die an das Naphthochinon-System gebundene ungesättigte Seitenkette kann man sich durch eine Polymerisationsreaktion entstanden denken. Welches Monomer liegt dabei zugrunde? Geben Sie die Strukturformel, den Trivialnamen der Verbindung sowie eine Bezeichnung nach rationeller Nomenklatur an.

c) Formulieren Sie die Bildung eines Polymerisationsprodukts aus 7 Monomeren, wie es in der Seitenkette von Vitamin K_2 vorkommt.

Aufgabe 290

Ricinusöl ist aufgrund seiner laxierenden (abführenden) Wirkung wohlbekannt und hat den Vorteil, praktisch keine Nebenerscheinungen zu bewirken. Das Öl besteht vorwiegend aus dem Triglycerid der Ricinolsäure (12-Hydroxyölsäure). Aus dem unwirksamen Triester wird durch Lipasen im Dünndarm der eigentliche Wirkstoff, die Ricinolsäure, freigesetzt.

Hydroxycarbonsäuren werden in großem Umfang bei Synthesen von Kunststoffen wie Polyestern, Polyurethanen oder Schmelzklebern eingesetzt. Sie werden normalerweise erst aus Ölsäure hergestellt. Deshalb macht die OH-Gruppe die Ricinolsäure interessant für die chemische Industrie. Da jedes Fettmolekül durchschnittlich über 2 bis 3 OH-Gruppen verfügt, kann das Ricinusöl auch direkt ohne Verseifung zur Synthese von Kunststoffen eingesetzt werden. Diese haben den Vorteil, dass sie biologisch abbaubar sind. Ricinusöl ist deshalb ein wichtiger nachwachsender Rohstoff, der im Umfang von vielen hunderttausend Tonnen jährlich gewonnen wird. In südlichen Ländern gibt es deshalb riesige Ricinusplantagen.

a) Wie würden Sie vorgehen, um die Ricinolsäure aus Ricinusöl in Abwesenheit entsprechender Enzyme möglichst quantitativ freizusetzen?

b) Im Prinzip lässt sich Ricinolsäure im Labor aus der leicht zugänglichen Linolsäure (cis,cis-$\Delta^{9,12}$-Octadecadiensäure) herstellen. Allerdings ist bei dieser Reaktion mit Nebenprodukten zu rechnen. Formulieren Sie die Reaktionsgleichung für die Bildung von Ricinolsäure und erklären Sie, welche Nebenprodukte entstehen können.

c) Es sei davon ausgegangen, dass bei obiger Reaktion nur ungesättigte Carbonsäuren entstehen und ein gewisser Anteil an nicht umgesetzter Linolsäure zurückbleibt. Sie möchten die Ausbeute an Reaktionsprodukten ermitteln und bedienen sich dazu dem Prinzip der Iodzahlbestimmung.

Bei der Ricinolsäuresynthese aus Linolsäure waren 2,80 g Linolsäure eingesetzt worden. Das Reaktionsprodukt wird mit einem Überschuss an Brom-Lösung versetzt; nach einer Stunde wird nicht addiertes Brom durch Zugabe von KI-Lösung in Iod umgesetzt, das mit Natriumthiosulfat-Lösung ($c = 0,40$ mol/L) titriert wird. Für die Probe ergibt sich ein Verbrauch an Thiosulfat-Lösung von 24 mL; für eine analog behandelte Blindprobe werden 84 mL benötigt. Berechnen Sie daraus die Ausbeute an Reaktionsprodukten bei der Umsetzung von Linolsäure in Prozent.

relative Atommassen: M_r (C) = 12; M_r (H) = 1; M_r (O) = 16

Aufgabe 291

Die Pantothensäure gehört zu den B-Vitaminen und hat ihren Namen vom griechischen Begriff *pantothen*, was „überall" bedeutet. Wie der Name sagt, kommt sie weit verbreitet vor und ist in vielen Nahrungsmitteln enthalten, weshalb selten ein Mangel entsteht. Lebensmittel enthalten das Vitamin meist in gebundener Form als Bestandteil des Coenzym A. Dem Organismus muss sie deshalb erst zugänglich gemacht werden. Sie wird nicht im Körper gespeichert, sondern nur über Blut und Lymphe im gesamten Körper verteilt.

Pantothensäure ist, wie die anderen Vitamine der B-Gruppe, hauptsächlich an enzymatischen Reaktionen des Zellstoffwechsels, insbesondere an der Energiegewinnung, beteiligt. Es trägt ferner zum Aufbau von verschiedenen Neurotransmittern, Kohlenhydraten, Fettsäuren, Cholesterol, Hämoglobin und der Vitamine A und D bei.

Pantothensäure ist nach Art eines Peptids aus 2,4-Dihydroxy-3,3-dimethylbutansäure und β-Alanin aufgebaut. Die freie Carboxylgruppe in der Pantothensäure kann mit der Aminogruppe von Cysteamin, dem Decarboxylierungsprodukt der Aminosäure Cystein, zusammentreten; dann spricht man von Pantethein, einem Bestandteil des Coenzym A.

Zeichnen Sie die Strukturformel für Pantethein.

Aufgabe 292

(−)-Arabinose ist die Bezeichnung für eine Pentose, die nebenstehend gezeigt ist. Sie weist einen spezifischen Drehwinkel von −105° auf.

a) Zeichnen Sie ein Enantiomer zur (−)-Arabinose. Gibt es noch andere Enantiomere?

b) Zeichnen Sie ein Diastereomer zur (−)-Arabinose. Gibt es noch andere Diastereomere?

c) Sagen Sie – sofern möglich – die spezifische Drehung der Struktur voraus, die Sie in Aufgabenteil a) gezeichnet haben.

d) Sagen Sie – sofern möglich – die spezifische Drehung der Struktur voraus, die Sie in Aufgabenteil b) gezeichnet haben.

e) Gibt es optisch inaktive Diastereoisomere der (−)-Arabinose? Wenn ja, zeichnen Sie eines.

Aufgabe 293

Knoblauch stammt ursprünglich aus Asien und wurde bis in den Mittelmeerraum heimisch, heute wird er weltweit angebaut. In der Küche südlicher Länder ist der Knoblauch ein weit verbreitetes Gewürz. Der Geruch entsteht durch Schwefelverbindungen, die bei der Zubereitung freigesetzt werden. Zu den enthaltenen Substanzen gehört Alliin, das für viele gesundheitliche Wirkungen des Knoblauchs verantwortlich ist. Alliin, eine Aminosäurevorstufe, wird bei der Verarbeitung bzw. Zerkleinerung freigesetzt und geht in sogenannte Lauchöle über. Dabei entsteht das instabile Allicin, das sich schnell zersetzt, wobei unangenehm riechende Produkte entstehen.

Knoblauch und Knoblauch-Extrakten werden zahlreiche positive Effekte nachgesagt. Sie wirken antibakteriell, antimikrobiell, antifungal und antiviral. Außerdem sagt man dem Knoblauch antioxidative, immunstärkende, lipidsenkende und antithrombotische Wirkungen nach. Knoblauch-Extrakte empfehlen sich bei Arteriosklerose, Bronchitis, erhöhten Cholesterolwerten und Diabetes. Sie unterstützen diätetische Maßnahmen bei erhöhten Blutfetten und Bluthochdruck und beugen altersbedingten Gefäßveränderungen vor. Knoblauch verlängert außerdem die Blutungs- und Gerinnungszeit und beugt so Thrombosen vor.

Die Substanzen **1** – **5** gelten als biologisch aktive Inhaltsstoffe von Knoblauch-Extrakten.

a) Durch welchen Reaktionstyp kann **1** aus **2** entstehen? In welchem Verhältnis stehen die Verbindungen **4** und **5** zueinander?

b) Verbindung **1** (Alliin) kann im Prinzip in einer zweistufigen Reaktion aus einer proteinogenen Aminosäure hergestellt werden. Sie sollen die beiden Reaktionsschritte formulieren. Dabei handelt es sich im ersten Schritt um eine nucleophile Substitution, für die Sie einen geeigneten Reaktionspartner benötigen.

Den zweiten Reaktionsschritt sollten Sie zunächst in Form von zwei Teilgleichungen formulieren, wobei als Reaktionspartner für das Produkt des ersten Schritts H_2O_2 in Frage kommt. Fassen Sie die Teilgleichungen dann zur Gesamtgleichung zusammen.

c) Welche Bindung muss zusätzlich geknüpft werden, um vom Deoxyalliin **2** (dem Produkt des ersten Schritts aus b) zur Verbindung **5** zu gelangen? Den benötigten Reaktionspartner für die Umsetzung von **2** zu **5** kennen Sie. Erklären Sie, wie diese Verbindung modifiziert werden müsste, damit eine Umsetzung mit **2** tatsächlich nur das gewünschte Produkt liefert.

Aufgabe 294

Chitosan ist ein Homopolysaccharid, das in den vergangenen Jahren zahlreiche Anwendungen gefunden hat: es lässt sich sehr gut zu Gelen, Folien, Fasern und Membranen verarbeiten. Da es ungiftig ist, verwendet man es in Pharmazeutika als Feuchtigkeit bindenden und festigenden Film. In der Medizin hat sich Chitosan beispielsweise als chirurgisches Nähgarn und als Trägermaterial zur langsamen und dosierten Freisetzung von Medikamenten im Körper einen Namen gemacht, da es mit der Zeit vom Körper abgebaut wird.

Chitosan besteht aus β-verknüpften 2-Aminoglucose-Einheiten. Es lässt sich aus dem in riesigen Mengen in der Natur vorkommenden Chitin (dem Homopolymer aus *N*-Acetylglucosamin) herstellen.

a) Formulieren Sie eine Reaktionsgleichung, nach der Sie Chitosan aus Chitin herstellen könnten. Geben sie dabei für beide Polymere einen Ausschnitt an, der zwei Monomere umfassen soll.

b) Was lässt sich über den Ladungszustand von Chitosan im physiologischen pH-Bereich aussagen?

c) Für eine spezielle Anwendung wurde Chitosan mit Benzaldehyd umgesetzt. Welche Reaktion läuft hierbei ab?

Aufgabe 295

Phenolische Verbindungen sind relativ leicht oxidierbar; sie bilden dabei Polymere (dunkel gefärbte Aggregate) aus. Das Dunkelwerden angeschnittener oder absterbender Pflanzenteile geht hierauf zurück. Unter dem Gesichtspunkt der Regulation des Pflanzenwachstums kann derartigen Phenol-Derivaten in der Regel eine hemmende Wirkung zugeschrieben werden. Zu den niedermolekularen Phenylpropanol-Derivaten gehören eine Anzahl von Duftstoffen, wie die Cumarine, die Zimtsäure, Sinapinsäure, die Coniferylalkohole u.a.

Diese Substanzen und ihre Derivate sind zugleich Intermediärprodukte der Ligninsynthese. Cumarine sind Lactone, die rein formal durch Ringbildung und Ringschluss zwischen Hydroxyl- und Carboxylgruppe aus *o*-Hydroxyzimtsäuren entstehen. In frischem Pflanzengewebe (z.B. in Blättern von *Melilotus alba*) liegen sie in gebundener Form als *o*-Glykosylzimtsäuren vor. Nach Gewebeschädigung wird der Zucker enzymatisch abgespalten, eine *trans* → *cis* Isomerisierung und Ringbildung folgen. Hierdurch wird das duftende Cumarin freigesetzt: „Duft von frisch gemähtem Heu".

Formulieren Sie diesen Vorgang, ausgehend von der *o*-Glykosylzimtsäure. Zimtsäure ist 3-(4-Hydroxyphenyl)-*E*-propensäure. Bei der *o*-Zimtsäure befindet sich die (glykosylierte) OH-Gruppe entsprechend in *o*-Position.

Aufgabe 296

Azetidin-2-carbonsäure ist eine nicht-proteinogene α-Aminosäure aus der
Gruppe der Azetidincarbonsäuren. Sie ist ein toxischer Bestandteil der Rhi-
zome einheimischer Maiglöckchen und wirkt hemmend auf das Pflanzen-
wachstum. Neben der Stammsubstanz (S)-Azetidin-2-carbonsäure in Maiglöckchen (*Convallaria majalis*) und Zuckerrüben kommen in der Natur vor
allem deren Derivate vor: Mugineinsäure dient als Phytosiderophor und Nico-
tianamin ist in Soja-Sauce enthalten.

a) Handelt es sich um eine chirale Aminosäure?

b) Worauf könnte die Giftwirkung dieser Aminosäure beruhen?

Aufgabe 297

Viele Palmfarne enthalten die nicht-proteinogene Aminosäure β-Methylamino-*L*-Alanin
(BMAA). Diese und andere Verbindungen werden mit neurologischen Schäden in Verbindung
gebracht. Der Zusammenhang mit der als „*Zamia staggers*" genannten Ataxie der Hinterbeine
von Rindern und Schafen, die an Palmfarnen weiden, gilt als gesichert. Die als „Guam-
Demenz" bezeichnete Häufung von Alzheimer bei Menschen wird mit einer chronischen
Vergiftung durch den Genuss von aus Palmfarnen gewonnener Stärke und/oder den sich von
den Samen ernährenden Fledermäusen in Verbindung gebracht, ist aber nicht endgültig geklärt. BMAA wird auch als mögliche Ursache für das stark gehäufte Auftreten von ALS/PDC
(*Amyotrophic Lateral Sclerosis/Parkinsonism-Dementia-Complex*) innerhalb des Volkes der
Chamorro, die auf der zu den Marianen zugehörige Pazifikinsel Guam beheimatet sind, angesehen. Die am Gehirn hervorgerufene Schädigung gleicht jener bei Alzheimerpatienten.

a) In welchem pH-Bereich ist der isoelektrische Punkt dieser nicht-proteinogenen Aminosäure zu erwarten?

b) Für den Einbau von β-Methylamino-*L*-Alanin in ein Polypeptid sind prinzipiell verschiedene Varianten denkbar. Erklären Sie mit Hilfe geeigneter Strukturformeln.

Aufgabe 298

Die Verbindung Reserpin ist ein natürlich vorkommendes Indolalkaloid einiger Pflanzen aus
der Gruppe der Schlangenwurze, welches vor allem über die *Rauvolfia serpentina* aus der
indischen Heilkunst Eingang in die westliche Medizin fand. Dabei wurde Reserpin einer jener
Arzneistoffe, mit denen die Ära der modernen Psychopharmakologie begann. Während es in
der Psychiatrie zunächst als Neuroleptikum bei Schizophrenie eingesetzt wurde erlangte es
insbesondere als Mittel gegen Bluthochdruck große Bedeutung.

Die erste Totalsynthese des Reserpins wurde 1958 von R.B. Woodward publiziert. In dieser
Zeit wurde auch sein Wirkungsmechanismus intensiv untersucht, wodurch viele neue Er-
kenntnisse über biochemische Prozesse erlangt wurden, z.B. über den Stoffwechsel der bio-

genen Amine, die Entdeckung regional einer verminderter Konzentration des Neurotransmitters Dopamin im ZNS bei Parkinson-Patienten oder die Wegbereitung für die Entwicklung zahlreicher Antidepressiva auf Grundlage der Beobachtung des Reserpin-Antagonismus des MAO-Hemmers Iproniazid und des tricyclischen Antidepressivums Imipramin. Während die Substanz in der Klinik heute kaum noch eine Rolle spielt kommt ihr nach wie vor einige Bedeutung in der neurochemischen Forschung zu.

Zur Elimination findet in Darm und Leber eine enzymatische Umwandlung statt, die polare und damit besser ausscheidbare Substanzen erzeugt; die Hauptmetaboliten sind Reserpsäuremethylester, 3,4,5-Trimethoxybenzoesäure und in geringerem Umfang Reserpsäure.

Reserpin

Reserpsäure

a) Peroral eingenommenes Reserpin gelangt zuerst in den Magen und von dort aus in den Darm. Wo erwarten Sie den Hauptteil der Resorption? Begründen Sie kurz.

b) Reserpin könnte in Umkehrung seiner Abbaureaktion aus der Reserpsäure gebildet werden. Erläutern Sie die dafür erforderlichen Schritte.

Aufgabe 299

Ebenso wie die verschiedenen Prostaglandine entstehen auch die Thromboxane im Körper aus dem gemeinsamen Vorläufer Arachidonsäure, einer vierfach ungesättigten C_{20}-Carbonsäure. Das Thromboxan A_2 fördert die Thrombozytenaggregation und damit die Bildung von Plättchenthromben; außerdem besitzt es vasokonstriktorische Wirkung. Damit fungiert es im Körper als Gegenspieler von Prostacyclin.

a) Welche funktionellen Gruppen sind im Thromboxan A_2 enthalten (möglichst genaue Bezeichnung)?

Thromboxan A_2

Thromboxan B_2

b) Durch welche Reaktion wird das Thromboxan A_2 in das Thromboxan B_2 überführt, das biologisch nicht mehr aktiv ist? Erwarten Sie, dass diese Reaktion leichter oder schwieriger vonstatten geht, als bei anderen typischen Vertretern mit der fraglichen funktionellen Gruppe?

Aufgabe 300

Der Stamm *Myxococcus virescens*, Mx v48, produziert die Antibiotika-Familie der Myxovirescine, Verbindungen mit hoher Aktivität gegen Enterobakterien. Dabei sind die Fermentationsbrühen dieses Stammes auffällig gelb bis gelbgrün gefärbt, was auf die Anwesenheit eines entsprechenden Chromophors hindeutet. Untersuchungen ergaben, dass sich das gelbe Pigment aus einer Familie aus mindestens fünf Einzelkomponenten zusammensetzt; der Hauptvertreter wird als Myxochromid A bezeichnet.

a) Im Zuge der Isolation wurden Extraktionsversuche mit Säure- bzw. Base-Zusatz gemacht. Welches Ergebnis erwarten Sie hierbei, d.h. wie schätzen Sie die Säure-Base-Eigenschaften der Verbindung ein?

b) In welchem Wellenlängenbereich erwarten Sie für die gezeigte Verbindung das langwelligste Maximum bei Aufnahme eines UV-Vis-Spektrums? Welche Gruppe(n) ist für diese Absorption verantwortlich?

c) Welche funktionellen Gruppen sind an der Bildung des makrocyclischen Ringes beteiligt? Welche proteinogene Aminosäuren können Sie im Myxochromid identifizieren?

Aufgabe 301

Die sogenannte Fehling-Probe wird häufig dazu benutzt, um reduzierende von nicht-reduzierenden Kohlenhydraten zu unterscheiden. Dabei kommt es zu einer Reduktion von mit Hilfe eines Komplexliganden (Tartrat) in Lösung gehaltenen Cu^{2+}-Ionen zu Kupfer(I)oxid.

a) Welche Beobachtung können Sie bei einem positiven Verlauf der Probe machen?

b) Formulieren Sie aus den Teilgleichungen die Redoxgleichung für den Fehling-Test an einer Aldose (die Sie in ihrer stabilsten Pyranoseform zeichnen sollten) und berücksichtigen Sie dabei, dass die Reaktion in basischer Lösung abläuft. Benennen Sie die im Zuckermolekül neu gebildete funktionelle Gruppe.

c) Es liegen wässrige Lösungen der folgenden Substanzen vor. Begründen Sie, für welche der Verbindungen kein positiver Verlauf der Fehling-Probe zu erwarten ist.

Galaktose / Saccharose / Maltose / Desoxyribose / Stärke /

Ascorbinsäure / Fructose / α-Methyl-glucopyranosid / Trehalose

d) Raffinose ist ein in Pflanzen vorkommendes Trisaccharid. Sie setzt sich aus den drei Monosacchariden Galaktose, Glucose und Fructose zusammen. Genauer bezeichnet handelt es sich um das *D*-Galaktopyranosyl-(1α→6)-*D*-Glucopyranosyl-(1α→2β)-*D*-Fructofuranosid. Formulieren Sie eine räumlich möglichst exakte Strukturformel für dieses Trisaccharid und begründen Sie mit einem Satz, ob für diese Verbindung eine positive Fehling-Probe zu erwarten ist.

Aufgabe 302

Enantiomere drehen die Schwingungsebene von linear polarisiertem Licht bekanntlich um denselben Betrag, aber in entgegengesetzte Richtungen. Ein Racemat ist entsprechend optisch inaktiv. Kennt man den spezifischen Drehwert einer Verbindung, so kann man aus dem gemessenen spezifischen Drehwinkel für ein Enantiomerengemisch seine Zusammensetzung ermitteln. Man definiert die optische Reinheit gemäß

$$\text{optische Reinheit in \%} = \left[\frac{[\alpha]_{\text{beobachtet}}}{[\alpha]} \cdot 100 \right]$$

Misst man also z.B. für ein Gemisch von Enantiomeren die Hälfte des spezifischen Drehwerts des reinen Enantiomers, so bezeichnet man es als 50 % optisch rein.

Die Verbindung (*S*)-Mononatriumglutamat, $[\alpha]_D^{25°} = +24°$, wird in der Lebensmittelindustrie häufig als Geschmacksverstärker eingesetzt.

a) Zeigen Sie die Strukturformel für dieses Enantiomer.

b) Eine kommerziell erhältliche Probe dieser Verbindung hat einen spezifischen Drehwinkel $[\alpha]_D^{25°} = +6°$. Wie groß ist die optische Reinheit der Probe? Mit welchen prozentualen Anteilen sind (*S*)- und (*R*)-Enantiomer enthalten?

Aufgabe 303

Die vermehrte Resistenzbildung gegen in der Klinik genutzte Antibiotika erfordert eine kontinuierliche Neuentdeckung und -entwicklung antibakteriell wirksamer Substanzen. Makrocyclische Peptide und Glykopeptide haben in diesem Zusammenhang vermehrt Beachtung gefunden. Ein Beispiel hierfür ist das Tyrocidin A, ein cyclisches Dekapeptid, das aus *Bacillus*-Bakterien isoliert worden ist und stark bakterizide Eigenschaften aufweist. Es wird angenommen, dass Tyrocidin A primär die bakterielle Membran angreift; eine Resistenzentwicklung erscheint daher vergleichsweise schwierig, weil dafür erhebliche Änderungen in der Lipidzusammensetzung erforderlich wären. Trotz erheblicher Nebenwirkungen wird das Tyrocidin A daher als attraktive Leitstruktur für die Entwicklung neuer antibakterieller Wirkstoffe angesehen.

Zahlreiche natürliche Peptidantibiotika liegen glykosyliert vor; meist sind die Glykanreste mit entscheidend für die Aktivität. So können sie die Hydrophilie des Peptids und seine orale Bioverfügbarkeit erhöhen, bestimmte Peptidkonformationen erzwingen und/oder stabilisieren oder das Peptid gegenüber proteolytischer Spaltung schützen.

a) Das Tyrocidin weist die folgende Sequenz von Aminosäuren auf, es liegt wie erwähnt cyclisch vor:

Tyr–Val–Orn–Leu–*D*-Phe–Pro–Phe–*D*-Phe–Asn–Gln.

Zeichnen Sie das Peptid zunächst in seiner linearen Sequenz. Wie müsste man vorgehen, um daraus das cyclische Peptid zu erhalten?

b) Das einfachste synthetisierte glykosylierte Derivat enthielt einen *N*-glykosidisch gebundenen 2-*N*-Acetylglucosamin-Rest. Formulieren Sie einen geeigneten Ausschnitt aus dem Peptid mit diesem Rest.

Aufgabe 304

Elektrophile funktionelle Gruppen, wie Halogenalkane, Epoxide oder Sulfonate werden leicht durch die nucleophile Thiolgruppe von Glutathion unter Bildung von Glutathion-Konjugaten angegriffen, die im weiteren Verlauf häufig zu Mercaptursäuren metabolisiert werden. Diese Reaktion kann in den meisten Zellen ablaufen, insbesondere aber in Leber und Niere; sie besitzt erhebliche Bedeutung zur Entgiftung potentiell gefährlicher Umweltgifte oder elektrophiler Alkylierungsmittel, die im Zuge von Phase I-Reaktionen im Organismus gebildet wurden. Im ersten Schritt katalysiert die Glutathion-Transferase die Bildung des Glutathion-Konjugats, welches von Peptidasen zum Cystein-Konjugat abgebaut wird. Dieses geht durch *N*-Acetylierung in das sogenannte Mercaptursäure-Konjugat über, welches in den meisten Fällen das Ausscheidungsprodukt darstellt.

Formulieren Sie diese Reaktionsfolge am Beispiel von Benzol, das metabolisch zum Epoxid aktiviert wurde.

Aufgabe 305

Vor der breiten Verfügbarkeit der Penicilline waren die Sulfonamide Mittel der Wahl zur Bekämpfung von Infektionskrankheiten. Tatsächlich spielten sie vermutlich sogar eine entscheidende Rolle in der Weltgeschichte. Sir Winston Churchill war im Laufe des zweiten Weltkriegs während eines Aufenthalts in Afrika an einer ernsthaften Infektion erkrankt. Sein Zustand war ernst, so dass bereits seine Tochter aus Großbritannien eingeflogen worden war, um an seiner Seite zu sein. Die Behandlung mit einem Sulfonamid brachte ihn jedoch wieder auf die Beine.

Die Wirkungsweise der Sulfonamide ist gut bekannt. Sie fungieren als Hemmstoffe der Dihydropteroat-Synthetase und blockieren die Biosynthese von Tetrahydrofolat in der Bakterienzelle. Auch die menschliche Zelle benötigt Tetrahydrofolat – dennoch sind die Sulfonamide für den Menschen im Wesentlichen nicht toxisch. Dies liegt daran, dass die Synthese hier auf anderem Weg ohne Beteiligung der Dihydropteroat-Synthetase erfolgt; stattdessen muss als Vorläufer das Vitamin Folsäure mit der Nahrung aufgenommen werden.

Im Folgenden sind Ausgangs- und Endprodukt des bakteriellen Syntheseweges gezeigt.

Ergänzen Sie die Reaktionsfolge mit den entsprechenden Verbindungen und erklären Sie, welche Reaktionstypen beteiligt sind. Wie ist demnach die Hemmwirkung der Sulfonamide zu erklären? Erwarten Sie reversible oder irreversible Hemmung, und was könnte zur häufig beobachteten Resistenzentwicklung beitragen?

Kapitel 8

Streifzüge durch Pharmakologie und Toxikologie

Aufgabe 306

Die sogenannten Pyrethroide, die nach einer Reihe von Verbindungen benannt wurden, die natürlicherweise in den Blüten von *Pyrethrum*-Arten vorkommen (z.B. Chrysanthemumsäure), gehören zu den weltweit am häufigsten eingesetzten Insektiziden. Leider sind auch diese Verbindungen nicht ganz frei von Nebenwirkungen auf den Menschen.

Permethrin

Ein beliebter synthetischer Vertreter dieser Stoffklasse ist das nebenstehend gezeigte Permethrin. Es wirkt als Kontakt- und Fraßgift, sein Wirkungsspektrum ist sehr breit. Permethrin wurde von der Britischen National Research Development Corporation entwickelt und ist seit etwa 1977 im Handel. Beim Menschen wirkt Permethrin gegen ausgewachsene Läuse und ihre Nissen. Seit 2004 ist Permethrin auch in

Phenoxybenzoesäure

Deutschland als Mittel gegen die Krätze (Scabies) zugelassen. Hier gilt es als wirksamster und gleichzeitig verträglichster Wirkstoff.

Metabolismusstudien in Säugetieren haben ergeben, dass die Verbindung rasch metabolisiert wird. Als Hauptprodukt entsteht dabei die Phenoxybenzoesäure. Diese Verbindung kann leicht in einer zweistufigen Reaktion aus Permethrin entstehen.

a) Formulieren Sie beide Reaktionsschritte!

b) Das Produkt des ersten Schritts kann aber auch direkt zur Ausscheidung mit dem Harn glykosyliert werden. Formulieren Sie die Bildung des Glykosids mit aktivierter UDP-Glucuronsäure aus dem erwähnten Produkt.

c) Das zweite Produkt des ersten Reaktionsschritts enthält außer einem Cyclopropanring zwei weitere funktionelle Gruppen. Welche sind dies?

Aufgabe 307

Sogenannte 5-Nitrofuran-Antibiotika sind weitverbreitete Futterzusatzstoffe in der Viehzucht. Das Wirkungsspektrum umfasst grampositive, gramnegative Bakterien und einige Protozoen, wobei diese Wirkstoffgruppe am besten gegen gramnegative Bakterien wirkt. Daneben werden Nitrofurane auch gegen Pilzerkrankungen eingesetzt. Für die antimikrobielle Aktivität ist die Nitrogruppe am Furanring entscheidend. Rückstandsanalysen ergaben bei importierten

Fleisch- und Fischprodukten z.T. bedenkliche Kontaminationen mit derartigen Verbindungen. Da Nitrofuran-haltige Verbindungen im Verdacht stehen, krebserregend zu wirken, sind geeignete empfindliche Nachweismethoden erforderlich.

Gezeigt sind eine derartige antibiotische Verbindung und ein daraus im Organismus gebildeter Metabolit (Stoffwechselprodukt).

a) Welche Verbindung entsteht beim Abbau von Furazolidon als zweites Produkt? Um welchen Reaktionstyp handelt es sich? Ergänzen Sie die folgende Reaktionsgleichung.

Furazolidon

b) Das Produkt besitzt ein aromatisches Furan-Ringsystem und ist somit ein möglicher Kandidat für eine elektrophile aromatische Substitution, z.B. eine elektrophile Bromierung.

Furan

Begründen Sie, ob eine solche Reaktion schwerer oder leichter als beim unsubstituierten Furan ablaufen wird.

Aufgabe 308

Die HMG-CoA-Reduktase ist das geschwindigkeitsbestimmende Enzym der Cholesterolbiosynthese; dementsprechend spielt die Regulation dieses Enzyms im Stoffwechsel eine wichtige Rolle. Eine Möglichkeit zur Behandlung einer Hypercholesterolämie besteht daher in einer Behandlung mit kompetitiven Inhibitoren der HMG-CoA-Reduktase. Ein derartiger Inhibitor ist das Lovostatin, ein Produkt aus

Mevalonat

Lovostatin

Pilzen, dessen Wirkung auf seiner Ähnlichkeit eines Strukturteils mit dem Mevalonat, dem Substrat der HMG-CoA-Reduktase, beruht.

a) Beide Verbindungen enthalten oxidierbare Gruppen. Welche Produkte erwarten Sie jeweils bei einer vollständigen Oxidation, die ohne Zerstörung des Kohlenstoffgerüsts erfolgen soll?

b) Unter sauren Bedingungen kann die Mevalonsäure eine cyclische Verbindung ausbilden. Formulieren Sie das sich einstellende Gleichgewicht.

c) Es liegen 1,50 mmol Lovostatin vor. Wie viel Gramm Wasserstoff wären erforderlich, um das Ringsystem im Lovostatin in das gesättigte Dekalin-Ringsystem zu überführen? Die molare Masse von Wasserstoffgas beträgt 2,016 g/mol.

Aufgabe 309

Synthetische Analoga für natürlich vorkommende Gluco-
corticoide, wie das gezeigte Betamethason, sind wirksame
Medikamente zur Behandlung von Entzündungen und
allergischen Erkrankungen wie Asthma und Dermatitis.

Die Verbindung steht auch auf der Dopingliste. So wurde
in der A-Probe des Pferdes „Goldfever" anlässlich der
Olympischen Spiele in Athen 2004 das Vorhandensein der
verbotenen Substanz Betamethason festgestellt.

Um die Lipophilie derartiger Verbindungen zu erhöhen, wurde die hydrophile OH-Gruppe an
C-17 in verschiedener Weise modifiziert.

a) Formulieren Sie eine solche Modifizierungsreaktion, die zur Bildung von Betamethason-
17-valerat führt, das zur topischen Anwendung auf der Haut eingesetzt wird.

b) Erklären Sie mit einem Satz, warum die Reaktion nicht so glatt verlaufen wird, wie in Ihrer
Gleichung gezeigt.

c) Celestovet ist eine wässrige Corticosteroid-Suspension. Es enthält zwei verschiedene Ester
des hochwirksamen Corticosteroids Betamethason, die sich in der Wirkung ideal ergänzen.
Das leicht lösliche Betamethason-21-dinatriumphosphat ermöglicht einen raschen antiphlo-
gistischen, antiallergischen und antirheumatischen Effekt, während das schwer lösliche Beta-
methason-21-acetat langsamer resorbiert wird und deshalb über einen längeren Zeitraum
wirksam ist. Die Kombination der Initial- mit der Depotwirkung gewährleistet eine optimale
therapeutische Wirksamkeit.

Geben Sie die Strukturformeln der beiden erwähnten Wirksubstanzen an.

Aufgabe 310

Phenobarbital, das bereits im Jahre 1912 auf den Markt kam, war das erste Antiepileptikum
mit breiter Wirksamkeit. Phenobarbital kann in einer Notfallsituation, das heißt im *Status
epilepticus*, als Reservemedikament gegeben werden, wenn alternative Medikamente, wie
Benzodiazepine und Phenytoin erfolglos waren. Phenobarbital kann ausgeprägte Nebenwirkungen verursachen, vor allem Müdigkeit, Konzentrations- und Denkstörungen, nach längerer Anwendung auch Wesensveränderungen.

Primidon ist ein krampflösender Arzneistoff aus der Gruppe der Antikonvulsiva, der zur Dau-
erbehandlung bestimmter Formen von Epilepsie eingesetzt wird. Primidon ähnelt dem Phenobarbital stark; es ist ein „Pro-Drug", das im Körper zumindest teilweise zu Phenobarbital
verstoffwechselt wird. Primidon wird unter den Handelsnamen Liskantin®, Mylepsinum®,
Resimatil® und unter generischer Bezeichnung angeboten.

Phenobarbital   Primidon

a) Welche funktionellen Gruppen lassen sich im Primidon bzw. im Phenobarbital erkennen? Erwarten Sie für die Verbindungen eher saure oder basische Eigenschaften?

b) Durch welchen Reaktionstyp wird Primidon im Organismus zu Phenobarbital metabolisiert? Formulieren Sie die entsprechende (Teil)gleichung.

Aufgabe 311

Die Verbindung Piroxicam ist ein nichtsteroidales Pharmazeutikum mit entzündungshemmenden Eigenschaften, das z.B. zur Behandlung von rheumatoider Arthritis eingesetzt werden kann. Es hemmt die Produktion bestimmter Hormone (Prostaglandine), die bei Schmerz- und Entzündungsreaktionen eine wichtige Rolle spielen. Als „Mobilat Piroxicam akut Creme" wird die Verbindung zur äußerlichen unterstützenden Behandlung von Schmerzen und Schwellungen bei Prellungen, Zerrungen, Verstauchungen z.B. nach Sport- oder Unfallverletzungen beworben.

Eine potentielle Synthese könnte in zwei Stufen ausgehend von der freien Carbonsäure X erfolgen.

Piroxicam   Edukt X

a) Im ersten Schritt soll die Oxidation am Schwefel erfolgen. Formulieren Sie eine entsprechende Redoxteilgleichung.

b) Welches Amin würden Sie für den zweiten Reaktionsschritt einsetzen? Geben Sie seinen korrekten Namen an.

c) Führt die Reaktion ausgehend vom Oxidationsprodukt aus dem ersten Schritt zum Erfolg? Kurze Begründung!

Aufgabe 312

Chemisch gesehen stellt der Wirkstoff Ofloxacin ein Gemisch (Racemat) aus zwei optischen Enantiomeren dar: einer (*R*)- und einer (*S*)-Form. Da nur eines dieser beiden Enantiomere antibakteriell wirksam ist, lag es nahe, den eigentlichen Wirkstoff zur Therapie anzubieten. Die (*S*)-Form aus dem Racemat Ofloxacin wird jetzt als Levofloxacin (Tavanik®) in den Handel gebracht. Levofloxacin wirkt wie andere Chinolone auf den DNA-Gyrase-Komplex und die Topoisomerase IV. Die Substanz, die für die parenterale und perorale Applikation angeboten wird, hat ein breites antibakterielles Spektrum von grampositiven bis gramnegativen Keimen sowie anaeroben Mikroorganismen wie *Bacteroides fragilis*, *Clostridium perfringens* und *Peptostreptococcus*, sowie *Chlamydien*, *Legionella* und *Mycoplasma pneumoniae*. Aufgrund einer langen Halbwertszeit genügt eine einmal tägliche Verabreichung.

Gezeigt ist das Racemat der Verbindung ohne stereochemische Information.

a) Zeichnen Sie die entscheidenden Bindungen von (−)-(*S*)-Levofloxacin so mit Keilstrichschreibweise nach, dass Sie das (*S*)-Isomer vorliegen haben.

b) Das Molekül enthält eine funktionelle Gruppe, die eine Racemattrennung nach einer klassischen Methode erlaubt. Wie würden Sie das Racemat aus (*S*)- und (*R*)-Levofloxacin trennen?

c) Obwohl es sich bei Levofloxacin um eine β-Ketocarbonsäure handelt, sollte die ansonsten für solche Verbindungen leicht erfolgende Decarboxylierung hier keine Rolle spielen. Erinnern Sie sich an den Mechanismus dieser Reaktion und erklären Sie dieses Verhalten.

Aufgabe 313

Microcystine sind extrem toxische Verbindungen, die von Cyanobakterien der Spezies *Microcystis*, *Anabaena* und *Nostoc* gebildet werden. Eine Kontamination von Trinkwasser mit diesen Verbindungen kann zu erheblichen gesundheitlichen Problemen führen. Vergiftungssymptome sind Hautirritationen, Durchfälle sowie akute und chronische Leberleiden. Microcystine entfalten ihre Wirkung fast ausschließlich in den Leberzellen, indem sie dort die Proteinphosphatase hemmen. Es wird vermutet, dass Microcystine sich mittels eines speziellen Transportersystems in die Leberzellen schleusen.

Akute Vergiftungen können in wenigen Stunden zu einem hämorrhagischen Schock führen, weil sich die Leberzellen einfach auflösen. Vergleichbar ist die Wirkung mit der des Giftes von Knollenblätterpilzen.

a) Identifizieren Sie alle hydrolysierbaren Bindungen im gezeigten Microcystin mit einem Pfeil. Bei der vollständigen Hydrolyse entstehen einige Ihnen bekannte Verbindungen. Geben Sie die Namen für mindestens drei der Hydrolyseprodukte an!

b) Im Zuge eines Reinigungsverfahrens für die gezeigte Gruppe der Microcystine unterwerfen Sie die Verbindungen einer Elektrophorese. Gesetzt den Fall, die Reste R^1 bis R^3 enthalten keine weiteren funktionellen Gruppen, zu welcher Elektrode wandern die Microcystine, wenn die Elektrophorese bei einem pH-Wert von 7 durchgeführt wird?

Aufgabe 314

Gezeigt ist die Struktur eines spezifischen Myko-toxins, wie es von Schimmelpilzen der Spezies *Fusaria* gebildet wird, die beispielsweise Mais und Weizen befallen. Diese Verbindungen wirken stark toxisch, so dass der Verzehr kontaminierter Lebensmittel eine ernste Gesundheitsgefährdung bedeutet. Die Toxine hemmen u.a. die DNA-Synthese und wirken als Immunsuppressoren.

a) Identifizieren Sie alle Ihnen bekannten funktionellen Gruppen im gezeigten Molekül und kennzeichnen Sie diese eindeutig.

b) Mit welcher Reaktion (und welcher damit verbundenen Beobachtung) könnten Sie nachweisen, dass es sich bei dem gezeigten Toxin um eine ungesättigte Verbindung handelt?

c) Erklären Sie mit einem Satz, ob – und wenn ja, warum – sich bei einer milden Oxidation des gegebenen Toxins die Anzahl der Chiralitätszentren ändert.

Aufgabe 315

Aflatoxine gehören zur Gruppe der sogenannten Mykotoxine. Sie sind natürliche Stoffwechselprodukte von Schimmelpilzen, welche bei Mensch und Tier eine toxische Wirkung verursachen können.

Da *Aspergillus flavus* und *Aspergillus parasiticus* zur Bildung der Giftstoffe Temperaturen von 25 bis 40 °C brauchen, sind diese Toxine trotz des weltweiten Vorkommens der toxinbildenden Pilze vor allem in subtropischen und tropischen Gebieten und weniger in Anbaugebieten der gemäßigteren Klimazonen bedeutsam. Vor allem betroffen ist die Maisproduktion in den USA und in tropischen Ländern, wo der Pilz schon auf dem Feld die Körner befallen kann. Gefährdet sind auch ölhaltige Samen und Nüsse, wie Erdnüsse, Mandeln, Pistazien, Mohn, Sesam, aber auch Reis, Hirse oder Ackerbohnen.

Die Gruppe der Aflatoxine umfasst mehr als 20 verschiedene Toxine, doch treten als Kontaminanten von pflanzlichen Lebensmitteln vor allem Aflatoxin B1 (siehe Abb.), B2, G1 und G2 auf. Als Folgeprodukt einer Entgiftungsreaktion entsteht Aflatoxin M1, das bei laktierenden Tieren und auch bei Menschen in die Milch gelangt, wenn diese mit Aflatoxin B1 kontaminierte Nahrungs- bzw. Futtermittel zu sich genommen haben. Im Tierversuch führt die kurzzeitige Gabe von hohen Konzentrationen an Aflatoxin B1 zu einer Reihe von Leberschäden bis hin zu akutem Leberversagen. Bei chronischer Aufnahme von Aflatoxin B1 kommt es zur Bildung von Lebertumoren. Die Krebsforschungsagentur der Weltgesundheitsorganisation WHO bezeichnet mittlerweile die Beweislage als ausreichend, um das Aflatoxin B1 als Humancancerogen einzustufen. Wegen der enorm gefährlichen Wirkung der Aflatoxine wurden strenge Grenzwerte für Aflatoxin B1 und/oder Gesamtaflatoxine (B1, B2, G1 und G2) in Lebensmitteln sowie für Aflatoxin M1 in Milch und Milchprodukten festgelegt.

Gezeigt sind die beiden Verbindungen Aflatoxin B1 und Ochratoxin A. Beide unterliegen in saurem Medium der Hydrolyse.

Aflatoxin B1   Ochratoxin A

a) Formulieren Sie für beide Toxine die Produkte einer vollständigen Hydrolyse und kennzeichnen Sie die bei der Hydrolyse des Aflatoxins neu entstandenen funktionellen Gruppen!

Eine dieser Gruppen steht in einem Gleichgewicht mit einer weiteren funktionellen Gruppe. Formulieren Sie das Gleichgewicht!

b) Der aktivste und gefährlichste Metabolit von Aflatoxin B1 ist das Aflatoxin B1-8,9-epoxid; es entsteht durch Epoxidierung am heterocyclischen Fünfring. Epoxide sind cyclische dreigliedrige Ether. Das Produkt ist ein gutes Elektrophil und reagiert leicht mit dem Stickstoffatom einer Guaninbase der DNA (= Nucleophil) unter Ringöffnung. Die entstehende kovalente Bindung zwischen DNA und Aflatoxin stört die normale Replikation der DNA. Eine Desaktivierung des Aflatoxin B1-8,9-epoxids ist durch das Tripeptid Glutathion möglich. Es kann als gutes Nucleophil ebenso den Epoxidring des Aflatoxins öffnen, wobei ein harmloses Konjugat des Aflatoxins entsteht.

Formulieren Sie die beiden Reaktionen des 8,9-Epoxids mit Guanin bzw. Glutathion.

Aufgabe 316

Im Januar 2000 wurde ein neuer Wirkstoff gegen Tumorzellen aus einem Pilz der Art *Chondromyce* entdeckt. Das gezeigte Stereoisomer ist nur eines von mehreren möglichen.

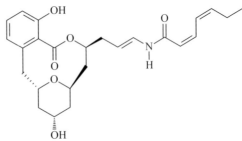

a) Wie viele Stereoisomere dieser Verbindung sind theoretisch denkbar? (kurze Begründung!)

b) Welchen pH-Bereich würden Sie wählen, um eine möglichst konzentrierte wässrige Lösung dieser Verbindung herzustellen?

c) Wie beurteilen Sie den Versuch, die Verbindung oral als Medikament zu verabreichen? Begründen Sie ihre Ansicht, gegebenenfalls unter Angabe einer entsprechenden Reaktionsgleichung.

Aufgabe 317

Tetracycline sind eine bekannte Gruppe von Antibiotika mit einem breiten Wirkungsspektrum gegenüber zahlreichen Erregern. Sie wirken als Hemmstoffe der Proteinbiosynthese (Inhibitoren), indem sie an die kleine (30S) Ribosomen-Untereinheit des 70S-Ribosoms der Prokaryonten binden und dadurch die Anlagerung des Aminoacyl-tRNA-Komplexes an die ribosomale Akzeptorstelle („*A-Site*") verhindern. Dies führt zur Hemmung der Elongation wachsender Peptidketten. Daneben bewirken Tetracycline eine Hemmung der Zellwand-Biosynthese. Alle Tetracycline besitzen als strukturelle Gemeinsamkeit ein Grundgerüst aus vier verknüpften (anellierten) Sechsringen.

Gezeigt sind die beiden Tetracycline Methacyclin und Oxytetracyclin. Letzteres lässt sich im Prinzip durch eine einfache Reaktion aus Methacyclin erhalten.

a) Ergänzen Sie die folgende Reaktionsgleichung.

Methacyclin   Oxytetracyclin

b) Liefert die formulierte Reaktion ausschließlich das gewünschte Oxytetracyclin-Isomer? Mit welchen anderen Produkten müssen Sie prinzipiell rechnen? Zeichnen Sie jeweils den relevanten Molekülausschnitt und geben Sie an, in welchen Mengenverhältnissen diese – bezogen auf das gewünschte Isomer – entstehen sollten (kurze Begründung)!

Aufgabe 318

Das weitverbreitete Vorkommen überaktiver spezifischer Enzyme (sogenannter Proteinkinasen) in Krebszellen führte zur Suche nach Molekülen, welche diese Enzyme hemmen und damit potentielle Antitumor-Medikamente darstellen.

Im Jahr 2001 wurde das neue Antitumor-Medikament Glee-vec® (Synonyme: ST-571, Imatinib, Glivec) für die Behandlung von Krebspatienten mit chronisch myeloischer Leukämie (CML) oder gastrointestinalen Stromatumoren (GIST) freigegeben. Bei Gleevec® handelt es sich um einen Blocker für sogenannte Tyrosinkinasen. Diese Enzyme spielen als wichtige Signalüberträger bei der Regulation des Zellzyklus und damit bei der Kontrolle des Zellwachstums eine Rolle.

Obwohl es über 90 verschiedene Tyrosinkinasen gibt, kann Gleevec® genau die wenigen Enzyme unterdrücken, die CML und GIST verursachen. Im Gegensatz zu bisherigen Erfahrungen in der Antitumor-Therapie zeigt Gleevec® kaum Nebenwirkungen und ist bei über 90 % der behandelten Patienten wirksam. Sogar nach 18 Monaten ist noch kein Fortschreiten der Erkrankung zu sehen und die Zahl der Krebszellen reduziert sich drastisch bei mehr als 85 % der CML Patienten.

Die Verbindung enthält zahlreiche Stickstoffatome, die dabei Bestandteile verschiedener funktioneller Gruppen sind.

a) Ordnen Sie alle N-Atome entsprechenden funktionellen Gruppen zu bzw. geben Sie die Namen Ihnen bekannter N-haltiger Heterocyclen an.

b) Die einzelnen N-Atome besitzen zwar alle ein freies Elektronenpaar, unterscheiden sich aber in ihren basischen Eigenschaften ganz erheblich. Entscheiden Sie, welche der N-Atome relativ stark basische Eigenschaften zeigen sollten (pK_B-Werte ca. 3–5; bezeichnen mit ★), welche nur schwach basisch reagieren (pK_B-Werte ca. 8–11; bezeichnen mit ⊕), und welche unter Umständen in wässriger Lösung keine basischen Eigenschaften aufweisen (⊖).

Aufgabe 319

Fosinopril ist ein Arzneistoff der Gruppe der ACE-Hemmer. Die Verbindung selbst ist ein inaktives Pro-Drug, das erst nach Aktivierung zum Fosinoprilat wirksam wird.

Fosinopril wird einzeln (Monotherapie) und in Kombination mit anderen Blutdruck-senkern (Kombinationstherapie, insbesondere mit Diuretika oder Calciumkanal-Blockern) überwiegend zur Therapie des Bluthochdrucks eingesetzt. Auch zur Behandlung der Herzinsuffizienz gilt es als Mittel der ersten Wahl. Fosinopril führt als (kompetitiver) Inhibitor des Angiotensin Converting Enzyms zu einer verminderten Bildung von Angiotensin II aus Angiotensin I. Diese verminderte Bildung von Angiotensin II bedingt eine Abnahme des Tonuses der Blutgefäße und damit eine Abnahme des Blutdrucks. Außerdem führt die Abnahme des Angiotensin II-Spiegels zu einer verringerten Freisetzung von Aldosteron aus der Nebennierenrinde und somit zu einer Beeinflussung des Wasserhaushalts.

a) Wie viele Chiralitätszentren weist das gezeigte Molekül auf?

b) Welche Produkte erwarten Sie bei einer säurekatalysierten Hydrolyse der Verbindung? Eines der Hydrolyseprodukte ist nicht stabil und spaltet leicht Wasser ab. Wie lautet die rationelle Bezeichnung für die dabei entstehende Verbindung?

Aufgabe 320

Quinolone gelten als eine der wichtigsten Stoffgruppen synthetischer Antibiotika seit der Entdeckung der Sulfonamide. Aufgrund ihrer Wirkung gegen gramnegative Bakterien werden sie auch prophylaktisch als Futterzusatzstoffe in der Tierzucht eingesetzt. Die nebenstehende Oxolinsäure wirkt durch Hemmung der DNA-Synthese, indem sie die Gyraseaktivität der Bakterien hemmt.

a) Wie können Sie die Oxolinsäure in ein Diol überführen? Welche Verbindung entsteht als zweites Produkt?

b) Das angesprochene Nebenprodukt ist toxisch, kann aber vom Organismus prinzipiell leicht vollständig zu einer nicht-toxischen, gasförmigen Verbindung oxidiert werden. Als Oxidationsmittel kommt Sauerstoff in Frage. Formulieren Sie die entsprechende Redoxgleichung.

Aufgabe 321

Clenbuterol gehört zur Familie der β_2-Antagonisten und wird pharmazeutisch zur Unterdrückung von Husten eingesetzt. Gleichzeitig bewirkt es ähnliche Effekte wie anabole Steroide (z.B. Förderung des Muskelwachstums) und kommt daher auch in der Tierzucht und als Dopingsubstanz, v.a. in Bodybuilder-Kreisen, zum Einsatz. Clenbuterol wurde mehrfach illegal zur Steigerung des Muskelwachstums bei Kälbern und Rindern eingesetzt. In Frankreich, Spanien und Italien hat es sogar Vergiftungen durch Leber und Fleisch mit hohem Clenbuterolgehalt gegeben. Die Symptome setzen kurz nach der Nahrungsaufnahme ein: Muskelzittern, schneller Puls, Kopf- und Muskelschmerzen, Herzbeschwerden, Nervosität, Übelkeit und Schwindelanfälle.

Die Anwendung von Clenbuterol ist auf EU-Ebene bis auf wenige Ausnahmen verboten. Seit mehreren Jahren bemühen sich die Bundesländer mit einem großen Aufwand an Untersuchungskapazität, den Einsatz von Clenbuterol als Masthilfsmittel zu verhindern. Weil jedoch Clenbuterol in niedrigen Konzentrationen auch ein Bestandteil zugelassener Tierarzneimittel ist, wird immer wieder versucht, eine therapeutische Anwendung als Erklärung für positive Rückstandsbefunde von Clenbuterol vorzuschieben.

a) Ist die Verbindung chiral?

b) Wie viele Produkte sind möglich, wenn Sie die Verbindung mit einem Überschuss eines Acetylierungsmittels umsetzen? Formulieren Sie die Reaktionsgleichung für die Bildung des vollständig acetylierten Produkts.

Aufgabe 322

Mykotoxine sind Sekundärmetaboliten, die durch Pilze auf landwirtschaftlichen Erzeugnissen bereits auf dem Feld oder während der Lagerung gebildet werden können. Es handelt sich dabei um für Mensch und Tier stark toxische Substanzen, so dass empfindliche Analysemethoden zur Detektion auch geringer Kontaminationen erforderlich sind.

Ein solcher Vertreter ist die gezeigte Verbindung Zearalenon, gebildet durch Spezies der Gattung *Fusarium* oder *Aspergillus*.

a) Wie ist die absolute Konfiguration der gezeigten Verbindung nach der (*R/S*)-Nomenklatur?

b) Führt eine Reduktion der Verbindung zum sekundären Alkohol zu einer Änderung der Anzahl möglicher Stereoisomere?

c) Die Verbindung kann nach zwei unterschiedlichen Mechanismen mit Brom reagieren. Bezeichnen Sie die beiden Reaktionstypen.

d) Benzol kann nur nach einem Reaktionsmechanismus mit Brom reagieren. Wie schätzen Sie für diesen Reaktionstyp die Reaktivität von Zearalenon gegenüber Brom im Vergleich zu Benzol ein? Begründen Sie.

e) Formulieren Sie eine Reaktionsgleichung für die Umsetzung von Zearalenon mit einem Überschuss an Brom.

f) Diese Umsetzung mit Brom entsprechend der unter e) formulierten Reaktionsgleichung kann zu einer quantitativen Bestimmung von Zearalenon benutzt werden. Dazu wird wie bei der Bestimmung der „Iodzahl" ein Überschuss an Brom-Lösung zu 25 mL der Probenlösung bzw. einer Blindprobe gegeben und anschließend nicht umgesetztes Brom durch Zugabe von KI-Lösung in Iod überführt. Das abgeschiedene Iod wird anschließend mit $Na_2S_2O_3$-Lösung ($c = 0{,}020$ mol/L) titriert, wobei sich ein Verbrauch von 17 mL ergibt. Für eine entsprechend behandelte Blindprobe ohne Zearalenon wurden bei der Titration 23 mL benötigt.

Berechnen Sie daraus die Stoffmengenkonzentration an Zearalenon in der Probe.

Aufgabe 323

Von den natürlich vorkommenden Opium-Alkaloiden kommt dem nebenstehend gezeigten Morphin die größte Bedeutung zu. Während es früher nur parenteral (subkutan, intramuskulär oder intravenös) appliziert wurde, wird es inzwischen auch in zunehmendem Maß oral, z.B. zur Schmerzprophylaxe bei Tumorpatienten, angewendet.

Es gibt eine Reihe von Derivaten des Morphins, die teils wie Morphin als Analgetika, teils als Antitussiva eingesetzt werden. Zwei derartige Derivate, die leicht aus Morphin herstellbar sind, sind das Dihydromorphin und das Diamorphin (Heroin).

Wird das Dihydromorphin (ein Reduktionsprodukt des Morphins) oxidiert, erhält man eine zu Morphin isomere Carbonylverbindung, das „Hydromorphon", das nach einer Methylierung zur Alkoxygruppe das „Hydrocodon" ergibt.

a) Ergänzen Sie die gezeigte Reaktionsfolge durch die entsprechenden Reagenzien und funktionellen Gruppen; die komplizierte Ringstruktur ist Ihnen zur Erleichterung vorgegeben.

b) Aus Morphin lässt sich durch zweifache Acetylierung sehr leicht das stark suchterzeugende Heroin herstellen. Die Herstellung im Labor ist verboten – als Übung auf dem Papier aber erlaubt. Ergänzen Sie die Strukturformel und setzen Sie ein geeignetes Reagenz für die Umsetzung ein.

Aufgabe 324

Die Verbindung Glyceroltrinitrat („Nitroglycerin") ist nicht nur als Sprengstoff bekannt, sondern besitzt auch in der Medizin aufgrund seiner antianginösen Wirkung erhebliche Bedeutung. Es bewirkt ebenso wie einige andere „Nitrate" durch direkten Angriff an der Gefäßmuskulatur eine Venenerweiterung und damit eine vermehrte venöse Blutaufnahme. Durch die Vor- und Nachlast-Reduktion und die dadurch bedingte verringerte Herzarbeit sinkt der Sauerstoffbedarf des Herzens, was sich insbesondere bei Koronarkranken unter Belastung günstig auswirkt. Zur Wirkungsweise ist bekannt, dass die Nitratwirkung durch eine Erhöhung der Konzentration an cyclischem Guanosinmonophosphat (cGMP) über eine Stimulierung der Guanylatcyclase zustande kommt. Einige Befunde sprechen dafür, dass im Organismus unter der Einwirkung der Glutathion-Nitratreduktase salpetrige Säure und aus dieser durch Wasserabspaltung NO entsteht, das letztlich zur Stimulation der Guanylatcyclase führt.

Während das Glyceroltrinitrat (z.B. Nitrolingual®) aufgrund seiner sehr raschen Wirkung nach wie vor das souveräne Mittel zur Therapie des akuten *Angina pectoris*-Anfalls darstellt, ist seine orale Anwendung zur Prophylaxe in Form von Retardpräparaten aufgrund des hohen First-pass-Effektes weniger sinnvoll. Hierfür wird stattdessen häufig das nebenstehend gezeigte Isosorbiddinitrat (ISDN; z.B. Rifloc®, Sorbidilat®) benutzt, das als sogenanntes Langzeitnitrat zur Prophylaxe eingesetzt werden kann. Zwar wird es auch bei der ersten Leberpassage schon zum großen Teil biotransformiert, jedoch sind die dabei entstehenden Mononitrate noch biologisch aktiv und besitzen zudem eine relativ lange Wirkdauer, so dass das Isosorbid-5-mononitrat auch als eigener Wirkstoff auf den Markt gebracht wurde.

a) Das Isosorbid-5-mononitrat kann nur zur Prophylaxe, nicht aber für die Therapie eines akuten Anfalls eingesetzt werden. Können Sie diese Tatsache mit seiner Struktur korrelieren?

b) Um welchen Reaktionstyp handelt es sich bei der oben beschriebenen Biotransformation? Formulieren Sie einen plausiblen Mechanismus für die Umwandlung in das Mononitrat.

c) In einem weiteren Schritt wird das Isosorbid-5-mononitrat in das entsprechende Glucuronid umgewandelt. Formulieren Sie auch diese Reaktion.

Aufgabe 325

Colitis ulcerosa beschreibt eine chronisch-rezidivierende Entzündung des Dickdarms. Eine einheitliche Ursache ist nicht bekannt. Die Krankheit stellt wahrscheinlich eine Antwort des Dickdarms auf verschiedene Reize oder Auslösungsfaktoren dar. Zu diesen gehören Infektionen (Pilze, Bakterien, Viren), Nahrungsmittelallergien sowie immunologische und psychosomatische Störungen. Als Mittel der Wahl zur Behandlung haben sich das abgebildete Salazosulfapyridin bzw. die aus diesem als eigentliche Wirksubstanz entstehende 5-Aminosalicylsäure erwiesen. Die antiinflammatorische Wirkung von Cortisonpräparaten und Salazosulfapyridin kann kombiniert genutzt werden. Salazosulfapyridin ist schwer resorbierbar und erreicht daher bei oraler Applikation (als Dragée) den Dickdarm, wo es durch Coli-Bakterien in der für Azogruppen üblichen Weise reduktiv gespalten wird. Alternativ kann es als Zäpfchen oder Klysma zur lokal höheren Wirksamkeit direkt in den Enddarm eingeführt werden.

a) Formulieren Sie die Redoxteilgleichung für die Spaltung des gezeigten Salazosulfapyridins in 5-Aminosalicylsäure und Sulfapyridin.

b) Salicylsäure kann bekanntlich mit Essigsäureanhydrid zu Acetylsalicylsäure acetyliert werden. Welches Problem ergibt sich, wenn Sie die analoge Reaktion mit der 5-Aminosalicylsäure durchführen?

c) Das zweite Produkt der reduktiven Spaltung von Salazosulfapyridin, das Sulfapyridin, kann hydrolytisch noch weiter gespalten werden. Formulieren Sie die Reaktion und benennen Sie die Reaktionsprodukte.

Aufgabe 326

Verschiedene Mikroorganismen der Gattung *Streptomyces* erzeugen sogenannte Makrolid-Antibiotika, die gewöhnlich aus einem 12-, 14- oder 16-gliedrigen makrocyclischen Lacton sowie Amino- und Desoxyzuckern bestehen. In letzter Zeit erregte die anti-Chlamydia- und anti-Mycoplasma-Aktivität dieser Verbindungen einige Aufmerksamkeit. Je nach anwesenden Substituenten am Ring lässt sich eine große Zahl unterschiedlicher Verbindungen unterscheiden; ein Vertreter, das Leucomycin U ist nebenstehend gezeigt.

a) Durch welche Reaktion könnten Sie gleichzeitig den Ring öffnen, wie auch die beiden Zuckerreste vom Makrocyclus abspalten? Geben Sie Produkte und das/die erforderlichen Reagenzien an.

Leuco U   +

b) Das Ringöffnungsprodukt kann oxidiert werden. Formulieren Sie die Oxidationsgleichung für die vollständige Oxidation aller durch gängige Oxidationsmittel wie $Cr_2O_7^{2-}$ oxidierbarer Gruppen. Wie viele Stereoisomere sind für das Produkt möglich, wenn die Konfiguration der Doppelbindungen unverändert bleiben soll?

Aufgabe 327

In den vergangenen Jahren zeigte sich immer mehr, dass die Weltmeere nicht nur für Klima und Ernährung der Menschheit eine wichtige Rolle spielen, sondern auch eine große Vielzahl biologisch höchst aktiver Verbindungen enthalten. Eine recht ungewöhnliche Substanz wurde 1988 in Schwämmen im Südpazifik entdeckt. Es handelt sich um einen Naturstoff mit einem Azacyclopropenring, der als Dysidazirin bezeichnet wird. Diese Verbindung zeigt toxische Wirkung gegenüber einigen Krebszellarten und verhindert auch das Wachstum von gramnegativen Bakterien. Der Wirkmechanismus ist bislang nicht im Detail aufgeklärt; eine wichtige Rolle spielt aber sicherlich die C=N-Doppelbindung in dem stark gespannten Dreiring. Dieser kann durch Nucleophile leicht angegriffen und geöffnet werden.

Dysidazirin   D-Sphingosin

Wie die Substanz biosynthetisch gebildet wird, ist bislang nicht bekannt. Als potentielle Vorstufe kommt der Aminoalkohol *D*-Sphingosin in Betracht, der als Vorstufe für das Membranlipid Sphingomyelin von Bedeutung ist.

Skizzieren Sie eine Reaktionsfolge, die für eine Umwandlung von Sphingosin in Dysidazirin in Frage kommt.

Aufgabe 328

Eine vermehrte Ablagerung von Cholesterol und Fetten an den Wänden der Blutgefäße (häufig als Arteriosklerose bezeichnet) verringert den Blutfluss und damit die Sauerstoffversorgung für Herz, Gehirn und andere Organe. Häufig wird daher angestrebt, erhöhte Werte von Cholesterol und Fetten medikamentös zu senken, um die Gefahr von Herzkrankheiten zu vermindern. Atorvastatin (Handelsname Lipitor®) gehört zu den sogenannten HMG-CoA

Reduktase-Inhibitoren und trägt zu einer Senkung der körpereigenen Cholesterolproduktion bei.

a) Wie viele Chiralitätszentren besitzt das abgebildete Atorvastatin? Bestimmen Sie deren absolute Konfiguration. Wie viele mögliche Stereoisomere ergeben sich daraus?

b) Mit Methanal (Formaldehyd) kann Atorvastatin zu einem cyclischen Acetal **2** reagieren. Formulieren Sie diese Umsetzung.

c) Bei einer nachfolgenden Hydrolyse der entstandenen Verbindung **2** soll das gebildete Acetal erhalten bleiben. Wie müssen Sie demnach die Hydrolysebedingungen wählen und welche Produkte entstehen?

Aufgabe 329

Die nebenstehende Verbindung Propranolol gehört zur Gruppe der (unselektiven) Beta-Rezeptoren-Blocker („β-Blocker"). Propranolol besetzt die β-Rezeptoren und verhindert damit die Wirkung von Adrenalin am Herzen. Das Herz schlägt langsamer und weniger kraftvoll, der Blutdruck sinkt. Der Herzmuskel verbraucht weniger Energie und Sauerstoff – Atembeklemmungen und Schmerzen in der Herzgegend, die bei der Herzenge (*Angina pectoris*) auftreten, werden gebessert. Da Propranolol den Takt des Herzschlags verlangsamt, kann es auch Herz-Rhythmusstörungen günstig beeinflussen, wenn diese mit zu schnellem Herzschlag verbunden sind.

a) Spätestens seit den verheerenden Auswirkungen eines Enantiomers der in den 60er-Jahren des vergangenen Jahrhunderts als Schlafmittel eingesetzten Verbindung Thalidomid („Contergan") weiß man, dass man bei chiralen Verbindungen beide Enantiomere auf Wirksam- oder Schädlichkeit untersuchen muss. Ist dies bei Propranolol auch erforderlich?

b) Propranolol wird im Organismus in 4-Hydroxypropranolol umgewandelt, das als aktiver Metabolit angesehen wird. Erstellen Sie eine Redoxteilgleichung für diese (enzymatische) Umwandlung. Würden Sie dieses Produkt auch erhalten, wenn Sie Propranolol mit einem gängigen milden Oxidationsmittel behandeln?

c) Eine weitere denkbare Metabolisierung dieser Verbindung (z.B. um eine bessere Ausscheidung über die Niere zu erreichen) ist die Kopplung an UDP-Glucuronsäure unter Bildung des entsprechenden Glucuronids (ein Glykosid). Formulieren Sie diese Kopplungsreaktion.

Aufgabe 330

Heroin ist eine der am weitesten verbreiteten Drogen weltweit. Allein für China wird für das Jahr 2001 eine Zahl von 7.45 Mio. Heroinabhängiger genannt. Über 13 Tonnen der Droge wurden in diesem Jahr von den chinesischen Behörden sichergestellt.

Aus Heroin (Diacetylmorphin) entsteht durch Hydrolyse relativ rasch das 6-Monoacetylmorphin (6-MAM) mit einer phenolischen OH-Gruppe und aus diesem das rechts gezeigte Morphin.

Morphin war das erste aus dem Pflanzenreich isolierte Alkaloid; es findet in Form seiner korrespondierenden Säure (als Hydrochlorid) Anwendung als Mittel gegen sehr starke Schmerzen, z.B. bei Tumorpatienten. Während es früher nur parenteral appliziert wurde, wird es seit einiger Zeit in zunehmendem Maß auch oral angewandt. Die Wirkdauer liegt bei etwa 4–5 Stunden. Morphin wird dann mit Glucuronsäure konjugiert, wobei als Hauptmetabolit das Morphin-3-glucuronid entsteht.

a) Formulieren Sie diese Reaktionsfolge vom Heroin zum Morphin-3-glucuronid.

b) Durch Methylierung von Morphin (Bildung des 3-Monomethylethers) erhält man das Codein. Es ist weniger giftig als Morphin, weist nur schwach narkotische Eigenschaften auf und wird in der Medizin als schmerz- und hustenstillendes Mittel benutzt. Diese Reaktion erfordert ein sehr spezielles Methylierungsmittel. Formulieren Sie die Reaktion zum Codein mit einem einfachen Methylierungsmittel und geben Sie an, welches Problem zu erwarten ist.

Aufgabe 331

Die Verbindung Tamoxifen (im Handel beispielsweise unter der Bezeichnung Novaldex®) galt lange Zeit als große Hoffnung in der Krebstherapie. Die Wirkung von Tamoxifen beruht auf der Blockierung des Hormons Östrogen, das das Wachstum von Tumoren bei manchen Brustkrebspatientinnen fördert.

Bei rund 50 Prozent der bösartigen Tumoren in der Brust wirkt das klassische Medikament Tamoxifen als Östrogenblocker und kann das Wachstum weiterer Krebszellen hemmen. Nach einigen Jahren besteht allerdings die Gefahr, dass die bremsende Wirkung dieses Medikaments in den gegenteiligen Effekt umschlägt. Darüber hinaus belegen zahlreiche wissenschaftliche Arbeiten, dass Tamoxifen in anderen Geweben des Körpers nicht wie ein Anti-Östrogen, sondern wie ein Östrogen wirkt. Das liegt daran, dass die Zellen in den verschiedenen Körpergeweben unterschiedliche Östrogen-Rezeptoren haben und jeweils auch unterschiedliche Antworten auf Signale von außen geben. So kann Tamoxifen zwar dem Verlust von Knochendichte und erhöhten Cholesterolwerten entgegenwirken, andererseits aber auch das Wachstum der Gebärmutterschleimhaut anregen. Frauen, die Tamoxifen nehmen, haben dort ein Krebsrisiko, das um das Zwei- bis Vierfache erhöht ist im Vergleich zu Frauen, die kein Tamoxifen einnehmen. Auch Sehstörungen, eine vermehrte Neigung zu Thrombosen und Einzelfälle von Leberkrebs wurden beobachtet.

a) Bestimmen Sie die Konfiguration an der Doppelbindung im Tamoxifen.

b) Wie schätzen Sie die Wasserlöslichkeit der Verbindung ein? Ist diese pH-abhängig?

c) Welche funktionelle Gruppe entsteht bei einer säurekatalysierten Addition von Wasser an Tamoxifen?

Aufgabe 332

Indinavir (Handelsname Crixivan®) gehört zur Klasse der antiretroviralen Substanzen, die Protease-Inhibitoren genannt werden. Weitere Medikamente dieser Klasse sind Amprenavir, Atazanavir, Lopinavir, Nelfinavir, Ritonavir und Saquinavir.

Die Wirkungsweise dieser Substanzen besteht in der Hemmung eines viruseigenen Enzyms, der HIV-Protease. Dies führt zu unreifen, nicht-infektiösen Viren, die keine weiteren Zellen mehr infizieren können. Protease-Inhibitoren verhindern deshalb bei HIV-infizierten Personen neue Infektionszyklen. Zwischen den einzelnen Protease-Inhibitoren besteht eine weitgehende Kreuzresistenz; d.h. gegen Viren, die gegen eine Substanz unempfindlich geworden sind, nützen auch die anderen Medikamente dieser Substanzklasse nichts mehr, oder zumindest nicht mehr zuverlässig. Protease-Inhibitoren werden vorzugsweise zusammen mit zwei Nucleosidanaloga RT-Hemmern (Hemmstoffen der Reversen Transkriptase) eingesetzt. Im Idealfall handelt es sich um drei neue Substanzen, mit denen eine Person noch nie zuvor behandelt wurde. Bei vorbehandelten Personen ist dies nicht immer möglich. In diesem Fall sollte ein Therapiewechsel mindestens zwei neue Substanzen ohne Kreuzresistenz umfassen, mit denen die Person noch nie zuvor behandelt wurde.

a) Wieviele basisch reagierende Gruppen enthält das gezeigte Molekül? Ordnen Sie diese nach fallender Basizität.

b) Um welchen Faktor ändert sich die Anzahl möglicher Stereoisomere, wenn man das Indinavir einer milden Oxidation unterwirft?

c) Formulieren Sie die Produkte einer Hydrolyse der Verbindung unter stark sauren Bedingungen.

Aufgabe 333

Aus Kröten der Gattung *Bufonidae* lässt sich ein Giftstoff isolieren, der in der traditionellen chinesischen Medizin seit langer Zeit benutzt wird. Anästhetische, antimikrobielle, cardiotonische und Antitumorwirkungen wurden beschrieben. Allerdings kommt es bei Überdosierungen leicht zu erheblichen Nebenwirkungen, so dass eine genaue analytische Bestimmung der wirksamen Substanzen erforderlich ist. Eine Hauptkomponente des Giftes ist die nebenstehend gezeigte Verbindung Cinobufagin.

Wie für Sterole üblich, weist die Verbindung zahlreiche Chiralitätszentren auf. Wie ändert sich die Anzahl möglicher Stereoisomere, wenn die Verbindung

a) erst einer milden Oxidation und anschließend einer basischen Hydrolyse

b) erst einer basischen Hydrolyse und anschließend einer milden Oxidation

unterworfen wird?

Welche Verbindungen entstehen jeweils?

Aufgabe 334

Den Fusarien kommt weltweit, insbesondere bei Getreide und Mais, eine große Bedeutung zu. Sie sind wenig spezialisierte Krankheitserreger an Kulturpflanzen, insbesondere an allen Getreidearten. Die bedeutendsten Mykotoxine im Getreideanbau sind heute Deoxynivalenol und Nivalenol aus der Gruppe der Typ B Trichothecene, wobei Deoxynivalenol wahrscheinlich das am häufigsten vorkommende Mykotoxin in Nahrungs- und Futtermitteln ist. Beide Toxine werden vor allem durch *F. graminearum*, daneben auch durch *F. culmorum* und *F. crookwellense* gebildet. Nivalenol kommt weniger häufig in Getreide vor als Deoxynivalenol; über seine Toxizität ist auch sehr viel weniger bekannt. Neben dem Nivalenol ist mit dem T2-Toxin auch noch ein Vertreter der Typ A Trichothecene gezeigt, die sich durch Abwesenheit der Ketogruppe auszeichnen.

Nivalenol

T2-Toxin

Die Trichothecene sind starke Hemmstoffe der Proteinsynthese. Allgemein wirken Trichothecene daher zellschädigend. Sie sind nicht erbschädigend; die häufigsten Substanzen wie Nivalenol und Deoxynivalenol sind durch die *International Agency for Research in Cancer* (IARC) als nicht krebserzeugend eingestuft. Trichothecene sind hauttoxisch und greifen zunächst den Verdauungstrakt an, aber auch das Nervensystem und die Blutbildung werden beeinträchtigt, außerdem stören sie das Immunsystem und führen dadurch zu erhöhter Anfälligkeit gegenüber Infektionskrankheiten. Beim Menschen sind Erbrechen, Durchfall und Hautreaktionen die häufigsten Beschwerden bei Aufnahme von Trichothecenen mit der Nahrung.

a) Sieht man einmal von der sekundären Hydroxygruppe im linken Ring von Nivalenol ab, so könnten Sie eine mehrstufige Synthese beschreiben, die zum T2-Toxin (allerdings mit der überzähligen OH-Gruppe) führen könnte. Erklären Sie, welche Reaktionen Sie durchführen müssten, und warum in der Praxis große Probleme zu erwarten wären.

b) Da es sich bei beiden Verbindungen um unerwünschte Nahrungsbestandteile handelt, könnte man sich Methoden für eine quantitative Bestimmung beider Verbindungen überlegen. Nennen Sie eine Methode, die für beide Verbindungen anwendbar wäre, daher allerdings nur einen Summenparameter liefern und keine Quantifizierung beider Verbindungen nebeneinander ermöglichen würde.

c) Führt man zusätzlich noch eine acidimetrische Bestimmung durch (Titration mit starker Base in bekannter Weise), so lassen sich beide Verbindungen in einem Gemisch auch getrennt voneinander quantifizieren; allerdings müsste zuvor eine Derivatisierungsreaktion stattfinden. Können Sie erklären, welche Reaktion durchgeführt werden müsste?

Aufgabe 335

Benzodiazepine sind seit langer Zeit Mittel der Wahl für pharmakologische Kurzzeittherapie von stressbedingten Angstzuständen und Schlafstörungen; sie trugen wesentlich zum Rückgang der Anwendung von Barbituraten bei. Die Geschichte der Benzodiazepine begann 1960 mit der Einführung von Chlordiazepoxid (Librium®); klinische Anwendung (und auch therapeutischer Missbrauch) nahmen rasch zu und es kamen zahlreiche konkurrierende Wirkstoffe auf den Markt.

Im Jahr 1977 konnte gezeigt werden, dass Diazepam (Valium®) mit hoher Affinität an bestimmte Rezeptorpopulationen im Gehirn bindet. Dabei steht die Affinität der verschiedenen Benzodiazepine für den sogenannten GABA$_A$-Rezeptor in enger Beziehung zu ihrer jeweiligen pharmakologischen Potenz.

Benzodiazepine werden nach oraler Verabreichung gut resorbiert. Aus einigen Vertretern entstehen metabolisch zunächst ebenfalls pharmakologisch wirksame Zwischenprodukte, bevor diese aktiven Metaboliten über weitere Stoffwechselwege ausgeschieden werden. Die Struktur von Diazepam ist nebenstehend gezeigt. Die Verbindung wird zunächst durch Demethylierung in das lange wirksame Nordazepam (N-Desmethyldiazepam) umgewandelt, welches an der CH$_2$-Gruppe zum ebenfalls wirksamen Oxazepam hydroxyliert wird. Dieses schließlich wird durch Kopplung an Glucuronsäure in ein gut wasserlösliches Glykosid umgewandelt, welches mit dem Urin ausgeschieden wird.

a) Benennen Sie die beiden stickstoffhaltigen funktionellen Gruppen im Diazepam.

b) Formulieren Sie die Strukturformeln für alle Zwischenprodukte und das Ausscheidungsprodukt.

Aufgabe 336

Im Jahr 2008 wurde die Verbindung Methylnaltrexon (Relistor®) eingeführt als eine neue Therapieoption für Palliativpatienten mit fortgeschrittener Erkrankung, die mit potenten Opioiden behandelt werden und deshalb unter starker Obstipation leiden und nur unzureichend auf die üblicherweise verabreichten Relaxantien ansprechen. Es handelt sich dabei um ein Derivat des μ-Opioidrezeptor-Antagonisten Naltrexon, das vor allem an den Opioidrezeptoren in peripheren Geweben wie dem Darm seine antagonistische Wirkung zeigt. Die Verbindung wird beim Menschen nur mäßig metabolisiert, primär zu Methyl-6-Naltrexon-Isomeren und zu Methylnaltrexonsulfat.

a) Gegenüber dem Naltrexon besitzt die neue Verbindung offensichtlich eine zusätzliche Methylgruppe. Geben Sie eine geeignete Reaktion für die Einführung der Methylgruppe an.

b) Zeichnen Sie eine Strukturformel für das Ausscheidungsprodukt Methylnaltrexonsulfat. Warum ist dieses Metabolisierungsprodukt besser ausscheidbar?

Aufgabe 337

Carbasalat-Calcium (Viatris® 100 mg) ist ein Acetylsa-
licylsäure-Derivat, das vor kurzem zur Sekundärprä-
vention nach einem Herzinfarkt, bei *Angina pectoris*
oder nach einem ischämisch bedingten Schlaganfall
auf den Markt gekommen ist. Viatris® enthält in einer
Brausetablette 100 mg einer Molekülverbindung von
einem Mol Calciumbisacetylsalicylat mit einem Mol
Harnstoff und ist in einer geringen Menge Wasser
löslich.

Die aus der Tablette freigesetzte Acetylsalicylsäure ist in Lösung vollständig für die Resorption verfügbar. Sie wirkt wie üblich als Thrombozytenaggregationshemmer aufgrund der irreversiblen Acetylierung des Enzyms Cyclooxygenase 1 im Thrombozyten, wodurch die
Thromboxan A_2-Synthese gehemmt wird. Da die Bindung irreversibel ist, hält die Wirkung
über die gesamte Lebenszeit eines Thrombozyten (7–10 Tage) an.

a) Formulieren Sie die Reaktion, die zur Hemmung der Cyclooxygenase 1 im Thrombozyten
führt.

b) Welche Masse an Acetylsalicylsäure steht zur Resorption zur Verfügung, wenn eine Brausetablette Viatris® 100 mg gelöst wird?

Aufgabe 338

Lipstatin ist eine von *Streptomyces toxytricini* produzierter lipophiler langkettiger Ester, der
einen spezifischen Lipase-Hemmstoff darstellt. Als synthetisch leichter zugängliches Derivat
des nativen Lipstatins wird die Verbindung Tetrahydrolipstatin mit der Bezeichnung Orlistat
zur Behandlung adipöser Patienten eingesetzt. Durch Hemmung der fettverdauenden Tri-
acylglycerin-Lipasen, speziell der Pankreas-Lipase, kommt es zu einer um etwa 30 % verminderten Resorption der Nahrungsfette bzw. deren Spaltprodukte.

a) Im aktiven Zentrum der Lipasen befindet sich ein reaktiver Serinrest. Können Sie erklären,
worauf die Enzymhemmung beruht?

b) Im Lipstatin findet sich auch eine proteinogene Aminosäure. Um welche handelt es sich
und womit ist sie derivatisiert?

c) Wie können Sie ausgehend vom Lipstatin zum Tetrahydrolipstatin (Orlistat) gelangen?

Aufgabe 339

Die Verbindung *N,N*-bis-(2-Chlorethyl)-*N*-methylamin (Mechlorethamin; Stickstoff-Lost) ist ein Arzneistoff aus der Gruppe der
Alkylantien, welcher als Cytostatikum zur Therapie von Morbus
Hodgkin eingesetzt wird (Handelsnamen Mustargen®, USA, CH).
Ursprünglich für militärische Zwecke eingesetzt handelt es sich um eine stark toxische Verbindung, die zur Störung der DNA-Replikation und -Transkription führt. Durch eine intramolekulare Reaktion kommt es zur Bildung eines Aziridinium-Ions, dessen dreigliedriger Ring
ein starkes Elektrophil darstellt und zur Verbrückung von DNA-Strängen, insbesondere über
das N^7-Atom im Guanin führt. Außerdem wirkt Mechlorethamin auch schwach immun-
suppressiv.

Formulieren Sie die Reaktionsschritte, die zu einer kovalenten Verbrückung von zwei DNA-
Strängen über Guanosin-Reste führen können.

Aufgabe 340

Die Verbindung Lidocain (2-Diethylamino-*N*-(2,6-dimethyl-
phenyl)acetamid) wird in der Human- und Veterinärmedizin
in Form seines Hydrochloridsalzes als gut und schnell wirksames örtliches Betäubungsmittel häufig zur Lokalanästhesie eingesetzt. Hierzu wird Lidocain entweder in das Gewebe eingespritzt (Infiltrationsanästhesie), um so ein kleineres
Areal zu betäuben, wie es für die Naht einer Platzwunde
oder ähnliche kleinere Eingriffe notwendig ist, oder alternativ in den Bereich eines Nervs gespritzt, um so dessen Ver-
sorgungsgebiet zu betäuben (Leitungsanästhesie). In Form
einer Injektionslösung wird Lidocain von Zahnärzten zur
örtlichen Betäubung eingesetzt und hat deshalb auch den
Spitznamen „Zahnarzt-Cocain".

Lidocain blockiert spannungsabhängige Natrium-Kanäle in
den Zellmembranen der Nervenzelle. Wenn sensible Rezep-
toren auf der Haut die Empfindung von Druck, Schmerz, Wärme, Kälte etc. an das Gehirn
weiterleiten sollen, wird die Erregungsweiterleitung über die Nervenzellen blockiert, da keine
Natrium-Ionen in die Nervenzelle einströmen können und so die Entstehung eines Aktionspo-
tenzials erschwert wird.

a) Für eine Synthese von Lidocain kann man von 2,6-Dimethylanilin und einem Derivat der
Essigsäure ausgehen. Versuchen Sie, eine geeignete Reaktionsfolge zu skizzieren.

b) Da Lokalanästhetika mit in Membranen eingebetteten Ionenkanalproteinen interagieren
und bei klinischer Anwendung ihren Wirkort erst nach Passage anatomischer Strukturen, wie
dem Epi- und Perineurium, erreichen, bestimmen Membranpermeations- und Adsorptions-
prozesse die effektive Konzentration am Wirkort. Lidocain besitzt einen pK_S-Wert von 7,9.

Welcher funktionellen Gruppe ist dieser Wert zuzuordnen und welche Folgerungen würden Sie daraus für die Membrangängigkeit von Lidocain ziehen?

c) Das sehr ähnliche Lokalanästhetikum Bupivacain hat einen relativ langsamen Wirkungseintritt und eine lange Wirkungsdauer von bis zu 12 Stunden. Können Sie sich vorstellen, worauf dies beruhen könnte? In welcher weiteren Eigenschaft unterscheidet sich die Verbindung vom Lidocain?

Aufgabe 341

Muskelrelaxanzien sind Arzneimittel, die eine reversible (vorübergehende) Entspannung der Skelettmuskulatur bewirken. Entsprechend ihrem Wirkmechanismus unterscheidet man zwischen den direkt an der motorischen Endplatte des Muskels angreifenden peripheren Muskelrelaxanzien und den zentralen Muskelrelaxanzien, die im Zentralnervensystem den Muskeltonus herabsetzen. Periphere Muskelrelaxanzien werden zur Durchführung von Narkosen im Rahmen von Operationen eingesetzt, um den Tonus der Skelettmuskulatur herabzusetzen oder gänzlich aufzuheben, zentrale Muskelrelaxanzien zur Behandlung von spinal ausgelösten Spastiken oder lokalen Muskelspasmen. Periphere Muskelrelaxanzien blockieren die neuromuskuläre Reizübertragung an den motorischen Endplatten, was eine reversible Lähmung hervorruft, die der Organismus aber selbstständig abbaut. Die Dauer dafür ist abhängig von der Dosierung. Nichtdepolarisierende Muskelrelaxanzien binden als kompetitive Antagonisten (hemmend) an den Rezeptor, ohne eine Depolarisation auszulösen.

Das als Pfeilgift schon lange benutzte Curare diente als Ausgangspunkt für die Entwicklung weiterer Muskelrelaxanzien, nachdem 1935 das *D*-Tubocurarin als aktive Substanz in Curare identifiziert worden war. Für die biologische Aktivität ist die Anwesenheit von zwei quartären Ammoniumgruppen erforderlich. Ein wichtiges Beispiel ist die Verbindung Atracurium, die ein kurz wirksames peripheres Muskelrelaxanz ist, das von John B. Stenlake 1974 synthetisiert und in Deutschland 1987 zugelassen wurde.

Atracurium zerfällt unter schwach alkalischen Bedingungen spontan durch eine Hofmann-Eliminierung zu der Verbindung Laudanosin, die keine muskelrelaxierende Wirkung mehr zeigt; daneben kommt es auch zu unspezifischer Spaltung durch Esterasen im Blutplasma.

Für die Hofmann-Eliminierung stehen im Prinzip in beiden Molekülhälften jeweils drei H-Atome zur Abstraktion zur Verfügung. Wie lässt sich die beobachtete Regioselektivität der Eliminierung erklären und welche Produkte entstehen dabei?

Skizzieren Sie auch die Produkte, die bei der Spaltung durch Esterasen gebildet werden.

Aufgabe 342

Gewöhnliche Ether sind in wässriger Lösung inert. Dagegen reagieren Epoxide relativ leicht mit Wasser in Anwesenheit einer Säure oder einer Base zu 1,2-Diolen.

a) Worauf ist diese höhere Reaktivität von Epoxiden zurückzuführen? Formulieren Sie die säurekatalysierte Umsetzung eines *trans*-Epoxids zum entsprechenden Diol.

b) Benzol ist der Prototyp einer aromatischen Verbindung. Es dient als Ausgangsstoff für die Synthese zahlloser weiterer aromatischer Verbindungen und spielt auch im Benzin eine wesentliche Rolle, da es aufgrund seiner hohen „Octanzahl" die Verbrennungseigenschaften des Treibstoffs verbessert. Allerdings ist Benzol bekanntermaßen krebserregend, was man aufgrund der Struktur nicht auf den ersten Blick vermuten würde.

Der menschliche Körper ist ständig „fremden" organischen Substanzen ausgesetzt und hat dementsprechend Mechanismen zu ihrer Ausscheidung aus dem Körper geschaffen. Dabei können stark hydrophobe Substanzen nicht ohne weiteres ausgeschieden werden, sondern müssen zunächst im Zuge einer sogenannten Biotransformation aktiviert werden.

Eine wesentliche Rolle dabei spielen Enzyme der Cytochrom P450-Familie, die O_2 als Substrat für Biotransformationen verwenden.

Können Sie sich vorstellen, wie es auf diesem Weg zu einer Biotransformation von Benzol kommt, und wie diese letztlich zu der cancerogenen Wirkung führt?

Aufgabe 343

Lamivudin (Handelsnamen: *Epivir*®, *Zeffix*®; Hersteller: Glaxo-SmithKline) ist ein Arzneistoff zur Behandlung von HIV-1-infizierten Patienten im Rahmen einer antiretroviralen Therapie (HAART) und der chronischen HBV-Infektion. Die Verbindung ist seit 1995 in Deutschland zugelassen und nach Zidovudin (AZT) derzeit der am zweithäufigsten gebrauchte Wirkstoff in der HIV-Therapie. Lamivudin zählt zur Gruppe der nucleosidischen Reverse-Trankriptase-Inhibitoren (NRTI), wobei in der Praxis allerdings nur das aktivere und weniger toxische (–)-Enantiomer, das (2R,5S)-Isomer zum Einsatz kommt.

a) Zeichnen Sie dieses Enantiomer. Von welchem natürlich vorkommenden Nucleosid leitet es sich ab?

b) Im Zuge der kommenziellen Herstellung der Verbindung ist das Racemat entstanden. Beschreiben Sie, wie daraus das gewünschte (–)-Enantiomer abgetrennt werden könnte.

Aufgabe 344

Phosphorsäureester bzw. Thiophosphorsäureester (der Schwefel wird im Organismus durch Sauerstoff ersetzt, eine typische Giftungsreaktion) bilden eine Gruppe hochwirksamer Kontaktinsektizide, deren bekanntester Vertreter vermutlich das Parathion („E605") darstellt. Ihre Giftigkeit für den Menschen beruht auf der Hemmung der Acetylcholinesterase. Typische Vergiftungssymptome infolge der Anreicherung von Acetylcholin sind u.a. Übelkeit, Erbrechen, Schweißausbruch, Muskelschwäche, Krämpfe und Atemlähmung; der Tod tritt schließlich durch die Atemlähmung oder ein Lungenödem ein.

Neben resorptionsverhindernden Maßnahmen und einer symptomatischen Behandlung der zentral bedingten Krämpfe und des drohenden Lungenödems ist bei Vergiftungen mit Phosphorsäureestern eine kausale Therapie möglich, bei der möglichst sofort und wiederholt Atropin i.v. bis zur Normalisierung der vegetativen Funktion injiziert wird. Außerdem können Acetylcholinesterase-Reaktivatoren wie z.B. Pralidoxim zum Einsatz kommen, wobei der Zeitfaktor eine wichtige Rolle spielt, da es zur sogenannten Alterung des vergifteten Enzyms kommt. Dabei wird eine der Estergruppen abgespalten, wodurch eine stabilere Monoalkoxyphosphoryl-Acetylcholinesterase gebildet wird. Die Chance auf einen antagonistischen Effekt durch die Anwendung eines Acetylcholinesterase-Reaktivators ist also umso geringer, je mehr Zeit zwischen Giftaufnahme und Behandlung verstreicht.

a) Die Acetylcholinesterase besitzt zum einen ein „anionisches Zentrum", das zur Ausbildung einer ionischen Wechselwirkung mit der quartären Ammoniumgruppe des Acetylcholins dient, zum anderen das „esteratische Zentrum" mit einem reaktiven Serinrest. Formulieren Sie die Reaktion mit Paraoxon (E600), die zur Inaktivierung der Acetylcholinesterase führt.

b) Durch welche Reaktion kann die funktionelle Oximgruppe im Pralidoxim gebildet werden? Schlagen Sie eine geeignete Ausgangsverbindung zur Herstellung von Pralidoxim vor.

c) Formulieren Sie die Reaktion mit Pralidoxim, die zur Reaktivierung der phosphorylierten Acetylcholinesterase führen kann.

Aufgabe 345

Im Jahr 1882 wurde das *Mycobakterium tuberculosis* von Robert Koch als Erreger der Tuberkulose beschrieben. Charakteristisch für Mykobakterien ist ein hoher Lipidgehalt der Zellwand, was sie (leider) sehr widerstandsfähig gegen die meisten Chemotherapeutika macht. Entsprechend ihrer therapeutischen Bedeutung und ihren Nebenwirkungen unterscheidet man sogenannte Basis- und Reservestoffe. Die Basisstoffe dienen zur Tuberkulosebehandlung im Regelfall; Reservestoffe werden nur dann eingesetzt, wenn die Basisstoffe nicht vertragen werden oder Resistenz vorliegt. Zu ersteren gehört neben den strukturell komplizierten Verbindungen Streptomycin und Rifampicin auch das erstaunlich einfach gebaute Isoniazid (rechts), welches auf Grund seiner hohen Wirksamkeit das derzeit bedeutendste Tuberkulosemittel ist. Als Wirkmechanismus wird angenommen, dass Isoniazid die Cytoplasmamembran von Mycobakterien ungehindert passieren kann, in der Zelle in Isonicotinsäure umgewandelt wird und anstelle von Nicotinsäure in NAD^+ eingebaut wird. Auf diese Weise werden Stoffwechselprozesse in den Tuberkelbakterien blockiert.

a) Wie ist die Verbindung nach rationeller Nomenklatur zu bezeichnen? Welche Verbindung entsteht als zweites Produkt, wenn das Isoniazid in der Zelle in die entsprechende Säure (Isonicotinsäure) umgewandelt wird? Wie schätzen Sie die Stabilität der zentralen Bindung dieses Produkts im Vergleich zu einer C–C-Bindung ein?

b) Aromatische Carbonsäuren, die nicht weiter oxidativ abgebaut werden können, werden im Zuge der Biotransformation häufig mit Glycin konjugiert. Welche Reaktionen sind (in der Zelle) erforderlich, bevor die Isonicotinsäure mit Glycin konjugiert werden kann? Formulieren Sie den Konjugationsprozess von der Isonicotinsäure bis zum fertigen Glycin-Konjugat.

Aufgabe 346

Die Entwicklung von Oxaminique ist ein Beispiel für die schrittweise Verbesserung eines Wirkstoffs ausgehend von einer einfachen Leitstruktur, bei der das molekulare Target nicht bekannt war. Die Verbindung dient in Entwicklungsländern zur Bekämpfung der Bilharziose, einer Krankheit, von der etwa 200 Millionen Menschen betroffen sind und die durch Aufenthalt in infiziertem Wasser übertragen wird.

Als Ausgangssubstanz diente die als Mirasan bezeichnete Verbindung, die zwar gegen den Parasiten in Mäusen, nicht aber in Menschen Aktivität aufwies. Zum einen erwies sich der elektronegativere Chlorsubstituent gegenüber einer –SR-Gruppe als förderlich für die Aktivität; zum anderen nahm man an, dass die β-Aminoethylamino-Seitenkette für die Rezeptorbindung von Bedeutung ist und dafür eine ganz bestimmte Konformation unter den vielen möglichen einnehmen muss.

Mirasan

a) Wie könnte man die Anzahl möglicher Konformationen für die Seitenkette einschränken, in der Hoffnung, dadurch höhere Aktivität zu erzielen?

b) Weiterhin wurde beobachtet, dass der Ersatz des Cl-Substituenten durch eine Nitrogruppe die Aktivität verbesserte. Wie könnte sich dieser Effekt erklären, wenn man daran denkt, dass der Wirkstoff auf dem Weg zu seinem Rezeptor Zellmembranen durchqueren muss?

c) Man stellte auch fest, dass die Länge der Alkylgruppe bis auf 4 C-Atome verlängert werden konnte, eine weitere Verlängerung die Aktivität aber sinken ließ. Eine Verzweigung in der Alkylgruppe erwies sich als förderlich, wogegen ein Acylrest zu einem Verlust der Aktivität führte. Versuchen Sie, auch diese Befunde zu erklären.

Aufgabe 347

Im Zuge der Arzneistoffentwicklung werden oftmals sogenannte stereoelektronische Modifikationen vorgenommen. Die Verbindung Procain beispielsweise ist ein gutes Lokalanästhetikum, besitzt aber nur eine kurze Wirkungsdauer. Mehrere Modifikationen führten zum Lidocain, einem weiteren Lokalanästhetikum mit deutlich längerer anhaltender Wirkung.

Können Sie diesen Befund auf Basis der strukturellen Unterschiede erklären?

Procain   Lidocain

Aufgabe 348

Soll die Wirkungsdauer eines Arzneimittels verkürzt werden, so hilft es oftmals, eine funktionelle Gruppe zusätzlich einzuführen, die einer raschen Metabolisierung unterliegt. Antiasthma-Präparate werden meist inhalativ zugeführt, um mögliche Nebenwirkungen im Körper zu minimieren. Eine gewisse Menge wird dabei jedoch verschluckt und kann aus dem Gastrointestinaltrakt ins Blut aufgenommen werden. Daher ist ein Präparat wünschenswert, das gute Wirksamkeit und hohe Stabilität in der Lunge zeigt, jedoch im Blutstrom rasch metabolisch inaktiviert wird. Die Verbindung Cromakalim zeigt gute Wirkung gegen Asthma, weist jedoch unerwünschte Nebenwirkungen auf das Herz auf, wenn sie ins Blut gerät. Ausgehend von Cromakalim wurden zwei Substanzen mit den Bezeichnungen UK 143220 und UK 157147 entwickelt, die im Blut aufgrund der Estergruppe bzw. der phenolischen OH-Gruppe einer raschen Metabolisierung unterliegen sollten.

Cromakalim   EtO$_2$C   UK 143220   UK 157147

Welche Reaktion könnte jeweils zur Inaktivierung der Verbindung führen? Formulieren Sie jeweils eine entsprechende Gleichung.

Aufgabe 349

Typische Beispiele für antibiotisch wirksame Stoffe, die als Antimetabolite fungieren, sind die Sulfonamide. Deren Geschichte begann im Jahr 1935 mit der Synthese des roten Farbstoffs Prontosil® durch Gerhard Domagk und der Entdeckung, dass diese Substanz *in vivo* (nach Gabe bei Labortieren) antibakterielle Eigenschaften aufweist. Eigenartigerweise konnte *in vitro* diese Eigenschaft nicht festgestellt werden, d.h. Bakterien in Kulturschalen wurden nicht beeinflusst. Dieser Befund blieb solange rätselhaft, bis entdeckt wurde, dass Prontosil® von im Dünndarm anwesenden Bakterien zu *p*-Aminobenzolsulfonsäureamid (Sulfanilamid), der eigentlich antibakteriell wirksamen Verbindung, metabolisiert wurde. Damit war das Prontosil® ein klassisches sogenanntes Pro-Drug. Ausgehend vom Sulfanilamid wurde eine große Anzahl weiterer Sulfonamide synthetisiert, die sich als wirksam gegen gram-positive Organismen erwiesen, insbesondere Pneumokokken und Meningokokken.

Untersuchungen zur Struktur-Wirkungsbeziehung ergaben, dass die primäre *p*-Aminogruppe und eine primäre oder sekundäre Sulfonamidgruppe essentiell sind und nur der Rest am Sulfonamid-Stickstoff variiert werden kann.

a) Formulieren Sie eine Redoxgleichung für die Bildung von Sulfanilamid aus Prontosil®; als Reduktionsmittel soll das NADPH/H$^+$ fungieren.

b) Die primäre Aminogruppe der Sulfonamide wird im Körper leicht metabolisch acetyliert, wodurch sich die Löslichkeit verringert und als Folge toxische Wirkungen auftreten können. Formulieren Sie die Acetylierung für das gezeigte Sulfathiazol.

Das Löslichkeitsproblem konnte durch Ersatz der Thiazolgruppe überwunden werden. Wie heißt der Ring im Sulfadiazin, und wie lässt sich die Verbesserung erklären?

c) Sulfonamide haben sich als besonders wirksam gegen Darminfektionen erwiesen und können gegen diese als Pro-Drug eingesetzt werden. Ein solches ist das Succinylsulfathiazol, das Amid der Butandisäure (Bernsteinsäure). Erwarten Sie für diese Substanz eine rasche Resorption ins Blut oder eine längere Verweildauer im Darm? Wie kommt es zur Bildung der aktiven Wirksubstanz?

Aufgabe 350

Die Entdeckung der antibakteriellen Wirkung von Penicillin durch Alexander Fleming 1928 gehört zu den Meilensteinen der biomedizinischen Forschung. Erst 1938 allerdings gelang Florey und Chain die Isolation des Penicillins. Im Jahr 1941 erfolgten dann erste klinische Versuche mit Penicillin-Rohextrakten, die spektakuläre Erfolge ergaben, so dass in den Folgejahren intensive Bemühungen für eine Gewinnung in großem Maßstab unternommen wurden.

Penicillin enthält ein bicyclisches Ringsystem, das sich biosynthetisch aus den beiden Aminosäuren Cystein und Valin zusammensetzt. Die Acylkette ist variabel und abhängig von der Zusammensetzung des Fermentationsmediums; sie hat Einfluss auf die Säureempfindlichkeit eines Penicillins und seine Widerstandsfähigkeit gegenüber Penicillasen, bakteriellen Enzymen, die das bicyclische Ringsystem öffnen und das Penicillin dadurch inaktivieren.

Penicillin G

a) Penicilline richten sich gegen die bakterielle Transpeptidase, die einen reaktiven Serinrest im aktiven Zentrum besitzt; ihre Struktur lässt eine sekundäre und eine tertiäre Amidgruppe erkennen. Erklären Sie, warum ein nucleophiler Angriff selektiv an der tertiären Amidgruppe erfolgt.

b) Untersuchungen zur Struktur-Wirkungsbeziehung ergaben, dass nur an der Acylseitenkette des Penicillins Modifikationen unter Aktivitätserhalt möglich sind. Mit der Penicillin-Acylase wurde ein Enzym gefunden, das eine Hydrolyse von Penicillin G unter Bildung der 6-Aminopenicillansäure (6-APA) ermöglicht. Ausgehend von 6-APA wurde eine Vielzahl von verschiedenen Derivaten synthetisiert. Dabei zeigte sich, dass die Säurestabilität durch Anbringung elektronenziehender Substituenten am α-C-Atom der Acylseitenkette verbessert wird. Ein Beispiel ist das Phenoxymethylpenicillin (Penicillin V).

Formulieren Sie eine Synthese aus 6-APA.

c) Der weitverbreitete Einsatz von Penicillin G in den 1960er-Jahren führte zu einem alarmierenden Anstieg Penicillin-resistenter *Staphylococcus aureus*-Infektionen in Krankenhäusern. Methicillin war das erste wirksame semisynthetisch hergestellte Penicillin, das gegenüber der β-Lactamase von *Staphylococcus aureus* stabil war.

Methicillin

Worauf könnte dieser Effekt beruhen?

Kapitel 9

Lösungen: Multiple Choice Aufgaben

Lösung 1   3 > 5 > 4 > 2 > 1

Carbonsäuren sind stärker acide Verbindungen als Phenole. Aufgrund des elektronenziehenden Cl-Atoms in **3** ist diese substituierte Carbonsäure stärker als **5**. Das nitrosubstituierte Phenol **4** ist ebenfalls wesentlich acider als ein gewöhnliches unsubstituiertes Phenol. Mit drei Nitrogruppen wie in der Pikrinsäure (2,4,6-Trinitrophenol) wird daraus sogar eine relativ starke Säure ($pK_S < 1$). Das β-Diketon ist eine sogenannte C–H-acide Verbindung ($pK_S \approx 9$), da die negative Ladung durch die beiden Carbonylgruppen effektiv mesomeriestabilisiert wird. Methanol **1** ist in seiner Acidität ($pK_S \approx 16$) vergleichbar mit Wasser; andere Alkohole sind i.A. noch etwas schwächere Säuren.

Lösung 2   5 > 1 > 2 > 3 > 4 ≈ 6

Mit der Verbindung **5** liegt hier ein mesomeriestabilisiertes Carbanion (ein Enolat-Ion) vor, das die mit Abstand am stärksten basische Verbindung ist. Es folgt das aliphatische Amin mit einem typischen pK_B-Wert von 3–4 vor dem Pyridin **2**, welches etwas basischer ist, als das aromatische Amin Anilin **3**. In **3** ist das freie Elektronenpaar in Konjugation mit dem aromatischen π-Elektronensystem, und steht daher weniger für die Bindung eines Protons zur Verfügung als z.B. in **1**. Aus ähnlichem Grund sind **4** und **6** nur sehr schwache Basen. In Amiden (**4**) ist das freie Elektronenpaar am N mit der Carbonylgruppe konjugiert, im Pyrrol **6** ist es Bestandteil des aromatischen π-Elektronensextetts. Bindung eines H^+-Ions würde hier das aromatische System zerstören.

Lösung 3   Alternative 3

Cyclohexen enthält 4 sp^3-hybridisierte und 2 sp^2-hybridisierte C-Atome.

Im Allgemeinen sind zwar *trans*-Alkene etwas stabiler als *cis*-Alkene, dies gilt aber nicht für cyclische Alkene mit bis zu sieben Ringgliedern. Hier würde eine *trans*-Doppelbindung zu hoher Ringspannung führen. Für kleinere Ringe ist eine *trans*-Doppelbindung aus geometrischen Gründen überhaupt nicht möglich.

Aufgrund der sp^3-hybridisierten Ring-C-Atome kann die Verbindung nicht planar sein; die beiden C-Atome der Doppelbindung sowie die beiden daran gebundenen C-Atome liegen aber in einer Ebene.

Bei Hydratisierung von Cyclohexen entsteht ein sekundärer und kein tertiärer Alkohol.

Da die Abweichung vom idealen Bindungswinkel an der Doppelbindung im Cyclobuten wesentlich größer ist als im Cyclohexen, ist ersteres stärker gespannt und damit weniger stabil.

Cyclohexen kann kein Isomeres zum Hexen sein, da beide Verbindungen unterschiedliche Summenformeln aufweisen.

Lösung 4   Alternative 6

Die letzte Aussage ist falsch, da unabhängig von der Anwesenheit einer Lewis-Säure als Katalysator keine Addition an das aromatische System erfolgt. Hierbei würde das aromatische π-Elektronensystem zerstört, so dass eine Addition energetisch unvorteilhaft wäre.

Brom reagiert als Elektrophil; es handelt sich demnach um eine Reaktion vom Typ „elektrophile aromatische Substitution". In Abwesenheit des Lewis-Säure-Katalysators läuft die Substitution nur sehr langsam ab, da der als Zwischenprodukt entstehende σ-Komplex nur in Anwesenheit eines „elektronenschiebenden" Substituenten (mit +I- bzw. +M-Effekt) ausreichend stabilisiert ist.

Da Chlor trotz seines –I-Effektes o/p-dirigierend wirkt, wird neben dem gezeigten p-Substitutionsprodukt auch das o-Produkt entstehen. Im ersten Schritt der Reaktion (Ausbildung des σ-Komplexes) muss die Br–Br-Bindung gebrochen werden. Die Lewis-Säure $FeBr_3$ (eine Elektronenmangelverbindung) hilft bei diesem Schritt durch Polarisation der Br–Br-Bindung und Bindung des entstehenden Br^--Ions. Ohne $FeBr_3$ läuft die Reaktion tatsächlich nur äußerst langsam ab, da Chlorbenzol ein wenig reaktiver (desaktivierter) Aromat ist.

Lösung 5 CH_3–COCl

Zur Acetylierung eines Amins ist ein sogenanntes reaktives Carbonsäure-Derivat erforderlich. Ein solches ist das Essigsäurechlorid (Acetylchlorid), das Cl als sehr gute Abgangsgruppe ($\rightarrow$ Cl^-) enthält.

Mit der freien Carbonsäure (CH_3COOH) reagiert das Amin im Sinne einer Säure-Base-Reaktion zum Carboxylat und dem Ammonium-Ion.

Das Carboxylat CH_3COO^- ist gegenüber Nucleophilen praktisch unreaktiv; auch das Carbonsäureamid ($CH_3CONHCH_3$) ist sehr wenig reaktiv.

Das Benzoesäurechlorid reagiert mit dem Amin ebenso wie das Essigsäurechlorid; dabei handelt es sich aber um eine Benzoylierung (allgemein: Acylierung). Ein Acetylrest (CH_3CO–) kann nur durch ein reaktives Derivat der Essigsäure eingeführt werden.

Die erste Verbindung (CH_3CH_2Cl) ist ein Chloralkan. Es eignet sich als Substrat für eine Alkylierung (eine nucleophile Substitution an einem gesättigten C-Atom), dagegen naturgemäß nicht für eine Acetylierung.

Lösung 6   Alternative 5

Prolin enthält (als einzige proteinogene Aminosäure) eine sekundäre Aminogruppe. Die Ausbildung einer Amidgruppe ist jedoch auch mit der sekundären Aminogruppe möglich, so dass Prolin ohne weiteres als carboxyständige Aminosäure in einem Protein auftreten kann.

Am isoelektrischen Punkt ist die Aminosäure per Definition nach außen hin ungeladen; liegt also – wie gezeigt – in der zwitterionischen Form vor.

Betrachtet man die dargestellte Strukturformel als Fischer-Projektion (die C-Kette ist senkrecht orientiert, die H_2N-Gruppe bzw. das H-Atom stehen nach vorne), so steht die funktionelle Aminogruppe am chiralen C-Atom nach links: *L*-Konfiguration.

Die Aminogruppe im Prolin ist (aufgrund des Einbaus in den Ring) eine sekundäre; sie liegt in protonierter Form vor.

Prolin enthält keine hydrolysierbare Bindung. Der heterocyclische Fünfring kann durch Wasser nicht gespalten werden.

Im Kollagen kommen nur relativ wenige unterschiedliche Aminosäuren vor. Aufgrund der Tripelhelixstruktur muss jede dritte Aminosäure aus sterischen Gründen Glycin sein; daneben finden sich besonders häufig die Aminosäuren Prolin und Hydroxyprolin.

Lösung 7   Alternative 4

Die beiden aliphatischen Dicarbonsäuren (Alternative 1) besitzen zwar eine relativ niedrige molare Masse; aufgrund der beiden stark polaren Carboxylgruppen, welche starke intermolekulare Wasserstoffbrücken ausbilden (Bildung von Dimeren) ist die Flüchtigkeit aber sehr gering. Beide Verbindungen sind Feststoffe.

Für zweiprotonige Säuren gilt ganz allgemein, dass $pK_{S1} < pK_{S2}$, d.h. das erste Proton wird generell leichter abgegeben als das zweite. Der Grund ist, dass das zweite Proton gegen die elektrostatische Anziehung des Anions abgegeben werden muss.

Beide Carbonsäuren sind ausreichend acide, um mit der schwachen Base Hydrogencarbonat zu reagieren. Letztere nimmt ein Proton auf und bildet Kohlensäure (H_2CO_3), die leicht in CO_2 und H_2O zerfällt. Durch die Deprotonierung erhöht sich die Löslichkeit der beiden Carbonsäuren erheblich, weil das jeweilige Carboxylat-Ion wesentlich besser hydratisiert wird.

Beide Verbindungen sind Dicarbonsäuren, besitzen also zwei Carboxylgruppen, die mit Alkoholen verestert werden können. Reagiert nur eine der beiden Carboxylgruppen, entsteht ein Monoester, reagieren beide, ein Diester. Welches Produkt bevorzugt entsteht, hängt u.a. vom stöchiometrischen Verhältnis ab, in dem Dicarbonsäure und Alkohol eingesetzt werden.

Bei der linken Verbindung handelt es sich um die gesättigte Dicarbonsäure Bernsteinsäure (Butandisäure), bei der rechten um die ungesättigte (*trans*-konfigurierte) Fumarsäure (*trans*-Butendisäure). Letztere weist zwei H-Atome weniger auf, kann also aus der Butandisäure durch Dehydrierung (Oxidation) entstehen. Somit kann man beide Verbindungen als Redoxpaar auffassen. Im Organismus erfolgt im Citratcyclus die Oxidation von Bernsteinsäure zu Fumarsäure katalysiert durch die Succinat-Dehydrogenase, die als Oxidationsmittel den Cofaktor FAD benutzt.

Lösung 8   Alternative 2

Bei der Verbindung handelt es sich nicht um einen Phosphorsäureester, sondern um ein gemischtes Carbonsäure-Phosphorsäure-Anhydrid.

Dieses gehört zu den reaktiven Carbonsäure-Derivaten, wird dementsprechend leicht zu Glutaminsäure hydrolysiert und leitet sich daher auch von dieser Aminosäure ab.

Man kann derartig aktivierte Aminosäuren mit einer weiteren Aminosäure (mit freier Aminogruppe) zu einem Dipeptid umsetzen.

Bei einer deutlichen Absenkung des pH-Werts würde die Carboxylgruppe protoniert. Bei einer deutlichen Anhebung des pH-Werts würde die NH_3^+-Gruppe deprotoniert bzw. das noch am Phosphatrest befindliche schwach saure Proton abgespalten, so dass die Verbindung mit der gezeigten Ladungsverteilung nur im annähernd neutralen pH-Bereich vorliegt.

Lösung 9   Alternative 3

Die unterschiedlichen Tripeptide (z.B. Leu–Ser–Lys und Ser–Lys–Leu) lassen sich durch Ionenaustauschchromatographie nicht trennen, da sie alle die gleiche Nettoladung aufweisen und daher praktisch gleich stark an einen Ionenaustauscher binden (bzw. nicht binden).

Peptidbindungen sind recht stabil und nur unter drastischen Bedingungen hydrolysierbar; Zugabe verdünnter HCl-Lösung bei moderater Temperatur genügt nicht für eine Hydrolyse mit akzeptabler Geschwindigkeit.

Aussage zwei ist falsch, da zwei der drei Carboxylgruppen gebunden in den Peptidbindungen vorliegen und daher keine negative Ladung beitragen können. Da mit Lysin eine basische Aminosäure vorliegt, die bei neutralem pH eine positiv geladene Seitenkette aufweist, sind die Tripeptide einfach positiv geladen (der N-Terminus trägt eine positive, der C-Terminus eine negative Ladung bei).

Bei Bildung eines Tripeptids werden zwei Amidbindungen geknüpft, nicht drei.

Dafür genügt es allerdings nicht, die einzelnen Aminosäuren zusammenzugeben und zu erhitzen (auch Säure"katalyse" wirkt sich hier kontraproduktiv aus, da hierdurch die Aminogruppen protoniert würden und nicht mehr als Nucleophile für die Ausbildung der Amidbindungen zur Verfügung stehen); vielmehr erfordert die Synthese spezifischer Sequenzen eine ausgeklügelte Abfolge von Aktivierungs-, Schutz- und Kopplungsschritten, z.B. im Zuge einer „Festphasen-Peptidsynthese nach Merrifield".

Lösung 10 Alternative 1

Für $K_{\text{Hydrolyse}}$ gilt:

$$K_{\text{Hydrolyse}} = \frac{c(\text{Säure}) \cdot c(\text{Alkohol})}{c(\text{Ester}) \cdot c(\text{Wasser})}$$

Die Konzentrationen beziehen sich auf den erreichten Gleichgewichtszustand. Wenn mit gleichen Anfangskonzentrationen an Ester und Wasser gearbeitet wird (hier: 3,0 mol/L), so sind auch die Konzentrationen dieser Substanzen im Gleichgewicht identisch; in gleicher Weise gilt: c (Säure) = c (Alkohol). Durch die Titration wird c (Säure) im Gleichgewicht bestimmt. Sie ergibt sich zu:

$$c(\text{Säure}) = \frac{n(\text{Säure})}{V} = \frac{c(\text{NaOH}) \cdot V(\text{NaOH})}{V} = \frac{0,20 \text{ mol/L} \cdot 0,0225 \text{ L}}{0,005 \text{ L}} = 0,90 \text{ mol/L}$$

Aus der gegebenen Anfangskonzentration des Esters folgt damit, dass die Gleichgewichtskonzentration an Ester noch 2,1 mol/L beträgt. Damit ergibt sich für $K_{\text{Hydrolyse}}$:

$$K_{\text{Hydrolyse}} = \frac{c(\text{Säure}) \cdot c(\text{Alkohol})}{c(\text{Ester}) \cdot c(\text{Wasser})} = \frac{c^2(\text{Säure})}{c^2(\text{Ester})} = \frac{0,90^2}{2,10^2} = 0,184$$

Damit ist die erste Antwortalternative richtig.

Lösung 11 Alternative 2

Enanapril weist eine saure Carboxylgruppe und eine basische sekundäre Aminogruppe auf; es liegt daher bei neutralen pH-Werten als Zwitterion vor.

Da die Verbindung drei Chiralitätszentren aufweist, sind insgesamt 2^3 = 8 Stereoisomere denkbar, also sieben weitere zusätzlich zu dem gezeigten.

Die Esterbindung kann unter Freisetzung von Ethanol hydrolysiert werden, die Aminogruppe mit einem reaktiven Carbonsäure-Derivat acyliert werden. Bei Umsetzung mit Essigsäurechlorid erhält man deshalb das N-Acetyl-Derivat.

Die Carboxylgruppe reagiert sauer und wird von der schwachen Base $NaHCO_3$ unter Bildung von CO_2 und H_2O deprotoniert.

Hydrolysiert man die Amidbindung, entsteht u.a. die Aminosäure Prolin.

Lösung 12 Alternative 4

Isatisin A weist zwei Stickstoffatome mit freiem Elektronenpaar auf; beide jedoch verhalten sich in wässriger Lösung praktisch nicht basisch. Einer der beiden ist Teil des aromatischen Indolringsystems; hier ist das freie Elektronenpaar als Teil des 6-π-Elektronensystems im Ring delokalisiert. Eine Protonierung würde den aromatischen Charakter aufheben und ist daher energetisch ungünstig. Der zweite Stickstoff gehört zu einem tertiären bicyclischen Amid. Auch hier ist das freie Elektronenpaar des Stickstoffs durch die benachbarte Carbonylgruppe mesomeriestabilisiert und verhält sich praktisch nicht basisch.

Wie erwähnt enthält das Isatisin A eine tertiäre Amidgruppe (1. Alternative) und ein Indolringsystem (5. Alternative).

Neben zahlreichen sp^2-hybridisierten C-Atomen finden sich im Isatisin A auch 6 sp^3 hybridisierte; diese stellen mit Ausnahme des C-Atoms der –CH_2OH-Gruppe Chiralitätszentren dar.

Ein Ketal entsteht durch die Umsetzung eines Ketons mit zwei Hydroxygruppen; dabei entsteht im ersten Schritt durch nucleophile Addition an die Carbonylgruppe das Halbketal, welches Wasser eliminiert und mit der zweiten Hydroxygruppe zum Ketal reagiert. Gehören beide OH-Gruppen zum gleichen Molekül kommt es zum Ringschluss. Voraussetzung dafür ist, dass die beiden Hydroxygruppen räumlich so angeordnet sind, dass der Ringschluss erfolgen kann. Dies ist für die benachbarten *cis*-ständigen OH-Gruppen im Isatisin A der Fall.

Dichromat ($Cr_2O_7^{2-}$) ist ein gutes Oxidationsmittel, mit dem sich primäre Alkohole leicht zu Aldehyden und (in wässriger Lösung) weiter zu Carbonsäuren oxidieren lassen. Im Isatisin A lässt sich die –CH_2OH-Gruppe so zur sauren Carboxylgruppe oxidieren.

Lösung 13   primärer Alkohol

Primäre Alkohole sind – in Abhängigkeit von der Kettenlänge – gut bis relativ wenig wasserlösliche, neutral reagierende Verbindungen. Da sie keine basischen Eigenschaften aufweisen, verbessert eine Zugabe von HCl die Löslichkeit nicht. Sie werden durch $K_2Cr_2O_7$-Lösung zur entsprechenden Carbonsäure oxidiert, die (in isolierter Form) mit NH_3 zu einem Salz reagiert.

Ein sekundärer Alkohol wird zwar ebenfalls (zum Keton) oxidiert; es entsteht aber keine Verbindung, die mit der Base Ammoniak ein Salz bildet.

Gleiches gilt für das Halbacetal, das zum Ester oxidiert werden kann. Aus diesem Grund kommen Keton und Carbonsäureester ebenfalls nicht in Betracht.

Das sekundäre Amin weist basische Eigenschaften auf und löst sich daher wesentlich besser in HCl als in reinem Wasser.

Lösung 14   Alternative 3

Als Piperidin bezeichnet man den gesättigten 6-gliedrigen Heterocyclus mit einem Stickstoffatom; es kann durch katalytische Hydrierung aus Pyridin gebildet werden.

Auf den ersten Blick scheint nur Pyridin ein 6π-Elektronensystem aufzuweisen; man muss aber beachten, dass das N-Atom im Pyrrol sp^2-hybridisiert ist und das freie Elektronenpaar am Stickstoff in einem p_z-Orbital lokalisiert ist, das mit den p_z-Orbitalen der Kohlenstoffe überlappt. Es gehört daher zum aromatischen π-Elektronensystem und steht daher praktisch nicht für die Bindung eines Protons zur Verfügung, da sonst der aromatische Charakter verloren ginge.

Daher ist Pyrrol eine wesentlich schwächere Base als Pyridin.

Beide Verbindungen zeigen sehr unterschiedliche Reaktivität in einer elektrophilen aromatischen Substitution. Pyridin ist ein sogenannter π-Mangel-Aromat; durch seine gegenüber Kohlenstoff höhere Elektronegativität verringert das N-Atom die Elektronendichte im Aromaten gegenüber Benzol, wodurch der Angriff eines Elektrophils erschwert wird. Im Pyrrol verteilen sich dagegen 6 π-Elektronen auf nur 5 Ringatome; die Elektronendichte ist dadurch erhöht, Elektrophile greifen sehr leicht an.

Das freie Elektronenpaar am Pyridin-Stickstoff ist in einem sp^2-Hybridorbital lokalisiert, das in der Ringebene liegt. Es zeigt daher keine Wechselwirkung mit dem aromatischen System.

In den Nucleinsäuren findet sich nicht Pyridin, sondern das Pyrimidin, ein ebenfalls aromatischer 6-Ringheterocyclus, allerdings mit zwei Stickstoffatomen in 1,3-Position.

Lösung 15   Alternative 6

Wendet man die Regeln zur Bestimmung der absoluten Konfiguration nach Cahn/Ingold/ Prelog („CIP") auf die gezeigte Fischer-Projektion des Glycerolaldehyd-3-phosphats (= Glycerinaldehyd-3-phosphat „GAP") an, so erhält man die (R)-Konfiguration.

Bei der Verbindung handelt es sich um eine Aldotriose, die leicht zu 3-Phosphoglycerolsäure (bzw. 3-Phosphoglycerat) oxidiert werden kann (Glykolyse!).

Eine Hydrolyse ist ebenfalls problemlos möglich, da es sich um einen Ester der Phosphorsäure handelt. Ester sind generell hydrolysierbar. Da es sich um den Phosphorsäureester von Glycerolaldehyd handelt, ist es auch richtig zu sagen, dass sich die gezeigte Verbindung vom Glycerolaldehyd ableitet.

Lösung 16   Alternative 4

Carbazolol besitzt eine Ethergruppe (durch die die Seitenkette an den Ring angeknüpft ist), die prinzipiell unter speziellen und drastischen Bedingungen hydrolysiert werden kann. Ist nach einer „leichten Hydrolysierbarkeit" gefragt, sind Ether daher generell nicht zu berücksichtigen.

Die Verbindung enthält das heterocyclische aromatische Ringsystem des Carbazols (= Grundgerüst ohne die Seitenkette) und besitzt ein Chiralitätszentrum am C-Atom der OH-Gruppe.

Es sind drei nucleophile Gruppen vorhanden, die – z.B. durch Umsetzung mit Essigsäurechlorid (Acetylchlorid) – acetyliert werden könnten. Dabei entstünden eine Ester- und zwei Amidbindungen.

Aufgrund der sekundären Aminogruppe zeigt Carbazolol basische Eigenschaften. Sulfonsäuregruppen ($-SO_3H$) liegen außer bei sehr niedrigen pH-Werten stets deprotoniert vor. Durch Einführung einer solchen Gruppe (durch „Sulfonierung", eine elektrophile aromatische Substitution) bekäme das Molekül daher eine negative Nettoladung. Das Vorhandensein von Ladungen führt i.A. zu einer verbesserten Wasserlöslichkeit organischer Verbindungen.

Lösung 17   Nur C und E

Acetessigester ist ein β-Ketoester. Eine Deprotonierung an dem C-Atom zwischen beiden Carbonylgruppen erfolgt daher vergleichsweise leicht, da das entstehende Carbanion doppelt mesomeriestabilisiert ist. Im Fall des Acetaldehyds kann die negative Ladung dagegen nur auf eine Carbonylgruppe delokalisiert werden; das entstehende Enolat-Ion ist daher weniger stabil.

Aldehyde reagieren generell mit primären Aminen zu Iminen („Schiff'sche Basen").

Acetaldehyd ist allerdings nur sehr schwach C–H-acid, so dass zur Deprotonierung am α-C-Atom unter Bildung des Enolats sehr starke Basen benötigt werden. Hydrogencarbonat ist eine ziemlich schwache Base und daher nicht in der Lage, Acetaldehyd in das entsprechende Enolat zu überführen.

Wie Aldehyde allgemein kann auch Acetaldehyd (Ethanal) durch Oxidation aus dem entsprechenden primären Alkohol (hier: Ethanol) entstehen. Im Organismus geschieht dies durch eine entsprechende Dehydrogenase (z.B. Alkohol-Dehydrogenase), wobei häufig NAD^+ als Coenzym beteiligt ist.

Vergleicht man die Siedepunkte von Carbonsäuren und Aldehyden mit gleicher Kettenlänge, findet man generell höhere Werte für die Carbonsäuren. Der Grund hierfür ist die Ausbildung von Wasserstoffbrücken zwischen den polaren OH-Gruppen (→ Bildung von Dimeren), die bei Aldehyden nicht möglich ist.

Lösung 18   Alternative 4

Bei der gezeigten Verbindung handelt es sich um ein Phosphatidylethanolamin (PE), nicht um ein Phosphatidylcholin (PC). Letzteres besitzt am quartären Stickstoff drei Methylgruppen anstelle der H-Atome.

Ein Fett ist ein Triacylglycerol; bei den Phospholipiden ist dagegen die OH-Gruppe an C-3 von Glycerol mit Phosphorsäure verestert, die wiederum meistens noch mit einem weiteren Alkohol (Ethanolamin im PE; Cholin im PC) verestert ist.

Phospholipide sind Hauptbestandteile praktisch aller biologischen Membranen.

Da die Fettsäure an C-2 ungesättigt ist, reagiert die Verbindung unter Addition von Brom (→ Entfärbung von zugesetzter Brom-Lösung).

Die vorhandenen Esterbindungen lassen sich in basischer Lösung hydrolysieren. Dabei werden sowohl die Esterbindungen zwischen Glycerol und Fettsäuren gespalten (→ Carboxylate langkettiger Fettsäure, auch als „Seifen" bezeichnet), als auch die beiden Phosphorsäureesterbindungen. Da im gezeigten PE-Molekül zwei unterschiedliche Fettsäuren gebunden sind, entstehen bei der Hydrolyse auch zwei unterschiedliche Seifen.

Lösung 19   Alternative 3

Die gezeigte Verbindung (*N*-Acetylglucosamin) leitet sich von der Glucose ab, ist also eine Aldohexose (6 C-Atome + Aldehydgruppe in der offenkettigen Form). Daher entsteht bei der Hydrolyse der Verbindung die 2-Aminoglucose, nicht die 2-Aminogalaktose. Diese unterscheidet sich von der 2-Aminoglucose durch die Stellung der OH-Gruppe an C-4: sie ist axial bei der Galaktose, aber äquatorial (wie in der Abbildung) bei der Glucose.

Führt man die Verbindung in die offenkettige Form über, erkennt man, dass es sich um einen Zucker der *D*-Reihe handelt: die OH-Gruppe an dem Chiralitätszentrum, das am weitesten vom höchstoxidierten C-Atom (C-1) entfernt ist (C-5), steht in der Fischer-Projektion nach rechts (lat. *dexter*).

Das Molekül besitzt mehrere freie OH-Gruppen, könnte also an allen diesen OH-Gruppen z.B. mit Essigsäurechlorid reagieren und somit acetyliert werden.

Da die Verbindung noch eine Halbacetalgruppe aufweist, handelt es sich um einen sogenannten reduzierenden Zucker; diese reagieren mit Ag^+ zu elementarem Silber (Ag) und dem Oxidationsprodukt des jeweiligen Zuckers.

N-Acetylglucosamin ist der Monomerbaustein des Polysaccharids Chitin, in dem es β-1→4-glykosidisch verknüpft vorliegt. Dieses Polysaccharid ist die Gerüstsubstanz von Insekten und in der Pilzcellulose.

Lösung 20   Alternative 3

Eine Substitution an einem gesättigten C-Atom ist durchaus möglich. Es handelt sich hier um eine Reaktion vom Typ bimolekulare nucleophile Substitution (S_N2). Dabei wird in einem Reaktionsschritt gleichzeitig die Bindung zwischen dem C-Atom und der sogenannten Abgangsgruppe (hier: I^-) gelöst und die Bindung zu dem neu eintretenden Nucleophil (hier CN^-, vgl. Antwort 2) ausgebildet.

Das betreffende C-Atom ist dabei im Übergangszustand (Energiemaximum auf der Reaktionskoordinate) 5-fach koordiniert (aber nicht 5-bindig!). Dieser Übergangszustand ist sehr kurzlebig und kann nicht isoliert werden. Ein Zwischenprodukt entspricht dagegen auf der Reaktionskoordinate einem energetischen Minimum zwischen zwei Übergangszuständen. Bei einer Substitution nach dem S_N1-Mechanismus tritt als (kurzlebiges) Zwischenprodukt ein sogenanntes Carbenium-Ion auf, in dem der betroffene Kohlenstoff nur dreibindig ist und eine positive Ladung trägt.

Das I^--Ion ist zwar eine besonders gute Abgangsgruppe (und damit Iodalkane gute Substrate für derartige Substitutionsreaktionen), aber auch andere Abgangsgruppen (z.B. Br^-, H_2O, „Tosylat") sind geeignet. Bromalkane werden sogar häufiger eingesetzt als die entsprechenden Iodverbindungen, da sie i.A. leichter verfügbar und zugleich ausreichend reaktiv sind.

Der Versuch, die Reaktion durch Säurekatalyse zu beschleunigen, ist hier ein Fehlschlag. Durch Zugabe von H^+-Ionen würde das gute Nucleophil CN^- zu HCN protoniert, welches ein wesentlich schlechteres Nucleophil darstellt. Die Reaktion würde langsamer ablaufen; die letzte Aussage ist daher richtig.

Lösung 21   Diastereomere

Beide Verbindungen sind Isomere und besitzen die gleiche Konstitution. So sind an die beiden mittleren C-Atome jeweils ein H-Atom und eine NH_2- bzw. OH-Gruppe gebunden.

Sie unterscheiden sich aber in ihrer Konfiguration und sind somit Stereoisomere. Da sie sich offensichtlich nicht wie Bild und Spiegelbild verhalten, also keine Enantiomere sind, handelt es sich um Diastereomere, die hier in der Fischer-Projektion dargestellt sind.

Beides sind primäre Amine (NH_2-Gruppe), keine tertiären Amine.

Da die OH-Gruppe bzw. die NH_2-Gruppe nicht an den aromatischen Ring gebunden ist, liegen keine Phenole bzw. aromatischen Amine vor.

Lösung 22   Alternative 4

Im *trans*-2-Penten sind die beiden Reste an gegenüberliegende Seiten der Doppelbindung gebunden. Da dem Alkylrest in beiden Fällen gegenüber dem H-Atom die höhere Priorität zukommt, liegt die *E*-Konfiguration vor.

Verbindungen, die genau ein Chiralitätszentrum aufweisen, sind chiral. Bei zwei oder mehreren Chiralitätszentren kann aber der Fall auftreten, dass die Verbindung eine Spiegelebene aufweist (sogenannte *meso*-Verbindungen) und somit achiral ist. Ein typisches Beispiel ist die *meso*-Weinsäure, die $(2R,3S)$-Dihydroxybutandisäure.

Liegt ein Chiralitätszentrum vor, so kann es auch nach (R,S) klassifiziert werden. Sind zwei direkt an ein Chiralitätszentrum gebundene Atome identisch, so müssen als nächstes die an diese beiden Atome gebundenen Gruppen betrachtet werden, so lange, bis man auf einen Unterschied in der Priorität stößt. Sind an ein Chiralitätszentrum z.B. eine $–CH_2CH_2CH_3$-Gruppe und eine $-CH_2CH_2CH_2OH$-Gruppe gebunden, so ergibt sich erst am dritten C-Atom ein Unterschied in der Priorität: Die $–OH$-Gruppe hat eine höhere Priorität als $–H$, so dass der $–CH_2CH_2CH_2OH$-Gruppe die höhere Priorität am Chiralitätszentrum zuzuweisen ist.

Die meisten Chiralitätszentren in organischen Molekülen sind zwar Kohlenstoffatome, es kommen aber z.B. auch quartäre Ammonium- ($NR_1R_2R_3R_4^+$) und Phosphoniumverbindungen ($PR_1R_2R_3R_4^+$) oder Sulfoxide ($R_1R_2S{=}O$, mit freiem Elektronenpaar am S) in Frage.

Die Festlegung der Priorität folgt der Ordnungszahl der Elemente: je höher die Ordnungszahl, desto höher die Priorität eines Atoms. Da Chlor gegenüber Fluor die höhere Ordnungszahl aufweist, besitzt es auch die höhere Priorität. Die Elektronegativität spielt bei dieser Klassifikation keine Rolle.

Lösung 23   Alternative 4

Phenol kann durch eine katalytische Hydrierung unter Addition von drei Molekülen Wasserstoff in Cyclohexanol überführt werden.

Phenol und Cyclohexanol sind beide Alkohole; sie unterscheiden sich aber erheblich in ihrer Acidität. Der Grund ist, dass es sich beim Phenol um einen aromatischen Alkohol handelt, dessen korrespondierendes Anion, das Phenolat-Ion, mesomeriestabilisiert ist. Im Gegensatz zum Anion des Cyclohexanols, bei dem die negative Ladung am Sauerstoff nicht delokalisiert werden kann, ist sie im Phenolat-Ion über das ganze π-Elektronensystem verteilt und dadurch stabilisiert. Das Phenolat-Ion ist dadurch verglichen mit dem Cyclohexanolat stabilisiert und bildet sich leichter, d.h. Phenol ist die stärkere Säure.

Während Cyclohexanol als sekundärer Alkohol leicht zum entsprechenden Keton (Cyclohexanon) oxidiert werden kann, ist dies für Phenol nicht möglich, da das C-Atom, welches die OH-Gruppe trägt, kein H-Atom mehr besitzt.

Beide Verbindungen sind Alkohole und lassen sich daher acylieren, d.h. mit einem reaktiven Carbonsäure-Derivat zu einem Ester umsetzen.

Cyclohexanol ist ein gesättigter sekundärer Alkohol und damit natürlich keine aromatische Verbindung.

Beide Verbindungen besitzen 6 C-Atome und eine polare OH-Gruppe, sind also nur mäßig wasserlöslich. Da beide keine basischen Eigenschaften besitzen, führt auch die Zugabe von HCl zu keiner wesentlichen Verbesserung der Löslichkeit.

Lösung 24   Alternative 5

Cyclopenten ist stabiler als Cyclobuten, da im Vierring des Cyclobutens die Winkelspannung groß ist. Diese ergibt sich aus den Abweichungen der Bindungswinkel von den optimalen Werten ($120°$ für sp^2-; $109{,}5°$ für sp^3-hybridisierte C-Atome). Im Cyclopenten können diese annähernd realisiert werden, während die Bindungswinkel im Cyclobuten wesentlich niedriger sein müssen. Eine *trans*-Doppelbindung ist aus Gründen der Ringspannung erst ab acht Ringgliedern möglich; Cycloocten ist das kleinste Cycloalken, für das eine *trans*-Doppelbindung bekannt ist. Während also für offenkettige Alkene tatsächlich i.A. das *trans*-Isomer das stabilere ist, ist dies für Cyclopenten (das ausschließlich in *cis*-Konfiguration existiert) nicht der Fall.

Bei einer Addition von Brom an Cyclopenten entsteht *trans*-1,2-Dibromcyclopentan. Dies kommt in Form von zwei Isomeren (R,R bzw. S,S) vor, die in gleicher Menge (also als racemische Mischung) entstehen.

Die beiden C-Atome der Doppelbindung sind sp^2-hybridisiert, die übrigen drei (gesättigten) C-Atome sp^3-hybridisiert.

Bei einer säurekatalysierten Hydratisierung (Addition von Wasser an die Doppelbindung) entsteht Cyclopentanol, ein sekundärer Alkohol.

Vergleicht man die Summenformeln für Cyclopenten und Pentadien, so findet man in beiden Fällen die Formel C_5H_8. Die beiden Verbindungen sind also (Konstitutions-)Isomere. Ausgehend von der Summenformel für ein gesättigtes Alkan (C_nH_{2n+2}) erkennt man, dass mit der Einführung von Doppelbindungen bzw. Ringen die Zahl der H-Atome für jede Doppelbindung bzw. jeden Ring um zwei abnimmt. Die Einführung eines Rings und einer Doppelbindung (wie im Cyclopenten) sind also – in Hinblick auf die resultierende Summelformel – der Einführung von zwei Doppelbindungen (wie im Pentadien) äquivalent.

Lösung 25   4 Doppelbindungen

Die Redoxgleichungen lauten:

$$Br_2 + 2\,I^- \longrightarrow 2\,Br^- + I_2$$

$$I_2 + 2\,S_2O_3{}^{2-} \longrightarrow 2\,I^- + S_4O_6{}^{2-}$$

Daraus ergibt sich ein Stoffmengenverhältnis $n\,(S_2O_3{}^{2-})\,/\,n\,(Br_2)\,=\,2{:}1$

Die addierte Stoffmenge an Brom $n\,(Br_2)_{addiert}$ ergibt sich aus der Differenz der für Probe bzw. Blindprobe nach der Reaktion noch vorhandenen, durch die Titration mit Thiosulfat bestimmten Stoffmenge Iod, die der Stoffmenge an Brom gemäß der ersten Redoxgleichung äquivalent ist. Im Fall der Blindprobe (die kein Fett enthält) kann kein Brom addiert werden; durch die Titration wird also die gesamte ursprünglich zugegebene Stoffmenge an Brom bestimmt. In der Fettprobe wird ein Teil des Broms an die Doppelbindungen addiert; entsprechend ergibt sich aus der Titration des überschüssigen Iods (äquivalent dem nach der Reaktion verbliebenen Brom) eine kleinere Stoffmenge. Aus der Differenz kann die Anzahl der Doppelbindungen berechnet werden, da pro Doppelbindung genau ein Molekül Brom addiert wurde.

$$\Delta V\,(S_2O_3{}^{2-})\,=\,16{,}0\,\text{mL}\quad\rightarrow\quad \Delta n = \Delta V \times c\,=\,8{,}0\,\text{mmol}$$

$$\rightarrow\quad n\,(I_2)\,=\,n\,(Br_2)_{addiert}\,=\,\tfrac{1}{2}\,\Delta n\,(S_2O_3{}^{2-})\,=\,4{,}0\,\text{mmol}$$

Es wurden also 4,0 mmol Brom addiert, entsprechend enthielt die Fettprobe 4,0 mmol an Doppelbindungen. Da die Stoffmenge n (Fett) = 1,0 mmol betrug, enthielt das Fett pro Molekül (im Schnitt) vier Doppelbindungen.

Lösung 26   Alternative 4

Bei **1** handelt es sich um einen Hydroxyaldehyd; diese Verbindung bildet leicht ein cyclisches Halbacetal. Da hierbei ein (relativ stabiler) 6-gliedriger Ring entsteht, verläuft diese intramolekulare Reaktion besonders leicht. Verbindung **2** könnte prinzipiell ein cyclisches Halbketal bilden; da hierbei aber ein gespannter Vierring entstünde, ist diese intramolekulare Reaktion energetisch benachteiligt und läuft praktisch nicht ab.

Beide Verbindungen besitzen die gleiche Summenformel ($C_5H_{10}O_2$). Da die Atome unterschiedlich miteinander verknüpft sind, handelt es sich um Konstitutionsisomere. Aufgrund der unterschiedlichen funktionellen Gruppen gehören beide Verbindungen zwar zu unterschiedlichen Stoffklassen, es sind aber dennoch Isomere.

1 enthält eine primäre Hydroxygruppe (und eine Aldehydgruppe), **2** eine sekundäre Hydroxygruppe; beide werden von $K_2Cr_2O_7$ in saurer Lösung leicht oxidiert.

Beide Verbindungen enthalten eine Carbonylgruppe, die durch Hydrid-Ionen (H^-) reduziert werden kann. Aus der Aldehydgruppe in **1** entsteht dann eine primäre, aus der Ketogruppe in **2** eine sekundäre Alkoholgruppe.

1 und **2** sind zwar Isomere, wandeln sich aber nicht ineinander um. Dies würde den Bruch mehrerer kovalenter Bindungen erfordern, ein Prozess, der unter normalen Bedingungen mit einer sehr hohen Aktivierungsenergie verbunden wäre.

Beide Verbindungen besitzen aufgrund ihrer Hydroxygruppe ein sehr schwach acides H-Atom sowie ein noch etwas schwächer acides H-Atom am zur Carbonylgruppe α-ständigen C-Atom. Die Acidität beider Verbindungen wird zwar nicht exakt gleich sein, sich aber auch nicht wesentlich unterscheiden.

Lösung 27   Alternative 3

Kohlenstoff besitzt (wie alle Elemente der 2. Periode) vier Valenzorbitale ($2s$, $2p_x$, $2p_y$, $2p_z$). Nimmt man die vier 1s-Orbitale von vier H-Atomen hinzu, sind insgesamt 8 Orbitale vorhanden. Aus diesen können durch Linearkombination (*LCAO = linear combination of atomic orbitals*) 8 Molekülorbitale gebildet; davon wären 4 bindend und 4 antibindend. Allerdings sind diese Molekülorbitale nicht geeignet, um die Bindungsverhältnisse am Kohlenstoff zu beschreiben, da die 4 bindenden MO's unterscheidbar sein und nicht zu den Ecken eines Tetraeders hin ausgerichtet sein sollten. Eine bessere Beschreibung erhält man, wenn man zunächst die 4 Atomorbitale des Kohlenstoffs zu 4 sp^3-Hybridorbitalen kombiniert und diese anschließend mit den Wasserstofforbitalen zu Molekülorbitalen kombiniert.

Die gleichzeitige Beteiligung eines C-Atoms an zwei Doppelbindungen ist möglich, wenn das C-Atom sp-hybridisiert ist. Die beiden senkrecht aufeinander stehenden p-Orbitale können dann jeweils mit einem p-Orbital an einem Nachbaratom zu einer π-Bindung überlappen. So entstehen beispielsweise sogenannte Allene ($R_2C=C=CR_2$), Ketene ($R_2C=C=O$) oder Isocyanate ($RN=C=O$).

Wellenfunktionen können durch Linearkombinationen miteinander kombiniert werden. Wie dieser Terminus ausdrückt, kommen dabei stets nur die ersten Potenzen vor; eine Wellenfunktion wird dabei also niemals quadriert. Der Exponent 2 in der Bezeichnung sp^2 drückt nur aus, dass das gebildete Hybridorbital aus einem s- und zwei p-Orbitalen hervorgegangen ist.

Diese Aussage zeigt die Grenzen der Lewis-Schreibweise auf, bei der Mehrfachbindungen als äquivalent erscheinen. Tatsächlich setzt sich eine Doppelbindung aber aus einer (rotationssymmetrischen) σ-Bindung sowie einer π-Bindung, um die keine freie Drehbarkeit herrscht, zusammen. Eine Dreifachbindung besteht entsprechend aus zwei identischen π-Bindungen und einer σ-Bindung.

Nicht in die Hybridisierung einbezogene p-Orbitale an benachbarten C-Atomen enthalten jeweils ein Elektron und können seitlich unter Ausbildung von π-Bindungen überlappen, sie stellen also keine nichtbindenden Orbitale dar.

Charakteristisch für die Bindungsverhältnisse im Benzolmolekül ist, dass die sechs C-Atome durch σ-Bindungen miteinander zum Sechsring verknüpft sind, und die zur Ringebene senkrecht stehenden, nicht hybridisierten p-Orbitale seitlich miteinander überlappen, so dass die 6 π-Elektronen völlig delokalisiert, also gleichmäßig über das Ringsystem verteilt sind. Alle Bindungen sind identisch und gleich lang, entsprechend einer Bindungsordnung von ca. 1,5.

Lösung 28   Diastereomere

In beiden Verbindungen sind die gleichen Atome miteinander verknüpft; es kann sich also nicht um Konstitutionsisomere handeln.

Es sind zwei Esterbindungen vorhanden, aber kein Carbonsäureamid.

Die Verbindungen besitzen mehrere (4) Chiralitätszentren, jedoch keine Spiegelebene oder Inversionszentrum – sie sind also chiral.

Im Pseudococain stehen die COOCH$_3$-Gruppe und die OCOPh-Gruppe *trans*, im Cocain dagegen *cis*. Beide Verbindungen verhalten sich also nicht wie Bild und Spiegelbild, können also keine Enantiomere sein, sondern sind – aufgrund identischer Konstitution – Diastereomere.

Pyridin ist ein aromatischer 6-gliedriger Heterocyclus; das vorliegende bicyclische Ringsystem enthält zwar ein N-Atom, ist aber gesättigt.

Natürlich sind beide Verbindungen auch nicht als essentielle Vitamine zu bezeichnen.

Lösung 29   Alternative 4

Pyrrol ist ein 5-gliedriger aromatischer Heterocyclus mit einem Stickstoffatom im Ring. Das vorliegende bicyclische Ringsystem enthält zwar einen 5- und einen 6-Ring mit einem N-Atom im Ring, ist aber gesättigt.

Das dem 5- und dem 6-Ring angehörige N-Atom trägt drei Alkylreste, stellt also eine tertiäre Aminogruppe dar. Da keine saure Gruppe im Molekül vorhanden ist, sorgt die basische Aminogruppe dafür, dass Atropin insgesamt basisch reagiert.

Die Estergruppe im Molekül verknüpft das heterocyclische Ringsystem mit der 3-Hydroxy-2-phenylpropansäure.

Hydrolysiert man diese Esterbindung, so entsteht die 3-Hydroxy-2-phenylpropansäure, die als eine β-Hydroxycarbonsäure bezeichnet werden kann.

Das α-C-Atom, welches den Phenylsubstituenten trägt, stellt ein Chiralitätszentrum dar, so dass Atropin als Enantiomerenpaar auftreten kann.

Lösung 30   primäres Amin

Das gezeigte Produkt ist ein sekundäres Carbonsäureamid. Es soll bei der Reaktion zwischen einem reaktiven Carbonsäure-Derivat (z.B. einem Carbonsäurechlorid) und der gesuchten Verbindung entstehen. Es kann sich daher nur um ein Amin handeln. Dieses ist, wenn der Rest aus mehr als ca. 4 C-Atomen besteht, nur mäßig wasserlöslich, löst sich aber gut bei Zugabe von verdünnter HCl, weil hierbei das geladene Ammonium-Ion entsteht. Da der Stickstoff in der gezeigten Verbindung noch ein H-Atom trägt, muss die gesuchte Verbindung ein primäres und kein sekundäres Amin sein.

Die Reaktion mit einem primären Alkohol oder einem Phenol ergäbe einen Ester.

Die Alternative „Carbonsäureamid" entspricht dem gezeigten Produkt, nicht dem gesuchten Edukt; ein Carbonsäurechlorid könnte mit der gesuchten Verbindung zum gezeigten Produkt reagieren und kann deshalb natürlich ebenfalls nicht die gesuchte Verbindung sein.

Lösung 31 $1 < 3 < 2 \approx 4 < 5 < 6$

Das Chloralken **1** ist eine extrem schwache Säure. Aldehyde wie **3** sind sehr schwach C–H-acide Verbindungen (pK_S-Werte ≈ 20), da die negative Ladung durch eine Carbonylgruppe mesomeriestabilisiert wird. Entsprechend stärker acide ist der β-Ketoester **2** (pK_S-Wert ≈ 11) mit zwei zur Mesomeriestabilisierung beitragenden Gruppen. Die Acidität des Phenols **4** ($pK_S \approx 10$) nimmt durch die elektronenziehenden Nitrogruppen ebenfalls erheblich zu, so dass **6** („Pikrinsäure") wesentlich acider ist als **4** und auch die Stärke der Carbonsäure **5** übertrifft.

Lösung 32   Alternative 3

Glykocholsäure enthält eine sauer reagierende Carbonsäuregruppe, die bei pH-Werten oberhalb von ca. 4 in deprotonierter Form vorliegt. Es ist dagegen keine basische Gruppe vorhanden. Da das N-Atom mit seinem freien Elektronenpaar in die Amidbindung eingebunden ist, weist es aufgrund der Konjugation mit der Carbonylgruppe praktische keine basischen Eigenschaften auf. Außer bei extrem niedrigen pH-Werten nimmt die Verbindung demnach kein Proton auf und bildet kein Zwitterion.

Die Seitenkette am 5-Ring ist über eine Amidbindung mit der Aminosäure Glycin verknüpft; diese Amidbindung, wie Amide generell, nur unter drastischen Reaktionsbedingungen hydrolysiert. Bei einer solchen Hydrolyse wird Glycin freigesetzt.

Für die Bildung einer glykosidischen Bindung mit Glucose sind freie OH-Gruppen erforderlich; hiervon sind in der Glykocholsäure drei vorhanden. Die Bildung eines Glykosids ist also möglich.

Für die Reaktion mit Natriumhydrogencarbonat ist die sauer reagierende Carboxylgruppe verantwortlich. Sie gibt ein Proton an das Hydrogencarbonat ab, welches zu Kohlensäure protoniert wird. Diese zerfällt leicht unter Bildung von CO_2 und H_2O.

Die erwähnten OH-Gruppen sind alle drei sekundär.

Lösung 33   Alternative 3

Die Verbindung enthält nur eine tertiäre Aminogruppe. Das an den Benzolring gebundene N-Atom ist zwar ebenfalls dreifach substituiert, einer der drei Reste ist aber ein Acylrest. Es handelt sich damit um die funktionelle Gruppe eines Carbonsäureamids.

Diese Amidbindung kann unter drastischen Reaktionsbedingungen hydrolysiert werden.

Dabei entstünde Propansäure und ein sekundäres aromatisches Amin. Die Bezeichnung von Fentanyl als Acylderivat eines aromatischen Amins ist daher richtig.

Aufgrund der tertiären Aminogruppe besitzt die Verbindung basische Eigenschaften; der Amidstickstoff trägt dazu nicht bei.

Der Sechsring mit einem N-Atom im Ring wird als Piperidin bezeichnet; somit ist die Bezeichnung der Verbindung als Piperidin-Derivat korrekt.

Die beiden aromatischen Ringsysteme können in einer elektrophilen aromatischen Substitution bromiert werden. Da es sich um keine aktivierten Aromaten (mit Substituenten, die einen +I bzw. +M-Effekt aufweisen) handelt, läuft diese Reaktion allerdings nur in Anwesenheit einer Lewis-Säure wie $FeBr_3$ mit signifikanter Geschwindigkeit ab. Da auch keine Addition stattfinden kann, reagiert die Verbindung in Abwesenheit eines solchen Katalysators nicht mit Bromwasser.

Lösung 34   Alternative 5

Wendet man die C/I/P-Regeln auf das einzige Chiralitätszentrum (das C-Atom, welches den Amidstickstoff trägt) an, so findet man, dass die Verbindung (S)-Konfiguration aufweist.

Da genau ein Chiralitätszentrum vorhanden ist, kommt die Verbindung als Enantiomerenpaar vor.

Sie enthält offensichtlich mehrere Methoxygruppen (= $-OCH_3$).

Reduziert man die Verbindung mit einem Hydrid-Donor (z.B. NADH, $NaBH_4$), so wird die Ketogruppe im ungesättigten Siebenring zum sekundären Alkohol reduziert. Dadurch entsteht ein neues Chiralitätszentrum, das (R)- oder (S)-konfiguriert sein kann. Verwendet man nicht spezielle „enantioselektive" Reagenzien, so entstehen beide Formen in etwa gleicher Menge. Da das ursprüngliche Chiralitätszentrum davon unberührt bleibt, hat man nun ein Paar von Verbindungen mit (S,S)- bzw. (S,R)-Konfiguration, d.h. ein Paar von Diastereomeren.

Der Stickstoff trägt noch ein H-Atom und die Acetylgruppe. Spaltet man die Amidbindung hydrolytisch (was drastische Reaktionsbedingungen erfordert), so erhält man Essigsäure (bzw. Acetat) und eine primäre Aminogruppe. Colchicin kann daher als acetyliertes primäres Amin bezeichnet werden.

Lösung 35   Alternative 2

Lisinopril besitzt drei Chiralitätszentren (C-Atome mit 4 verschiedenen Substituenten). Die Anzahl möglicher Stereoisomere ist gegeben durch 2^n, wobei n die Anzahl der Chiralitätszentren ist. Es sind also $2^3 = 8$ Stereoisomere möglich.

Die Verbindung enthält die beiden proteinogenen Aminosäuren Prolin (carboxyterminal) und Lysin. Der mit der α-Aminogruppe des Lysins verknüpfte Molekülteil ist keine proteinogene Aminosäure; hier liegt auch keine Amidbindung vor.

Da Prolin als einzige proteinogene Aminosäure eine sekundäre Aminogruppe aufweist, liegt ein tertiäres und kein sekundäres Carbonsäureamid vor.

Die Verbindung weist zwei Aminogruppen und zwei Carboxylgruppen auf. Sowohl die primäre als auch die sekundäre Aminogruppe sind bei pH = 7 überwiegend positiv geladen (die pK_B-Werte liegen etwa im Bereich von 4), die beiden Carboxylgruppen negativ. Daraus resultiert bei neutralen pH-Bedingungen eine Nettoladung von etwa Null.

Eine Addition von Brom findet an Alkene und Alkine statt. Aromaten zeigen keine Addition, sondern eine elektrophile Substitution, bei der ein H-Atom am Aromaten durch ein Br-Atom ersetzt wird. Sofern es sich nicht um einen reaktiven Aromaten handelt ist hierfür Katalyse durch eine Lewis-Säure wie $FeBr_3$ erforderlich.

Benzoesäure bezeichnet die einfachste aromatische Carbonsäure (COOH-Gruppe gebunden an einen Phenylrest). Diese Struktureinheit ist in der gegebenen Verbindung nicht vorhanden.

Lösung 36   Alternative 3

Ein Carbanion, das eine benachbarte Carbonylgruppe aufweist, kann durch zwei mesomere Grenzstrukturen dargestellt werden, von denen die zweite (stabilere) als Enolat-Ion bezeichnet wird. Dieses kann entweder am Kohlenstoff protoniert werden ($\rightarrow$ Carbonylverbindung), oder aber am Sauerstoff ($\rightarrow$ Enol).

Carbenium-Ionen sind Elektronenmangelverbindungen, in denen der Kohlenstoff nur ein Elektronensextett aufweist. Es handelt sich demnach um ein Elektrophil und nicht um ein Nucleophil.

Ein Übergangszustand entspricht der (nicht isolierbaren) Spezies, die transient am Maximum der Reaktionskoordinate durchlaufen wird. Dieser muss von einem Zwischenprodukt unterschieden werden. Zwischenprodukte können zwar (sehr) kurzlebig sein; sie stellen aber stets ein lokales Minimum im Energiediagramm einer Reaktion dar, und nicht ein Maximum, wie Übergangszustände. Carbenium-Ionen treten bei S_N1-Reaktionen auf; es sind jedoch (i.A. ziemlich reaktive) Zwischenstufen.

Tatsächlich besitzt das zentrale C-Atom eines Carbanions drei Nachbarkohlenstoffatome, zusätzlich jedoch ein freies Elektronenpaar, so dass es negativ geladen ist. Prinzipiell könnte sich das freie Elektronenpaar im p-Orbital an einem sp^2-hybridisierten C-Atom befinden; tatsächlich besetzt es aber eines der vier sp^3-Hybridorbitale, d.h. das C-Atom ist pyramidal koordiniert, mit dem freien Paar an der Spitze der Pyramide. Diese Konfiguration ist offensichtlich energetisch günstiger gegenüber der sp^2-hybridisierten Anordnung.

Carbenium-Ionen als typische Elektronenmangelverbindungen werden von Elektronendonor-Gruppen (mit +I- bzw. +M-Effekt) stabilisiert. Eine Carbonylgruppe wirkt dagegen elektronenziehend (–M-Effekt). Sie kann ein Carbanion stabilisieren (Alternative 3), destabilisiert aber umgekehrt ein Carbenium-Ion.

Lösung 37   Alternative 1

Bei einer elektrophilen Addition von HBr an 1-Buten sind zwei Produkte möglich: 1-Brombutan und 2-Brombutan. Regioselektiv ist die Addition, wenn eines der beiden Produkte (deutlich) bevorzugt gebildet wird. Die Addition verläuft in zwei Schritten, wobei zunächst H^+ unter Bildung eines Carbenium-Ions gebildet wird. Je nach dem, ob das Proton im ersten Schritt an C-1 oder C-2 gebunden wird entsteht ein sekundäres oder ein primäres Carbenium-Ion. Da sekundäre Carbenium-Ionen wesentlich stabiler sind als primäre, entsteht das primäre bevorzugt, und die Addition wird durch nucleophilen Angriff von Br^- am C-2 abgeschlossen. Es entsteht somit überwiegend 2-Brombutan; die Addition verläuft regioselektiv.

Die charakteristische Reaktion aromatischer Verbindungen wie Benzol ist die elektrophile Substitution. Dagegen findet eine elektrophile Addition praktisch nicht statt, da hierdurch das aromatische π-Elektronensystem zerstört würde. Brombenzol entsteht aus Benzol durch eine elektrophile Substitution mit Br_2.

Intermediate bei elektrophilen Additionen sind Carbenium-Ionen (vgl. Alternative 1). Die Bildung von Carbanion-Intermediaten ist zwar möglich; dann handelt es sich aber um eine nucleophile Addition, die insbesondere dann erfolgen kann, wenn die Doppelbindung (mehrere) elektronenziehende Substituenten (–M-Effekt, zur Mesomeriestabilisierung der negativen Ladung des Carbanions) trägt.

Die elektrophile Addition von Wasser an 2-Buten liefert 2-Butanol. Dabei handelt es sich um eine chirale Verbindung, allerdings entstehen beide Enantiomere (in Abwesenheit chiraler Katalysatoren) in gleicher Menge, da der Angriff auf das intermediäre planare Carbenium-Ion von beiden Seiten gleich wahrscheinlich ist. 2-Butanol entsteht daher als optisch inaktives Racemat.

Die elektrophile Addition von Brom an Cyclohexen verläuft in zwei Schritten, wobei zunächst ein cyclisches Bromonium-Ion gebildet wird. Dieses schirmt eine Seite der ursprünglichen Doppelbindung gegen den Angriff des Br^--Ions ab, so dass dieses stereospezifisch von der anderen Seite angreift. Dadurch entsteht als Produkt der „anti-Addition" praktisch ausschließlich das trans-1,2-Dibromcyclohexan.

Wasser ist ein Nucleophil; es kann daher die elektronenreiche Doppelbindung im Alken nicht angreifen. Ein Angriff von OH^- entspräche einer nucleophilen Addition; dieser ist im ersten Schritt möglich, wenn es sich um eine elektronenarme Doppelbindung (mit –M-Substituenten) handelt. Für eine elektrophile Addition von Wasser ist im ersten Schritt ein Elektrophil erforderlich, nämlich das H^+-Ion, das nach der Addition von Wasser ($\rightarrow -OH_2^+$) aus diesem unter Bildung der Hydroxygruppe wieder abgespalten wird und somit als Katalysator dient.

Lösung 38   4 ≈ 5 < 2 ≈ 3 < 1 < 6

Zur Analyse stehen ein Alkoholat-Ion (**6**), ein aliphatisches Amin (**1**), ein aromatisches (**3**) und zwei heterocyclische Amine (**2**, **5**) und ein Carbonsäureamid (**4**). Am schwächsten basisch sind die beiden Verbindungen **4** und **5**. Der Grund ist, dass in beiden Verbindungen das freie Elektronenpaar am Stickstoff effektiv mesomeriestabilisiert ist. In **5** ist es Bestandteil des aromatischen Elektronensextetts; eine Protonierung würde also zum Verlust der Aromatizität führen und ist daher energetisch ungünstig. Obwohl der Stickstoff in **2** ebenfalls Bestandteil eines aromatischen Rings ist, ist das freie Elektronenpaar am N-Atom hier in einem sp^2-Hybridorbital in der Ringebene lokalisiert und damit nicht Bestandteil des π-Elektronensystems. Es besitzt daher basische Eigenschaften. Da Elektronen in einem sp^2-Orbital aber etwas fester vom Kern gebunden werden als solche in einem sp^3-Hybridorbital, ist Verbindung **1** stärker basisch als **2**. Das aromatische Amin **3** (Anilin) ist – obwohl ebenfalls wie **1** ein primäres Amin – deutlich schwächer basisch, da das freie Elektronenpaar in den aromatischen Ring delokalisiert werden kann. Die mit Abstand stärkste Base ist das Alkoholat-Ion **6**, das als konjugierte Base zur sehr schwachen Säure Methanol etwa so stark ist wie das OH^--Ion. Mit diesen Überlegungen ist nur die angegebene Lösung vereinbar.

Lösung 39   5 ≈ 6 < 1 < 2 < 3 ≈ 4

Bei einer Dünnschichtchromatographie mit polarer stationärer Phase (z.B. Kieselgel) und unpolarem Laufmittel sinkt der R_F-Wert mit zunehmender Polarität der Verbindung. Je polarer die Verbindung, desto stärker ist ihre Wechselwirkung mit der polaren stationären Phase, desto geringer ihre Wanderungsgeschwindigkeit. Die als Lösung angegebene Reihenfolge spiegelt also die abnehmende Polarität der gegebenen Verbindungen wieder.

Lecithin und Sphingomyelin besitzen eine zwitterionische Kopfgruppe und deshalb amphiphilen Charakter; beide wandern unter den angegebenen Bedingungen fast gar nicht. Palmitinsäure besitzt neben der hydrophoben Alkylkette die polare Carboxylgruppe, Cholesterol neben dem großen hydrophoben Sterangerüst eine polare OH-Gruppe. Beide Verbindungen besitzen daher wesentlich höhere R_F-Werte als das Phosphatidylcholin.

Im Tripalmitin und im Cholesterolester sind die einzigen polaren Gruppen der Palmitinsäure bzw. des Cholesterols (-COOH bzw. -OH) verestert. Damit existiert keine polare OH-Gruppe mehr; beide Verbindungen sind praktisch völlig unpolar und besitzen entsprechend die höchsten R_F-Werte.

Lösung 40   Alternative 4

Nikotin besitzt zwei Stickstoffatome mit basischem Charakter: das tertiäre aliphatische Amin (im Fünfring) und das N-Atom im aromatischen Pyridinring. Da ein freies Elektronenpaar in einem sp^2-Orbital etwas fester vom Kern gebunden wird als ein solches in einem sp^3-Hybridorbital, ist der Stickstoff im Fünfring die stärker basische Gruppe. Die Protonierung erfolgt also bevorzugt zunächst an diesem N-Atom.

Da Nikotin als einen Baustein einen Pyridinring (= Benzolring, bei dem eine CH-Gruppe durch N ersetzt ist) enthält, kann es als Derivat des Pyridins bezeichnet werden.

Der Pyridinring gehört zu den sogenannten π-Mangelaromaten. Aufgrund der gegenüber Kohlenstoff deutlich höheren Elektronegativität des Stickstoffs ist die π-Elektronendichte im Ring gegenüber dem Benzol verringert. Da eine elektrophile aromatische Substitution umso leichter erfolgt, je höher die Elektronendichte im Ring ist (erleichtert den Angriff des Elektrophils im ersten Schritt), ist Nikotin (sein Pyridinring) weniger reaktiv als Benzol. Im Gegensatz dazu ist die Elektronendichte im Anilin gegenüber dem Benzol erhöht, da das freie Elektronenpaar der NH_2-Gruppe mit dem π-Elektronensystem in Konjugation steht und dadurch einen elektrophilen Angriff erleichtert.

Die beiden N-Atome wirken nicht nur als Base (Bindung eines H^+-Ions), sondern auch als Nucleophil. Als solches greifen sie elektrophile Verbindungen, wie z.B. Iodmethan (Methyliodid; CH_3I) an, so dass Nikotin auf diese Weise methyliert werden kann.

Nikotin besitzt ein chirales C-Atom (dasjenige, welches an den Pyridinring bindet) und kann somit als ein Paar von Enantiomeren auftreten.

In Abhängigkeit vom pH-Wert kann Nikotin neutral (wie gezeigt), einfach oder zweifach positiv geladen vorkommen. Bei pH-Werten kleiner ≈ 8 wird zunächst die tertiäre Aminogruppe des Fünfrings protoniert, bei niedrigen pH-Werten auch das Stickstoffatom im Pyridinring. Nur bei höheren pH-Werten liegt demnach überwiegend die ungeladene Form vor.

Lösung 41   Alternative 3

Bei der Hydrierung von Gestrinon zu Tetrahydrogestrinon werden zwei Moleküle Wasserstoff (H_2) an die Dreifachbindung addiert.

Aussage 3 wäre richtig, wenn der Wasserstoff in atomarer Form vorläge – es werden zwar vier H-Atome addiert, dies entspricht aber pro Mol Gestrinon nur 2 mol Wasserstoff. Allerdings ist die selektive Hydrierung ausschließlich der Dreifachbindung im Gestrinon wahrscheinlich nicht ganz einfach zu verwirklichen, da prinzipiell auch die C=C-Doppelbindungen Wasserstoff addieren können. Daher ist ein geeigneter selektiv wirksamer Katalysator für die Hydrierung erforderlich.

Die drei C=C-Doppelbindungen und die C=O-Bindung sind miteinander konjugiert; es ist kein sp^3-Kohlenstoff zwischen ihnen, der die Delokalisation der π-Elektronen behindert. Allerdings handelt es sich um kein cyclisch konjugiertes (aromatisches bzw. antiaromatisches) π-System.

Gestrinon enthält eine Ketogruppe; diese kann durch eine Dehydrogenase zum sekundären Alkohol reduziert werden. Dehydrogenasen benutzen häufig $NADH/H^+$ als Coenzym.

Da die Hydroxygruppe im Gestrinon tertiär ist, ist (ohne gleichzeitige Zerstörung des C-Gerüstes) keine Oxidation möglich. Ein Diketon kann also auf diese Weise nicht entstehen.

Für eine Addition von Wasser (Hydratisierung) existieren mehrere Möglichkeiten; ein Enol entsteht allerdings dabei nur, wenn die Addition an die Dreifachbindung erfolgt. Wenn das katalytisch wirkende Proton im ersten Schritt an das endständige C-Atom der Dreifachbindung unter Bildung des sekundären Carbenium-Ions addiert, erhält man nach der Addition von Wasser und Abspaltung des Protons das entsprechende Enol, das zum Keton tautomerisieren kann. Das Keto-Enol-Gleichgewicht liegt dabei auf Seiten der Ketoform. Erfolgt die Addition mit umgekehrter Orientierung (über das primäre Carbenium-Ion), erhält man nach Tautomerisierung eine Aldehydgruppe.

Lösung 42   Alternative 3

Das Edukt Benzoesäuremethylester ist ein relativ elektronenarmer Aromat, da der Estersubstituent einen elektronenziehenden (–I- / –M-) Effekt aufweist. Der Angriff eines Elektrophils verläuft daher vergleichsweise schwierig und bedarf der Katalyse durch eine Lewis-Säure. Diese (z.B. FeBr$_3$) trägt zur Polarisierung und Spaltung der Br–Br-Bindung und somit zur Elektrophilie des Broms bei.

Im Gegensatz zur Estergruppe ist die Methoxygruppe (–OCH$_3$) ein elektronenschiebender Substituent (+M-Effekt), der die Elektronendichte im aromatischen Ring und somit seine Reaktivität gegenüber einem Elektrophil erhöht. Methoxybenzol ist also wesentlich reaktiver als der gezeigte Benzoesäureester.

Bei einer elektrophilen Substitution am Benzolring wird kein Chiralitätszentrum gebildet; somit können auch keine Enantiomere entstehen.

Im positiv geladenen σ-Komplex herrscht Elektronenmangel; in der Lewis-Schreibweise hat in jeder mesomeren Grenzstruktur ein C-Atom nur ein Elektronensextett. Eine Struktur mit einem Oktett für alle C-Atome kann nur formuliert werden, wenn der Ring ein Heteroatom mit freiem Elektronenpaar trägt (+M-Effekt), z.B. eine –OH- oder eine –NH$_2$-Gruppe. Derartige Substituenten führen deshalb zu einer erheblichen Stabilisierung des σ-Komplexes, was die Reaktion stark beschleunigt.

Eine Bildung von 2,4-Dibrombenzoesäuremethylester würde einerseits den Einsatz von zwei Äquivalenten Br$_2$ erfordern. Aber auch in diesem Fall würde kein 2,4-disubstituiertes Produkt entstehen, da die Estergruppe als desaktivierender Substituent einen neu eintretenden Substituent in die *m*-Position lenkt. Es entsteht also zunächst der 3-Brombenzoesäuremethylester, der mit einem zweiten Äquivalent Brom (unter drastischen Reaktionsbedingungen und/oder Lewis-Säure-Katalyse) zum 3,5-Dibrombenzoesäuremethylester weiter reagieren könnte.

Da kein Nucleophil vorliegt, kommt auch keine nucleophile Substitution in Frage. Ein nucleophiler Angriff würde zudem bevorzugt am Carbonyl-C-Atom unter Bildung eines tetraedrischen Intermediats mit nachfolgender Eliminierung erfolgen (nucleophile Acylsubstitution).

Lösung 43   Alternative 5

Nystatin A1 weist insgesamt sechs C=C-Doppelbindungen auf; davon sind einmal vier und einmal zwei miteinander konjugiert (alle beteiligten C-Atome sind sp^2-hybridisiert). Kumulierte Doppelbindungen erfordern ein sp-hybridisiertes C-Atom, das C=C-Doppelbindungen zu seinen beiden Nachbar-C-Atomen ausbildet.

Die Verbindung weist etliche sekundäre Hydroxygruppen auf, die zu Ketogruppen oxidiert werden könnten, so dass ein Polyketon entstünde.

Man findet im Nystatin A1 eine saure COOH-Gruppe und eine basische Aminogruppe; alle anderen funktionellen Gruppen reagieren neutral. Bei pH = 7 liegt die Carboxylgruppe in deprotonierter Form, die Aminogruppe dagegen in protonierter Form vor. Insgesamt resultiert daraus ein Zwitterion.

Die Verbindung enthält eine glykosidische Bindung, kann also als Glykosid bezeichnet werden. Insgesamt sind drei in wässriger Säure hydrolysierbare Bindungen zu erkennen: die Esterbindung, die zur Ausbildung des makrocyclischen (Lacton)rings führt (vgl. Antwort 6), die glykosidische Bindung, welche den Zuckerrest an den Makrocyclus bindet, sowie die Halbacetalgruppe, die zur Ringform des Zuckerrestes führt.

Lösung 44   Alternative 4

Indomethacin besitzt eine saure Carbonsäuregruppe, jedoch keine basisch reagierende Gruppierung. Da das N-Atom des Indolsystems (vgl. Alternative 2) in acylierter Form als (tertiäres) Carbonsäureamid vorliegt, steht das freie Elektronenpaar aufgrund der Konjugation mit der Carbonylgruppe praktisch nicht für die Anlagerung eines Protons zur Verfügung.

Der Acylrest stammt von der 4-Chlorbenzoesäure; es handelt sich also um ein Derivat dieser Carbonsäure.

Da Carbonsäureamide sehr stabil sind, werden sie in verdünnter wässriger Säure nur sehr langsam hydrolysiert. Für eine brauchbare Reaktionsgeschwindigkeit muss die Hydrolyse entweder in stark saurer oder stark basischer Lösung bei hohen Temperaturen durchgeführt werden. Ähnliches gilt für die vorhandene Ethergruppe, die nur unter sehr speziellen Reaktionsbedingungen (z.B. mit HBr) gespalten werden kann.

Die Bildung eines Salzes mit NH_3 ist auf die saure COOH-Gruppe zurückzuführen, die ein Proton an NH_3 abgibt.

Der Chlorsubstituent befindet sich auf der gegenüberliegenden Seite des Benzolrings wie die Carbonsäureamidgruppe; dies wird als *para*-Substitution bezeichnet.

Lösung 45   3 > 6 > 2 > 1 > 5 ≈ 4

Bei den gegebenen Verbindungen handelt es sich um das Carbanion eines Alkans (**3**), um ein Alkoholat-Ion (**6**), ein cyclisches aliphatisches (**2**), ein aromatisches (**1**) und ein heterocyclisches Amin (**4**) sowie ein (primäres) Carbonsäureamid (**5**).

Alkane sind extrem schwache Säuren; ihre korrespondierenden Anionen gehören zu den stärksten bekannten Basen. **3** ist daher die stärkste der vorliegenden Basen. Auch Alkoholate (als korrespondierende Basen zu den sehr schwach sauren Alkoholen (pK_S-Werte ca. 15–19) sind sehr starke Basen.

Von den drei Aminen ist das aliphatische Amin **2** (Pyrrolidin) die stärkste Base, da das freie Elektronenpaar am N-Atom keiner Delokalisation unterliegt. In **1** befindet sich das freie Elektronenpaar dagegen in Konjugation mit dem aromatischen π-Elektronensystem und steht daher weniger für die Bindung eines Protons zur Verfügung. Dies gilt in noch stärkerem Maß für das Pyrrol **4**, bei dem das freie Elektronenpaar zum aromatischen π-Elektronensextett gehört, und für das Amid **5**, in dem das Elektronenpaar in Konjugation mit der C=O-Gruppe steht.

Die beiden letzten Verbindungen zeigen daher in wässriger Lösung praktisch gar keine basischen Eigenschaften (pK_B-Werte $\geq$ 15) und lassen sich nur in Anwesenheit starker Säuren protonieren. Aus diesen Überlegungen folgt die oben angegebene Reihung nach fallender Basizität.

Lösung 46   Alternative 5

Die Verbindung kann wie alle Ester hydrolysiert werden; sie ist aber nicht per se aufgrund der positiven Ladungen instabil. Durch Einnahme einer entsprechenden Konformation können sich die positiven Ladungen relativ weit voneinander entfernt befinden.

Unter Diacylglycerolen versteht man Abkömmlinge des dreiwertigen Alkohols Glycerol (1,2,3-Propantriol), in denen zwei der drei OH-Gruppen mit (langkettigen) Fettsäuren verestert sind. Die gezeigte Verbindung enthält zwar auch zwei Esterbindungen, jedoch weder das Glycerolgrundgerüst noch längerkettige Carbonsäuren.

Sie ist (Alternative 2) ein Diester der Bernsteinsäure (Butandisäure), der zusätzlich zwei quartäre Ammoniumgruppen (Alternative 1) aufweist. Bei der Hydrolyse wird die Verbindung in Bernsteinsäure bzw. Succinat (= Dianion der Bernsteinsäure) und Cholin gespalten. Cholin ist der Trivialname für 2-*N*,*N*,*N*-Trimethylammoniummethanol, d.h. dreifach am Stickstoff methyliertes 2-Aminoethanol.

Führt man die Hydrolyse im Basischen aus ($\rightarrow$ Succinat + 2 Cholin), so werden pro Mol der gezeigten Verbindung zwei Mol der Base (z.B. NaOH) benötigt. Generell erfordert die basische Hydrolyse eines Esters eine stöchiometrische Menge der Base, weil das entstehende Alkoholat-Ion ein Proton von der Säure und nicht aus dem Wasser aufnimmt.

Lösung 47   245

Für $K_{\text{Hydrolyse}}$ gilt:

$$K_{\text{Hydrolyse}} = \frac{c(\text{Säure}) \cdot c(\text{Thioalkohol})}{c(\text{Thioester}) \cdot c(\text{Wasser})}$$

Die Konzentrationen beziehen sich auf den erreichten Gleichgewichtszustand. Wenn mit gleichen Anfangskonzentrationen an Thioester und Wasser gearbeitet wird (hier: 1 mol/L), so sind auch die Konzentrationen dieser Substanzen im Gleichgewicht identisch; in gleicher Weise gilt: $c(\text{Säure}) = c(\text{Thioalkohol})$. Durch die Titration wird $c(\text{Säure})$ im Gleichgewicht bestimmt. Sie ergibt sich zu:

$$c(\text{Säure}) = \frac{n(\text{Säure})}{V} = \frac{c(\text{NaOH}) \cdot V(\text{NaOH})}{V} = \frac{0,20 \text{ mol/L} \cdot 0,0235 \text{ L}}{0,005 \text{ L}} = 0,94 \text{ mol/L}$$

Aus der gegebenen Anfangskonzentration des Esters folgt damit, dass die Gleichgewichtskonzentration an Ester noch 0,06 mol/L beträgt. Damit ergibt sich für $K_{\text{Hydrolyse}}$:

$$K_{\text{Hydrolyse}} = \frac{c(\text{Säure}) \cdot c(\text{Thioalkohol})}{c(\text{Thioester}) \cdot c(\text{Wasser})} = \frac{c^2(\text{Säure})}{c^2(\text{Thioester})} = \frac{0,94^2}{0,060^2} = 245$$

Lösung 48   Aldehyd

Das sekundäre Amin würde aufgrund seiner basischen Eigenschaften in wässriger Lösung zu einer Erhöhung des pH-Werts führen. Alle anderen Verbindungen verhalten sich dagegen neutral, sind also sehr schwache Säuren bzw. Basen.

Da die Verbindung nicht mit Elektrophilen reagiert, sondern umgekehrt von nucleophilen Reagenzien angegriffen wird, kann es sich bei der gesuchten Verbindung um kein Nucleophil handeln. Die Alkohole und das Amin scheiden daher aus.

Von den verbliebenen Verbindungen wird nur der Aldehyd bei Zugabe von schwefelsaurer $K_2Cr_2O_7$-Lösung oxidiert. Der primäre Alkohol und das sekundäre Amin, die ebenfalls oxidiert werden können, kommen aufgrund ihres nucleophilen Charakters nicht in Frage. Tertiäre Alkohole und Carbonsäureester lassen sich nur unter Zerstörung des Kohlenstoffgerüstes oxidieren.

Lösung 49   Alternative 3

Die Verbindung enthält eine Carbonsäureamidbindung, die sich – wenn auch nur unter drastischen Reaktionsbedingungen – hydrolysieren lässt. Dabei entstehen als neue funktionelle Gruppen eine Carboxyl- und eine Aminogruppe. Erstere reagiert sauer, letztere basisch.

Da der Stickstoff der Amidbindung praktisch keine basischen Eigenschaften besitzt (das freie Elektronenpaar ist effektiv mit der Carbonylgruppe konjugiert), sind nur zwei basische Gruppen vorhanden: das tertiäre Amin im Sechsring sowie das sekundäre Amin in der daran gebundenen Seitenkette.

Eine Reaktion mit Hydrogencarbonat unter Freisetzung von CO_2 weist auf die Anwesenheit einer deutlich sauren Gruppe (z.B. Carbonsäure) hin. Die Verbindung enthält aber nur eine phenolische OH-Gruppe. Diese reagiert zwar schwach sauer, wird jedoch von der schwachen Base HCO_3^- nicht in signifikantem Ausmaß (für eine sichtbare CO_2-Entwicklung) deprotoniert.

Lösung 50   Alternative 2

Die beiden Verbindungen verhalten sich zueinander offensichtlich wie Bild und Spiegelbild; sie sind nicht miteinander zur Deckung zu bringen und daher Enantiomere.

Konstitution und relative Konfiguration beider Verbindungen sind identisch, nicht aber ihre absolute Konfiguration (Verbindung **1** ist (*R*)-, **2** dagegen (*S*)-konfiguriert). Beide Verbindungen sind daher nicht identisch. Während sie in achiraler Umgebung identische chemische Eigenschaften aufweisen, kann ihre pharmakologische Wirksamkeit aufgrund der Gegenwart von chiralen Molekülen im Organismus (z.B. von Enzymen) recht unterschiedlich sein.

Enantiomere unterscheiden sich – zumindest in achiraler Umgebung – weder in ihrer Acidität noch in ihrer Hydrophilie.

Wie bereits erwähnt, ist die Konstitution beider Verbindungen identisch.

Eine Umwandlung beider Verbindungen ineinander würde den Bruch von C–C- oder C–H-Bindungen erfordern; dies findet unter normalen Umgebungsbedingungen nicht statt, so dass die beiden Verbindungen konfigurationsstabil sind und sich nicht ineinander umwandeln.

Lösung 51

a) Alternative 3

Es handelt sich um Konfigurationsisomere, genauer geometrische (*cis/trans-*) Isomere.

In beiden Polymeren sind jeweils die gleichen Atome miteinander verknüpft; es können also keine Konstitutionsisomere sein.

Beide Verbindungen verhalten sich offensichtlich nicht wie Bild- und Spiegelbild zueinander; können also keine Enantiomere sein. Außerdem fehlen Chiralitätszentren.

Konformationsisomere können durch Rotation um Einfachbindungen ineinander übergehen; hier ist aber die Konfiguration an der Doppelbindung unterschiedlich.

Tautomere unterscheiden sich durch die Position einer Mehrfachbindung sowie eines H-Atoms; auch das ist nicht gegeben.

Aufgrund des unterschiedlichen Substitutionsmusters an der Doppelbindung und der Tatsache, dass unter gewöhnlichen Umgebungsbedingungen keine freie Drehbarkeit um die Doppelbindung herrscht, können beide Formeln keine identischen Verbindungen darstellen.

b) Alternative <u>5</u>

Da im Polymer noch Doppelbindungen vorhanden sind, und da im Zuge der Polymerisation bei jedem Schritt eine Doppelbindung unter Ausbildung einer neuen C–C-Bindung gelöst wird, muss das geeignete Monomer zwei Doppelbindungen aufweisen.

Eine Polymerisation der Verbindungen <u>1</u> – <u>3</u> ist zwar möglich, ergäbe jedoch jeweils Polymere ohne eine Doppelbindung.

Verbindung <u>4</u> weist gar keine Mehrfachbindung auf, und ist somit nicht zur Polymerisation geeignet.

Verbindung <u>6</u> mit einer kumulierten Doppelbindung schließlich kann ebenfalls nicht zu den gewünschten Verbindungen polymerisieren.

Lösung 52   Alternative 6

Reaktion 3 ist eine Reduktion; es wird ein Molekül H_2 an die Doppelbindung addiert.

Reaktion 1 ist ebenfalls eine Reduktion einer Ketogruppe zum sekundären Alkohol; *in vivo* wird dabei (im Zuge der Fettsäurebiosynthese) der Hydrid-Donor NADPH/H^+ verwendet.

Da insgesamt ein Molekül H_2 angelagert wird ($H^- + H^+$), kann Reaktion 1 auch als Hydrierung bezeichnet werden.

Bei Reaktion 2 wird ein Molekül Wasser abgespalten; es handelt sich also um eine Eliminierung.

Eine solche Abspaltung von Wasser wird auch als Dehydratisierung bezeichnet.

Bei Reaktion 3 schließlich fungiert Wasserstoff als Reduktionsmittel; wie bei Reaktion 1 handelt es sich um eine Hydrierung.

Lösung 53   80 %

Aus den Strukturformeln von Essigsäure, Salicylsäure bzw. Acetylsalicylsäure (Aspirin®) erhält man folgende Summenformeln und zugehörige molare Massen:

Essigsäure: $C_2H_4O_2$ → M = 60 g/mol

Salicylsäure: $C_7H_6O_3$ → M = 138 g/mol

Acetylsalicylsäure: $C_9H_8O_4$ → M = 180 g/mol

Die eingesetzten Stoffmengen berechnen sich gemäß $n = m / M$:

n (Essigsäure) = 1,0 mol; n (Salicylsäure) = 0,50 mol

Aus der Reaktionsgleichung ergibt sich, dass beide Edukte im Stoffmengenverhältnis 1:1 reagieren:

Aus 0,50 mol Salicylsäure können demnach maximal 0,50 mol Acetylsalicylsäure entstehen; dies entspricht einer Masse m (Acetylsalicylsäure) von 90 g. Die tatsächliche Ausbeute betrug 72 g. Dies entspricht einer prozentualen Ausbeute von 72/90 = 80 %.

Lösung 54   Alternative 4

Keine der beiden Verbindungen besitzt eine hydrolysierbare Bindung. Typische funktionelle Gruppen, die hydrolysierbar sind, sind alle Carbonsäure- und Kohlensäure-Derivate, Imine sowie Acetale und Ketale (glykosidische Bindungen).

Beide Verbindungen sind sekundäre Amine mit der charakteristischen Gruppe –NH– und zwei Resten am Stickstoff.

In gleicher Weise findet sich jeweils eine sekundäre Hydroxygruppe –CH(OH)–.

Aufgrund der sekundären Hydroxygruppen sind beide Verbindungen zu Ketonen oxidierbar.

Zu den acetylierbaren Gruppen gehören Hydroxy- und Mercaptogruppen sowie primäre und sekundäre Aminogruppen. Adrenalin besitzt demnach insgesamt vier acetylierbare Gruppen, Clenbuterol deren drei.

Ein Chiralitätszentrum ist gekennzeichnet durch vier verschiedene Substituenten an einem C-Atom. Ein solches besitzen beide Verbindungen gebunden an den aromatischen Ring.

Lösung 55   Alternative 1

Aus der Molekülstruktur geht hervor, dass die Substanz amphiphile Eigenschaften aufweist; die beiden Hydroxygruppen am Aromaten bewirken einen mäßig polaren, hydrophilen Charakter, währen der lange Alkylrest ausgesprochen unpolar (hydrophob) ist. Es geht also darum, eine insgesamt vermutlich recht schlecht wasserlösliche Verbindung auf möglichst schonende Weise von der Haut zu entfernen. Seife besteht aus Salzen langkettiger Fettsäuren und weist daher einen vergleichbar amphiphilen Charakter auf, sollte die gegebene Substanz also gut solubilisieren können. Die beiden OH-Gruppen bewirken einen schwach sauren Charakter der Verbindung; durch die schwache Base NaHCO$_3$ sollte sich die Verbindung zumindest im Gleichgewicht zu einem kleinen Anteil deprotonieren lassen, wodurch die Wasserlöslichkeit verbessert wird.

Mit Nagellackentferner und dem darin enthaltenen polar aprotischen Lösungsmittel Aceton lässt sich die Substanz zwar wahrscheinlich gut ablösen, gleichzeitig wird dadurch aber die Haut stark entfettet und geschädigt.

Ähnliches gilt für die Behandlung mit „Sagrotan". Phenol wirkt ätzend und ist daher nicht gut zur Hautreinigung geeignet.

Eine Oxidation der Verbindung löst das Problem nicht, da ein potentielles Oxidationsprodukt (ein *ortho*-Chinon) kaum besser wasserlöslich wäre als das Dihydroxybenzol-Derivat. Zudem ist eine H$_2$O$_2$-Lösung wenig hautfreundlich (konzentrierte Lösungen sind sogar stark ätzend).

Waschen mit Wasser erscheint aufgrund der schlechten Wasserlöslichkeit der Verbindung nicht ausreichend.

Auch Essig ist gegenüber reinem Wasser kaum hilfreich, da die Verbindung keine basische Gruppe enthält und somit keine Überführung in ein besser wasserlösliches Salz zu erwarten ist.

Lösung 56   Alle Aussagen sind richtig

Bei der gezeigten Verbindung handelt es sich um das Glutathion (γ-Glu–Cys–Gly), das die drei in A genannten Aminosäuren enthält. Diese sind durch zwei Peptidbindungen verknüpft, wobei allerdings eine zwischen der Seitenkette der Glutaminsäure und der Aminogruppe von Cystein ausgebildet ist. Diese Amidbindungen können unter drastischen Bedingungen, z.B. in konzentrierter HCl bei erhöhter Temperatur, hydrolysiert werden (E).

Cystein enthält in der Seitenkette die Thiolgruppe (D), welche die reduzierende Eigenschaft des Glutathions bewirkt; durch Oxidation entsteht daraus das dimere Glutathion mit einer Disulfidbrücke (C). In den Erythrozyten fungiert Glutathion beispielsweise als Reduktionsmittel, um das Hämoglobin vor Oxidation zu Methämoglobin zu schützen.

Glutathion enthält zwei Chiralitätszentren (die α-C-Atome von Glutaminsäure und Cystein); die dritte Aminosäure Glycin besitzt als einzige proteinogene Aminosäure kein Chiralitätszentrum. In Peptiden/Proteinen im Organismus finden sich praktisch ausschließlich die *L*-Aminosäuren. Diese weisen mit Ausnahme von Cystein (*S*)-Konfiguration auf. Nur im Cystein besitzt die Seitenkette aufgrund des S-Atoms höhere Priorität als die Carboxylgruppe.

Lösung 57   Alternative 3

Hesperidin enthält keine Estergruppe, sondern nur eine Ethergruppe ($R–OCH_3$). Die glykosidischen Bindungen sind unter basischen Bedingungen stabil gegenüber Hydrolyse. Die Ethergruppe wird nur unter sehr speziellen Bedingungen hydrolysiert.

Hesperidin enthält zwei phenolische OH-Gruppen, Synephrin eine.

Hesperidin besitzt ferner eine mit $NADH/H^+$ reduzierbare Gruppe, die Ketogruppe, die zum sekundären Alkohol reduziert werden kann.

Unter einer Dehydrierung versteht man eine Abspaltung von Wasserstoff; es handelt sich um eine Oxidation. Synephrin enthält eine sekundäre Hydroxygruppe, die leicht zum Keton oxidiert (dehydriert) wird.

Diese OH-Gruppe ist ein schwaches Nucleophil, kann aber prinzipiell, ebenso wie die sekundäre Aminogruppe, mit einem Elektrophil wie CH_3I im Sinne einer nucleophilen Substitution nach dem S_N2-Mechanismus reagieren. Dabei entstünden eine Ether- bzw. eine tertiäre Aminogruppe.

Monosaccharide (z.B. Glucose) können mit Alkoholen (unter H^+-Katalyse) zu Glykosiden umgesetzt werden. Da Synephrin zwei OH-Gruppen enthält, kann es in dieser Weise zu einem Glykosid reagieren.

Lösung 58   Alternative 5

Die gezeigte Verbindung (Pyridoxal) ist das Oxidationsprodukt des Pyridoxols (auch Pyridoxin genannt; Vitamin B_6), das anstelle der Aldehydgruppe eine CH_2OH-Gruppe aufweist. Aufgrund der OH-Gruppen handelt es sich um eine relativ polare Verbindung mit guter Wasserlöslichkeit, also nicht um ein fettlösliches Vitamin, wie z.B. Vitamin E (α-Tocopherol).

Pyridoxal enthält das heterocyclische Pyridin-Ringsystem (eine CH-Gruppe des Benzolrings ist durch ein N-Atom substituiert). Der Stickstoff im Pyridin (bzw. Pyridoxal) ist schwach basisch und kann daher protoniert werden.

Unter Pyridoxalphosphat, das als Coenzym u.a. im Aminosäurestoffwechsel fungiert, versteht man den Phosphorsäureester des gezeigten Pyridoxals, wobei die primäre OH-Gruppe verestert vorliegt.

Wie Aldehydgruppen generell kann auch die Aldehydgruppe des Pyridoxals zum primären Alkohol reduziert werden; die entstehende Verbindung wird als Pyridoxol (auch: Pyridoxin) bezeichnet.

Die typische Reaktion des Pyridoxals (in seiner Form als Coenzym Pyridoxalphosphat) ist die Bildung von Iminen (Schiff'schen Basen) mit der Aminogruppe von Aminosäuren, einer wichtigen Reaktion im Aminosäurestoffwechsel, die zur Umwandlung von α-Aminosäuren in α-Ketosäuren und umgekehrt führt.

Lösung 59   Alternative 4

Alle drei Verbindungen sind α-Aminocarbonsäuren (Alternative 2), jedoch nur **1** und **2** besitzen eine primäre Aminogruppe. Die Aminogruppe in **3**, die Bestandteil des Fünfrings ist, ist sekundär.

1 (Glutaminsäure) und **3** (Prolin) gehören zu den 21 (incl. Selenocystein) proteinogenen Aminosäuren, d.h. sie sind die Bausteine der im Organismus vorkommenden Proteine. Die 2-Aminopentansäure **2** ist keine proteinogene Aminosäure.

Die Konstitution der drei Verbindungen ist aus der Strukturformel klar ersichtlich; auch die Konfiguration ist eindeutig. So handelt es sich bei allen drei Verbindungen um das jeweilige *L*- (bzw. (*S*)-)Enantiomer. Durch Drehung um Einfachbindungen ist jedoch noch eine (im Prinzip unendliche) Anzahl verschiedener Konformationen möglich, die sich in ihrem Energieinhalt unterscheiden. Allerdings sind diese Unterschiede so gering, dass bei normaler Umgebungstemperatur die thermische Energie völlig ausreicht, um eine permanente rasche Umwandlung der einzelnen Konformationen ineinander zu ermöglichen. Offenkettige Strukturen mit unterschiedlicher Konformation können daher (zumindest bei Raumtemperatur) i.A. nicht isoliert werden.

Alle drei Verbindungen können sowohl als Säuren (Abgabe eines H^+-Ions von der NH_3^+- bzw. NH_2^+-Gruppe) als auch als Base (Aufnahme eines H^+-Ions durch die COO^--Gruppe) fungieren; man kann sie daher als Ampholyte bezeichnen.

Im Gegensatz zu **2** und **3** besitzt **1** noch eine zusätzliche saure COOH-Gruppe. Diese liegt bei neutralem pH-Wert überwiegend in der deprotonierten Form vor. Nur **2** und **3** liegen demnach bei pH 7 überwiegend in der gezeigten zwitterionischen Form vor.

Lösung 60   Alternative 5

Damit eine organische Substanz farbig erscheint (d.h. im sichtbaren Bereich des Spektrums absorbiert) müssen entsprechende Chromophore vorhanden sein, typischerweise ein ausgedehntes delokalisiertes π-Elektronensystem. Leiodermatolid weist zwar insgesamt fünf C=C-Doppelbindungen auf, jedoch sind jeweils nur maximal zwei davon konjugiert. Auch die Carbonylgruppen absorbieren nur energiereicheres UV-Licht, so dass zu erwarten ist, dass die Substanz farblos ist.

Leiodermatolid besitzt eine sekundäre und eine tertiäre Hydroxygruppe. Erstere kann durch eine saure $Cr_2O_7^{2-}$-Lösung zur Ketogruppe oxidiert werden, wogegen tertiäre Alkohole unter diesen Bedingungen nicht reagieren. Auch die übrigen funktionellen Gruppen (Alken, Ester, Carbamat) sowie die Alkylreste sind gegenüber $Cr_2O_7^{2-}$ stabil.

Es sind weder saure noch basische Gruppen in Leiodermatolid vorhanden. Das freie Elektronenpaar am Stickstoff der primären Aminogruppe ist (ebenso wie bei Amiden) zur Carbonylgruppe hin delokalisiert und steht daher praktisch nicht zur Protonierung zur Verfügung.

Leiodermatolid weist zwei Lactonringe auf, die hydrolytisch geöffnet werden können; außerdem können die beiden vom Carbonyl-C-Atom des Carbamats ausgehenden Bindungen hydrolysiert werden ($\rightarrow NH_3$, CO_2 + Alkohol) – insgesamt sind also vier hydrolysierbare Bindungen zu erkennen.

Die Keilstrichschreibweise macht die Identifizierung der Chiralitätszentren relativ einfach – tatsächlich sind insgesamt 9 solche im Leiodermatolid vorhanden.

Die höchstmögliche Oxidationsstufe für Kohlenstoff ist +4; sie wird erreicht, wenn ein C-Atom ausschließlich an (elektronegativere) Heteroatome gebunden ist. Dies ist der Fall für das Carbonyl-C-Atom der Carbamatgruppe (3 C–O-, 1 C–N-Bindung).

Lösung 61   Alternative 6

Diastereomere besitzen identische Konstitution (d.h. es sind jeweils die gleichen Atome miteinander verknüpft) und sind daher Konfigurationsisomere, die sich nicht wie Bild und Spiegelbild verhalten.

Verbindungen, die sich wie Bild und Spiegelbild verhalten, heißen Enantiomere.

Diastereomere sind keine Untergruppe der Enantiomere (Alternative 3).

Diastereomere sind Stereoisomere, zeigen aber i.A. (unterschiedliche) optische Aktivität.

Verbindungen, die die Ebene des polarisierten Lichts um den gleichen Betrag, aber in verschiedene Richtungen drehen, sind Enantiomere. Diastereomere besitzen (von zufälligen Ausnahmen abgesehen) unterschiedliche spezifische Drehwinkel.

Lösung 62   Alternative 3

Die gezeigte Verbindung (die proteinogene Aminosäure Glutamin, Alternative 1/6) weist eine saure Carboxylgruppe und eine basische primäre Aminogruppe auf. Bei neutralen pH-Werten ist die Carboxylgruppe deprotoniert, die Aminogruppe protoniert (Zwitterion). Die Carbonsäureamidgruppe ($-CONH_2$) verhält sich neutral, da das freie Elektronenpaar am Stickstoff effektiv mit der Carbonylgruppe konjugiert ist, und daher kaum für die Aufnahme eines Protons zur Verfügung steht.

Die Amidgruppe im Glutamin, dem Amid der Glutaminsäure (Alternative 2) kann (enzymatisch) hydrolysiert werden; dabei entsteht Glutaminsäure (bzw. Glutamat) und Ammoniak.

Glutamin besitzt ein Chiralitätszentrum (das α-C-Atom) und liegt daher als Paar von Enantiomeren vor. In Proteinen kommen praktisch ausschließlich die jeweiligen L-Aminosäuren vor, also L-Glutamin.

Lösung 63   Alternative 6

Bei dem gezeigten Kunststoff handelt es sich um einen Polyester. Ester werden allgemein unter stark sauren Bedingungen in einer Gleichgewichtsreaktion hydrolysiert, wobei die Carbonsäure und ein Alkohol entstehen. Da das Milieu im Magen mit pH-Werten zwischen 1 und 2 stark sauer ist, ist die gezeigte Verbindung dort nicht längere Zeit stabil, sondern unterliegt der Hydrolyse. Dies würde im beschriebenen Fall zur (vorzeitigen) unerwünschten Freisetzung der eingeschlossenen Substanz führen.

Der Kunststoff ist ein Homopolymer aus 2-Hydroxypropansäure (Milchsäure), die als difunktionelle Verbindung zum Aufbau linearer Polymere (genauer: Polykondensate) fähig ist.

Die Bildung des Kunststoffs aus den Milchsäure-Monomeren entspricht einer Veresterung. Für jedes angefügte Monomer wird ein Molekül Wasser abgespalten. Derartige Reaktionen, bei denen aus (difunktionellen) Monomeren unter Abspaltung niedermolekularer Verbindungen wie H_2O oder HCl Polymere entstehen, werden als Polykondensationen bezeichnet. Im Gegensatz dazu erfordern Polymerisationsreaktionen ungesättigte Monomere (z.B. Ethen-Derivate) und ein „Startmolekül" (Radikal, Carbenium-Ion o.ä.). Die Anfügung eines weiteren Monomers erfolgt hier ohne Abspaltung eines weiteren Produkts.

Ersetzt man das O-Atom in der Polymerkette durch die NH-Gruppe, so hat man ein Polyamid. Das zugrunde liegende Monomer ist dann die 2-Aminopropansäure (Alanin).

Esterbindungen werden biologisch leicht (durch entsprechende Esterasen) abgebaut; dabei handelt es sich, wie bereits angesprochen, um eine Hydrolyse.

Lösung 64   Alternative 5

An den beiden Reaktionen sind unterschiedliche Edukte (OH^- bzw. H_2O) und Produkte ($RCOO^-$ bzw. RCOOH) beteiligt, diese besitzen unterschiedliche Enthalpien. Es ist deshalb extrem unwahrscheinlich, dass beide Reaktionen die gleiche Reaktionsenthalpie aufweisen. Die Tatsache, dass es sich in beiden Fällen um eine Hydrolyse handelt, ist dabei nicht ausschlaggebend.

Beide angegebenen Reaktionsgleichungen sind korrekt (Alternative 1/3).

Die OH^--Ionen gehen in stöchiometrischer Menge in die Reaktion ein, werden also im Zuge der Reaktion verbraucht (Alternative 2).

Im Gegensatz dazu spielen die H^+-Ionen in Reaktion 2 nur die Rolle eines Katalysators (Erhöhung der Elektrophilie des Esters zur Erleichterung des nucleophilen Angriffs des schwachen Nucleophils H_2O). Sie werden im Verlauf der Reaktion wieder frei.

Die säurekatalysierte Esterhydrolyse (Reaktion 2) ist eine typische Gleichgewichtsreaktion, während die Reaktion unter basischen Bedingungen (Reaktion 1) weitgehend quantitativ ablaufen kann, so dass man auf den Pfeil für die Rückreaktion verzichtet.

Lösung 65   Alternative 5

Diosgenin besitzt ein C-Atom, das zweimal die Gruppierung –O–R trägt. Diese funktionelle Gruppe wird als Ketal bezeichnet. Die Bezeichnung Diether ist dagegen nur korrekt, wenn sich beide –O–R-Gruppen an unterschiedlichen C-Atomen befinden.

Diosgenin ist ein sekundärer Alkohol. Alkohole können, sofern an einem Nachbar-C-Atom ein H-Atom vorhanden ist, zu Alkenen dehydratisiert werden. Katalyse durch Säure ist erforderlich, da die OH-Gruppe eine schlechte Abgangsgruppe ist; durch Anlagerung von H^+ wird sie in die wesentlich bessere Abgangsgruppe H_2O umgewandelt.

Die sekundäre OH-Gruppe lässt sich auch zum Keton oxidieren. Eine saure $Cr_2O_7^{2-}$-Lösung ist hierfür ein geeignetes Oxidationsmittel.

Die gleiche OH-Gruppe wäre auch an der Ausbildung einer glykosidischen Bindung mit einem Zuckermolekül wie z.b. Glucose beteiligt. Diese Reaktion ist generell für alle alkoholischen Hydroxygruppen möglich.

Die Verbindung besitzt nur eine hydrolysierbare Gruppe – das Ketal Dieses ist unter basischen Bedingungen stabil, wird aber unter Säurekatalyse zum Halbketal und einem Alkohol gespalten. Bei dieser Reaktion könnte entweder der 5- oder der 6-Ring (die am Vollketal beteiligt sind) geöffnet werden. Das Halbketal könnte dann zum Aldehyd und einem weiteren Alkohol hydrolysiert werden, wodurch der zweite Ring geöffnet würde.

Da Diosgenin eine olefinische Doppelbindung enthält, reagiert es mit Brom-Lösung unter elektrophiler Addition. Das Brom wird hierbei verbraucht, so dass die charakteristische gelbbraune Farbe verschwindet.

Zusatzbemerkung: Oft verzichtet man im allgemeinen Sprachgebrauch auf die Unterscheidung zwischen Halbketalen/Ketalen (abgeleitet von Ketonen) und Halbacetalen/Acetalen (abgeleitet von Aldehyden) und bezeichnet beide Gruppen als Halbacetale bzw. Acetale.

Lösung 66   Alternative 6

Erythromycin besitzt nur eine einzige basische Gruppe (das tertiäre Amin im Zuckerrest) und gar keine saure Gruppe. Die alkoholischen OH-Gruppen verhalten sich genauso wie die Estergruppe in wässriger Lösung neutral. Daher liegt Erythromycin bei pH 7 überwiegend als einfach positives Kation vor.

Erythromycin ist ein makrocyclisches Lacton (cyclischer Ester; Alternative 2); dieses kann, wie Ester generell, durch wässrige NaOH-Lösung bei erhöhter Temperatur hydrolysiert werden. Hierbei wird der Ring geöffnet.

Für 8 Stereoisomere wären nur 3 Chiralitätszentren erforderlich ($2^3 = 8$) Es ist leicht zu erkennen, dass Erythromycin sogar deutlich mehr als 8 Chiralitätszentren enthält; die Anzahl möglicher Stereoisomere ist also erheblich größer.

Erythromycin enthält 5 OH-Gruppen. Davon sind zwei tertiär, können also nicht oxidiert werden. Die anderen drei sind sekundär und lassen sich durch ein geeignetes Oxidationsmittel wie $K_2Cr_2O_7$ zu Ketogruppen oxidieren. Zusammen mit der bereits vorhandenen Ketogruppe ergäben sich dann insgesamt vier Ketogruppen.

Umgekehrt lässt sich die vorhandene Ketogruppe mit einem Hydrid-Donor (z.B. $NaBH_4$) zum sekundären Alkohol reduzieren. Dabei entsteht ein weiteres Chiralitätszentrum, da das H^--Ion von beiden Seiten an die prochirale Carbonylgruppe addiert werden kann.

Lösung 67   Alternative 3

Unter Pyrrol versteht man den aromatischen Fünfring mit einem Stickstoffatom im Ring. In der gezeigten Verbindung liegt dagegen der gesättigte Fünfring-Heterocyclus vor; dieser wird als Pyrrolidin bezeichnet.

Sulfonamide sind Verbindungen mit der allgemeinen funktionellen Gruppe $R–SO_2NH_2$; Sulpirid ist demnach ein aromatisches Sulfonamid.

Im Gegensatz zum Pyrrolring, bei dem das freie Elektronenpaar am Stickstoff Teil des aromatischen π-Elektronensystems ist und daher praktisch nicht für die Bindung eines Protons zur Verfügung steht, zeigt der Stickstoff im Pyrrolidin basische Eigenschaften ($pK_B \approx 3–4$).

Sulpirid weist zwei (allerdings schwer) hydrolysierbare Gruppen auf – das Carbonsäure- und das Sulfonsäureamid. Spaltet man diese beiden Bindungen, so erhält man 2-Methoxy-5-sulfonatobenzoesäure als eines der Produkte. Salicylsäure ist 2-Hydroxybenzoesäure. Das Hydrolyseprodukt entsteht also aus der Salicylsäure durch Methylierung der phenolischen OH-Gruppe und Einführung der Sulfonsäuregruppe (SO_3^-). Die Bezeichnung als Derivat der Salicylsäure ist daher gerechtfertigt.

Bei der angesprochenen Hydrolyse des Sulfonamids wird – sofern sie im Basischen durchgeführt wird – Ammoniak freigesetzt. Bei einer sauren Hydrolyse entstünde entsprechend das Ammonium-Ion NH_4^+.

Sulpirid besitzt genau ein Chiralitätszentrum – das C-Atom des Pyrrolidinrings, das mit dem Rest des Moleküls verknüpft ist. Die Verbindung ist somit chiral.

Lösung 68   Alternative 4

Mevalonat besitzt eine tertiäre und eine primäre OH-Gruppe. Letztere kann zu einer Aldehyd- oder einer Carboxylgruppe oxidiert werden. Für die Bildung einer Ketogruppe durch eine Oxidationsreaktion wäre eine sekundäre Alkoholgruppe erforderlich.

In saurer Lösung können beide Verbindungen eine intramolekulare Veresterung eingehen. Dabei entstünde ein sechsgliedriger Lactonring. Intramolekulare Reaktionen unter Ausbildung von Sechsringen verlaufen i.A. recht leicht; Vierringe oder Ringe mit mehr als sechs Ringgliedern bilden sich dagegen wesentlich schwerer.

Mevalonat besitzt ein Chiralitätszentrum (an der tertiären OH-Gruppe); Lovostatin weist sogar acht Chiralitätszentren auf. Da offensichtlich kein Symmetrieelement vorliegt, ist auch diese Verbindung chiral.

Lovostatin weist eine Estergruppe auf; diese kann säurekatalysiert oder durch wässrige Base hydrolysiert werden.

Raney-Nickel dient als typischer heterogener Katalysator für die Addition von Wasserstoff an Alkene. Da Lovostatin zwei C=C-Doppelbindungen aufweist, kann es mit Wasserstoff zur entsprechenden gesättigten Verbindung reagieren.

Neben den vier an den beiden C=C-Doppelbindungen beteiligten sp^2-hybridisierten C-Atomen findet sich ein weiteres in der Carboxylatgruppe sowie in der Estergruppe, so dass insgesamt sechs sp^2-hybridisierte C-Atome vorhanden sind.

Lösung 69   Alternative 1

Beide Verbindungen (Glycerolaldehyd-3-phosphat, links; Dihydroxyacetonphosphat, rechts) besitzen die gleiche Summenformel (sind also Isomere), weisen aber unterschiedliche Konstitution (d.h. Verknüpfung der Atome) auf. So trägt im Glycerolaldehyd-3-phosphat das mittlere C-Atom 2 die OH-Gruppe, im Dihydroxyacetonphosphat dagegen C-Atom 1.

Diastereomere sind Verbindungen mit gleicher Konstitution, die sich nur in der räumlichen Anordnung der Atome unterscheiden und sich nicht wie Bild und Spiegelbild verhalten. Verbindungen mit gleicher Konstitution, die sich wie Bild und Spiegelbild verhalten, werden Enantiomere genannt.

Bei Keto-Enol-Tautomeren handelt es sich um spezielle Konstitutionsisomere, die sich nur in der Position einer Doppelbindung (C=C vs. C=O) und eines H-Atoms (O–H vs. C–H) unterscheiden.

Beide gezeigte Verbindungen sind Phosphorsäureester. Wären die Phosphatreste mit einem weiteren Alkohol verestert (wie z.B. in Phosphatidylcholinen), so lägen Diester der Phosphorsäure vor.

Lösung 70

a) Verbindung **6**

Bei Verbindung **6** handelt es sich um ein sogenanntes Imid, bei dem eine NH-Gruppe von zwei Carbonylgruppen flankiert ist. Bereits „normale" Carbonsäureamide $RCONH_2$ weisen praktisch keine basischen Eigenschaften auf, da das freie Elektronenpaar am N in effektiver Konjugation mit der Carbonylgruppe steht. Das Vorhandensein zweier C=O-Gruppen verstärkt den Elektronenzug auf das freie Paar am Stickstoff noch. Tatsächlich weist Verbindung **6** bereits schwach saure Eigenschaften auf, da die negative Ladung, die am Stickstoff nach Deprotonierung entsteht, sehr gut delokalisiert werden kann.

Bei **1** und **3** handelt es sich um aliphatische Amine mit pK_B-Werten zwischen 3 und 4; **2** ist ein schwächer basisches aromatisches Amin (Anilin; $pK_B \approx 10$), da hier das freie Elektronenpaar am Stickstoff mit dem aromatischen π-Elektronensystem konjugiert ist.

4 und **5** sind heterocyclische aromatische Verbindungen. Die schwach basische Eigenschaft von **4** ist nicht auf das Amid-N-Atom zurückzuführen (vgl. oben), sondern auf das freie Elektronenpaar des Stickstoffs im Ring. Dieses befindet sich in einem sp^2-Hydridorbital (in der Ringebene lokalisiert) und damit nicht in Konjugation mit dem π-System. Aufgrund des höheren s-Anteils dieses Orbitals (gegenüber einem sp^3-Hybridorbital) wird das Elektronenpaar in diesem Orbital etwas stärker vom Kern angezogen und nimmt daher schwerer ein Proton auf, als ein Elektronenpaar in einem sp^3-Orbital (wie in **1** und **3**). Vergleichbares gilt für die N-Atome in **5**.

b) Alternative 6

Wie bereits unter a) erwähnt, handelt es sich bei Verbindung **6** um ein sogenanntes Imid. Die C=O-Gruppen dürfen nicht als Ketogruppen bezeichnet werden, da durch die Bindung an das N-Atom eine neue funktionelle Gruppe entstanden ist.

Verbindungen **1** – **3** sind Verbindungen der allgemeinen Form R–NH$_2$, haben also einen Rest am Stickstoff und sind daher als primäre Amine zu bezeichnen.

Primäre Amine (und damit **1** – **3**) reagieren mit starken Säuren wie HCl zu den entsprechenden Ammoniumverbindungen.

Die Verbindungen **4** und **6** weisen Amidbindungen auf, die unter drastischen Bedingungen (Katalyse durch starke Säure oder Base, erhöhte Temperatur, lange Reaktionszeiten) hydrolysiert werden können. Dabei entstehen in saurer Lösung Carbonsäuren und Amine in ihrer protonierten Form (Ammonium-Ionen), in basischer Lösung dagegen die Carboxylate und die freien Amine (hier: Ammoniak).

Wie unter a) ausgeführt, handelt es sich bei **3** um ein aliphatisches, bei **2** um ein aromatisches Amin. Das aliphatische Amin ist die stärkere Base, da beim aromatischen Amin das freie Elektronenpaar teilweise in den Ring hinein delokalisiert ist.

Lösung 71   **3** > **5** > **4** > **2** > **1** > **6**

Die höchste Acidität weisen die beiden Carbonsäuren auf; **3** ist eine α-Aminosäure und aufgrund des elektronenziehenden Effekts der protonierten Aminogruppe stärker sauer als **5**. Dann folgt das unsubstituierte Phenol **4** (p$K_S \approx 10$), das nur wenig acider als der β-Ketoester **2** ist. Am Ende der Reihe stehen der sekundäre Alkohol **1** und der Aldehyd **6**, wobei der Alkohol die geringfügig stärkere Säure ist.

Lösung 72   Alternative 4

Verbindung **1** ist eine Ketodicarbonsäure; **2** eine Hydroxydicarbonsäure. Beide besitzen das gleiche Kohlenstoffgerüst; Verbindung **1** (Oxalessigsäure; 2-Oxobutandisäure) entsteht daher leicht durch Oxidation der sekundären Alkoholgruppe in **2** (Äpfelsäure; 2-Hydroxybutandisäure).

Acetessigsäure ist eine Ketomonocarbonsäure (3-Oxobutansäure).

Decarboxyliert man Acetessigsäure, so erhält man Aceton. Bei einer Decarboxylierung von **1** entsteht dagegen Brenztraubensäure (2-Oxopropansäure).

Voraussetzung für eine Keto-Enol-Tautomerie wäre eine Ketogruppe (wie in **1**). Wäre die zentrale C–C-Bindung in **2** eine Doppelbindung (läge also ein Enol vor), so könnte dieses ebenfalls in die entsprechende Ketoform (**1**) übergehen. **2** kann daher keine Keto-Enol-Tautomerie zeigen.

Verbindung **2** ist eine α-Hydroxydicarbonsäure; **1** dagegen eine α-Ketodicarbonsäure; die Bezeichnung als Monocarbonsäure ist offensichtlich für beide Verbindungen falsch.

Lösung 73   <u>6</u>

Verbindung <u>6</u> ist *S*-Acetylcysteinmethylester: die Carbonsäuregruppe liegt mit Methanol verestert vor, die HS-Gruppe in der Seitenkette von Cystein wurde in den Thioester der Essigsäure überführt.

<u>1</u> hat mit Cystein wenig zu tun; es ist keine Aminogruppe vorhanden, dafür mehrere C-Atome in der höchsten Oxidationsstufe +4 ($\rightarrow$ Kohlensäure-Derivate).

Dagegen zeigt <u>2</u> einige Ähnlichkeit mit Cystein; es handelt sich um das *N*-Acetylderivat einer α-Aminosäure, des Homocysteins. Wie Cystein enthält es in der Seitenkette die Thiolgruppe, allerdings durch eine zusätzliche CH_2-Gruppe vom α-C-Atom getrennt.

Verbindung <u>3</u> ist ebenfalls ein Derivat einer α-Aminosäure; hier ist die Aminogruppe Bestandteil einer Thioharnstoffgruppe geworden, mit dem Kohlenstoff in der Oxidationsstufe +4.

<u>4</u> könnte als ein Derivat einer β-Aminosäure angesehen werden. Die Aminogruppe ist in einer Carbamatgruppe aufgegangen. Das α-C-Atom trägt die freie SH-Gruppe; im Vergleich zum Cystein fehlt allerdings eine CH_2-Gruppe.

In Verbindung <u>5</u> schließlich fehlt die Carboxylgruppe oder ein Derivat davon. Würde man die primäre Alkoholgruppe zur Carbonsäure oxidieren, hätte man die Verbindung *N,N*-Dimethylcystein.

Lösung 74   Alternative 5

Die Verbindung besitzt keine olefinische Doppelbindung, welche Brom addieren könnte. An das aromatische Ringsystem erfolgt keine Addition; es kann aber zu einer elektrophilen aromatischen Substitution unter Bildung von 4-(3-Brom-4-hydroxyphenyl)butan-2-on oder auch 4-(3,5-Dibrom-4-hydroxyphenyl)butan-2-on kommen.

Da es sich um ein Keton handelt, kann die Verbindung (wie Ketone allgemein) durch Oxidation aus einem sekundären Alkohol (4-(4-Hydroxyphenyl)butan-2-ol) entstehen.

Reduziert man die Verbindung mit einem Hydrid-Donor wie NADH, so entsteht umgekehrt der sekundäre Alkohol. Dabei wird ein Chiralitätszentrum geschaffen, so dass zwei enantiomere Alkohole entstehen können. Führt man diese Reaktion enzymatisch oder mit Hilfe sehr spezieller chiraler Hydrid-Donoren durch, so kann die Reduktion „enantioselektiv" ablaufen (eines der beiden Enantiomere entsteht bevorzugt oder sogar ausschließlich).

Phenole sind allgemein schwache Säuren, sofern sie nicht mehrere stark elektronenziehende Substituenten (z.B. Nitrogruppen) tragen. Der *para*-ständige Alkylsubstituent (vgl. Alternative 5) beeinflusst die Acidität der gegebenen Verbindung gegenüber einem unsubstituierten Phenol nur wenig; der pK_S-Wert sollte also im Bereich von 9–10 liegen.

Da die OH-Gruppe im Phenol tertiär ist und auch in *p*-Stellung keine zweite OH-Gruppe vorhanden ist (dann läge ein oxidierbares Hydrochinon vor), kann es nicht ohne Zerstörung des C-Gerüstes weiter oxidiert werden.

Lösung 75   Alternative 5

Glycerol (1,2,3-Propantriol) ist ein dreiwertiger Alkohol. Ersetzt man die OH-Gruppe in Position 2 durch einen Rest –OR, so hat man einen Ether des Glycerols. Dies ist bei der vorliegenden Verbindung Ganciclovir der Fall.

Dagegen handelt es sich bei Ganciclovir um kein Pyridin-Derivat. Pyridin ist ein aromatischer Sechsring-Heterocyclus; eine CH-Gruppe eines Benzolrings ist durch N ersetzt. Guanosin, von dem sich das Ganciclovir ableitet, ist ein sogenanntes Purin-Derivat; dabei setzt sich der Purinring aus einem Pyrimidinring (zwei N-Atome im Sechsring) und einem Imidazolring (zwei N-Atome im Fünfring) zusammen, die miteinander verschmolzen („anelliert") sind.

Das C-Atom im Sechsring, welches die Aminogruppe trägt, bildet vier Bindungen zu N-Atomen aus. Man kann diese Gruppierung, in der das C-Atom die höchstmögliche Oxidationszahl +4 aufweist, als substituierte Guanidinogruppe auffassen.

Da die C=O-Gruppe mit einer –NHR-Gruppe verknüpft ist, handelt es sich um die funktionelle Gruppe eines Carbonsäureamids und um kein Keton.

Das Molekül weist keine saure Gruppe auf. Für die Bildung eines Dianions wäre eine sehr starke Base erforderlich, die beispielsweise die beiden primären Hydroxygruppen zum entsprechenden Alkoholat deprotonieren könnte.

Bei der Reaktion von Ganciclovir zu Ganciclovirmonophosphat entsteht eine Phosphorsäureesterbindung. Erst im Di- bzw. Triphosphat liegt zusätzlich ein Phosphorsäureanhydrid vor.

Lösung 76   Alternative 5

Scopolamin und Atropin unterscheiden sich in der Summenformel: Scopolamin weist ein O-Atom mehr und zwei H-Atome weniger auf. Die beiden Verbindungen können daher keine Isomere (und folglich keine Diastereomere) sein.

Beide besitzen ein Stickstoffatom, das drei Alkylsubstituenten aufweist und sind daher tertiäre Amine. Bei der Hydrolyse von Atropin (wie auch von Scopolamin) wird die Esterbindung gespalten und es entsteht 3-Hydroxy-2-phenylpropansäure (= β-Hydroxy-α-phenylpropansäure), also eine β-Hydroxycarbonsäure.

Im Scopolamin sind gegenüber dem Atropin zwei C–H-Bindungen durch C–O-Bindungen ersetzt worden; damit sind die Oxidationszahlen beider C-Atome von –2 auf 0 gestiegen. Es handelt sich also um eine Oxidation.

Das Oxidationsprodukt ist ein Epoxid (= dreigliedriger cyclischer Ether).

Atropin weist eine primäre Alkoholgruppe auf; diese kann z.B. mit saurer $Cr_2O_7^{2-}$-Lösung zur Carbonsäure oxidiert werden.

Lösung 77 Alternative 1

Bei dem gezeigten Bromalkan (3-Brom-3-methylhexan) handelt es sich um ein tertiäres Substrat; diese können aus sterischen Gründen nicht nach dem bimolekularen Substitutionsmechanismus reagieren.

Der S_N2-Mechanismus erfordert einen Angriff des Nucleophils (hier: OH^-, vgl. Antwort 2) von der Rückseite (also der der Abgangsgruppe entgegengesetzten Seite), was bei tertiären Substraten aufgrund der sterischen Hinderung (d.h. schlechten Zugänglichkeit des C-Atoms für das Nucleophil) nicht beobachtet wird. Tertiäre Substrate reagieren deshalb nur nach dem S_N1-Mechanismus, bei dem im ersten Schritt die Abgangsgruppe das Molekül unter Bildung eines Carbenium-Ions verlässt, bevor das Nucleophil angreift.

Die Reaktion verläuft also in zwei Schritten.

Ist das reagierende C-Atom im ursprünglichen Substrat ein Chiralitätszentrum (wie in oben gezeigtem Molekül), so geht im Zuge der Substitution nach S_N1 aufgrund der Bildung des Carbenium-Ion-Intermediats (mit sp^2-hybridisiertem C-Atom!) die stereochemische Information verloren: Es tritt Racemisierung ein, d.h. die beiden möglichen Enantiomere entstehen in (mehr oder weniger) gleicher Menge. Während das Edukt definierte Stereochemie am Chiralitätszentrum aufweist, liegt das Produkt als Gemisch beider möglicher Enantiomere vor.

Die Reaktion könnte auch mit dem entsprechenden Iodalkan durchgeführt werden, da I^- sogar noch eine etwas bessere Abgangsgruppe ist, als Br^- in der gegebenen Verbindung.

Durch die Anwesenheit von Säure würde das gute Nucleophil OH^- zu H_2O protoniert, welches ein wesentlich schlechteres Nucleophil darstellt. Da die Reaktion nach dem S_N1-Mechanismus abläuft, nimmt das Nucleophil am geschwindigkeitsbestimmenden Schritt nicht teil. Die Geschwindigkeit der Reaktion würde sich daher nicht ändern; Aussage 6 ist daher richtig.

Lösung 78 Alternative 5

Drei der vorhandenen Chiralitätszentren sind leicht zu erkennen, nämlich die drei Ring-C-Atome mit den vom Fünfring ausgehenden durch Keilstrichschreibweise hervorgehobenen Bindungen. Das vierte Chiralitätszentrum ist das C-Atom, das die endständige Carboxylgruppe trägt.

Der Fünfring-Heterocyclus mit einer Carbonsäuregruppe am Stickstoff-gebundenen Ringkohlenstoff kommt in dieser Form auch in der Aminosäure Prolin vor. Hier trägt der Ring noch eine weitere Carboxylgruppe sowie die ungesättigte Seitenkette. Die Verbindung ist also ein substituiertes Prolin.

Domoinsäure besitzt drei saure Carboxylgruppen und nur eine basische Aminogruppe. Der isoelektrische Punkt (derjenige pH-Wert, bei dem die Verbindung nach außen hin netto ungeladen ist) wird also wie für alle sogenannten sauren Aminosäuren (z.B. Asparaginsäure, Glutaminsäure) bei pH < 7 liegen.

Aufgrund der beiden C=C-Doppelbindungen ist die Verbindung ein Dien. Da die beiden Doppelbindungen nicht durch ein oder mehrere sp^3-hybridisierte C-Atome getrennt (→ isolierte Doppelbindungen) und auch nicht beide von einem sp-hybridisierten C-Atom ausgehen

(→ kumulierte Doppelbindungen; vergleichsweise selten), handelt es sich um konjugierte Doppelbindungen (alle C-Atome des konjugierten Systems sind sp^2-hybridisiert).

Jede der beiden Doppelbindungen kann (in Anwesenheit eines geeigneten Katalysators) ein Mol Wasserstoff (H_2) addieren; insgesamt können pro Mol Domoinsäure also zwei Mol Wasserstoff angelagert werden.

Lösung 79   Alternative 4

Atorvastatin besitzt zwei *cis*-ständige OH-Gruppen, die für einen nucleophilen Angriff auf einen Aldehyd in Frage kommen. Durch Angriff einer der beiden OH-Gruppen entsteht zunächst als Additionsprodukt das Halbacetal. Dieses kann in Anwesenheit katalytischer Mengen von H^+-Ionen Wasser abspalten und anschließend mit der zweiten OH-Gruppe intramolekular (besonders begünstigt, zumal ein Sechsring entsteht!) zum Vollacetal reagieren. Da der zweite Reaktionsschritt intramolekular erfolgt, ist das entstehende Vollacetal cyclisch.

Atorvastatin hat eine saure Carboxylgruppe, jedoch keine basisch reagierende Gruppe. Der Stickstoff liegt in einer Amidbindung vor und weist aufgrund der effektiven Konjugation seines freien Elektronenpaars mit der Carbonylgruppe praktisch keine basischen Eigenschaften auf. Somit trägt Atorvastatin bei neutralen pH-Werten eine negative Ladung.

Beim Pyridin handelt es sich um einen aromatischen Sechsring-Heterocyclus; gegenüber dem Benzol ist eine CH-Gruppe im Ring durch ein N-Atom substituiert. Atorvastatin enthält das ebenfalls aromatische, aber fünfgliedrige Pyrrol.

Atorvastatin besitzt zwar tatsächlich zwei Chiralitätszentren; bei näherer Betrachtung und Anwendung der C/I/P-Regeln findet man jedoch, dass beide (*R*)-konfiguriert sind.

Eine saure Hydrolyse von Atorvastatin ist zwar möglich, es liegt aber eine sehr stabile Carbonsäureamidbindung vor. Die hydrolytische Spaltung dieser Bindung erfordert hohe Säurekonzentrationen, erhöhte Temperatur und lange Reaktionszeiten, erfolgt also nicht leicht. Bei der sauren Hydrolyse entsteht dann das Anilin in protonierter Form (als Anilinium-Ion).

Da Atorvastatin zwei sekundäre Hydroxygruppen aufweist (vgl. oben), ist die Verbindung relativ leicht oxidierbar. Dabei entstehen Ketogruppen, ohne dass das C-Gerüst dabei in Mitleidenschaft gezogen wird.

Lösung 80   Alternative 4

Diese Aufgabe erfordert einige Umsicht. Man erkennt aber leicht, dass Azithromycin zwei glykosidische Bindungen aufweist und der makrocyclische Ring (Lacton) durch eine Esterbindung gebildet wird. Alle drei Bindungen sind unter sauren Bedingungen hydrolysierbar. Da eine Bindungsspaltung zur Ringöffnung führt, liefert die Spaltung der drei Bindungen auch nur drei Reaktionsprodukte, nämlich die beiden Zucker und eine langkettige Polyhydroxycarbonsäure.

Eine Hydrolyse unter basischen Bedingungen öffnet zwar ebenfalls den Lactonring, die glykosidischen Bindungen sind aber im Basischen stabil und werden nicht gespalten. Da somit die einzige Spaltung intramolekular abläuft, erhält man nur ein Produkt – ein Polyhydroxy-carboxylat, an das nach wie vor die beiden Zuckerreste gebunden sind.

Durch Abzählen ermittelt man leicht die Anzahl der Ringatome (15). Darunter befinden sich zwei CH_2-Gruppen, der tertiäre Stickstoff, sowie Carbonyl-C-Atom und Sauerstoff der Estergruppe. Vier Ring-C-Atome sind also nicht chiral. Da der tertiäre Stickstoff sich nicht in einem kleinen gespannten Ring befindet und es sich auch nicht um ein Brückenkopfatom eines bicyclischen Systems handelt, unterliegt das N-Atom der Inversion und liefert daher kein Chiralitätszentrum; es verbleiben also 10 Chiralitätszentren.

Auf der Suche nach OH-Gruppen findet man am Ring zwei tertiäre Hydroxygruppen (nicht oxidierbar) und eine sekundäre. Jeder der beiden Zuckerreste enthält zusätzlich eine weitere sekundäre Alkoholgruppe; es können also insgesamt drei OH-Gruppen (zur Ketogruppe) oxidiert werden.

Die beiden tertiären Aminogruppen sind relativ einfach zu finden. Eine davon befindet sich im Makrocyclus, die andere als Substituent am oberen der beiden Zuckerreste.

In Umkehrung der Öffnung des Rings handelt es sich beim Ringschluss um eine intramolekulare Veresterung. Die daran beteiligte Alkoholgruppe ist sekundär. Allgemein werden Alkohole bei der Bildung eines Esters acyliert (mit einem Acylrest, RCO–, versehen). Es ist daher richtig, bei der Bildung von Azithromycin aus der offenkettigen Verbindung von einer intramolekularen Acylierung einer sekundären OH-Gruppe zu sprechen.

Lösung 81   Alternative 5

Die Verbindungen **3** und **4** besitzen jeweils zwei Ketogruppen, eine OH-Gruppe, sowie eine C=C-Doppelbindung. Beide Verbindungen haben die gleiche Summenformel und sind daher Isomere. Auch **5** ist ein Isomeres zu **3** und **4**. Ein Vergleich von **3** und **6** zeigt rasch, dass letztere Verbindung anstelle einer Ketogruppe in **3** eine Hydroxygruppe und damit zwei H-Atome mehr aufweist. Verbindung **6** ist daher keine zu **3** und **4** isomere Verbindung.

Die Umwandlung von **1** in **2** erfordert die Umwandlung einer Hydroxygruppe in eine Ketogruppe, also eine Oxidation.

In Verbindung **3** ist gegenüber **2** ein H-Atom durch eine sekundäre Alkoholgruppe ersetzt; die Umwandlung von **2** in **3** erfordert somit eine Hydroxylierung.

Alle Verbindungen können als Carbonylverbindungen bezeichnet werden; sie besitzen mindestens eine Ketogruppe. Außer in Verbindung **4** bildet jeweils ein der Carbonylgruppe an C-3 benachbartes α-C-Atome eine C=C-Doppelbindung aus; es handelt sich also um α,β-ungesättigte Carbonylverbindungen.

Die Verbindungen **5** und **6** unterscheiden sich nur an C-Atom 17: **5** trägt hier eine Ketogruppe, **6** eine OH-Gruppe. Eine Umwandlung von **5** in **6** ist daher durch eine Reduktion an C-17 möglich. Soll dabei die zweite Ketogruppe an C-3 nicht ebenfalls reduziert werden, müssen hierfür spezielle Reagenzien und Kniffe eingesetzt werden.

Im Methenolon-Acetat ist die OH-Gruppe an C-17 mit einem Acetylrest verestert. Spaltet man diese Esterbindung hydrolytisch, erhält man daher die Verbindung **1** mit der freien OH-Gruppe.

Lösung 82   Alternative 4

Die Verbindung besitzt nur eine hydrolysierbare Gruppe – das Vollketal. Dieses ist jedoch unter basischen Bedingungen stabil, nur unter Säurekatalyse wird es zum Halbketal und einem Alkohol gespalten. Das Halbketal könnte dann zum Keton und einem weiteren Alkohol hydrolysiert werden, wodurch der zweite Ring geöffnet würde.

Gitogenin weist drei sekundäre Alkoholgruppen auf. Diese können unter Säurekatalyse als Wasser eliminiert werden. Dabei entstünden drei Doppelbindungen, somit ein Trien.

Alle drei sekundären Alkoholgruppen lassen sich alternativ mit einem geeigneten Oxidationsmittel wie $Cr_2O_7^{2-}$ zu Ketogruppen oxidieren; man erhält dabei folglich ein Triketon.

Bei einer säurekatalysierten Spaltung eines Glykosids erhält man den Zuckeranteil sowie einen Alkohol. Letzterer „Nicht-Zuckeranteil" wird auch als Aglykon bezeichnet. Da die gegebene Verbindung mehrere OH-Gruppen enthält, könnte sie aus verschiedenen Glykosiden durch säurekatalysierte Spaltung hervorgehen.

Zwei der OH-Gruppen (am linken Sechsring) stehen an benachbarten C-Atomen. Sie können – sofern *cis*-ständig – mit einem Aldehyd wie z.B. Methanal in zwei Schritten zu einem Vollacetal reagieren. Dabei entstünde ein weiterer Fünfring.

Da Gitogenin keine Doppelbindung aufweist, ist keine Addition von Brom möglich. Eine radikalische Substitution, die ebenfall zu einer Entfärbung einer Brom-Lösung führen könnte, käme nur bei einer Bestrahlung mit UV-Licht (oder einer anderen Methode zur Bildung von Br-Radikalen) in Betracht.

Zusatzbemerkung: vgl. Lösung 65

Lösung 83   Alternative 4

Die Verbindung enthält eine (schwach) basisch reagierende tertiäre aromatische Aminogruppe. Das zweite (sekundäre) N-Atom ist acyliert, liegt also als Amid vor. Wegen der Konjugation des freien Elektronenpaars am Stickstoff mit der Carbonylgruppe weist diese Gruppe in wässriger Lösung praktisch keine basischen Eigenschaften auf.

Bei der gezeigten Verbindung handelt es sich um einen cyclischen Ester, also ein Lacton.

Neben der Esterbindung, deren Hydrolyse zur Öffnung des Rings führt, kann auch die Amidbindung unter basischen Bedingungen hydrolysiert werden; allerdings sind hierfür recht drastische Reaktionsbedingungen erforderlich. Die Hydrolyse kann auch im Sauren erfolgen. Dann entsteht bei der Spaltung der Amidbindung 2-Iodessigsäure.

Das Iodatom ist an ein primäres C-Atom gebunden; es handelt sich also um ein primäres Halogenalkan. Durch die benachbarte Carbonylgruppe wird die Elektrophilie der CH_2-Gruppe noch gesteigert, so dass leicht eine nucleophile Substitution unter Abspaltung von I^- erfolgen kann. Da das Substrat primär ist, läuft die Reaktion nach dem S_N2-Mechanismus ab.

Das ausgedehnte aromatische π-Elektronensystem zusammen mit der Elektronendonorgruppe $(C_2H_5)_2N-$ führt dazu, dass relativ langwelliges (energiearmes) Licht für eine elektronische Anregung ausreichend ist und die Verbindung im sichtbaren Spektralbereich absorbiert.

Lösung 84   Alternative 5

Nur Ofloxacin besitzt ein Chiralitätszentrum (das Ring-C-Atom, welches die Methylgruppe trägt) und ist somit chiral. Ciprofloxacin weist aufgrund der Symmetrie des Cyclopropan- sowie des heterocyclischen Sechsrings keine Chiralitätszentren auf. Inzwischen wird die tatsächlich wirksame (*S*)-Form aus dem Racemat Ofloxacin als Levofloxacin (Tivanik®) in den Handel gebracht.

Das α-C-Atom bezogen auf die Carboxylgruppe ist das doppelt gebundene C-Atom im Ring; die Carbonylgruppe befindet sich am nächsten, also dem β-C-Atom. Somit ist die Bezeich- nung als β-Ketocarbonsäure korrekt.

Zwei der drei Stickstoffatome im Ciprofloxacin (ebenso im Ofloxacin) sind direkt an den (aromatischen) Benzolring gebunden; es handelt sich demnach um aromatische Aminogrup- pen.

Der Sauerstoff im heterocyclischen Sechsring ist ebenfalls direkt an den Aromaten gebunden. Er ist offensichtlich Bestandteil eines Ringsystems und liefert die funktionelle Gruppe eines Ethers.

Beide Verbindungen besitzen eine saure Carboxylgruppe sowie eine aliphatische (stärker basische; $pK_B \approx 4$) und zwei aromatische (recht schwach basische; $pK_B \approx 10$) Aminogruppen. Bei neutralen pH-Bedingungen ist jeweils die Carboxylgruppe deprotoniert und die aliphati- sche Aminogruppe protoniert; es liegt somit ein Zwitterion vor.

Die unterschiedliche Basizität der beiden N-Atome beruht darauf, dass eines von ihnen direkt an den Aromaten gebunden ist ($\rightarrow$ Konjugation des freien Elektronenpaars am N mit dem π-Elektronensystem), während das andere ein aliphatisches Amin ist, dessen Elektronenpaar keiner Mesomerie unterliegt.

Lösung 85   Alternative 4

Lactame sind cyclische Carbonsäureamide. Hier liegt ein cyclischer Ester, ein sogenanntes Lacton, vor.

Warfarin enthält eine Hydroxygruppe, die an eine C=C-Doppelbindung gebunden ist. Die Gruppierung ist als Enol zu bezeichnen. Sie steht in einem Tautomeriegleichgewicht mit dem entsprechenden Keton. Während im Allgemeinen das Gleichgewicht recht weit auf Seiten der Ketoform liegt, ist in derartigen Cumarin-Derivaten die Enolform begünstigt. Die C=C-Doppelbindung ist hier sowohl mit dem aromatischen Ring als auch mit der Carbonylgruppe des Esters konjugiert; diese ausgedehnte Delokalisierung der π-Elektronen führt zur Stabili- sierung der Enolform.

Warfarin besitzt ein Chiralitätszentrum – das C-Atom, welches den Phenylrest trägt. Die Ver- bindung kommt daher in Form von zwei Enantiomeren vor.

Die Esterbindung im Warfarin kann, wie Esterbindungen allgemein, hydrolysiert werden. Führt man die Hydrolyse im Sauren durch, so erhält man als neue funktionelle Gruppen im Produkt eine phenolische OH-Gruppe und eine Carboxylgruppe. Erstere verhält sich schwach, letztere deutlich saurer.

Der Phenylrest im Warfarin kommt für eine elektrophile aromatische Substitution in Frage. In Anwesenheit von Br_2 und einer Lewis-Säure wie $FeBr_3$ als Katalysator (zur Erhöhung der Elektrophilie des Broms) kommt es zu einer elektrophilen aromatischen Substitution. Dabei wird ein H^+-Ion vom Aromaten abgespalten, so dass zusammen mit dem verbliebenen Br^--Ion HBr frei wird.

Lösung 86   Alternative 3

Die Verbindung weist kein C-Atom mit vier verschiedenen Substituenten, also kein Chiralitätszentrum auf. Da auch keine anderen Strukturmerkmale, wie z.B. Helizität, vorhanden sind, die Chiralität bedingen, ist die Verbindung achiral.

Meloxicam enthält eine OH-Gruppe, die an eine C=C-Doppelbindung gebunden ist und liegt daher als Enol vor. Während bei einfachen Enolen i.A. die Tautomerisierung zum Keton stark begünstigt ist, ermöglicht hier die Enolform die Ausbildung eines ausgedehnten konjugierten π-Elektronensystems, das sich vom Benzolring über Enol und Amidbindung bis zum fünfgliedrigen Heterocyclus erstreckt.

Meloxicam enthält die für Sulfonsäureamide typische funktionelle Gruppe $-SO_2NR_2$, die hier in einen Ring eingebaut ist. Es liegt daher ein cyclisches Sulfonsäureamid vor.

Sowohl die Sulfonsäureamid- als auch die Carbonsäureamidbindung lassen sich – wenn auch nur unter recht drastischen Reaktionsbedingungen – hydrolysieren; es sind damit zwei hydrolysierbare Bindungen vorhanden.

Der Fünfring ist ein sogenannter Thiazolring. Der Schwefel besitzt noch zwei freie Elektronenpaare; eines davon kann zum aromatischen π-Elektronensystem beitragen.

Hydrolysiert man die Sulfonsäureamidbindung, so erhält man eine aromatische Sulfonsäure (bzw. deren Anion).

Lösung 87   Alternative 5

Captopril enthält eine saure Carboxylgruppe, die bei pH-Werten oberhalb von 4 überwiegend deprotoniert vorliegt, jedoch keine basische Gruppe. Das freie Elektronenpaar am Stickstoff ist in der Amidbindung mit der Carbonylgruppe konjugiert und steht aufgrund der Mesomerie kaum für die Bindung eines Protons zur Verfügung. Die Verbindung liegt daher im mäßig sauren bis basischen Bereich als Anion vor; bei hohen pH-Werten sogar als Dianion, da auch die SH-Gruppe bei höheren pH-Werten deprotoniert wird.

Captopril ist ein Amid, wobei die 3-Mercapto-2-methylpropansäure mit der Aminosäure *L*-Prolin verknüpft vorliegt. Entsprechend könnte die Verbindung aus *L*-Prolin und einem reaktiven Carbonsäure-Derivat (mit temporär geschützter SH-Gruppe) synthetisiert werden.

Aufgrund der freien SH-Gruppe könnte Captopril (analog der Aminosäure Cystein) zu einem Disulfid oxidiert werden.

Captopril weist zwei Chiralitätszentren auf; beide besitzen (S)-Konfiguration. Zu diesem existiert demnach ein Enantiomer, in dem beide Chiralitätszentren (R)-Konfiguration besitzen, sowie zwei Diastereomere mit (S,R)- bzw. (R,S)-Konfiguration.

Die freie SH-Gruppe ist ein gutes Nucleophil und kann daher z.B. mit einem Säureanhydrid oder einem Säurechlorid zu einem Thioester reagieren.

Lösung 88   Alternative 4

Drei der vier Ringe des kondensierten Ringsystems enthalten nur sp^2-hybridisierte C-Atome; diese C-Atome liegen alle in einer Ebene. Der rechte der vier Ringe hat dagegen drei sp^3-hybridisierte C-Atome und ist somit nicht planar.

Der untere zuckerartige Ring ist über eine glykosidische Bindung an das Vierringgerüst gebunden. Es liegt also ein Vollacetal vor. Dieses kann unter sauren Bedingungen hydrolysiert werden, wodurch der aminosubstituierte Ring vom Rest des Moleküls abgespalten wird.

Unter einem Chinon versteht man ein cyclisch konjugiertes Sechsringsystem mit zwei Carbonylgruppen an den Positionen 1 und 4 (oder 1 und 2). Der zweite Sechsring von links im Epirubicin besitzt eine solche chinoide Struktur.

In der Seitengruppe des Ringsystems benachbart zur Carbonylgruppe befindet sich eine primäre Alkoholgruppe, die zur Carbonsäure oxidiert werden kann. Zusammen mit der benachbarten Ketogruppe hat man damit eine α-Ketocarbonsäure.

Epirubicin weist mehrere OH-Gruppen auf, die als H-Donoren für eine Wasserstoffbrücke fungieren können, z.B. an dem dritten Ring von links, der ein Hydrochinon darstellt. Diese können z.B. mit den beiden Carbonyl-O-Atomen (als H-Brücken-Akzeptoren) des benachbarten Chinonrings intramolekulare Wasserstoffbrücken bilden.

Lösung 89   Alternative 5

Indapamid besitzt zwar eine Carbonylgruppe, diese ist aber Bestandteil der funktionellen Gruppe eines Carbonsäureamids (genauer: eines Carbonsäurehydrazids). Daher wird bei einer Reduktion kein sekundärer Alkohol erhalten.

Indol besteht aus einem Benzolring, der mit einem Pyrrolring kondensiert ist. In der vorliegenden Verbindung ist eine Doppelbindung des Indolrings (benachbart zum N-Atom) hydriert.

Das dem Ringstickstoff benachbarte C-Atom weist vier verschiedene Substituenten auf, es handelt sich demnach um ein Chiralitätszentrum. Da keine Symmetrieebene vorhanden ist, ist Indapamid chiral.

Der Benzolring trägt als Substituent eine SO$_2$NH$_2$-Gruppe, die ein Sulfonamid charakterisiert. Sulfonamide werden ebenso wie Carbonsäureamide durch wässrige Base unter drastischen Reaktionsbedingungen hydrolysiert. Dabei wird im vorliegenden Fall (ein primäres Sulfonamid) Ammoniak freigesetzt. Die zweite hydrolysierbare Bindung ist die Amidbindung zwischen der CO- und der NH-Guppe.

Unter einer Sulfonierung versteht man die Einführung einer Sulfonsäuregruppe (–SO$_3$H). Dies gelingt über eine elektrophile aromatische Substitution an Aromaten. Sulfonsäuren sind relativ starke Säuren (pK_S-Werte um 1); sie liegen daher im physiologischen pH-Bereich vollständig dissoziiert vor. Dadurch erhält das Molekül eine stark polare Gruppe mit einer negativen Ladung, wodurch sich die Hydrophilie (und damit die Wasserlöslichkeit) erheblich erhöht.

Lösung 90   Alternative 4

Als einziges potentielles Chiralitätszentrum fällt auf den ersten Blick das C-Atom, das die tertiäre Hydroxygruppe trägt, auf. Aufgrund des 1,4-Substitutionsmusters des Stickstoffhaltigen Rings (ein substituierter Piperidinring) existiert durch dieses C-Atom und das N-Atom eine Symmetrieebene; Haloperidol ist daher achiral.

Haloperidol besitzt keine Aldehydgruppe, sondern eine Ketogruppe.

Eine Oxidation zum Diketon ist nicht möglich, weil die Hydroxygruppe tertiär und nicht sekundär ist.

Der linke aromatische Ring trägt ein Fluoratom und eine –COR-Gruppe als Substituenten. Beide verringern die Elektronendichte im Benzolring und wirken daher desaktivierend. Die beiden Substituenten des rechten aromatischen Rings sind weniger stark desaktivierend; verglichen mit Benzol ist die Reaktivität gegenüber Elektrophilen aber ebenfalls verringert.

Haloperidol besitzt eine basische tertiäre Aminogruppe, aber keine saure Gruppe. In neutraler wässriger Lösung liegt Haloperidol daher überwiegend protoniert vor.

Der Stickstoff im Haloperidol ist sp^3-substituiert.

Lösung 91   Alternative 3

Die vierfach substituierte Doppelbindung ist tatsächlich Z-konfiguriert. Hier besitzt die COOH-Gruppe höhere Priorität als der Alkylrest und das Fünfring-C-Atom, welches die OCOCH$_3$-Gruppe trägt, aufgrund des gebundenen Sauerstoffs höhere Priorität als der tertiäre Kohlenstoff auf der gegenüberliegenden Seite der Doppelbindung. Die zweite Doppelbindung im Alkylsubstituenten trägt an einem doppelt gebundenen C-Atom zwei identische Methylsubstituenten; eine Z/E-Klassifizierung ist somit nicht möglich.

Fusidinsäure weist zwei (axialständige) sekundäre Hydroxygruppen auf. Diese können jeweils, z.B. mit $Cr_2O_7^{2-}$, zu einer Ketogruppe oxidiert werden, so dass man ein Diketon erhält.

Zwei der drei Sechsringe liegen in der Sesselkonformation; der mittlere dagegen in der Bootkonformation vor. Alle Ringe weisen *trans*-Verknüpfung auf.

An den Fünfring gebunden ist eine Estergruppe. Wird diese unter Abspaltung von Essigsäure hydrolysiert, erhält man eine sekundäre Alkoholgruppe. Diese kommt für einen nucleophilen Angriff an die Carboxylgruppe in Frage, wobei es zur Ausbildung eines 5-gliedrigen cyclischen Esters (eines γ-Lactons) käme. Aufgrund der Doppelbindung im Ring wäre aber mit signifikanter Ringspannung zu rechnen, so der der Ringschluss in diesem Beispiel möglicherweise wenig begünstigt ist.

Fusidinsäure enthält eine sauer reagierende Carboxylgruppe, die bei höheren pH-Werten deprotoniert vorliegt. Durch das Vorliegen einer negativen Ladung steigt die Polarität des Moleküls und die Wasserlöslichkeit verbessert sich.

Lösung 92   Alternative 5

Der aromatische Fünfring mit zwei Stickstoffatomen an den Positionen 1 und 3 wird als Imidazol bezeichnet. Im vorliegenden Beispiel sind alle drei C-Atome des Rings sowie das nicht doppelt gebundene N-Atom substituiert; Losartan kann also als mehrfach substituiertes Imidazol-Derivat bezeichnet werden.

Die Verbindung ist ein Salz mit einer negativen Ladung im Tetrazolring und Kalium als Gegenion. Von einem Zwitterion spricht man, wenn innerhalb eines Moleküls (nicht eines Salzes) positiv und negativ geladene Gruppen vorliegen.

Als Chiralitätszentren kommen nur sp^3-hybridisierte Atome in Frage; keines dieser C-Atome besitzt aber vier unterschiedliche Substituenten. Losartan besitzt kein Chiralitätszentrum und ist achiral.

Das Molekül enthält eine oxidierbare primäre Hydroxygruppe; diese kann zu einem Aldehyd oder einer Carbonsäure, nicht aber zu einem Keton oxidiert werden.

Bei beiden Heterocyclen handelt es sich um aromatische Systeme, d.h. es liegt ein konjugiertes, delokalisiertes π-Elektronensystem vor. Voraussetzung dafür ist, dass alle Ringatome sp^2-hybridisiert sind und sich mit einem p_z-Orbital am π-Elektronensystem beteiligen können. Ein sp^3-hybridisiertes Stickstoffatom würde das konjugierte System unterbrechen und die Aromatizität verhindern.

Lösung 93   Alternative 4

Während die Atome des Fünfrings alle in einer Ebene liegen, enthält der Sechsring zwei sp^3-substituierte (tetraedrisch konfigurierte) C-Atome. Die Verbindung als Ganzes kann daher nicht planar sein.

Die Doppelbindung im Fünfring ist *E*-konfiguriert. An dem C-Atom, das beiden Ringen angehört, besitzt das Nachbar-C-Atom, das an zwei Sauerstoffatome gebunden ist, höhere Priorität. Die Doppelbindung im Sechsring ist offensichtlich ebenfalls *E*-konfiguriert; die jeweiligen Substituenten mit der höheren Priorität sind der Sauerstoff des Fünfrings und die CH$_2$OR-Gruppe.

Patulin enthält die funktionelle Gruppe HCR(OR)(OH). Da der Rest OR in den Ring eingebettet ist, handelt es sich um ein cyclisches Halbacetal.

Halbacetale werden leicht oxidiert; durch Oxidation der OH-Gruppe erhält man eine weitere Lactongruppe zu der bereits im Fünfring vorliegenden hinzu.

Hydrolysiert man den cyclischen Ester im Fünfring, so erhält man eine α,β-ungesättigte Carbonsäuregruppe und eine an der C=C-Doppelbindung des Sechsrings ständige Hydroxygruppe, also ein Enol. Dieses Enol tautomerisiert leicht zum entsprechenden Keton, das im Gleichgewicht mit dem Enol überwiegen dürfte.

Patulin besitzt genau ein chirales C-Atom; dieses trägt die OH-Gruppe. Die Verbindung existiert daher als ein Paar von Enantiomeren.

Lösung 94   Alternative 4

Kennzeichnend für ein Glykosid ist eine Vollacetalbindung zwischen einem Zucker und einem Alkohol. Bei dem Cyclohexanring handelt es sich um kein Zuckermolekül in der Pyranoseform (es fehlt in jedem Fall der charakteristische Ringsauerstoff); somit liegt auch kein Vollacetal vor.

Fumagillin enthält eine Methoxygruppe sowie zwei cyclische (Dreiring)-Ether (Oxirane). Insgesamt ist also die funktionelle Gruppe eines Ethers (R–O–R) dreimal vorhanden.

Die Verbindung enthält vier konjugierte C=C-Doppelbindungen, die zudem mit der Estergruppe auf der einen und mit der Carboxylgruppe auf der anderen Seite der ungesättigten Kohlenstoffkette in Konjugation stehen. Das π-Elektronensystem erstreckt sich damit über 10 C-Atome, ist also recht ausgedehnt, so dass davon ausgegangen werden kann, dass die Verbindung im sichtbaren Spektralbereich absorbiert.

Etherbindungen sind i.A. nur schwer und unter speziellen Reaktionsbedingungen hydrolysierbar; eine Ausnahme bilden aufgrund der Ringspannung die Oxirane, die sowohl in saurer wie in basischer Lösung relativ leicht durch Angriff eines Nucleophils (H$_2$O bzw. OH$^-$) geöffnet werden können. Spaltet man die Esterbindung im Molekül, erhält man als ein Produkt die 4-fach ungesättigte all-*trans*-Decatetraendisäure.

Die vier konjugierten Doppelbindungen sind alle *trans*-(*E*)-konfiguriert. Die verbleibende nicht-konjugierte Doppelbindung trägt an einem C-Atom der Doppelbindung zwei (identische) Methylgruppen. Somit ist für diese Doppelbindung keine Entscheidung zwischen *Z*- und *E*-Form möglich.

Fumagillin könnte durch Knüpfung der Esterbindung aus der erwähnten Dicarbonsäure und dem entsprechenden Cyclohexanol-Derivat entstehen. Letzteres ist auch Bestandteil im TNP-470, nur dass hier kein Ester sondern ein substituiertes Carbamat gebildet wird.

Lösung 95   Alternative 3

Die Verbindung weist kein Chiralitätszentrum auf. Da auch keine anderen Strukturelemente vorliegen (z.B. Helizität, gehinderte Rotation um Einfachbindungen, wie z.B. bei *o,o*-disubstituierten Biphenylen), ist Olomoucin achiral.

Unter Purin versteht man das bicyclische heteroaromatische Grundgerüst, in dem ein Pyrimidin- und ein Imidazolring miteinander verschmolzen sind. Dieses Grundgerüst ist in vorliegendem Molekül an drei Positionen substituiert.

Olomoucin enthält insgesamt sechs Stickstoffatome mit freien Elektronenpaaren, die alle mehr oder weniger ausgeprägt basische Eigenschaften aufweisen.

Für die Ausbildung einer glykosidischen Bindung mit der Halbacetalgruppe eines Monosaccharids ist eine OH- oder NH-Gruppe geeignet; entsprechend entsteht (in beiden Fällen unter Wasserabspaltung) eine *O*-glykosidische bzw. *N*-glykosidische Bindung. Olomoucin enthält sowohl eine primäre Hydroxygruppe als auch sekundäre Aminogruppen, so dass beide Typen einer glykosidischen Bindung gebildet werden können.

Das C-Atom im Pyrimidinring, welches ausschließlich an N-Atome gebunden ist, besitzt die höchstmögliche Oxidationsstufe +4.

Ethanolamin ist $HO–CH_2–CH_2–NH_2$. Im vorliegenden Fall ist eines der beiden H-Atome am Stickstoff durch den aromatischen Heterocyclus substituiert; man kann also von einem substituierten Ethanolamin sprechen.

Lösung 96   Alternative 2

Oleocanthal besitzt zwei Aldehydgruppen; diese lassen sich durch milde Oxidationsmittel leicht zu Carboxylgruppen oxidieren. Dadurch entsteht eine Dicarbonsäure. Durch eine anschließende Hydrolyse der Estergruppe wird eine dritte Carboxylgruppe freigesetzt.

Ibuprofen besitzt eine sauer reagierende Carboxylgruppe ($pK_S \approx 5$), während sich im Oleocanthal zwei Aldehydgruppen, eine Estergruppe und eine phenolische OH-Gruppe finden. Von diesen besitzt nur die OH-Gruppe schwach saure Eigenschaften ($pK_S \approx 10$), so dass für das Ibuprofen der stärker saure Charakter zu erwarten ist.

Nur das Oleocanthal weist eine an den Aromaten gebundene OH-Gruppe auf und ist somit als Phenol zu bezeichnen; Ibuprofen besitzt gar keine Hydroxygruppen.

Oleocanthal weist ein Chiralitätszentrum an dem C-Atom auf, welches die Estergruppe trägt. Auch Ibuprofen besitzt ein chirales C-Atom, nämlich das zur Carboxylgruppe α-ständige C-Atom, an das die Methylgruppe gebunden ist. Es sind also beide Verbindungen chiral.

Oleocanthal besitzt, wie erwähnt, die hydrolysierbare Esterbindung; im Ibuprofen ist dagegen keine hydrolysierbare Bindung vorhanden.

Im Ibuprofen sind, im Gegensatz zum Oleocanthal, auch keine olefinischen C=C-Doppelbindungen vorhanden. Daher addiert nur das Oleocanthal Brom. Beide Verbindungen könnten aber mit Brom in einer elektrophilen Substitution reagieren, wobei für das etwas weniger reaktive Ibuprofen wahrscheinlich Katalyse durch eine Lewis-Säure erforderlich wäre.

Lösung 97   Alternative 4

Die zentrale (*trans*-konfigurierte) Doppelbindung kommt durch seitliche Überlappung von zwei p_z-Orbitalen zustande. Für eine Isomerisierung zur *cis*-Verbindung müsste diese π-Bindung gebrochen werden. Die hierfür nötige Energie kann bei Raumtemperatur allein durch thermische Energie nicht aufgebracht werden; C=C-Doppelbindungen sind daher konfigurationsstabil.

Resveratrol weist drei OH-Gruppen auf; diese können mit Carbonsäuren (oder besser: reaktiven Carbonsäure-Derivaten) verestert werden (Acylierung).

Die phenolischen OH-Gruppen zeigen schwach saure Eigenschaften. Während aliphatische Alkohole in wässriger Lösung praktisch nicht dissoziieren, sind die Phenole schwache Säuren, da das entstehende Anion (Phenolat-Ion) aufgrund des aromatischen Rings effektiv mesomeriestabilisiert wird.

Alle C-Atome sind an Doppelbindungen beteiligt und besitzen jeweils drei Bindungspartner; sie sind sp^2-hybridisiert.

Resveratrol besitzt eine olefinische Doppelbindung sowie mit Elektronendonorgruppen substituierte aromatische Ringe. Die olefinische C=C-Bindung reagiert in einer elektrophilen *trans*-Addition mit Brom, während an den Aromaten eine elektrophile aromatische Substitution stattfinden kann.

In Glykosiden sind die Halbacetalgruppen von Zuckern mit alkoholischen OH-Gruppen zu einem Vollacetal verknüpft. Alle drei OH-Gruppen im Resveratrol könnten prinzipiell über eine glykosidische Bindung mit einem Zucker verknüpft sein.

Lösung 98   Alternative 1

Imidazol ist ein aromatischer fünfgliedriger Heterocyclus mit zwei Stickstoffatomen an den Positionen 1 und 3. Ein derartiger Ring ist im Flumazenil mit dem 7-gliedrigen Lactamring anelliert.

Flumazenil weist zwei hydrolysierbare Bindungen auf; da bei Spaltung einer der beiden Bindungen jedoch ein Ring geöffnet wird, entstehen nur zwei neue Verbindungen. Neben der Amidbindung, deren Spaltung zur Ringöffnung führt, setzt die Spaltung des Esters Ethanol frei.

Lactone sind cyclische Ester; hier liegt dagegen ein cyclisches Amid, ein Lactam, vor.

Ein sekundäres Amid weist am Amid-Stickstoff noch ein H-Atom auf. Das vorliegende (cyclische) Amid ist tertiär.

Die höchstmögliche Oxidationsstufe des Kohlenstoffs ist +4. Sie liegt vor, wenn ein C-Atom nur mit elektronegativen Heteroatomen verknüpft ist. In der gegebenen Verbindung weist jedes C-Atom mindestens eine C–C-Bindung auf, so dass die maximale Oxidationsstufe (der beiden Carbonylkohlenstoffe) +3 beträgt.

$NaHCO_3$ ist eine schwache Base; es reagiert mit Carbonsäuren unter Freisetzung von CO_2. Flumazenil weist keine saure Gruppe auf, so dass keine Reaktion mit $NaHCO_3$ beobachtet wird.

Lösung 99   Alternative 4

An den 5-gliedrigen aromatischen Heterocyclus ist eine Carbonsäureamidgruppe gebunden. Es liegt ein primäres Amid vor. In primären Aminen ist die NH_2-Gruppe immer an einen Alkyl- oder Arylrest, nicht aber an einen Acylrest gebunden.

Ribavirin leitet sich von der Ribose (einer Pentose) ab, kann also als Ribose-Derivat bezeichnet werden, vgl. unten.

Allgemein entstehen Nucleotide durch Veresterung der primären OH-Gruppe an C-5 eines Nucleosids mit Phosphorsäure. Dies ist auch für das gezeigte Ribavirin möglich. Auch die sekundären OH-Gruppen an C-2 bzw. C-3 der Ribose könnten mit Phosphorsäure zu Phosphorsäureestern reagieren.

Ribavirin ist ein *N*-Glykosid der Ribose. Es entstand durch Reaktion der OH-Gruppe des Halbacetals an C-1 der Ribose mit der sekundären Aminogruppe des Heterocyclus.

Der Ribosering trägt zwei *cis*-ständige sekundäre Hydroxygruppen. Davon kann zunächst eine mit einem Aldehyd wie Methanal zum Halbacetal reagieren, aus dem durch einen intramolekularen Angriff der zweiten Hydroxygruppe unter (säurekatalysierter) Abspaltung von Wasser das Vollacetal entstehen kann.

Ribavirin weist eine Carbonsäureamidgruppe auf, die unter stark sauren (oder basischen) Bedingungen hydrolysiert werden kann. Bei saurer Hydrolyse wird dabei der frei werdende Ammoniak zum Ammonium-Ion protoniert.

Lösung 100   Alternative 6

Während die Ethergruppe im Sechsring kaum reaktiv ist, weist der Dreiring-Ether (Epoxid; Oxiran) aufgrund der Ringspannung vergleichsweise hohe Reaktivität auf. So kommt es beispielsweise leicht zu einem nucleophilen Angriff unter Ringöffnung; eine Reaktion, die für cyclische Ether größerer Ringgrößen kaum eine Rolle spielt.

Nivalenol besitzt drei sekundäre Hydroxygruppen und eine primäre, die oxidiert werden können. Wird die primäre OH-Gruppe vollständig bis zur Carbonsäure oxidiert, ergibt sich zusammen mit der bereits vorhandenen Ketogruppe eine Tetraoxocarbonsäure.

Da die beiden H-Atome an den Brückenkopfatomen (= denjenigen C-Atomen, die beiden Ringen gemeinsam sind), *cis*-ständig sind (schwarzer Keil kennzeichnet Orientierung nach oben), sind auch die beiden Ringe *cis*-verknüpft.

Der Dreiring mit einem Ringsauerstoff wird als Epoxid bezeichnet; im Vergleich zu normalen Ethern weist diese Gruppierung aufgrund der Ringspannung hohe Reaktivität auf.

Nivalenol besitzt eine Ketogruppe; diese kann mit einem Hydrid-Donor wie $NaBH_4$ zu einer Hydroxygruppe reduziert werden. Durch den Angriff von H^- am Carbonyl-C-Atom entsteht dabei ein neues Chiralitätszentrum. Durch die Wahl spezieller Reduktionsmittel kann man versuchen, diese Reduktion stereoselektiv zu gestalten, so dass eines der beiden Enantiomere im Überschuss oder gar ausschließlich entsteht.

Da im Nivalenol weder Carboxylgruppen (oder andere deutlich saure Gruppen) noch basische Aminogruppen (oder andere basische Gruppen) vorhanden sind, verhält sich die Verbindung in wässriger Lösung weitgehend neutral.

Kapitel 10

Lösungen zu den Multiple Choice Aufgaben (Mehrfachauswahl)

Lösung 101   2, 5, 6, 7, 8

Eine Verknüpfung zweier Glucose-Monomere kann über verschiedene OH-Gruppen erfolgen; so entsteht beispielsweise eine 1→1-, eine 1→4- oder eine 1→6-glykosidische Bindung. Weitere Möglichkeiten sind denkbar. Da sich die entstehenden Disaccharide in der Verknüpfung der Atome unterscheiden, handelt es sich um Konstitutionsisomere.

Eine 1→1-Verknüpfung der beiden Halbacetalgruppen zweier Glucose-Monomere ergibt ein nicht-reduzierendes Disaccharid, da dieses keine (reduzierend wirkende) Halbacetalgruppe mehr enthält. Andere Verknüpfungen (z.B. 1→4-glykosidisch wie in Maltose) ergeben reduzierende Disaccharide.

Eine 1→4-Verknüpfung kann α- oder β-glykosidisch erfolgen. Die beiden entstehenden Disaccharide (Maltose bzw. Cellobiose) sind Diastereomere und unterscheiden sich folglich in ihren physikalischen Eigenschaften wie z.B. dem spezifischen Drehwinkel.

Bei einer säurekatalysierten Hydrolyse eines Acetals bildet sich intermediär ein mesomeriestabilisiertes Oxocarbenium-Ion mit sp^2-hybridisiertem C-Atom. In diesem Oxocarbenium-Ion ist die ursprüngliche Information bezüglich der Orientierung der glykosidischen Bindung (α bzw. β) verloren gegangen. Es entsteht daher in beiden Fällen ein Gemisch aus α- und β-Glucose.

Bei Ausbildung einer glykosidischen Bindung entsteht die funktionelle Gruppe eines Acetals durch Angriff einer OH-Gruppe auf das cyclische Halbacetal.

Da Glucose, Mannose und Galaktose isomere Hexosen sind, d.h. die gleiche Summenformel aufweisen, gilt dies auch für das entstehende Disaccharid.

Durch unterschiedliche Verknüpfung können aus Glucose mehrere konstitutionsisomere und diastereomere Disaccharide entstehen; diese haben entsprechend auch unterschiedliche physikalische Eigenschaften, wie z.B. Schmelzpunkte.

Die Klassifikation als D- oder L-Zucker ist abhängig von der Konfiguration an demjenigen Chiralitätszentrum (bei Glucose ist das C-5), das am weitesten entfernt ist vom höchstoxidierten C-Atom (C-1). Die Art der Verknüpfung zweier Monomere ändert nichts an der Konfiguration an diesem C-Atom.

Disaccharide werden bereits von verdünnten wässrigen Säuren relativ rasch hydrolysiert. Die angegebenen Bedingungen sind für die Hydrolyse von Peptidbindungen erforderlich.

Enzyme sind aufgrund ihrer 3-D-Struktur in der Lage, zwischen zwei enantiomeren bzw. zwei diastereomeren Verbindungen zu unterscheiden. Es gibt Enzyme, die spezifisch α-glykosidische Verbindungen spalten und solche, die für β-glykosidische Bindungen spezifisch sind. Entsprechend wird die Hydrolysegeschwindigkeit eines gegebenen Enzyms entscheidend vom Typus der glykosidischen Bindung beeinflusst.

Lösung 102

a) **4, 5**   b) **1, 5**   c) **1, 3**   d) **4, 6, (1)**   e) **4, 6**   f) **1, 4**

g) **1, 2, 3**   h) **6**   i) **1, 3, 4, 6**

Die leichte Oxidierbarkeit beruht bei Verbindung **4** auf der Aldehydgruppe (→ Carbonsäure), bei **5** auf der Thiolgruppe (→ Disulfid R–S–S–R). Die anderen Verbindungen sind nicht ohne Zerstörung des Kohlenstoffgerüstes oxidierbar.

Verbindung **1** enthält ein C-Atom mit vier verschiedenen Substituenten (Verknüpfungsstelle zwischen Ring und Seitenkette); in der Aminosäure **5** ist das α-C-Atom chiral.

Carbonsäure-Derivate sind Verbindungen, in denen die OH-Gruppe der Carboxylgruppe durch eine andere Heteroatomgruppe substituiert ist bzw. Verbindungen, die sich zu einer Carbonsäure hydrolysieren lassen (Nitrile R–CN). Hierzu gehört der cyclische Carbonsäureester **1** (Lacton) und der Thioester **3**.

Die Hydrierung zum primären Alkohol ist eine typische Reaktion für Aldehyde (**4**); mit geeigneten Hydrid-Reagenzien (z.B. LiAlH$_4$) lassen sich aber auch Carbonsäuren (**6**) – in Umkehrung ihrer Bildung durch Oxidation primärer Alkohole – und Carbonsäureester in primäre Alkohole überführen.

Eine Bildung von Iminen durch Reaktion mit primären Aminen ist typisch für Aldehyde und Ketone; es reagieren also die Verbindungen **4** und **6**.

Die Entfärbung von Bromwasser beruht auf der elektrophilen Addition von Brom an Alkene (oder Alkine). Eine geeignete C=C-Doppelbindung ist in den Verbindungen **1** und **4** enthalten.

Zu den hydrolysierbaren Verbindungen gehören u.a. die Carbonsäure-Derivate, ferner Acetale bzw. Ketale und Imine. **1** und **3** werden zur Carbonsäure hydrolysiert; das Ketal **2** zum Cyclohexanon.

Eine leichte Decarboxylierung ist typisch für β-Ketocarbonsäuren. Die Verbindung **6** erfüllt diese Eigenschaft.

Durch Nucleophile leicht angreifbar sind alle Verbindungen mit ausgeprägt elektrophilem Charakter. Hierzu gehören u.a. Carbonylverbindungen. Dabei ist der Thioester **3** reaktiver als das Lacton **1**, der Aldehyd **4** reaktiver als das Keton **6**.

Lösung 103   1, 3, 4, 6, 9, 10

In der gezeigten cyclischen Pyranoseform mit dem Ring-O-Atom „rechts hinten" steht die CH_2OH-Gruppe (C-6) nach oben; dies ist kennzeichnend für Monosaccharide der *D*-Reihe.

Die Zugehörigkeit zur *D*-bzw. *L*-Reihe hat nichts damit zu tun, ob ein Zucker rechts- oder linksdrehend ist. Anhand der gezeigten Strukturformel kann man hierüber keine Aussage machen.

Die gezeigte Verbindung ist 2-*N*-Acetylglucosamin, die acetylierte Form der 2-Amino-glucose. Es handelt sich demnach um einen acetylierten Aminozucker.

Da die Halbacetalgruppe am C-Atom 1 vorhanden ist, handelt es sich um einen reduzierenden Zucker.

Unter drastischen Bedingungen lässt sich die Amidgruppe an Position 2 des Zuckers hydroly-sieren. Führt man die Hydrolyse im Sauren aus, entsteht dabei Essigsäure.

Wird die Halbacetalgruppe des gezeigten Zuckers mit einer alkoholischen OH-Gruppe eines weiteren Monosaccharids zum Glykosid umgesetzt, so entsteht ein reduzierendes Disaccha-rid. Reagieren jedoch beide Halbacetalgruppen miteinander zum Vollacetal (wie z.B. bei Bil-dung von Saccharose aus Glucose und Fructose), so verbleibt keine reduzierende Halbace-talgruppe mehr im Moleküle; es entsteht ein nicht-reduzierendes Disaccharid.

Unter der Furanoseform versteht man die vom Fünfring-Heterocyclus Furan abgeleitete Form von Monosacchariden. Eines der fünf Ringatome ist der Sauerstoff der cyclischen Halb-acetalgruppe. Die gezeigte Verbindung liegt in der Pyranoseform vor.

Galaktose ist ein Epimer zur Glucose. Bei der Galaktose steht (in der gezeigten Haworth-Projektion) die OH-Gruppe an C-4 nach oben, nicht wie bei der Glucose nach unten. Es han-delt sich demnach um ein acetyliertes Glucose- und nicht um ein Galaktose-Derivat.

Die Verbindung stellt bereits ein cyclisches Halbacetal dar. Durch Umsetzung mit Methanol kann daraus das Vollacetal entstehen.

Da sich die OH-Gruppe am anomeren C-Atom 1 *trans*-ständig zur CH_2OH-Gruppe befindet, liegt gemäß Konvention die α-Form vor.

Lösung 104   1, 6, 9, 10

Fette sind Triacylglycerole. Der dreiwertige Alkohol Glycerol ist mit drei langkettigen Carbonsäuren (Fettsäuren) verestert.

Liegt Glycerol mit zwei Fettsäuren verestert vor, spricht man entsprechend von einem Diacylglycerol. Verestert man dieses an der noch freien OH-Gruppe des Glycerols mit einer weiteren Fettsäure, so kommt man zum Triacylglycerol (Fett).

Fette sind sehr unpolare, hydrophobe Verbindungen. Bei einer Dünnschichtchromatographie mit einer polaren stationären und einer unpolaren mobilen Phase wandern unpolare Stoffe bevorzugt mit dem Laufmittel; sie besitzen daher hohe R_F-Werte (der R_F-Wert definiert den Quotienten aus der Laufstrecke einer gegebenen Verbindung und der Laufstrecke des Lösungsmittels; $0 < R_F < 1$). Fette besitzen aufgrund ihres hydrophoben Charakters im gegebenen System hohe R_F-Werte, d.h. sie laufen relativ weit.

Aufgrund ihres unpolaren Charakters lösen sich Fette gut in wenig polaren Lösungsmitteln. Hierzu gehören z.B. Dichlormethan oder Ether.

Bei einer sauren Hydrolyse von Fetten entstehen zwar die entsprechenden Fettsäuren, allerdings verläuft diese Reaktion, wie Esterhydrolysen unter sauren Bedingungen allgemein, nicht quantitativ. Es stellt sich ein temperaturabhängiges Gleichgewicht ein.

Amphiphile Verbindungen besitzen einen hydrophilen und einen hydrophoben Molekülteil. Dies gilt beispielsweise für viele Detergenzien oder auch Phospholipide (z.B. Lecithin). Fette sind dagegen fast durchweg hydrophob, können also nicht als amphiphile Verbindungen bezeichnet werden. Sie sind deshalb auch nicht zum Aufbau von Biomembranen geeignet.

Ungesättigte Fettsäuren in natürlich vorkommenden Fetten sind praktisch ausschließlich *cis*-konfiguriert. Die *cis*-Doppelbindung führt zu einem „Knick" in der Kette, was die physikalischen Eigenschaften, z.B. Schmelzpunkt, wesentlich beeinflusst. Erst durch chemische Manipulationen, wie z.B. „Fetthärtung" (katalytische Hydrierung) entstehen partiell *trans*-Fettsäuren.

Je höher der Anteil an ungesättigten Fettsäuren, desto tiefer liegt der Schmelzpunkt des Fettes, da die Packungseigenschaften durch die *cis*-Doppelbindungen verschlechtert werden.

Fette und Phospholipide sind unterschiedliche Verbindungsklassen; sie können aber beide aus Diacylglycerolen hervorgehen. Verestert man ein solches mit einer weiteren Fettsäure, gelangt man zum Fett (Triacylglycerol), verestert man mit Phosphorsäure (und diese evt. mit einem weiteren Alkohol), so erhält man ein Phospholipid.

Fette bilden keine Micellen aus. Micellbildung erfordert amphiphile Moleküle (vgl. oben). Hat man beispielsweise eine große polare Kopfgruppe und einen langen hydrophoben Rest, so können die hydrophoben Reste den (ungünstigen) Kontakt mit Wasser vermeiden, indem sich die Moleküle zu einem kugelförmigen Gebilde anordnen, mit den polaren Kopfgruppen an der Oberfläche (in Kontakt mit Wasser) und den hydrophoben Resten im Inneren. Fette versuchen dagegen, zu größeren „Fetttröpfen" zu aggregieren, um dadurch den Kontakt mit Wasser zu minimieren.

Lösung 105   1, 4, 6, 7, 10, 11, 13, 14

Kohlenhydrate umfassen sicherlich Mono-, Di- und Polysaccharide. Als weitere Gruppe zwischen den Di- und Polysacchariden unterscheidet man häufig die Oligosaccharide (3 bis ca. 10 Monomereinheiten).

In Polysacchariden werden die Monomere durch glykosidische Bindungen zusammengehalten. Diese entsprechen der funktionellen Gruppe eines Acetals und sind (säurekatalysiert) hydrolysierbar.

Umgekehrt entstehen bei der Reaktion von Monosacchariden (in ihrer bevorzugten Halbacetalform) mit Alkoholen Vollacetale (Glykoside).

Am Aufbau von Nucleinsäuren sind insbesondere zwei Monosaccharide beteiligt: die beiden Pentosen Ribose und Desoxyribose. Sie sind in *N*-glykosidischer Bindung mit den sogenannten DNA-Basen verknüpft und an C-3 bzw. C-5 mit Phosphorsäure verestert.

Die Blutgruppenantigene werden tatsächlich durch Zuckerstukturen auf der Zelloberfläche bestimmt. Dabei unterscheiden sich die bekannten Blutgruppen Null, A und B jeweils nur in einem Zuckermonomer. Näheres vgl. Lehrbücher der Biochemie.

Reduzierende Disaccharide besitzen noch eine freie Halbacetalgruppe. Sie stehen im Gleichgewicht mit der offenkettigen Form und unterliegen daher der Mutarotation, d.h. der Einstellung des Anomerengleichgewichts in wässriger Lösung.

Chitin, eines der häufigsten Polysaccharide in der Biosphäre, besteht aus β-1$\rightarrow$4-verknüpften 2-*N*-Acetylglucosamin-Monomeren, also aus acetylierter 2-Aminoglucose.

In der Saccharose sind die beiden Halbacetalgruppen der Glucose und der Fructose (in der Furanoseform) 1$\rightarrow$2-glykosidisch zum Vollacetal verknüpft; es ist demnach keine freie Halbacetalgruppe mehr vorhanden. Saccharose ist daher ein nicht-reduzierendes Disaccharid.

Die Summenformel $C_n(H_2O)_n$ trifft nur auf einige Monosaccharide zu, aber bereits nicht mehr auf Disaccharide, die aus zwei Monosacchariden unter Abspaltung von Wasser entstehen. Die Formel gilt also bei Weitem nicht für alle Kohlenhydrate.

Polysaccharide sind natürliche (von der Natur hergestellte) Polymere (besser: Polykondensationsprodukte, vgl. 12). Der Begriff Polymerisation beschreibt die Bildung von Polymeren durch Verknüpfung von ungesättigten Monomeren, wobei es zu keiner Abspaltung einer weiteren (niedermolekularen) Verbindung (z.B. Wasser) kommt. Bei Polykondensationsreaktionen reagieren difunktionelle Verbindungen miteinander, wobei pro hinzugefügtem Monomer ein Molekül einer (niedermolekularen) Verbindung (häufig: Wasser) freigesetzt wird. Dies ist auch bei der Verknüpfung von Monosacchariden der Fall.

Die Verknüpfung von Monosacchariden in Polysacchariden erfolgt über glykosidische Bindungen (Vollacetale). Amidbindungen finden sich in Peptiden und Proteinen.

Es gibt sicherlich viele Kohlenhydrate, die süß schmecken, wie z.B. Glucose („Traubenzucker") oder der bekannte „Rohrzucker" (Saccharose); dies trifft aber nicht auf alle zu. Cellulose beispielsweise schmeckt nicht süß.

Ebenso gilt, dass die meisten, aber nicht alle Kohlenhydrate chiral sind. Dihydroxyaceton (die einfachste Ketose mit drei C-Atomen) beispielsweise besitzt kein Chiralitätszentrum und ist achiral.

Epimere bezeichnen solche Diastereomere, die sich in der Konfiguration an genau einem Chiralitätszentrum unterscheiden. Verbindungen, die sich wie Bild und Spiegelbild verhalten, heißen Enantiomere.

Zwischen Ribose und den DNA-Basen in Nucleotiden liegt eine N-glykosidische Bindung vor. Amidbindungen sind charakteristisch für Peptide und Proteine.

Saccharose besteht aus Glucose und Fructose, beides sind Hexosen.

Lösung 106   4, 5, 7, 9, 10, 11, 12

In Proteinen sind die einzelnen Monomere (Aminosäuren) durch Amid- (Peptid-)bindungen miteinander verknüpft. Diese lassen sich unter drastischen Reaktionsbedingungen in Anwesenheit einer starken Säure oder Base hydrolysieren.

Tatsächlich ist die native dreidimensionale Struktur eines Proteins durch seine Aminosäuresequenz (Primärstruktur) determiniert. Dies ergaben u.a. Versuche zur Proteinfaltung an (reversibel) denaturierten Proteinen (z.B. der Ribonuclease) nach Entfernung des denaturierenden Agens. Näheres vgl. Lehrbücher der Biochemie.

Bei Polykondensationsreaktionen reagieren difunktionelle Verbindungen miteinander, wobei pro hinzugefügtem Monomer ein Molekül einer (niedermolekularen) Verbindung (häufig: Wasser) freigesetzt wird. Dies ist auch bei der Verknüpfung von Aminosäuren unter Bildung von Peptiden und Proteinen der Fall. Gleiches gilt für die Bildung von Nucleinsäuren aus den einzelnen Nucleotiden.

Als isoelektrischer Punkt wird derjenige pH-Wert bezeichnet, bei dem eine Verbindung nach außen hin ungeladen vorliegt. Proteine weisen i.A. zahlreiche saure und basische Gruppen auf, die entsprechend deprotoniert bzw. protoniert vorliegen. Der isoelektrische Punkt ist derjenige pH-Wert, bei dem sich die Summe der positiven und der negativen Ladungen gerade aufhebt, das Protein insgesamt also keine Nettoladung aufweist (und somit beispielsweise im elektrischen Feld nicht wandert).

DNA (Desoxyribonucleinsäure) ist aufgrund der negativen Ladung an jedem Phosphatrest (im physiologischen pH-Bereich) stark negativ geladen. Für eine (anziehende) elektrostatische Wechselwirkung mit DNA sollte ein anderes Makromolekül (Protein) demnach positiv geladen sein. Arginin und Lysin sind basische Aminosäuren, die im physiologischen pH-Bereich eine positive Ladung in der Seitenkette aufweisen. Die Anwesenheit vieler Arginin- und Lysinreste ist typisch für Proteine, die an DNA binden, z.B. die sogenannten Histonproteine.

Entscheidend für die Ausbildung von Disulfidbrücken in einem Protein ist eine entsprechende räumliche Nähe der daran beteiligten Cysteinreste. Durch eine entsprechende Faltung des Peptidrückgrats (→ Tertiärstruktur) können sich auch Cysteinreste räumlich sehr nahe kommen, die in der Aminosäuresequenz (Primärstruktur) weit voneinander entfernt sind.

Als Transmembranproteine werden solche Proteine bezeichnet, die eine Lipiddoppelschicht komplett durchspannen. Neben dem Abschnitt der Sequenz, der sich innerhalb der Membran befindet (meist gekennzeichnet durch viele hydrophobe Aminosäuren) existieren Domänen, die sich auf der einen bzw. anderen Seite der Membran befinden und i.A. reicher an hydrophilen Aminosäuren sind. Näheres vgl. Lehrbücher der Biochemie.

Proteine werden bekanntlich vom Organismus hergestellt. Unter synthetischen Polymeren versteht man (u.a.) Kunststoffe, wie z.B. Polystyrol oder Nylon.

Unter drastischen Bedingungen (oder in Anwesenheit von entsprechenden Enzymen: Proteasen) können Proteine hydrolysiert werden, vgl. oben.

Die Aminosäuren sind über Amidbindungen verknüpft; glykosidische Bindungen findet man u.a. in Polysacchariden.

Das Peptidrückgrat eines Proteins ist stets unverzweigt; es handelt sich um die wiederkehrende Abfolge $-HN-CO-C_\alpha-HN-CO-C_\alpha-HN-CO-C_\alpha-$ usw.

Alle Proteine lassen sich denaturieren; allerdings unterscheiden sich einzelne Proteine recht erheblich in ihrer Stabilität. Manche sind sehr empfindlich und denaturieren leicht, andere sind erstaunlich stabil, z.B. manche Proteine, die in thermophilen Organismen vorkommen. Zwischen dem Vorhandensein einer Quartärstruktur (d.h. mehreren Proteinuntereinheiten) und der Stabilität gegenüber Denaturierung besteht kein direkter Zusammenhang.

Bei der SDS-Polyacrylamidgelelektrophorese werden Proteine nach Anlegen eines elektrischen Feldes in einem sogenannten „Gel" in Anwesenheit des Detergens Natriumdodecylsulfat („SDS") nach ihrer Größe aufgetrennt. Das Detergens bewirkt eine Entfaltung (Denaturierung) der Proteine und versieht diese durch Bindung des negativen Dodecylsulfats mit einer hohen negativen Nettoladung, die proportional zur Größe des Proteins (seiner molaren Masse) ist. Dadurch spielen Eigenladung und native Form des Proteins keine Rolle mehr und die Trennung erfolgt nach der molaren Masse. Je größer ein Protein, desto schwerer gelangt es durch das Polyacrylamidgel, d.h. desto geringer ist seine Wanderungsgeschwindigkeit.

Lösung 107   3, 4, 8, 10, 12

Die Taurocholsäure weist eine Amidbindung auf, über die Taurin (2-Aminoethansulfonsäure) an die Seitenkette des Steroidgerüsts gebunden ist. Bei der Hydrolyse der Taurocholsäure wird entsprechend eine Aminosulfonsäure freigesetzt.

Voraussetzung für eine Dehydratisierung (Abspaltung von Wasser) sind OH-Gruppen und ein H-Atom an einem der OH-Gruppe benachbarten C-Atom. Die Taurocholsäure besitzt drei sekundäre OH-Gruppen, die (unter Säurekatalyse) als Wasser eliminiert werden könnten.

Zugleich können die drei sekundären Hydroxygruppen zu Ketogruppen oxidiert werden; hierbei entstünde ein Triketon.

Reagieren die OH-Gruppen mit der Halbacetalgruppe eines Zuckers, so entsteht (unter H^+-Katalyse) ein Vollacetal, also eine glykosidische Bindung.

Die beiden Substituenten an den Verknüpfungsstellen zwischen Fünf- und Sechsring (CH$_3$-Gruppe und H-Atom) stehen trans zueinander (erkennbar an der Keilstrichschreibweise). Daher sind auch die beiden Ringe *trans*-verknüpft.

Die Taurocholsäure enthält eine (hydrolysierbare) Amidbindung (vgl. 3), jedoch keine Esterbindung.

Das freie Elektronenpaar am Stickstoff ist mit der Carbonylgruppe konjugiert. Aufgrund dieser Mesomeriestabilisierung steht das freie Elektronenpaar für eine Bindung von Protonen praktisch nicht zur Verfügung; der Amid-Stickstoff besitzt in wässriger Lösung kaum basische Eigenschaften. Dagegen handelt es sich bei der Sulfonsäuregruppe um eine recht starke Säure, die bei einem pH-Wert von 4 praktisch vollständig deprotoniert vorliegt. Die Taurocholsäure ist also bei pH 4 negativ geladen.

Das Proton der Sulfonsäuregruppe ist das einzige acide Proton der Verbindung; es reagiert mit HCO$_3^-$ unter CO$_2$-Entwicklung. Die sekundären OH-Gruppen sind sehr schwache Säuren und reagieren nicht mit der schwachen Base Hydrogencarbonat.

Hat man in der Dünnschichtchromatographie eine polare stationäre Phase (z.B. Kieselgel) und eine wenig polare mobile Phase, so wandert eine Verbindung umso weiter mit dem Lösungsmittel, je unpolarer sie ist. Cholesterol besitzt nur eine polare OH-Gruppe; die Taurocholsäure dagegen drei OH-Gruppen und die stark polare Sulfonsäuregruppe. Taurocholsäure ist also erheblich polarer und hydrophiler als Cholesterol und wandert in dem gegebenen DC-System wesentlich langsamer.

Die Taurocholsäure weist keine C=C-Doppelbindung auf. Eine Addition von Brom ist daher nicht möglich.

Fette sind Triacylglycerole. Die Taurocholsäure ist dagegen ein Sterolderivat und damit selbstverständlich kein Fett. Beide gehören aber zu den unter dem Sammelnamen „Lipide" zusammengefassten Stoffen.

Lösung 108

a) **2**, **3**   b) **1**   c) **1**   d) **1**   e) **2**   f) **1**, **2**, **3**

g) **2**, **3**   h) –   i) –   k) –   l) **3**

Für eine Addition von Brom ist die Anwesenheit einer olefinischen C=C-Doppelbindung erforderlich; eine solche ist in den Verbindungen **2** und **3** enthalten. An Aromaten erfolgt keine Addition von Brom; es könnte aber, da es sich aufgrund der aktivierenden Hydroxygruppen um ziemlich reaktive Aromaten handelt, zu einer elektrophilen Substitution kommen.

Verbindung **1** enthält mehrere Chiralitätszentren (im Zuckerrest, sowie das C-Atom neben dem Ringsauerstoff im linken Molekülteil). Die anderen Verbindungen besitzen keine Chiralitätszentren; neben sp^2-hybridisierten C-Atomen existieren hier nur CH$_2$- und CH$_3$- sowie eine CH(CH$_3$)$_2$-Gruppe.

1 besitzt einen Zuckerrest, der mit einem (aromatischen) Alkohol zu einem Glykosid (Vollacetal) verbunden ist. Die beiden anderen Verbindungen weisen keine Vollacetalgruppe auf.

Diese glykosidische Bindung ist auch die einzige leicht hydrolysierbare Bindung. Die Etherbindung in **3** kann nur unter recht speziellen Reaktionsbedingungen gespalten werden.

Die Verbindungen **2** und **3** besitzen Doppelbindungen, an die unter Säurekatalyse Wasser addiert werden kann. Bei **3** entstehen dabei aber nur primäre oder (bevorzugt) sekundäre Alkohole, da keine dreifach substituierte Doppelbindung vorhanden ist. Erfolgt dagegen die Addition von Wasser an **2** mit der bevorzugten Orientierung nach der Regel von Markovnikov (Bildung des tertiären Carbenium-Ions bei H^+-Addition), so erhält man eine tertiäre Hydroxygruppe.

Alle drei Verbindungen besitzen mehrere OH-Gruppen, die acylierbar sind und mit einem reaktiven Carbonsäure-Derivat unter Bildung von Estern reagieren können.

Alle drei Verbindungen besitzen auch eine Ketogruppe; die Verbindungen **2** und **3** weisen eine mit der Carbonylgruppe konjugierte Doppelbindung zwischen dem α- und dem β-C-Atom auf.

Keine Verbindungen besitzt eine basische Aminogruppe oder eine andere stark basische Gruppe, daher beobachtet man keine basischen Eigenschaften in wässriger Lösung.

Es sind auch keine stark sauren Carboxylgruppen vorhanden, die durch HCO_3^- unter Bildung von CO_2 deprotoniert werden könnten.

Das zweikernige aromatische System des Naphthalins tritt ebenfalls nicht auf.

Verbindung **3** weist aber eine Methoxygruppe (CH_3O-) auf.

Lösung 109

a) **2**   b) **1**, **2**, **3**   c) **3**   d) –   e) **3**

f) **1**, **2**, **3**   g) –   h) –   i) **1**, **2**   k) **1**

Die tertiäre Butylgruppe ist $-C(CH_3)_3$. Sie findet sich in **2** am Stickstoffatom.

Alle drei Verbindungen weisen an den Aromaten gebunden mindestens eine O–R-Gruppe auf; es handelt sich also um aromatische Ether.

Ein (aliphatischer) tertiärer Alkohol hat am C-Atom der funktionellen OH-Gruppe drei Alkylreste gebunden. Dies trifft nur für Verbindung **3** zu; die beiden anderen sind sekundäre Alkohole.

Keine Verbindung weist eine deutlich saure Gruppe auf. Die Hydroxygruppen sind nur sehr schwache Säuren und dissoziieren in wässriger Lösung praktisch nicht.

Für eine Addition von Brom sind C=C-Doppelbindungen (die nicht Teil eines aromatischen Systems sind) erforderlich. Eine solche besitzt das Oxtrenolol **3** in Form eines „Allylethers".

Alle drei Verbindungen besitzen eine veresterbare OH-Gruppe sowie eine in ein Amid überführbare sekundäre Aminogruppe, sind somit zweifach acylierbar.

Leicht hydrolysierbare Gruppen liegen nicht vor. Die Etherbindungen sind im Prinzip, allerdings nur unter speziellen und drastischen Reaktionsbedingungen, spaltbar.

Für eine Reaktion mit Aldehyden zum Imin sind primäre Aminogruppen erforderlich. Solche sind in den drei Verbindungen nicht vorhanden; alle Aminogruppen sind sekundär, vgl. oben.

Sekundäre Alkohole können mit $Cr_2O_7^{2-}$ zu Ketonen oxidiert werden; dies ist nach dem oben gesagten für die beiden (sekundären) Alkohole **1** und **2** möglich.

Naphthalin ist der zweikernige aromatische Kohlenwasserstoff mit der Summenformel $C_{10}H_8$. Dieses Gerüst findet sich im Propranolol **1**; es liegt ein „Naphthylether" vor.

Lösung 110

a) **1, 3, 4**   b) –   c) **1**   d) **2**   e) –   f) **4**

g) **2**   h) –   i) –   k) **3**   l) **1**   m) –

Verbindung **1** ist ein cyclisches Sulfonsäureamid (vgl. c); **3** ein Carbonsäureamid und **4** ein Harnstoff-Derivat (vgl. f). Diese drei funktionellen Gruppen lassen sich in basischer Lösung unter drastischen Reaktionsbedingungen hydrolysieren.

Keine der vier Verbindungen besitzt eine alkoholische Hydroxygruppe. Verbindung **2** besitzt zwar eine OH-Gruppe; diese ist aber Bestandteil der funktionellen Carbonsäuregruppe und darf daher nicht als Alkohol bezeichnet werden.

Für saure Eigenschaften in wässriger Lösung sind in erster Linie Carbonsäuregruppen verantwortlich; eine solche ist in **2** vorhanden. Andere saure Gruppen, wie die schwach acide phenolische OH-Gruppe, sind nicht vorhanden.

Für eine Addition von Brom sind (nicht-aromatische) C=C-Doppelbindungen erforderlich. Diese fehlen in allen Verbindungen, so dass keine der vier Verbindungen Brom addiert. In Frage käme höchstens eine elektrophile aromatische Substitution mit Brom, für die in allen Fällen die Anwesenheit einer Lewis-Säure als Katalysator erforderlich wäre, da es sich jeweils um relativ elektronenarme Aromaten handelt.

Die Carbonsäuregruppe in **2** reagiert mit der schwachen Base Hydrogencarbonat unter Bildung von Kohlensäure, die leicht zerfällt und dabei CO_2 freisetzt. Dabei beobachtet man Gasentwicklung.

Verbindung **3** ist zwar ein Carbonsäureamid, allerdings ein sekundäres, da am Stickstoff der Amidbindung noch ein H-Atom vorhanden ist.

Mangels primärer aliphatischer Aminogruppen ($R–NH_2$) reagiert keine der vorliegenden Verbindungen mit Aldehyden unter Bildung eines Imins.

Das Carbonsäureamid **3** kann, wie bereits erwähnt, hydrolysiert werden. Geschieht dies unter stark sauren Bedingungen, so erhält man als eines der Produkte Propansäure.

Eine Reduktion zu einem sekundären Alkohol erfordert eine Ketogruppe. Eine solche ist nur in Verbindung **1** vorhanden. Die anderen C=O-Gruppen sind Bestandteile anderer funktioneller Gruppen: Carbonsäure (**2**), Carbonsäureamid (**3**) bzw. Harnstoff(-Derivat) (**4**).

Naphthalin ist der zweikernige aromatische Kohlenwasserstoff mit der Summenformel $C_{10}H_8$. Dieses Gerüst findet sich in keiner der Verbindungen.

Lösung 111

Die Verbindungsnummern in der Reihenfolge der Zuordnung zu den Aussagen 1–10 lauten:

<u>8</u> – <u>10</u> – <u>2</u> – <u>5</u> – <u>6</u> – <u>7</u> – <u>4</u> – <u>1</u> – <u>9</u> – <u>3</u>

Bei der Hydrolyse von Harnstoff entstehen CO_2 und NH_3 (bzw. NH_4^+).

Bei der Hydrolyse eines cyclischen Esters entsteht eine Hydroxycarbonsäure. Eine solche ist Verbindung <u>10</u> (5-Hydroxypentansäure).

Oxidiert man ein cyclisches Halbacetal (wie Verbindung <u>1</u>), so erhält man einen cyclischen Ester (wie Verbindung <u>2</u>).

Die Decarboxylierung von Acetessigsäure liefert neben CO_2 Propanon (Aceton), also Verbindung <u>5</u>.

Soll Essigsäure (Ethansäure) durch eine Oxidation entstehen, so kommen als Edukte Ethanol (Verbindung <u>6</u>) oder Ethanal in Frage.

Glycerol ist die Verbindung 1,2,3-Propantriol. Soll dieses durch eine Reduktion entstehen, so muss von einer Verbindung mit zumindest einem höher oxidierten C-Atom ausgegangen werden, z.B von Glycerolaldehyd <u>7</u>.

Bei der nucleophilen Addition einer endständigen Aminogruppe einer basischen Aminosäure an CO_2 entsteht eine sogenannte Carbamino-Aminosäure. Verbindung <u>4</u> ist das Additionsprodukt von Lysin an CO_2.

Intramolekulare Addition einer Hydroxygruppe an eine Aldehydgruppe führt zu einem cyclischen Halbacetal, wie Verbindung <u>1</u>.

Bei der Umsetzung von Aminosäuren mit Aldehyden erhält man sogenannte Aldiminocarbonsäuren, wie das gezeigte Additionsprodukt <u>9</u> von Glycin an Ethanal.

Verbindung <u>3</u> ist das biogene Amin Histamin; es entsteht bei der Decarboxylierung der Aminosäure Histidin.

Lösung 112   2, 3, 5, 10, 12

Reserpin enthält zwei Estergruppen, die in basischer Lösung durch OH^- gespalten werden können. Die drei Methoxygruppen am aromatischen Ring sind sehr stabil gegenüber Hydrolyse und lassen sich nur unter speziellen und drastischen Reaktionsbedingungen, z.B. durch konz. HBr, spalten.

Spaltet man die rechte der beiden Esterbindungen im Sauren, so erhält man die entsprechende freie Carbonsäure, im vorliegenden Fall 3,4,5-Trimethoxybenzoesäure.

Das Elektronenpaar am sp^2-hybridisierten Stickstoff ist Bestandteil des aromatischen Systems und steht daher kaum für eine Bindung von H^+-Ionen zur Verfügung; es zeigt dementsprechend praktisch keine basischen Eigenschaften.

Tertiäre Amine können mit geeigneten elektrophilen Reagenzien (wie z.B. CH_3I) in quartäre Ammoniumverbindungen umgewandelt werden.

Reserpin enthält eine Ketogruppe (als $COCH_3$-Rest an den Aromaten gebunden). Diese lässt sich mit einem Hydrid-Donor zum sekundären Alkohol reduzieren.

Reserpin enthält ausschließlich Doppelbindungen, die Teil eines aromatischen π-Elektronensystems sind. Eine Addition von Brom erfolgt nur an olefinische C=C-Doppelbindungen (Alkene), jedoch nicht an Aromaten. Da hierbei das aromatische System zerstört würde, ist diese Reaktion endergon und läuft nicht spontan ab.

Reserpin weist zwei N-Atome auf. Eines davon (zu den beiden Sechsringen gehörig) ist ein sp^3-hybridisiertes, tertiäres Amin mit entsprechenden basischen Eigenschaften. Das zweite im Fünfring gebundene N-Atom ist dagegen sp^2-hybridisiert. Sein freies Elektronenpaar wird für das aromatische π-Elektronensystem benötigt und muss sich daher in einem p_z-Orbital (senkrecht zur Ringebene) befinden, um mit den benachbarten p_z-Orbitalen überlappen zu können.

Es sind zwar insgesamt drei Carbonylgruppen vorhanden; zwei davon sind aber mit einer OR-Gruppe verknüpft und stellen daher die funktionelle Gruppe eines Esters da. Daher verbleibt nur eine Ketogruppe.

Reserpin weist weder eine Carboxylgruppe noch eine phenolische OH-Gruppe auf und zeigt daher in wässriger Lösung keine sauren Eigenschaften.

Es liegt ein tertiäres Amin vor; dies darf nicht mit einem tertiären Amid ($RCONR_2$) verwechselt werden.

Ein Glykosid läge vor, wenn eine OH-Gruppe (auch diese ist nicht vorhanden) mit der Halbacetalgruppe eines Zuckers zu einem Vollacetal verknüpft wäre. Dies ist offensichtlich nicht der Fall.

Wie leicht zu erkennen ist, besitzt das Reserpin deutlich mehr als zwei Chiralitätszentren.

Lösung 113   2, 3, 4, 6, 7, 11, 12

Leucomycin U weist zwei Vollacetalgruppen auf, durch die die beiden Zuckerreste an den Makrocyclus gebunden sind. Vollacetale werden durch wässrige Säure hydrolysiert, so dass durch diese Reaktion die beiden Zuckerreste vom Makrocyclus abgespalten werden können.

Voraussetzung für eine Acetylierung ist das Vorhandensein freier OH-, SH- oder NHR-Gruppen. Leucomycin U besitzt mehrere sekundäre und eine tertiäre Hydroxygruppe, welche mit dem Thioester Acetyl-CoA acetyliert werden können.

Leucomycin U weist eine Aldehydgruppe auf, die über eine CH_2-Gruppe an den Makrocyclus gebunden ist. Aldehyde lassen sich leicht oxidieren (z.B. durch $Cr_2O_7^{2-}$), wobei die entsprechenden, sauer reagierenden, Carbonsäuren entstehen.

Bei dem Makrocyclus handelt es sich um einen Lactonring, also um einen cyclischen Ester. Ester werden allgemein durch wässrige NaOH-Lösung hydrolysiert; durch Spaltung der Esterbindung wird somit der Ring geöffnet.

Eine Aldolkondensation kann zwischen zwei Aldehyden erfolgen, wenn zumindest einer davon ein entsprechendes Enol bzw. Enolat-Ion bilden kann. Dieses greift den anderen Aldehyd unter Ausbildung einer neuen C–C-Bindung an; es entsteht ein β-Hydroxyaldehyd. Dieser kann unter Abspaltung von Wasser (daher Aldol*kondensation*) in einen α,β-ungesättigten Aldehyd übergehen.

Leucomycin U weist eine solche Aldehydgruppe auf und kann daher mit Ethanal zumindest prinzipiell eine Aldolkondensation eingehen. Aufgrund der Vielzahl reaktiver Gruppen wäre aber mit allerlei Nebenreaktionen zu rechnen.

Für die Bildung eines cyclischen Vollacetals mit Methanal sind zwei benachbarte und *cis*-ständige OH-Gruppen erforderlich, die in der Lage sind, beide das elektrophile C-Atom des Methanals anzugreifen. Im vorliegenden Molekül sind hierfür die beiden *cis*-ständigen OH-Gruppen des rechten Zuckerrestes geeignet.

Unter kumulierten Doppelbindungen versteht man unmittelbar benachbarte Doppelbindungen, die beide von einem sp-hybridisierten C-Atom ausgehen. Die beiden Doppelbindungen im Leucomycin U sind dagegen konjugiert: alle beteiligten C-Atome sind sp^2-hybridisiert; die beiden Doppelbindungen sind durch eine (formale) Einfachbindung getrennt, die allerdings aufgrund der Delokalisierung der π-Elektronen partiellen Doppelbindungscharakter aufweist.

Leucomycin U besitzt keine saure Gruppe, wie z.B. eine Carboxylgruppe. Dagegen liegt eine tertiäre Aminogruppe vor. Somit ist für eine wässrige Lösung der Verbindung eher ein pH-Wert > 7 zu erwarten.

Eine saure Hydrolyse liefert zwar zwei Zuckerreste, keiner der beiden ist aber Glucose.

Z-Konfiguration bedeutet, dass an einer Doppelbindung die beiden Substituenten mit höherer Priorität auf der gleichen Seite der Doppelbindung liegen. Hier ist das Gegenteil der Fall; beide Doppelbindungen sind *E*-konfiguriert.

Die Aminogruppe ist, wie bereits erwähnt, tertiär und nicht sekundär.

Lösung 114

1 K   **2** M   **3** M   **4** M   **5** K

6 D   **7** E   **8** E   **9** M   **10** D

1 Beide Verbindungen unterscheiden sich in der Lage der Doppelbindung sowie in der Position eines H-Atoms; es sind folglich Konstitutionsisomere.

2 Tatsächlich ist in dem gezeigten Benzoat-Ion die negative Ladung gleichmäßig auf beide O-Atome verteilt, beide C–O-Bindungen sind identisch (weder Einfach- noch Doppelbindung). Es handelt sich daher um mesomere Grenzstrukturen.

3 Es handelt sich um zwei mesomere Grenzstrukturen eines Carbenium-Ions; die positive Ladung ist auf die beiden C-Atome 1 und 3 verteilt. Im Gegensatz zu **2** (gleichwertige Grenzstrukturen) trägt hier die linke Struktur etwas mehr zur Beschreibung bei, da die Ladung am sekundären C-Atom besser stabilisiert ist.

4 Gezeigt ist ein Enolat-Ion mit seinen beiden mesomeren Grenzstrukturen. Da die negative Ladung am elektronegativen Sauerstoff besser stabilisiert ist als am Kohlenstoff, trägt wiederum die linke Valenzstrichformel mehr zur tatsächlichen Struktur bei.

5 Die beiden Verbindungen sind Konstitutionsisomere. Es liegt Keto-Enol-Tautomerie vor; beide Verbindungen unterscheiden sich in der Position der Doppelbindung und eines H-Atoms.

6 Beide Cyclohexan-Derivate besitzen zwei Chiralitätszentren; an je einem von beiden besitzen sie gleiche bzw. entgegengesetzte Konfiguration. Sie sind diastereomer zueinander (*S,S* bzw. *S,R*).

7 Die beiden 2-Methylcyclohexanone besitzen ein Chiralitätszentrum. Das linke Molekül ist (*S*-), das rechte (*R*)-konfiguriert. Damit handelt es sich um Enantiomere; beide verhalten sich wie Bild und Spiegelbild, können dabei aber nicht zur Deckung gebracht werden.

8 Eine Bestimmung der absoluten Konfiguration an den beiden Chiralitätszentren ergibt für die linke Verbindung (*S,S*)-Konfiguration, für die rechte (*R,R*). Damit sind beide Enantiomere.

9 Beide Strukturen unterscheiden sich in der Position eines Elektronenpaars (links in der C=O-Doppelbindung, rechts als freies Elektronenpaar am Sauerstoff. In der linken Struktur besitzen alle Atome (selbstverständlich außer H) ein Oktett, in der rechten hat der Kohlenstoff nur ein Elektronensextett. Beides sind mesomere Grenzstrukturen, von denen die linke (aufgrund des Elektronenoktetts für C und O) die energetisch günstigere ist.

10 Erneut sind zwei Verbindungen (2,3-Dihydroxybutan) mit zwei Chiralitätszentren gegeben. Die absolute Konfiguration ist (*S,S*) bzw. (*S,R*). Die beiden Strukturen sind diastereomer.

Lösung 115

1 b   **2** b   **3** b   **4** a   **5** b   **6** b   **7** b   **8** a

„a" steht für die linke, „b" für die rechte der beiden gezeigten Verbindungen

1   Es handelt sich um zwei sekundäre Carbenium-Ionen. Während im linken die positive Ladung am Kohlenstoff nicht delokalisiert werden kann, kann in der rechten Verbindung (ein Oxocarbenium-Ion) der Sauerstoff ein freies Elektronenpaar zur Verfügung stellen, wodurch sowohl Kohlenstoff als auch Sauerstoff ein Oktett erlangen. Dies führt zu einer beträchtlichen Stabilisierung.

2   Wieder liegen zwei Carbenium-Ionen vor, ein sekundäres (links) und ein primäres (rechts). Solange keine Mesomeriestabilisierung möglich ist, gilt die Regel, dass sekundäre Carbenium-Ionen aufgrund des (doppelten) +I-Effekts von zwei gegenüber einem Alkylsubstituenten stabiler sind, als primäre. Durch die benachbarte C=C-Doppelbindung existieren hier aber für das rechte Carbenium-Ion zwei mesomere Grenzstrukturen. Dieser Delokalisierungseffekt überwiegt den +I-Effekt eines Substituenten im sekundären Carbenium-Ion, so dass die rechte Struktur stabiler ist.

3   Beides sind Carbanionen. Während im linken die negative Ladung am Kohlenstoff nicht delokalisiert werden kann, existiert für das rechte eine zweite (stabilere) mesomere Grenzstruktur, in der die Ladung vom elektronegativeren Stickstoff der Cyanogruppe übernommen wird. Letzeres führt zu einer beträchtlichen Stabilisierung von b gegenüber a.

4   Erneut zwei Carbenium-Ionen, ein tertiäres (rechts) und ein sekundäres, dafür aber mesomeriestabilisiertes (links). Das N-Atom mit seinem freien Elektronenpaar kann analog wie bei **1** die Elektronenlücke am Kohlenstoff auffüllen. Diese zweite mesomere Grenzstruktur, in der sowohl Kohlenstoff als auch Stickstoff ein Oktett besitzen (wenn auch um den Preis einer positiven Ladung am elektronegativeren N-Atom) wiegt den Vorteil des tertiären Carbenium-Ions bei Weitem auf.

5   Hier handelt es sich um zwei σ-Komplexe, wie sie im Zuge einer elektrophilen aromatischen Substitution als (kurzlebige) Zwischenprodukte auftreten können. Die positive Ladung kann darin an drei der sechs Ringkohlenstoffatome zu liegen kommen. Entscheidend ist, ob der Erstsubstituent einen elektronenschiebenden (+I/+M) oder einen elektronenziehenden (–I/–M) Nettoeffekt ausübt. Ersteres führt zu einer Stabilisierung, wenn die positive Ladung an dem C-Atom lokalisiert sein kann, welches den Substituenten trägt, letzteres zu einer Destabilisierung. Der Nitrosubstituent (–NO$_2$) ist stark elektronenziehend (desaktivierend); es ist daher günstiger, wenn die positive Ladung nicht benachbart zur Nitrogruppe zu liegen kommt (rechts).

6   Hier liegen zwei unterschiedlich substituierte Alkene vor. Das rechte trägt drei Substituenten an der (internen) Doppelbindung, das linke nur einen an der (terminalen) Doppelbindung. Im Allgemeinen sind Alkene umso stabiler, je höher substituiert die Doppelbindung ist, so dass die rechte Struktur begünstigt ist.

7   Die beiden disubstituierten Cyclohexane besitzen jeweils einen äquatorialen und einen axialen Substituenten. Je größer (und je weniger elektronegativ) ein Substituent ist, desto größer ist seine Präferenz für eine äquatoriale Position.

Die rechte Konformation mit dem sperrigen Isopropylsubstituenten in der äquatorialen Position ist daher begünstigt.

8   Hier handelt es sich um zwei Verbindungen, die miteinander in einem Keto-Enol-Gleichgewicht stehen. Für einfache Ketone liegt dieses Gleichgewicht i.A. weit auf der Keto-Seite, so dass die linke (Keto-)Struktur als die stabilere anzusehen ist. Die Enol-Form gewinnt an Gewicht, wenn sie beispielsweise durch intramolekulare Wasserstoffbrückenbindung (mit einer weiteren Carbonylgruppe) stabilisiert werden kann.

Lösung 116   **2**, **3**, **4**, **6**, **10**, **12**

Leicht oxidierbar sind die Verbindungen, bei denen zusätzlich zu einem H-Atom am Heteroatom (O, N, S) auch das funktionelle C-Atom noch ein Wasserstoffatom trägt. Dies trifft zu für den primären Alkohol **2**, das Aldehydhydrat **3**, das Halbacetal **4**, das Halbaminal **6**, die Methansäure (Ameisensäure) **10** (einzige leicht oxidierbare Monocarbonsäure!) und das cyclische Halbacetal **12**.

Verbindung **1** ist ein Ether; es fehlt ein H-Atom am Heteroatom. **5** ist das Hydrat eines Ketons, das kein abspaltbares H-Atom am C-Atom aufweist. Das Vollacetal **7** und das cyclische Vollacetal **11** haben beide kein H-Atom an den Heteroatomen. Das Amid **8** und das Imin **9** wiederum besitzen keine dehydrierbaren Wasserstoffe am C-Atom der funktionellen Gruppe.

Lösung 117   2, 4, 6, 7, 8, 11, 12

Bei beiden Verbindungen handelt es sich um typische Vertreter der Phospholipide. Charakteristisch für diese Klasse amphiphiler Lipide ist die Ausbildung sogenannter Lipiddoppelschichten, die planar sein können, aber auch sphärisch geschlossen zu sogenannten Liposomen (Vesikeln).

Beide Verbindungen enthalten zwei Carbonsäure- und zwei Phosphorsäureesterbindungen, insgesamt also jeweils vier hydrolysierbare Bindungen.

Die (Haupt-)Phasenübergangstemperatur T_m eines Phospholipids wird in erster Linie bestimmt durch die Länge der Kohlenwasserstoffketten, deren Sättigungsgrad sowie die Art der Kopfgruppe. Dabei liegt T_m umso höher, je länger die Ketten sind und je höher der Sättigungsgrad ist. *Cis*-Doppelbindungen verursachen einen „Knick" in der Kette und verschlechtern dadurch die Packungsdichte erheblich, wodurch die Van der Waals-Wechselwirkungen abnehmen. Bei identischen Acylketten hätten das Phosphatidylethanolamin **1** und das Phosphatidylserin **2** recht ähnliche (Haupt-)Phasenübergangstemperaturen. Der Effekt der geringfügig längeren Ketten (C_{18} ggü. C_{16}) in **2** wird durch die drei *cis*-Doppelbindungen bei Weitem überkompensiert. Das Phosphatidylserin **2** hat aufgrund des stark ungesättigten Charakters den wesentlich niedrigeren T_m-Wert.

Der Phosphatrest in **2** ist ebenso wie in **1** zum einen mit Glycerol, zum anderen mit einer weiteren Hydroxygruppe (aus Serin in **2** bzw. Ethanolamin in **1**) verestert; es liegt daher jeweils ein Phosphorsäurediester vor.

Verbindung **2** enthält die einfach ungesättigte Ölsäure (cis-Δ^9-Octadecensäure) und die zweifach ungesättigte Linolsäure (cis,cis-$\Delta^{9,12}$-Octadecadiensäure), die bei einer sauren Hydrolyse freigesetzt werden.

Verbindungen mit Doppelbindungen sind allgemein empfindlicher gegenüber Oxidation durch Sauerstoff als analoge gesättigte Verbindungen. Im Fall der ungesättigten Fettsäureketten entstehen durch Reaktion mit O_2 im Zuge eines Radikalkettenmechanismus relativ leicht sogenannte Hydroperoxide, die zu Abbauprodukten führen, die zum „Ranzigwerden" von Fetten beitragen.

Verbindung **1** ist 1,2-Dipalmitoylphosphatidylethanolamin; durch eine dreifache Methylierung am Stickstoff entsteht daraus das zwitterionische 1,2-Dipalmitoylphosphatidylcholin.

Fette sind Triacylglycerole. Im Gegensatz zu diesen sehr hydrophoben Verbindungen sind die gezeigten Phospholipide amphiphil und am Aufbau biologischer Membranen beteiligt.

Bei einem pH-Wert von 6 sind die Phosphatreste praktisch vollständig deprotoniert. Die beiden Aminogruppen in **1** bzw. **2** liegen überwiegend protoniert vor ($pK_S \approx 9$), die zusätzliche Carboxylgruppe in **2** dagegen deprotoniert ($pK_S \approx 2\text{–}3$). Somit liegen beide Verbindungen überwiegend in der gezeigten Form vor.

Wie erwähnt handelt es sich bei Verbindung **1** um ein Phosphatidylethanolamin, nicht um ein Phosphatidylcholin.

Verbindung **2** ist ein Phosphatidylserin; es kann aus Phosphatidsäure durch Veresterung mit der Aminosäure Serin, nicht mit Glycin, entstehen.

Aufgrund ihrer Molekülstruktur bilden beide Verbindungen Lipiddoppelschichten und keine Micellen. Letztere entstehen typischerweise, wenn der Platzbedarf der hydrophilen Kopfgruppe deutlich größer ist als der des hydrophoben Molekülanteils, wie z.B. bei Lysophosphatidylcholinen (nur eine hydrophobe Acylkette) oder typischen Detergenzien.

Lösung 118   2, 4, 5, 6, 10

Verbindung **1** enthält insgesamt vier Peptidbindungen; bei einer Hydrolyse (unter stark sauren oder stark basischen Bedingungen) entstehen daher fünf Hydrolyseprodukte. Man kann sich leicht davon überzeugen, dass es sich dabei jeweils um Carbonsäuren handelt, die am α-C-Atom eine Aminogruppe aufweisen, also um α-Aminosäuren. Eine davon lässt sich als die Aminoäure Glycin identifizieren; desweiteren finden sich Aspartat, Phenylalanin und Valin sowie eine nicht-proteinogene Aminosäure.

Verbindung **2** weist zwei Peptidbindungen auf; werden diese hydrolysiert, so entstehen zwei α-Aminosäuren (darunter Glycin), sowie eine β-Aminosäure.

Als funktionelle Gruppen in **2** finden sich zwei Amidgruppen, zwei Carboxylatgruppen, sowie eine amidähnliche Gruppe, bei der der Carbonylsauerstoff durch eine $=NH_2^+$-Gruppe ersetzt ist. In allen Gruppen weist der Kohlenstoff die Oxidationszahl +3 auf.

Nur Verbindung **1** enthält eine Guanidiniumgruppe mit Kohlenstoff in der höchsten Oxidationsstufe +4; in **2** fehlt eine NH-Einheit zur Guanidiniumgruppe.

Keine der beiden Verbindungen enthält die Aminosäure Glutaminsäure; in **1** ist die saure Aminosäure (deprotoniert vorliegend) das Aspartat, in **2** eine nicht-proteinogene aromatische Dicarbonsäure.

Da Verbindung **2**, wie bereits angesprochen, zwei hydrolysierbare Bindungen aufweist, entstehen bei der Hydrolyse drei (unterschiedliche) Verbindungen.

Verbindung **1** besitzt zwei basische (Guanidino-, Aminogruppe) und zwei saure Gruppen (die hier in deprotonierter Form als Carboxylat gezeigt sind). Die Amidgruppen verhalten sich in wässriger Lösung praktisch neutral. Verbindung **2** besitzt ebenfalls zwei saure Gruppen (wiederum in deprotonierter Form vorliegend), jedoch nur eine basische Gruppe. Es ist daher mit unterschiedlichen isoelektrischen pH-Werten zu rechnen.

Bei einem pH-Wert kleiner 4 kann nur Verbindung **2** in der gezeigten Form vorliegen, wenngleich in diesem pH-Bereich bereits eine teilweise Protonierung der Carboxylatgruppen einsetzt. Die Aminogruppe in **1** liegt dagegen bei pH-Werten um oder unter 4 vollständig in der protonierten Form vor.

Lösung 119   2, 4, 7, 8, 9, 12

Der Phenylsubstituent in Flavon bzw. Isoflavon befindet sich an unterschiedlichen C-Atomen. Beide Verbindungen weisen somit unterschiedliche Konstitution (Verknüpfung der Atome miteinander) auf und sind daher Konstitutionsisomere. Damit können sie keine Diastereomere sein.

Flavan-3-ol und Flavonol besitzen unterschiedliche Summenformeln. Sie können daher keine Konstitutionsisomere sein.

Im Flavan-3-ol ist die OH-Gruppe an ein sp^3-hybridisiertes C-Atom gebunden; es besitzt (im Gegensatz zum gezeigten Flavanon) keine aromatische Hydroxygruppe, ist also kein Phenol.

Flavanon besitzt genau ein Chiralitätszentrum (das C-Atom, das den Hydroxyphenylring trägt) und ist somit chiral. Flavan-3-ol besitzt zwei Chiralitätszentren (eines trägt den Phenylrest, das andere die sekundäre OH-Gruppe). Da keine Symmetrieebene vorhanden ist, ist auch diese Verbindung chiral.

Nur vier der fünf Verbindungen weisen eine reduzierbare Ketogruppe auf; das Flavan-3-ol kann nicht zu einem sekundären Alkohol reduziert werden.

Eine elektrophile Addition von Brom findet nur an olefinische C=C-Doppelbindungen statt, nicht an Aromaten. Eine solche Doppelbindung fehlt in Flananon, so dass keine Addition möglich ist.

Flavonol besitzt gegenüber Flavon eine zusätzliche OH-Gruppe; das entsprechende C-Atom befindet sich somit in einem höheren Oxidationszustand.

Flavonol kann als Enol bezeichnet werden (die OH-Gruppe ist an eine C=C-Doppelbindung gebunden). Da die Doppelbindung nicht Bestandteil eines aromatischen Systems ist, ist eine Tautomerisierung zur entsprechenden Keto-Form möglich.

Flavonol besitzt gegenüber Flavan-3-ol eine zusätzliche Ketogruppe und eine Doppelbindung (sowie 4 H-Atome weniger). Flavonol kann also aus Flavan-3-ol durch eine Dehydrierung, d.h. eine Oxidation, entstehen.

Flavonol und Flavan-3-ol besitzen beide eine Hydroxygruppe. Diese kann mit der Halbacetalgruppe von Glucuronsäure (abgeleitet von Glucose durch Oxidation der CH_2OH-Gruppe an C-6 zur Carboxylgruppe) zu einem Glykosid reagieren.

Flavonol besitzt gegenüber Flavon eine zusätzliche hydrophile OH-Gruppe. Daher ist Flavonol insgesamt etwas hydrophiler als Flavon.

Flavanon besitzt zwei aromatische Ringe, an denen eine elektrophile aromatische Substitution stattfinden kann. Da die OH-Gruppe einen starken +M-Effekt ausübt, ist der entsprechende Ring elektronenreicher und wird bevorzugt elektrophil angegriffen.

Lösung 120   2, 6, 10, 12

Nicergolin enthält einen Pyridinring, keinen Pyrimidinring. Letzterer ist durch zwei N-Atome in 1,3-Position zueinander gekennzeichnet.

Furan ist ein aromatischer Fünfring mit einem Ringsauerstoffatom. Der Fünfring im Haemanthamin ist ein Acetal ohne aromatischen Charakter.

Für eine elektrophile Addition von Brom werden olefinische C=C-Doppelbindungen benötigt. Eine solche erkennt man im Lisurid (im stickstoffhaltigen Sechsring) sowie im Cyclohexenring des Haemanthamin. Nicergolin enthält nur Doppelbindungen, die Teil eines aromatischen π-Systems sind. An diese erfolgt keine Addition, da hierdurch das aromatische System zerstört würde.

Haemanthamin besitzt nur eine sekundäre Hydroxygruppe, die zum Keton oxidierbar ist. Für eine Oxidation zur Carbonsäure würde eine primäre Hydroxygruppe oder ein Aldehyd benötigt.

Unter Indol versteht man ein aromatisches heterocyclisches Ringsystem, bei dem ein Benzolring mit einem Pyrrolring (aromatischer Fünfring mit einem Stickstoffatom) verschmolzen (anelliert) ist. Dieses Ringsystem ist im Nicergolin und im Lisurid enthalten.

Lisurid enthält in der Seitenkette die Gruppierung RNH–CO–NR$_2$ mit Kohlenstoff in der höchstmöglichen Oxidationsstufe +4. Diese entspricht einem dreifach substituierten Harnstoff.

Die Verbindung Pyridin-3-carbonsäure wird auch als Nikotinsäure bezeichnet. Hier trägt die Nicotinsäure in 5-Position einen zusätzlichen Brom-Substituenten und ist durch eine Estergruppe mit dem tetracyclischen Ringsystem verknüpft.

Alle drei Verbindungen weisen mehrere Chiralitätszentren auf, besitzen aber keine Symmetrieelemente. Sie sind daher alle chiral.

Nicergolin ist ein Ester und damit hydrolysierbar. Lisurid kann als Harnstoff-Derivat ebenfalls hydrolytisch gespalten werden. Im Haemanthamin liegt ein unter sauren Bedingungen hydrolysierbares Vollacetal vor; somit sind alle drei Verbindungen hydrolysierbar.

Im Indolring besitzt Lisurid eine sekundäre Aminogruppe; diese weist allerdings aufgrund der Beteiligung des freien Elektronenpaars am aromatischen π-Elektronensystem praktisch keine basischen Eigenschaften auf.

Bei einer Behandlung von Haemanthamin mit wässriger Säure wird das Vollacetal gespalten; dabei entsteht Methanal und ein zweites Produkt mit zwei phenolischen OH-Gruppen.

Alle drei Verbindungen weisen eine tertiäre aliphatische Aminogruppe auf, die basische Eigenschaften zeigt.

Durch Hydrolyse von Nicergolin entsteht 5-Bromnicotinsäure sowie ein Produkt mit einer primären Hydroxygruppe. Diese lässt sich mit Glucuronsäure (dem Oxidationsprodukt von Glucose mit einer Carboxylgruppe an C-6) zu einem Vollacetal (einem Glykosid) umsetzen.

Kapitel 11

Lösungen: Funktionelle Gruppen und Stereochemie

Lösung 121

Stabile Verbindungen sind rot gekennzeichnet. Die Strukturen sind unten angegeben.

CH_2 CH_3 CH_4 CH_5

C_2H_2 C_2H_3 C_2H_4 C_2H_5 C_2H_6 C_2H_7 C_2H_8

C_3H_3 C_3H_4 C_3H_5 C_3H_6 C_3H_7 C_3H_8 C_3H_9

Allgemein gilt:

C_nH_{2n+2} → gesättigt (Alkan)

C_nH_{2n} → einfach ungesättigt (Alken) oder Cycloalkan

C_nH_{2n-2} → doppelt ungesättigt (mit Dreifachbindung = Alkin) oder

zwei Doppelbindungen (Dien) oder einfach ungesättigtes Cycloalken

Lösung 122

Das Dipolmoment weist definitionsgemäß vom positiven zum negativen Pol, also

Die Länge der Pfeile soll (grob qualitativ!) die Größe des Dipolmoments andeuten.

Lösung 123

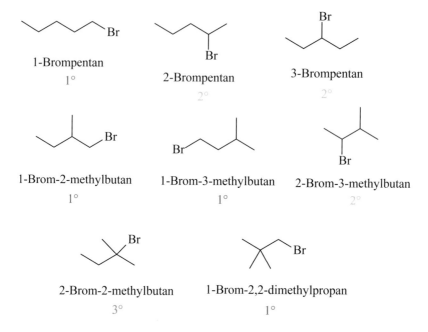

Lösung 124

a)

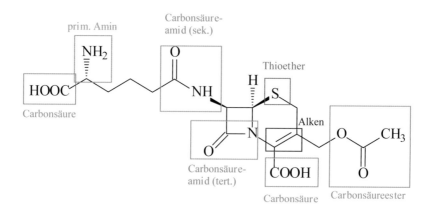

b) Es sind drei hydrolysierbare Bindungen vorhanden; eine davon (die Hydrolyse des Lactams) führt zu einer Ringöffnung, so dass drei Produkte entstehen. Da unter basischen Bedingungen die beiden Carboxylgruppen deprotoniert werden, sind insgesamt fünf Äquivalente an OH⁻ erforderlich.

Lösung 125

a) Es handelt sich um ein Polykondensationsprodukt aus Milchsäure.

b) Die Monomere sind durch Estergruppen verknüpft.

c) Die Kette kann durch Hydrolyse unter sauren oder basischen Bedingungen abgebaut werden.

d) Ersetzt man die O-Atome in der Kette durch NH, so liegt ein Polyamid vor. Das Monomer wäre die Aminosäure Alanin.

Milchsäure

Lösung 126

In Frage kommen demnach Dicarbonsäuren mit zwei, drei oder vier C-Atomen, die durch Einfach-, Doppel- oder Dreifachbindungen verknüpft sein können. Bei vier C-Atomen könnte auch eine Verzweigung mit einer Methyl- oder Methylengruppe ($=CH_2$) auftreten.

Lösung 127

a)

b) Die beiden oxidierbaren Gruppen sind die sekundäre Hydroxygruppe, die zur Ketogruppe oxidiert wird, und die Aldehydgruppe, die in eine Carboxylgruppe übergeht. Die tertiären OH-Gruppen sind nicht oxidierbar.

c) Bei der Hydrolyse des cyclischen Esters (Lactons) entstehen eine primäre Alkoholgruppe und eine Carbonsäure.

Lösung 128

Grenzstrukturen, die eine Ladungstrennung erfordern ($\underline{1}$, $\underline{6}$) leisten i.A. einen kleineren Beitrag zur tatsächlichen Struktur. Die beiden Grenzstrukturen von $\underline{2}$ und $\underline{6}$, bei denen der aromatische Ring jeweils erhalten ist, sind äquivalent und leisten identische Beiträge. Im Vergleich dazu leisten die übrigen Grenzstrukturen von $\underline{6}$, die Ladungstrennung und Verlust der Aromatizität erfordern, nur einen geringen Beitrag. Die Beispiele $\underline{4}$ und $\underline{7}$ zeigen, dass diejenigen Strukturen den wichtigsten Beitrag leisten, bei denen die negative Ladung auf einem möglichst elektronegativen Atom (hier: Sauerstoff) zu liegen kommt. Bei Verbindung $\underline{5}$ ist die gegebene Grenzstruktur ein primäres Carbenium-Ion, das einen geringeren Beitrag leistet, als das durch Verschiebung beider Doppelbindungen gebildete tertiäre Carbenium-Ion, aber einen etwas größeren als diejenige Grenzstruktur, bei der beide Doppelbindungen isoliert sind.

Für das Cyclopentadienyl-Kation **3** schließlich sind alle denkbaren Grenzstrukturen äquivalent und leisten den gleichen Beitrag.

beide Grenzstrukturen leisten gleichen Beitrag

größerer Beitrag   kleinerer Beitrag

alle Grenzstrukturen leisten gleichen Beitrag

kleinerer Beitrag   kleinerer Beitrag   größerer Beitrag

kleinerer Beitrag   kleinerer Beitrag   größerer Beitrag

größerer Beitrag   kleinerer Beitrag   kleinerer Beitrag

kleinerer Beitrag   größerer Beitrag

kleinerer Beitrag   kleinerer Beitrag   größerer Beitrag

Lösung 129

a) Im Menthol können alle Substituenten die günstigere äquatoriale Position einnehmen:

Insgesamt kommen – aufgrund der drei Chiralitätszentren – acht Stereoisomere vor.

b) Gemäß der Regel von Sayzeff entsteht bei der säurekatalysierten Dehydratisierung bevorzugt das höher substituierte (stabilere) Alken („Sayzeff-Produkt").

Hauptprodukt   Nebenprodukt
(Sayzeff)

c) Für die säurekatalysierte Dehydratisierung von Alkoholen wird bevorzugt H_2SO_4 oder auch H_3PO_4 eingesetzt, da die Anionen dieser beiden Säuren sehr schwache Nucleophile sind. Dadurch spielt die Substitution als Konkurrenzreaktion praktisch keine Rolle. Chlorid (aus HCl) wäre ein besseres Nucleophil und würde daher in stärkerem Maße zum Substitutionsprodukt führen.

Lösung 130

a) Die jeweilige Formalladung ergibt sich aus der Differenz der dem jeweiligen Atom zuzurechnenden Valenzelektronen (freie Elektronenpaare werden dem jeweiligen Atom ganz, bindende zur Hälfte zugerechnet) und der Valenzelektronenzahl, die sich aus der Stellung im PSE ergibt.

| O: -1 | N: +1 | C: -1 | O: +1 | N: +1; B: -1 |

b) C-Atome mit vier Bindungspartnern sind sp^3-, diejenigen mit drei Bindungspartnern sp^2- und solche mit nur zwei Bindungspartnern sp-hybridisiert:

$$\underset{a}{\overset{sp^3 \quad sp^2 \quad sp^2 \quad sp^2 \quad sp \quad sp^2}{CH_3-CH=CH-CH=C=CH_2}}$$

$$\underset{b}{\overset{\hphantom{H} sp^2 \quad sp^2 \quad sp \quad sp}{\underset{H}{\overset{H}{>}}C=CHC\equiv C-H}}$$

$$\underset{c}{\overset{sp^3 \quad \overset{sp^2}{O} \quad sp^3 \quad sp^3}{CH_3\overset{\|}{\underset{sp^2}{C}}CH_2-OH}}$$

$$\underset{d}{\overset{sp^3 \quad sp^3 \quad sp^3 \quad sp^3 \quad sp^2 \quad sp^2 \quad sp^3}{CH_3NH-CH_2CH_2N=CHCH_3}}$$

Lösung 131

a)

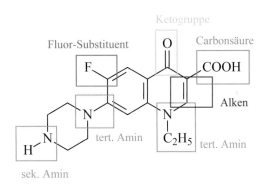

b) Für die Alkylierung kommt in erster Linie die sekundäre Aminogruppe in Frage, die zum tertiären Amin methyliert wird. Mit einem Überschuss an CH_3–I kann auch das quartäre Ammoniumsalz entstehen. Iodmethan wird besonders häufig für Methylierungen verwendet, da das Iodatom (in Form des Iodid-Ions) eine sehr gute Abgangsgruppe darstellt.

Lösung 132

a) Bei der Milchsäure handelt es sich um 2-Hydroxypropansäure. In der Fischer-Projektion steht die Kohlenstoffkette senkrecht; die Bindungen senkrecht vom betrachteten Zentrum weg weisen vereinbarungsgemäß nach hinten, die nach rechts und links gezeichneten Substituenten nach vorne.

b) Sie unterscheiden sich in der Drehrichtung des Winkels bei Einstrahlung von linear polarisiertem Licht sowie in der Reaktivität mit anderen chiralen Substanzen, insbesondere Enzymen.

c) Polymilchsäure ist ein Polyester und entsteht durch nucleophilen Angriff der OH-Gruppen auf Carboxylgruppen weiterer Monomere:

Lösung 133

a)

b) Es sind drei acylierbare Gruppen (sekundärer Alkohol/Phenol/sekundäres Amin) vorhanden; es entstehen zwei Ester- und eine Amidbindung.

Lösung 134

a) Die rechte Grenzstruktur zeigt, dass das Carbonylsauerstoffatom einen Überschuss an negativer Ladung trägt; hier ist entsprechend die Elektronendichte höher.

b) Für das *N*-Cyclohexylpropansäureamid sind zwei mesomere Grenzstrukturen möglich. Das freie Elektronenpaar am Amid-Stickstoff kann hier nur zum Carbonylsauerstoff hin delokalisiert werden. Dagegen kann im *N*-Phenylpropansäureamid das freie Paar am Stickstoff zusätzlich in den aromatischen Ring hinein delokalisiert werden, also weg vom Carbonylsauerstoff. Dementsprechend ist die Elektronendichte am Carbonylsauerstoff im *N*-Cyclohexylpropansäureamid höher als im *N*-Phenylpropansäureamid.

c) Es handelt sich um zwei Konstitutionsisomere. Nur in der linken Verbindung steht das freie Elektronenpaar am Stickstoff in Konjugation mit der Doppelbindung, wie die beiden möglichen mesomeren Grenzstrukturen zeigen. Entsprechend der positiven Formalladung am N-Atom in der rechten Grenzstruktur ist die Elektronendichte am Stickstoff in dieser Verbindung niedriger.

Lösung 135

a) / b)

Die beiden Chiralitätszentren sind in der folgenden Gleichung bezeichnet. Es sind zwei hydrolysierbare Bindungen vorhanden, die Amidbindung sowie die Esterbindung im Lacton. Die Angriffspunkte für das Nucleophil Wasser sind die beiden (schwach) elektrophilen Carbonyl-C-Atome (blau).

Unter stark sauren Bedingungen entsteht die Aminosäure in ihrer protonierten Form; es handelt sich um *L*-Phenylalanin = (*S*)-2-Amino-3-phenylpropansäure.

Lösung 136

a) Die beiden Verbindungen sind Diastereomere, da sie sich in der Konfiguration an einem der drei Chiralitätszentren unterscheiden.

b) Domoinsäure enthält das Strukturgerüst der Aminosäure Prolin. Das α-C-Atom ist (*S*)-konfiguriert.

c) Das cyclische Carbonsäureanhydrid in **1** muss hydrolysiert, die primäre Alkoholgruppe zur Carbonsäure oxidiert werden. Dies ist z.B. mit CrO_4^{2-}, $Cr_2O_7^{2-}$ oder MnO_4^- als Oxidationsmittel möglich.

Ox: HOH_2C⎯R $+ H_2O$ ⟶ $HOOC$⎯R $+ 4\,e^{\ominus} + 4\,H^{\oplus}$ $\vert * 3$

Red: $CrO_4^{2-} + 3\,e^{\ominus} + 8\,H^{\oplus}$ ⟶ $Cr^{3+} + 4\,H_2O$ $\vert * 4$

Redox: $3\ HOH_2C$⎯R $+\ 4\ CrO_4^{2-} + 20\,H^{\oplus}$ ⟶ $3\ HOOC$⎯R $+\ 4\ Cr^{3+} + 13\ H_2O$

Lösung 137

a) C-Atom **1** weist (*R*)-Konfiguration auf; C-Atom **2** ist (*S*)-konfiguriert.

b) Im Makrocyclus wie in den beiden Zuckerresten ist jeweils eine sekundäre Hydroxygruppe (markiert) an ein Chiralitätszentrum gebunden; diese würden bei Behandlung mit saurer $Cr_2O_7^{2-}$-Lösung zu Ketogruppen oxidiert. Es gingen also drei Chiralitätszentren verloren.

c) Die beiden Zuckerreste lassen sich durch saure Hydrolyse vom Makrocyclus abspalten. Dabei wird auch der Makrocyclus (= Lacton) geöffnet (Hydrolyse). Dies ist eine Gleichgewichtsreaktion; ein Teil der Moleküle wird also in der Lactonform erhalten bleiben. Bei einer basischen Hydrolyse des Lactons bleiben die glykosidischen Bindungen erhalten.

Lösung 138

a) Die beiden gesättigten Sechsringe liegen in der Sesselkonformation vor und sind *trans*-verknüpft; gleiches gilt für Sechs- und Fünfring. Dementsprechend befinden sich die gezeigten H-Atome und der Methylsubstituent in axialen Positionen. Der ungesättigte Ring nimmt aufgrund der Doppelbindung eine „Halbsesselkonformation" ein.

b) Nandrolon besitzt eine sekundäre Hydroxygruppe sowie eine α,β-ungesättigte Carbonylgruppe. Diese könnte durch eine Aldolkondensation gebildet werden; die entsprechende Vorläuferverbindung wäre das gezeigte Diketon. Diese Verbindung wiederum kann durch eine Michael-Addition (vgl. Aufgabe 270) des aus dem Keton in basischer Lösung entstehenden Enolat-Ions an das α,β-ungesättigte 3-Buten-2-on entstehen.

Lösung 139

a) Die Verbindung enthält einen β-Lactamring. Dieser ist aber, anders wie bei den Penicillinen und Cephalosporinen, nicht mit einem weiteren Ring anelliert. Da das freie Elektronenpaar des Stickstoffs in der Amidgruppe delokalisiert ist, weist es praktisch keine basischen Eigenschaften auf. Für die phenolische OH-Gruppe ist – im Gegensatz zur sekundären OH-Gruppe – schwach saures Verhalten zu erwarten, so dass das Ezetimid insgesamt (ziemlich schwach) sauer reagieren sollte.

b) Ezetimib enthält eine sekundäre Hydroxygruppe, die im Gegensatz zur phenolischen OH-Gruppe oxidiert werden kann. Dabei geht ein Chiralitätszentrum verloren und es entsteht eine Ketogruppe.

Lösung 140

a) Es sind zahlreiche funktionelle Gruppen vorhanden, die in der folgenden Abbildung markiert sind. Als Grundgerüst dient ein makrocyclisches Lacton, das vielfach substituiert und mehrfach ungesättigt ist.

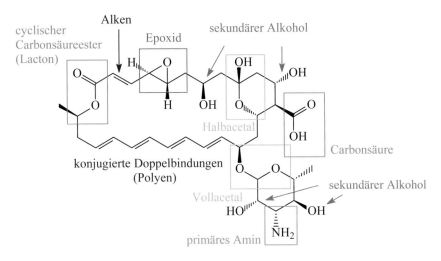

Insgesamt lassen sich vier hydrolysierbare Gruppen ausfindig machen: der cyclische Ester (Lacton), ferner das Halb- sowie das Vollacetal sowie der dreigliedrige Ether (das Epoxid). Während unter sauren Reaktionsbedingungen alle genannten Gruppen hydrolysiert werden können, ist das Acetal im Basischen stabil.

b) Natamycin enthält eine saure Carboxylgruppe und eine basische Aminogruppe; die übrigen Funktionalitäten verhalten sich neutral. Es ist zu erwarten, dass die Verbindung ebenso wie Aminosäuren in zwitterionischer Form vorliegt.

Lösung 141

Diazabicycloundecen (DBU) enthält einen sp^3-hybridisierten und einen sp^2-hybridisierten Stickstoff. Da ein sp^2-Hybridorbital energetisch tiefer liegt als ein entsprechendes sp^3-Hybridorbital, ist ein freies Elektronenpaar in ersterem normalerweise stabiler, so dass bevorzugt das freie Elektronenpaar im sp^3-Orbital für die Protonierung verwendet wird. Stickstoffe, die sp^2-hybridisiert sind, weisen daher i.A. geringere Basizität auf, als sp^3-hybridisierte.

Im vorliegenden Fall erkennt man aber, dass die korrespondierende Säure im Fall der Protonierung am sp^2-Stickstoff mesomeriestabilisiert werden kann, was bei Protonierung des sp^3-Stickstoffs nicht möglich ist. Diese Stabilisierung der zu DBU korrespondierenden Säure führt entsprechend zur bevorzugten Protonierung am sp^2-Stickstoff, der deshalb ungewöhnlich stark basische Eigenschaften zeigt (pK_S für DBU-H$^+$ ≈ 12).

Lösung 142

a) Das Rhizoxin enthält zwei Lactonringe (cyclische Ester), einen 16-gliedrigen und mit diesem anelliert einen 6-gliedrigen (δ-Lacton). Außerdem findet man zwei sauerstoffhaltige Dreiringe (Oxiran; Epoxid) sowie einen aromatischen Fünfring-Heterocyclus. Dieser wird als Oxazol bezeichnet. Außerdem sind insgesamt vier olefinische Doppelbindungen vorhanden, die alle *E*-konfiguriert sind; drei davon sind konjugiert. Weiterhin erkennt man eine sekundäre Hydroxygruppe sowie einen Methylether.

b) Durch eine basische Hydrolyse werden die beiden Lactonringe und die beiden Epoxide geöffnet; der aromatische Oxazolring bleibt davon unberührt. Der Angriff von OH⁻ auf das Epoxid erfolgt bevorzugt am sterisch weniger gehinderten C-Atom.

Lösung 143

a) Damit eine Verbindung aromatische Eigenschaften aufweisen kann, muss sie (annähernd) planar und ringförmig sein, sowie ein durchgehend konjugiertes π-Elektronensystem aufweisen. Die Hückel-Regel besagt, dass eine monocyclische Verbindung dann aromatisch ist, wenn sie $(4n + 2)$ π-Elektronen im Ring aufweist, also z.B. sechs (n=1), 10 (n=2), usw.

Dagegen führt die Anwesenheit von 4n π-Elektronen in einem planaren cyclisch konjugierten System zu antiaromatischem Verhalten.

b) Bei der Deprotonierung von 1,3-Cyclopentadien mit einer starken Base, wie z.B. einem Alkoholat-Ion, entsteht das Cyclopentadienyl-Anion ($C_5H_5^-$). Es ist planar und besitzt ein cyclisch konjugiertes 6-π-Elektronensystem und ist daher aromatisch. Durch die Deprotonierung sind die π-Elektronen vollständig im Ring delokalisiert und dadurch stabilisiert; die vergleichsweise hohe Stabilität dieses (aromatischen) Carbanions ist verantwortlich für den niedrigen pK_S-Wert des 1,3-Cyclopentadiens.

1,3-Cyclopentadien

$pK_S \sim 16$

Cyclopentadienyl-Anion (aromatisch)

c) Beide Verbindungen können im Prinzip durch Abspaltung eines Bromid-Ions ein Carbenium-Ion bilden. Im Fall von 5-Brom-5-methyl-1,3-cyclopentadien würde dieses 4 π-Elektronen aufweisen, es wäre also antiaromatisch und daher wenig stabil. Daher spielt diese Dissoziation keine Rolle und die wenig polare Verbindung ist kaum wasserlöslich.

Beim 7-Brom-7-methyl-1,3,5-cycloheptatrien dagegen erzeugt die Abspaltung von Br⁻ ein cyclisch konjugiertes 6 π-Elektronensystem, d.h. das entstehende Kation ist aromatisch und daher vergleichsweise sehr stabil.

Während das undissoziierte 7-Brom-7-methyl-1,3,5-cycloheptatrien also erwartungsgemäß ebenso wenig löslich ist wie das 5-Brom-5-methyl-1,3-cyclopentadien, führt die leichte Dissoziation unter Bildung des Salzes mit aromatischem Kation zur besseren Löslichkeit.

4 π-Elektronen
antiaromatisch

6 π-Elektronen
aromatisch

Lösung 144

a) Die beiden mit **1** und **2** bezeichneten Stickstoffatome sind Bestandteil des (aromatischen) Imidazolrings. Dabei ist das freie Elektronenpaar von **1** Bestandteil des aromatischen π-Elektronensystems. Eine Protonierung an diesem Elektronenpaar würde also den aromatischen Charakter zerstören und ist daher energetisch ungünstig; entsprechend weist dieses N-Atom praktisch keine basischen Eigenschaften auf. Dagegen befindet sich das freie Elektronenpaar von **2** in der Ringebene in einem sp^2-Hybridorbital; es überlappt somit nicht mit dem aromatischen π-Elektronensystems und steht daher für eine Protonierung zur Verfügung (vgl. die aromatische Aminosäure Histidin mit $pK_S \approx 6$ für die protonierte Form des Imidazolrings). Die N-Atome **3** – **5** gehören zur mesomeriestabilisierten Guanidinogruppe, die hier an allen drei N-Atomen substituiert vorliegt. Während eine Protonierung an **3** bzw. **4** die Mesomerie stört und damit ungünstig ist, weist **5** relativ stark basische Eigenschaften auf, da die positive Ladung über das ganze Guanidinsystem delokalisiert werden kann. Das Stickstoffatom **6** ist Bestandteil der Cyanogruppe; es weist praktisch keine basischen Eigenschaften auf. Das freie Elektronenpaar befindet sich hier in einem energetisch relativ tief liegenden sp-Hybridorbital.

keine Mesomerie-stabilisierung

keine Mesomerie-stabilisierung

b) Bei der Oxidation zum Sulfoxid nimmt die Oxidationszahl am Schwefel um zwei Einheiten zu. Man erhält somit:

Lösung 145

a) Streptomycin besteht aus drei Bausteinen; einer davon ist die Base Streptidin, das Diguanidino-Inositol. Die beiden Guanidinogruppen reagieren stark basisch und liegen bei physiologischem pH-Wert in der protonierten Form vor. Eine weitere (schwächer) basische sekundäre Aminogruppe enthält der dritte Baustein, das *N*-Methylglucosamin, so dass (im physiologischen pH-Bereich) insgesamt drei positive Ladungen zu erwarten sind. Damit ist verständlich, dass die Verbindung den hydrophoben Bereich von Zellmembranen, die Lipiddoppelschicht, kaum durchqueren kann.

b) Bei diesem Baustein handelt es sich, wie bereits unter a) erwähnt, um *N*-Methylglucosamin.

c) Bei einer vollständigen Hydrolyse werden zum einen die glykosidischen Bindungen gespalten, zum anderen wird die Guanidinogruppe in Harnstoff überführt.

Lösung 146

a) Das Ketoconazol enthält einen aromatischen Imidazolring, ein Vollacetal (genauer: Vollketal, vgl. Anmerkung zu Lösung 65), eine aromatische Ethergruppe, zwei Chlorsubstituenten am Aromaten, eine tertiäre aromatische Aminogruppe und ein tertiäres Carbonsäureamid.

b) Carbonsäureamide weisen aufgrund der Mesomeriestabilisierung des freien Elektronenpaars kaum basische Eigenschaften auf ($pK_B \approx 15$). Das tertiäre aromatische Amin ist im Vergleich zu aliphatischen Aminen ebenfalls nur recht schwach basisch ($pK_B \approx 9{-}10$), da das freie Elektronenpaar am Stickstoff mit dem aromatischen π-Elektronensystem konjugiert ist. Am stärksten basisch ($pK_B \approx 7$) ist das Stickstoffatom im Imidazolring, dessen freies Elektronenpaar sich in einem sp^2-Hybridorbital in der Ringebene befindet und somit nicht Bestandteil des aromatischen Systems ist, wie dasjenige des mit dem Rest des Moleküls verknüpften N-Atoms.

c) Neben dem tertiären Amid lässt sich auch das Vollacetal hydrolysieren, allerdings nur unter sauren, nicht aber unter basischen Reaktionsbedingungen. Soll also selektiv nur die Acetylgruppe entfernt werden, sollte dies unter basischen Bedingungen erfolgen, bei denen das Acetal stabil ist.

Lösung 147

Die funktionellen Gruppen sind in der folgenden Abbildung markiert, ebenso die Chiralitätszentren (*).

NaBH$_4$ ist ein Hydrid-Reduktionsmittel; es überträgt ein Hydrid-Ion (H$^-$) auf die Carbonylgruppe von Aldehyden und Ketonen, reagiert aber nicht mit Estern. Dadurch wird die Ketogruppe zum sekundären Alkohol reduziert, ein zusätzliches Chiralitätszentrum wird gebildet. Dichromat (Cr$_2$O$_7^{2-}$) umgekehrt ist ein gutes Oxidationsmittel; es oxidiert die beiden sekundären Alkoholgruppen zum Keton. Dabei gehen zwei Chiralitätszentren verloren.

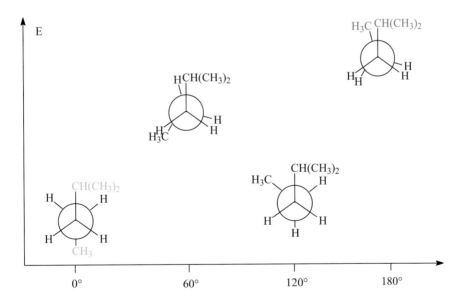

Lösung 148

Es ist die Rotation um eine Bindung zwischen zwei CH$_2$-Gruppen zu untersuchen, die beide einen Alkylsubstituenten tragen. Der voluminösere 1-Methylethyl-Substituent (Isopropyl-) weist stärkere Wechselwirkungen zu allen Nachbargruppen auf als der Methylrest. Verdeckte (ekliptische) Anordnungen sind generell energiereicher als gestaffelte; besonders ungünstig ist dabei diejenige ekliptische Konformation mit Wechselwirkung zwischen der –CH$_3$ und der –CH(CH$_3$)$_2$-Gruppe (rot gezeichnet). Am energieärmsten ist die *anti*-Konformation (maximaler Abstand dieser beiden Substituenten, blau), gefolgt von den beiden möglichen *gauche*-Konformationen (mit 60°-Winkel zwischen den Substituenten). Die Energieunterschiede sind nicht quantitativ korrekt dargestellt.

Lösung 149

a) Es handelt sich um ein substituiertes Propanthiol. Es enthält ein Chiralitätszentrum (das mit dem Propan verknüpfte Ringkohlenstoffatom) und kann daher in Form von zwei Enantiomeren vorliegen. Liegt das Racemat aus beiden Formen vor, ist die Verbindung als (R,S)-2-(4-Methyl-3-cyclohexenyl)-2-propanthiol zu bezeichnen.

b) Das Volumen des Wassers im Becken beträgt $2{,}0{\times}10^3$ m^3, also $2{,}0{\times}10^6$ L mit einer Masse von $2{,}0{\times}10^9$ g. Ein Anteil von 10^{-3} ppb (ppb = parts per billion = 1 in 10^9) entspricht dann einer Masse von 2,0 mg.

Die Summenformel des Thiols ist $C_{10}H_{18}S$, die molare Masse errechnet sich aus den Atommassen zu 170 g/mol. Die zu lösende Stoffmenge n ist dann:

$$n \;=\; \frac{m}{M} \;=\; \frac{2{,}0 \text{ mg}}{170 \text{ g/mol}} \;=\; 1{,}18 \cdot 10^{-5} \text{ mol} \,.$$

c)

3-Methylbutan-1-thiol   *trans*-2-Butenylmethyldisulfid

Lösung 150

a) Eine systematische Vorgehensweise ist hier hilfreich. Der einfachste Fall ist, dass alle Chlorsubstituenten *cis*-ständig sind, d.h. wir benutzen ausschließlich Keile für alle Cl-Atome. Ausgehend hiervon kann eine zunehmende Zahl an Substituenten *trans*-ständig angeordnet werden. Es gibt offensichtlich ein Isomer mit einem *trans*-ständigen Cl-Atom, drei Möglichkeiten für 2 *trans*-ständige (1,2- bzw. 1,3- bzw. 1,4-Anordnung) und weitere drei für 3 *trans*-ständige (1,2,3- bzw. 1,2,4- bzw. 1,3,5-Anordnung).

all-cis

1,2-   1,3-   1,4-

1,2,3-   1,2,4-   1,3,5-

b) Das Lindan entspricht offensichtlich dem oben gezeichneten Isomer mit zwei *trans*-ständigen Cl-Atomen in 1,4-Anordnung. Die Keilstrichformeln müssen in axiale bzw. äquatoriale Substituenten übersetzt werden. Man erkennt, dass in den beiden unten gezeigten Sesselkonformationen jeweils drei Cl-Atome axial bzw. äquatoriale Positionen einnehmen; ihre Energie ist daher identisch.

ΔG = 0 kJ/mol

c) Der größte Energieunterschied ergibt sich für das *all-trans*-Hexachlorcyclohexan. Hierin sind alle Cl-Atome entweder in axialen (= energiereichere Konformation) oder in äquatorialen Positionen.

ΔG = -13 kJ/mol

Kapitel 12

Lösungen: Grundlegende Reaktionstypen: Addition, Eliminierung, Substitution, Redoxreaktionen

Lösung 151

a) Damit die Hydrolyse möglichst quantitativ verläuft, wird sie unter stark basischen Bedingungen ausgeführt. Im zweiten Schritt wird das entstandene Carboxylat in schwach saurer Lösung zur freien Carbonsäure protoniert.

b) Acetylsalicylsäure: $C_9H_8O_4$ → $M = 180$ g/mol

→ n (Acetylsalicylsäure) $= 0{,}500$ g / 180 g mol^{-1} $= 2{,}78$ mmol

Salicylsäure: $C_7H_6O_3$ → $M = 138$ g/mol

theoretische Maximalausbeute: $m = 2{,}78$ mmol $\times$ 138 mg mmol^{-1} $= 383$ mg

erzielte Ausbeute: $m = 345$ mg

→ prozentuale Ausbeute $= 345 / 383 = 0{,}90 = 90$ %

Lösung 152

Während bei der Oxidation primärer (und sekundärer) OH-Gruppen eine C=O-Doppelbindung entsteht, reagieren S–H-Gruppen intermolekular unter Ausbildung von S–S-Brücken (Disulfidbrücken), da die Bildung von C=S-Doppelbindungen wenig begünstigt ist.

Die Teilgleichungen und die Gesamtgleichung lauten demnach:

Ox: $2 \; \diagdown\!\!\diagup\!\!\diagdown_{SH}^{-2} \longrightarrow \; \diagdown\!\!\diagup\!\!\diagdown_{S}^{-1}{\diagdown}^{-1}{\diagup}\!\!\diagdown \; + \; 2\,e^{\ominus} + 2\,H^{\oplus}$

Red: $O{=}\langle\text{[ring]}\rangle{=}O \; + \; 2\,e^{\ominus} + 2\,H^{\oplus} \longrightarrow \; HO{-}\overset{+1}{\langle\text{[ring]}\rangle}{-}OH$

Redox: $2 \; \diagdown\!\!\diagup\!\!\diagdown_{SH} + O{=}\langle\text{[ring]}\rangle{=}O \longrightarrow \; \diagdown\!\!\diagup\!\!\diagdown_{S}{\diagdown}{S}{\diagup}\!\!\diagdown \; + \; HO{-}\langle\text{[ring]}\rangle{-}OH$

Lösung 153

a) Für die Deprotonierung von Ethanol kann entweder eine starke Base wie $NaNH_2$, KH oder Butyllithium verwendet werden, oder ein Alkalimetall, z.B.

$$CH_3CH_2OH + Na^+\,NH_2^- \longrightarrow CH_3CH_2O^- + Na^+ + NH_3$$

$$2\,CH_3CH_2OH + 2\,Na \longrightarrow 2\,CH_3CH_2O^- + 2\,Na^+ + H_2$$

b) Es liegt ein primäres Halogenalkan mit einer guten Abgangsgruppe (Br^-) sowie ein gutes Nucleophil vor; die Reaktion verläuft daher als bimolekulare nucleophile Substitution (S_N2). Es kommt zur Inversion am angegriffenen C-Atom, die im Produkt, dem Ethoxypropan, nicht sichtbar ist, da kein Chiralitätszentrum vorliegt.

$$H_3C{-}CH_2{-}\overset{..}{\underset{..}{O}}\!:^{\ominus} \; + \; \underset{H\;\;H}{\overset{H_5C_2}{C}}{-}Br \longrightarrow H_3C{-}CH_2{-}O{-}\underset{H}{\overset{C_2H_5}{C}}{\cdots}H \; + \; Br^{\ominus}$$

c) Die Geschwindigkeit einer S_N2-Reaktion ist von einer Reihe von Variablen abhängig, insbesondere der Art der Abgangsgruppe (1.), der sterischen Hinderung des Substrats (2.), der Stärke des angreifenden Nucleophils (3.) und der Art des Lösungsmittels (4.).

1. Das Bromid-Ion als korrespondierende Base der sehr starken Säure HBr ist eine sehr gute Abgangsgruppe. Das Fluorid-Iod ist demgegenüber eine deutlich stärkere Base und eine schlechtere Abgangsgruppe; die Substitution verläuft entsprechend wesentlich langsamer.

2. Brommethan ist sterisch noch weniger gehindert als 1-Brompropan, so dass die Reaktion beschleunigt wird.

3. Sowohl das Ethanolat wie das Thiolat-Ion sind negativ geladen; beides sind gute Nucleophile. Das Ethanolat ist die stärkere Base von beiden und sollte daher in einem nichtprotischen Lösungsmittel (→ geringere Solvatation) auch das stärkere Nucleophil sein. Demgegenüber ist das Schwefelatom stärker polarisierbar und es wird wesentlich weniger gut solvatisiert. In diesem Fall geben die höhere Polarisierbarkeit und geringere Solvatation den Ausschlag gegenüber der höheren Basizität des Ethanolats. Die Substitution verläuft mit dem Ethanthiolat um ca. zwei Größenordnungen schneller als mit dem Ethanolat.

4. Ethanol ist ein polar protisches Solvens, welches das Nucleophil durch Ausbildung von Wasserstoffbrücken stark solvatisiert. Wird stattdessen ein polar aprotisches Solvens benutzt, wird die Reaktion stark beschleunigt, weil das nucleophile Sauerstoffatom wesentlich weniger solvatisiert vorliegt.

Lösung 154

a) Im ersten Schritt wird unter Katalyse von H^+-Ionen ein Carbenium-Ion gebildet, das mit dem Nucleophil Wasser zum Alkohol reagiert. Da bevorzugt das stabilere sekundäre Carbenium-Ion entsteht, überwiegt als Produkt der sekundäre Alkohol (2-Propanol).

$$\text{(Propen)} \quad + \quad H_2O \quad \xrightarrow{\ H^\oplus\ } \quad \text{(2-Propanol, OH)} \qquad \left(+ \quad \text{(1-Propanol, OH)} \right)$$

Hauptprodukt

Dieser wird im zweiten Schritt zum Keton (Propanon) oxidiert.

Ox: $\quad$ (2-Propanol, C an OH: 0) $\longrightarrow$ (Propanon, C=O: +2) $+ \ 2\,e^\ominus + 2\,H^\oplus \quad\Big|\quad * 3$

Red: $\quad \overset{+6}{Cr_2O_7^{2-}} + \ 6\,e^\ominus + 14\,H^\oplus \longrightarrow 2\,Cr^{3+} + 7\,H_2O$

Redox: $\quad 3$ (2-Propanol) $+ \ Cr_2O_7^{2-} + 8\,H^\oplus \longrightarrow 3$ (Propanon) $+ \ 2\,Cr^{3+} + 7\,H_2O$

b) Hier erfolgt die protonenkatalysierte Addition von Wasser an das Alkin, so dass ein Enol entsteht. Dieses steht im Gleichgewicht mit dem entsprechenden Keton (Propanon), wobei das Gleichgewicht weit (> 99 %) auf Seite des Ketons liegt.

$$H_3C-C\equiv CH \ + \ H_2O \ \xrightarrow{\ H^\oplus\ } \ \text{(Enol)} \ \underset{\text{Keto-Enol-Tautomerie}}{\rightleftharpoons} \ \text{(Keton)}$$

Enol $\qquad\qquad$ **Keton**

Lösung 155

a) Die Oxidationsteilgleichung für die Hydroxylierung des Aromaten lautet:

$$\text{(Phenyl)}-CH_2-\underset{\overset{|}{\overset{\oplus}{N}H_3}}{CH}-COO^\ominus \ + \ 2\,H_2O \ \longrightarrow \ HO-\text{(Dihydroxyphenyl, HO)}-CH_2-\underset{\overset{|}{\overset{\oplus}{N}H_3}}{CH}-COO^\ominus \ + \ 4\,e^\ominus + 4\,H^\oplus$$

b) Die Decarboxylierung (Abspaltung von CO_2) liefert das biogene Amin Dopamin. Dieses wird benachbart zum aromatischen Ring hydroxyliert. Diese Reaktion zum Noradrenalin wird im Organismus durch eine Hydroxylase unter Beteiligung von Ascorbat und Sauerstoff katalysiert. Der letzte Schritt ist eine nucleophile Substitution (ein kleiner Teil der Aminogruppe liegt deprotoniert vor), bei der im Organismus das S-Adenosylmethionin als Methyldonor (Elektrophil) fungiert. Hier ist als Methyldonor vereinfachend Iodmethan (CH_3–I) gezeigt.

c) Für die Acetylierung wird ein reaktives Essigsäure-Derivat wie das gezeigte Carbonsäure-chlorid benötigt. Als Hilfsbase fungiert ein tertiäres Amin, das selber (mangels eines abspalt-baren H-Atoms) nicht acyliert werden kann. Es bindet die frei werdenden H^+-Ionen und ver-hindert so eine Protonierung der sekundären Aminogruppe im Adrenalin.

Lösung 156

a) Bei der säurekatalysierten Hydrolyse wird die Amidbindung gespalten. Die H^+-Ionen erhö-hen die Elektrophilie des Carbonyl-C-Atoms und ermöglichen so erst den Angriff des schwa-chen Nucleophils Wasser. Unter sauren Reaktionsbedingungen liegt das entstehende Amin in protonierter Form vor.

2,4-Dihydroxy-3,3-   3-Aminopropanol
dimethylbutansäure   (hier: protoniert)

b) Es werden zwei primäre Hydroxygruppen zur Carbonsäure und eine sekundäre Hydroxy-gruppe zum Keton oxidiert:

c) / d)

Hier soll nur eine der beiden primären Hydroxygruppen oxidiert werden. Da beide OH-Gruppen gegenüber gängigen chemischen Oxidationsmitteln sehr ähnliche Reaktivität aufweisen, ist eine solche Selektivität im Labor schwer zu erreichen. Enzyme sind dagegen in der Lage, selektiv nur eine von zwei Gruppen ähnlicher Reaktivität umzusetzen.

Im folgenden Schritt wird eine Amidbindung geknüpft. Wie in der Aufgabenstellung erwähnt, muss die neu entstandene Carboxylgruppe dafür in geeigneter Weise aktiviert werden, z.B. durch Überführung in ein gemischtes Carbonsäure-Phosphorsäure-Anhydrid. Dieser Aktivierungsschritt ist hier nicht explizit gezeigt.

Die aktivierte Carbonsäure reagiert dann mit 2-Aminoethanthiol zum Amid. Auch diese Reaktion würde im Labor nicht so glatt ablaufen, da auch die SH-Gruppe ein sehr gutes Nucleophil ist, so dass die Bildung des Thioesters mit der Amidbildung konkurriert (und vermutlich sogar überwiegen würde). Im letzten Schritt wird die freie primäre Hydroxygruppe zum Phosphorsäureester umgewandelt.

Pantothensäure

Lösung 157

Die Addition von Br_2 verläuft „*trans*"; es entsteht ein Paar von Enantiomeren. Bei der säurekatalysierten Addition von Wasser an Cyclohexen entsteht Cyclohexanol, das zum Cyclohexanon oxidiert werden kann. Dieses reagiert mit primären Aminen unter nucleophiler Addition und anschließender Abspaltung von Wasser zu den entsprechenden Iminen.

2-Methylcyclohexanol kann unter Säurekatalyse bei erhöhten Temperaturen Wasser eliminieren; dabei entsteht entsprechend der Regel von Sayzeff, wonach sich bevorzugt die höher
substituierte Doppelbindung bildet, das 1-Methylcyclohexen. Das 3-Methylcyclohexen entsteht als Nebenprodukt.

Lösung 158

a) Es findet eine elektrophile Addition an das Doppelbindungssystem statt. Beide Reaktionen
verlaufen in zwei Schritten über ein intermediäres Carbenium- bzw. Bromonium-Ion, für die
jeweils zwei mesomere Grenzstrukturen möglich sind.

b) Es kann jeweils zu einer 1,2- oder einer 1,4-Addition kommen. Während im Fall der Addition von HBr beide Additionsprodukte identisch sind, liefert die Addition von Br_2 zwei konstitutionsisomere Produkte, wie im Folgenden gezeigt ist.

3-Bromcyclopenten

3,4-Dibromcyclopenten

3,5-Dibromcyclopenten

Lösung 159

a) Bei der gesuchten Verbindung handelt es sich um einen (längerkettigen) primären Alkohol. Ein kurzkettiger Alkohol wäre gut wasserlöslich. Dieser kann in stark saurer Lösung Wasser eliminieren (R1). Bei der Zugabe von schwefelsaurer $K_2Cr_2O_7$-Lösung erfolgt Oxidation zur Carbonsäure (R2). Diese wird in einer Säure-Base-Reaktion zum löslichen Carboxylat umgesetzt (R3) bzw. reagiert unter Säurekatalyse mit einem Alkohol zu einem Ester (R4).

b)

1 $R-CH_2-CH_2-OH \xrightarrow[\text{Eliminierung}]{H^\oplus} R-CH=CH_2 + H_2O$

2 $R-CH_2-CH_2-OH + H_2O \xrightarrow[\text{Oxidation}]{Cr_2O_7^{2-}} R-CH_2-COOH + 4\,e^\ominus + 4\,H^\oplus$

3 $R-CH_2-COOH + {}^\ominus OH \longrightarrow R-CH_2-COO^\ominus + H_2O$

4 $R-CH_2-COOH + R'-OH \xrightarrow[\text{Veresterung}]{H^\oplus} R-CH_2-COOR' + H_2O$

Lösung 160

a) Die Verbindung besitzt genau ein Chiralitätszentrum (C-Atom, das die OH-Gruppe trägt) und ist somit chiral.

b) Die sekundäre Hydroxygruppe wird leicht zur Ketogruppe oxidiert:

c) Eine charakteristische Eigenschaft von β-Ketocarbonsäuren ist ihre leichte Decarboxylierung (Abspaltung von CO_2). Diese ist durch den sich ausbildenden sechsgliedrigen Übergangszustand besonders begünstigt. Als Produkt entsteht zunächst ein Enol, welches leicht zur 2-Oxopropansäure (Brenztraubensäure) tautomerisiert. Das Gleichgewicht liegt dabei weit auf Seiten der Ketoform.

Lösung 161

Typische Monomere sind die Alkene Ethen, Propen, Chlorethen („Vinylchlorid"), Phenylethen („Styrol") oder Propennitril („Acrylnitril"). Hieraus entstehen die entsprechenden Polymere, also Polyethen („Polyethylen", PE), Polypropen („Polypropylen", PP), Polychlorethen („Polyvinylchlorid", PVC), Polyphenylethen („Polystyrol", PS) bzw. Polypropennitril („Polyacrylnitril", PAN). Alle genannten Polymere besitzen große technische Bedeutung.

Diese Polymerisationen verlaufen häufig über radikalische Zwischenstufen, aber auch kationische (unter Beteiligung von Carbenium-Ionen) und anionische (unter Beteiligung von Carbanionen) Polymerisation ist möglich.

Ethen   Propen   Chlorethen   Phenylethen   Propennitril

Von den entstehenden Polymeren sind exemplarisch PVC und PS gezeigt; die anderen ergeben sich analog durch Substitution von Cl bzw. Phenyl durch die entsprechenden Reste.

Lösung 162

a) Die Synthese ist hier der Einfachkeit halber zur besseren Übersicht mit Acetylchlorid als reaktivem Carbonsäure-Derivat gezeigt. Zur Einführung eines langkettigen Alkylrestes müsste entsprechend ein langkettiges Carbonsäurechlorid verwendet werden.

b) Die Hydrolyse von 0,2 mol Olestra ergibt 1,6 mol Fettsäuren. Enthalten sind den Prozentzahlen zufolge:

- gesättigtes Palmitat (12,5 %) → 1 mal (0,2 mol)
- 2-fach ungesättigtes Linolat (37,5 %) → 3 mal (0,6 mol) → 1,2 mol Doppelbindungen
- 1-fach ungesättigtes Oleat (50 %) → 4 mal (0,8 mol) → 0,8 mol Doppelbindungen

Insgesamt enthalten die Reste daher 2 mol Doppelbindungen; es können 2 mol Br_2 = 320 g addiert werden.

Lösung 163

Zur Beantwortung der Frage müssen die räumlich korrekten Sesselformen der gegebenen Verbindungen betrachtet werden. Außerdem muss man sich vergegenwärtigen, dass eine bimolekulare Eliminierung nach dem E2-Mechanismus durch einen Übergangszustand gekennzeichnet ist, in dem die Abgangsgruppe (hier I^-) und das abzuspaltende H-Atom antiperiplanar zueinander orientiert sind, d.h. beide Gruppen müssen sich axial und in *trans*-Stellung zueinander befinden.

Man erkennt, dass Verbindung II kein axiales H-Atom benachbart zum I-Atom aufweist, somit also keine *trans*-Eliminierung über einen antiperiplanaren Übergangszustand möglich ist. Es ist nur eine *syn*-Eliminierung möglich, die vergleichsweise mit sehr geringer Geschwindigkeit abläuft. Im Gegensatz dazu findet man in Verbindung I ein antiständiges, axiales H-Atom, in Verbindung III dagegen zwei. Bei Verbindung III kann zudem ein dreifach substituiertes (stabileres) Alken gebildet werden. Daher verläuft die E2-Eliminierung mit Verbindung III am schnellsten, gefolgt von Verbindung I, während Verbindung II praktisch keine Reaktion zeigt.

Lösung 164

a)

S_N1	S_N2
Reaktivität 3° > 2° > 1° Substrat	Reaktivität 3° < 2° < 1° Substrat
Geschwindigkeitsgesetz: $\upsilon = k \times c(\text{R-X})$	Geschwindigkeitsgesetz: $\upsilon = k \times c(\text{R-X}) \times c(\text{Nu})$
2 Schritte; Zwischenprodukt Carbenium-Ion	1 Schritt, ohne Zwischenprodukt
bevorzugt in polar protischem Solvens	bevorzugt in polar aprotischem Solvens

b) Die Kohlenstoffkette muss um ein C-Atom verlängert werden; dies gelingt am einfachsten durch eine nucleophile Substitution mit dem guten Nucleophil CN^-. Da es sich um ein primäres Halogenalkan handelt, verläuft die S_N2-Substitution rasch und in guter Ausbeute. Das gebildete Nitril wird anschließend in saurer Lösung zur Carbonsäure hydrolysiert.

Lösung 165

Bei 1-Chlor-2-buten handelt es sich um ein Allylhalogenid. Obwohl ein primäres Substrat vorliegt, dissoziiert es leicht zum Carbenium-Ion, da dieses durch die Doppelbindung mesomeriestabilisiert ist. Das allylische Kation kann von Wasser im zweiten Schritt an zwei Positionen angegriffen werden, was zur Bildung der beiden regioisomeren Alkohole 2-Buten-1-ol und 3-Buten-2-ol führt.

b) Mit guten Nucleophilen reagiert das 1-Chlor-2-buten nach dem S_N2-Mechanismus. Der im Vergleich zum gesättigten 1-Chlorbutan raschere Reaktionsverlauf lässt sich auf die Überlappung des p-Orbitals im Übergangszustand der Substitutionsreaktion mit der Doppelbindung zurückführen. Neben dem Angriff des Nucleophils, das die Abgangsgruppe trägt, ist aber auch ein Angriff an der Doppelbindung möglich. Während der Ausbildung der neuen Bindung werden dabei die π-Elektronen der Doppelbindung hin zur Abgangsgruppe verschoben; Doppelbindung und Substituent vertauschen so ihre Plätze (sogenannte S_N2'-Substitution).

Lösung 166

a) Die Oxidationsgleichung für die Hydroxylierung lautet:

b) Das 5-Hydroxytryptophan bildet mit dem Coenzym Pyridoxalphosphat ein Imin (Schiffsche Base); aus dem Addukt wird dann CO_2 abgespalten. Das entstehende 5-Hydroxy-tryptamin (Serotonin) wird an der nucleophilen primären Aminogruppe acetyliert. Im letzten Schritt erfolgt die Übertragung der Methylgruppe auf die aromatische OH-Gruppe.

5-Hydroxytryptophan

1. Decarbo-xylierung $- CO_2$

2. Hydrolyse

Serotonin

Acetylierung

HSCoA

CH_3-X

$+ HX$

Melatonin

Lösung 167

β-Ketocarbonsäuren decarboxylieren i.A. sehr leicht, da bei der Reaktion ein günstiger 6-gliedriger Übergangszustand durchlaufen wird. Das entstehende Enol stabilisiert sich durch das Tautomerengleichgewicht zum entsprechenden Keton.

günstiger 6-gliedriger
Übergangszustand

Decarboxylierung

CO_2

Lösung 168

a) Das Gleichgewicht liegt weit auf der linken Seite, da die Basizität des Alkoholat-Ions nicht ausreicht, um einfache Carbonylverbindungen in α-Stellung zur Carbonylgruppe vollständig zu deprotonieren.

b) Unter basischen Bedingungen entsteht zunächst das Anion des β-Hydroxyketons, das rasch ein Proton aufnimmt.

c) Durch die Eliminierung von Wasser entsteht ein ausgedehntes konjugiertes π-Elektronensystem, das gegenüber einer gewöhnlichen Doppelbindung zusätzlich stabilisiert ist.

4-Hydroxy-4-phenylbutan-2-on

d) Der sekundäre Alkohol wird leicht zum Keton oxidiert:

Ox:

$+ 2 e^{\ominus} + 2 H^{\oplus} \Big| * 3$

Red: $Cr_2O_7^{2-} + 6 e^{\ominus} + 14 H^{\oplus} \longrightarrow 2 Cr^{3+} + 7 H_2O$

Redox: 3

$+ Cr_2O_7^{2-} + 8 H^{\oplus} \longrightarrow 3$ $+ 2 Cr^{3+} + 7 H_2O$

e) Es handelt sich um ein β-Diketon. Die beiden H-Atome am C-Atom zwischen den beiden Carbonylgruppen sind vergleichsweise acide, da das bei Deprotonierung entstehende Carbanion zu beiden Carbonylgruppen hin mesomeriestabilisiert ist:

Lösung 169

a) Die Hydrolyse der glykosidischen Bindung (Vollacetal) erfolgt im Sauren. Dabei entsteht neben dem Aglykon (Salicylalkohol; 2-Hydroxymethylphenol) ein Gemisch aus α- und β-D-Glucose, da die Reaktion über das planare Oxocarbenium-Ion verläuft.

b) Die primäre Hydroxygruppe muss zur Carbonsäure oxidiert werden.

c) Es muss eine Veresterung mit einem reaktiven Derivat der Essigsäure erfolgen (Essigsäurechlorid / Essigsäureanhydrid):

d) Gemischtes Carbonsäure-Phosphorsäure-Anhydrid

e) M (Salicin) = 286 g/mol; M (Acetylsalicylsäure) = 180 g/mol

→ n (Salicin) = 400 g / 286 g mol^{-1} = 1,40 mol;

→ n (Acetylsalicylsäure) = 225 g / 180 g mol^{-1} = 1,25 mol

→ Ausbeute = 1,25 / 1,40 = 89,3 %

Lösung 170

Pentan-3-on   3-Methylhexan-1-ol   *N,N*-Dimethylcyclohexanamin

Alle drei Verbindungen zeigen mäßige Löslichkeit in Wasser. In basischer Lösung ändert sich die Löslichkeit nicht wesentlich; in saurer Lösung ist dagegen das Amin aufgrund Protonierung (Salzbildung) leicht löslich.

Von den drei Verbindungen ist nur der Alkohol leicht und ohne Zerstörung des C-Gerüstes mit $Cr_2O_7^{2-}$ oxidierbar. Es entsteht zunächst der entsprechende Aldehyd, der leicht weiter reagiert zur Carbonsäure.

Das Keton bildet mit Hydrazinen sogenannte Hydrazone. Setzt man als Hydrazin das 2,4-Dinitrophenylhydrazin ein, so erhält man ein schwerlösliches, kräftig orange gefärbtes Hydrazon, das sich gut kristallisieren lässt.

gut löslich

Ox:

Red: $\overset{+6}{Cr_2O_7{}^{2-}} + 6\,e^{\ominus} + 14\,H^{\oplus} \longrightarrow 2\,Cr^{3+} + 7\,H_2O$ $\Big| * 2$

Redox: 3 $+ 2\,Cr_2O_7{}^{2-} + 14\,H^{\oplus} \longrightarrow 3$ $+ 6\,Cr^{3+} + 11\,H_2O$

2,4-Dinitrophenylhydrazin   2,4-Dinitrophenylhydrazon

Lösung 171

a) Es findet eine Säure-Base-Reaktion zwischen der Carbonsäure und dem Amin statt.

b) Für die Bildung des Amids muss ein reaktives Carbonsäure-Derivat eingesetzt werden. Das tertiäre Amin R_3N dient dazu, frei werdendes HCl abzufangen, um zu verhindern, dass ein Teil des umzusetzenden Amins protoniert wird.

c) Aus den Strukturformeln entnimmt man die Summenformeln und berechnet die molaren Massen:

M (4-Nitroanilin) = 138 g/mol; M (*N*-4-Nitrophenylbenzoesäureamid) = 241 g/mol

→ Maximalausbeute aus 10 mmol Säurechlorid bzw. Amin = 2,41 g

→ Die erhaltene Ausbeute ist > 100 %. Daraus folgt, dass das erhaltene Amid nicht in reiner Form erhalten wurde.

Lösung 172

Verbindung B ist ein Alken und reagiert daher leicht mit Brom-Lösung unter elektrophiler *trans*-Addition von Br_2. Dies ist an einer Entfärbung der Brom-Lösung zu erkennen. Verbindung A ist in Abwesenheit von UV-Licht (zur Initiation eines Radikalmechanismus) inert.

Verbindung A: 1-Brom-4-ethyl-3-methylheptan

Verbindung B: 4,4-Dimethylpent-1-en

Lösung 173

a) Es handelt sich um Pyrimidin.

b) Der Pyrimidinring findet sich auch in den DNA-Basen Thymin und Cytosin sowie im Uracil, das nur in der RNA vorkommt.

Cytosin   Thymin   Uracil

c) Es sind drei Phosphorsäureesterbindungen vorhanden, die gespalten werden können. Unter stark alkalischen Bedingungen wird auch die OH-Gruppe am Aromaten deprotoniert.

$+ 4\,OH^{\ominus} \longrightarrow \quad + 2\,C_2H_5OH + \\ + H_2O$

Lösung 174

a) Mit einem Überschuss an Benzaldehyd ergibt sich das zweifache Kondensationsprodukt „Dibenzalaceton". Die Dehydratisierung verläuft besonders leicht aufgrund der Ausbildung eines durchgehend konjugierten π-Elektronensystems.

$2 \quad + \quad \xrightarrow{\ominus OH} \quad + 2\,H_2O$

b) Durch eine elektrophile Addition von Br_2 an die Doppelbindung; dabei wird eine zugegebene Lösung von Br_2 entfärbt.

c) Man erwartet vier verschiedene Verbindungen, da sowohl Acetaldehyd als auch Aceton jeweils als elektrophile Carbonylkomponente als auch als angreifendes Enolat fungieren können. Da Acetaldehyd (Ethanal) die reaktivere Komponente darstellt (der elektrophile Carbonyl-Kohlenstoff wird nur von einer elektronenschiebenden Alkylgruppe flankiert), wird man (nach wässriger Aufarbeitung, d.h. Protonierung des Alkoholats) als Hauptprodukt das Kondensationsprodukt aus zwei Molekülen des Aldehyds (3-Hydroxybutanal) erhalten:

$+ \quad \xrightarrow{\ominus OH} \quad \left(\xrightarrow[-\,H_2O]{H^{\oplus}} \right)$

Beim Erhitzen des Additionsprodukts entweder in wässriger Säure oder Base wird Wasser abgespalten unter Bildung des α,β-ungesättigten Aldehyds.

Lösung 175

Es werden zwei C-Atome von der Oxidationsstufe +2 zur höchsten Oxidationsstufe +4 oxidiert. In der tautomeren Form der Harnsäure wandern die drei H-Atome von den Stickstoffatomen zu den O-Atomen (Lactam-Lactim-Tautomerie).

Lösung 176

a) Es sind zwei hydrolysierbare Bindungen vorhanden, eine Amid- und eine Phosphorsäure-esterbindung.

b) Die Thiolgruppe fungiert als Nucleophil und spaltet die Disulfidbindung in Ellmans Reagenz. Dabei entsteht das gelb gefärbte Anion der 5-Mercapto-2-nitrobenzoesäure. Die Farbigkeit der Verbindung ist darauf zurückzuführen, dass am Aromaten sowohl ein guter Elektronendonor (Thiol, HS– und insbesondere die deprotonierte Form –S⁻) als auch ein starker Akzeptor (Nitrogruppe, –NO₂) vorliegt.

Lösung 177

a) Die Addition verläuft jeweils über das cyclische Bromonium-Ion als Zwischenprodukt. Dieses kann im zweiten Schritt an beiden C-Atomen vom Br⁻-Ion angegriffen werden. Das intermediäre Bromonium-Ion ist bei Addition an das *trans*-Alken chiral, die beiden Produkte sind, wie man sich durch entsprechende Drehung der Moleküle überzeugen kann, identisch.

Bei der Addition an das *cis*-2-Buten entsteht ein achirales Bromonium-Ion (Spiegelebene durch die zentrale C–C-Bindung und das Br-Atom). Addition des Br⁻-Ions liefert zwei enantiomere Dibrombutane.

Bei der Addition von Brom an *trans*-Buten entsteht (2S,3R)-Dibrombutan, bei der Addition an *cis*-Buten ein racemisches Gemisch aus (2R,3R)- und (2S,3S)-Dibrombutan.

b) Die beiden Enantiomere (2R,3R)- und (2S,3S)-Dibrombutan sind chiral. (2S,3R)-Dibrombutan besitzt eine Symmetrieebene, zu erkennen nach Drehung um 180° um die zentrale C–C-Bindung.

Lösung 178

a) Der erste Schritt ist eine elektrophile aromatische Substitution (Chlorsulfonierung). Das reaktive Sulfonylchlorid wird anschließend leicht durch Ammoniak (oder Ammoniumcarbonat) in das entsprechende Sulfonamid überführt. Die folgende Oxidation einer am Aromaten befindlichen Methylgruppe ist mit starken Oxidationsmitteln (z.B. $KMnO_4$, Chromsäure) möglich; aliphatische Methylgruppen lassen sich auf diese Weise nicht oxidieren.

Der letzte Reaktionsschritt verläuft als intramolekulare Reaktion unter Erhitzen ab, obwohl die Sulfonamidgruppe kein starkes Nucleophil ist. Da das Produkt Saccharin als schwer lösliche Verbindung ausfällt, wird das Gleichgewicht auf die Produktseite verschoben.

b) Die Oxidationszahl der Methylgruppe erhöht sich bei Oxidation zur COOH-Gruppe um sechs. Chrom in der Oxidationszahl +6 nimmt drei Elektronen auf und wird zu Cr^{3+} reduziert.

Ox: (Aromat mit $\overset{-3}{CH_3}$ und SO_2NH_2) $+ \; 2 \; H_2O \longrightarrow$ (Aromat mit $\overset{+3}{COOH}$ und SO_2NH_2) $+ \; 6 \; e^{\ominus} + 6 \; H^{\oplus}$

Red: $\overset{+6}{H_2CrO_4} + 3 \; e^{\ominus} + 6 \; H^{\oplus} \longrightarrow Cr^{3+} + 4 \; H_2O \quad | * 2$

Redox: (Aromat mit CH_3 und SO_2NH_2) $+ \; 2 \; H_2CrO_4 + 6 \; H^{\oplus} \longrightarrow$ (Aromat mit $COOH$ und SO_2NH_2) $+ \; 2 \; Cr^{3+} + 6 \; H_2O$

Lösung 179

a) Taurin besitzt, wie der hohe Schmelzpunkt für eine Verbindung mit niedriger molarer Masse und die gute Wasserlöslichkeit andeutet, Salzcharakter; es liegt als Zwitterion (Betain) vor.

$H_3\overset{\oplus}{N}$—CH₂—CH₂—$\overset{\ominus}{SO_3}$

Taurin
(Zwitterion)

b) Bei der Oxidation der Mercaptogruppe zur Sulfonsäure werden sechs Elektronen frei:

$$+ \; 6 \, e^{\ominus} + 6 \, H^{\oplus}$$

c) Der Mechanismus der Decarboxylierung mit Pyridoxalphosphat als Coenzym ist nachfolgend gezeigt.

Die Cysteinsäure liegt zwar überwiegend in der zwitterionischen Form vor; zu einen kleinen Teil liegt die Aminogruppe jedoch im physiologischen pH-Bereich unprotoniert vor. Dadurch ist die nucleophile Addition der Aminogruppe der Cysteinsäure an die Aldehydgruppe des Pyridoxalphosphats unter Bildung eines Imins möglich. Aus dieser Additionsverbindung wird CO_2 abgespalten; dieser Schritt wird durch Transfer eines Elektronenpaars zum Stickstoff des Pyridinrings erleichtert. Durch die folgende Tautomerisierung wird das aromatische System regeneriert, bevor das Taurin durch Hydrolyse vom Pyridoxalphosphat abgespalten wird.

Lösung 180

Mit seinen beiden phenolischen OH-Gruppen ist Bisphenol A eine difunktionelle Verbindung, die mit einem reaktiven Kohlensäure-Derivat zu Polykohlensäureestern (Polycarbonaten) reagieren kann. Bei der Verknüpfung von jeweils n der beiden difunktionellen Monomere werden (2n -1) Esterbindungen geknüpft; dabei wird bei jedem Kondensationsschritt ein Molekül HCl frei – insgesamt also (2n -1) HCl-Moleküle.

n HO— ... —OH + n ... → →

... + $(2n - 1)$ HCl

Lösung 181

Hydrolyse der Acetylsalicylsäure liefert die Salicylsäure (*o*-Hydroxybenzoesäure), die durch Einführung einer weiteren OH-Gruppe (enzymatisch) zur Gentisinsäure oxidiert werden kann. Nach Aktivierung der Carbonsäuregruppe der Salicylsäure zu einem reaktiven Derivat kann dieses anschließend mit der Aminosäure Glycin zum Amid – bekannt als Salicylursäure – umgesetzt werden. Alternativ kann die phenolische OH-Gruppe der Salicylsäure wie alle Alkohole mit der Halbacetalgruppe der Glucuronsäure zum Glykosid reagieren.

Gentisinsäure
(2,5-Dihydroxybenzoesäure)

Ox. + [O]

Hydrolyse
H_2O, $H^\oplus$

+

Glykosylierung
mit (aktivierter)
Glucuronsäure

1. Aktivierung

2. H_2N—COOH

Salicylursäure

Lösung 182

a) Gingerol besteht aus einer aliphatischen Kette mit 10 C-Atomen; die funktionelle Gruppe mit höchster Priorität ist die Ketogruppe, so dass das Grundgerüst als Decan-3-on zu bezeichnen ist. Am C-1 befindet sich ein 4-Hydroxy-3-methoxyphenylrest. Zusammen mit der Hydroxygruppe am C-5 der Kette, die (*S*)-Konfiguration aufweist, erhält man damit die Bezeichnung (*S*)-5-Hydroxy-1-(4-hydroxy-3-methoxyphenyl)decan-3-on.

b) Für die Aldolreaktion wird ein Aldehyd (Hexanal) und ein unsymmetrisches Keton 4-(4-Hydroxy-3-methoxyphenyl)-butan-2-on) benötigt. Da der Aldehyd von beiden Edukten das deutlich bessere Elektrophil ist und ebenso wie das Keton in Anwesenheit von OH⁻-Ionen (teilweise) in das Enolat überführt wird, ist damit zu rechnen, dass überwiegend das Additionsprodukt aus zwei Molekülen des Aldehyds entsteht.

c) Dieses Problem tritt stets bei „gekreuzten Aldolkondensationen" mit zwei enolisierbaren Partnern auf. Es muss also dafür gesorgt werden, dass nur die Keto-Komponente als Nucleophil fungiert. Die Situation wird dadurch kompliziert, dass das Keton zwei regioisomere Enolate bilden kann, wobei das stabilere, höher substituierte (das „thermodynamische" Enolat) bevorzugt unter Gleichgewichtsbedingungen entsteht, während das weniger substituierte (das „kinetische" Enolat) bevorzugt mit starken, sterisch anspruchsvollen Basen gebildet wird.

Lösung 183

Der erste Schritt ist eine Oxidation, im zweiten Schritt wird die verbliebene primäre OH-Gruppe mit Phosphorsäure (bzw. Dihydrogenphosphat) verestert.

Lösung 184

a) Die Decarboxylierung von Aminosäuren zu biogenen Aminen im Organismus verläuft unter Beteiligung von Pyridoxalphosphat, das sich vom Vitamin B_6 ableitet. Durch Bindung der Aminogruppe der Aminosäure an die Aldehydgruppe des Coenzyms wird ein Imin ausgebildet. Dieses Adduct kann entweder in ein tautomeres Imin übergehen und zu einer α-Ketosäure und Pyridoxamin hydrolysieren, oder decarboxylieren und nach Hydrolyse das Amin bilden.

b) Das Dopamin muss am Stickstoff alkyliert werden. Das entsprechende Substrat ist sekundär, so dass die Reaktion wahrscheinlich nach einem S_N2-Mechanismus ablaufen wird. Als Abgangsgruppe kommt z.B. Br^- in Frage. Allerdings ist damit zu rechnen, dass neben dem gewünschten sekundären Amin durch zweifache Alkylierung auch erhebliche Mengen eines tertiären Amins entstehen. Es sollte daher ein Überschuss an primärem Amin eingesetzt werden. Da die Aminogruppe deutlich nucleophiler ist, als die aromatischen Hydroxygruppen, findet die Substitution bevorzugt am Stickstoff statt. Nötigenfalls könnte man die beiden OH-Gruppen auch durch Umsetzung zu einem cyclischen Acetal schützen, das am Ende wieder unter H^+-Katalyse gespalten werden könnte.

In der Praxis wäre es wohl besser, das sekundäre Amin durch Reduktion eines entsprechenden Imins herzustellen. Letzteres erhält man durch nucleophile Addition an das entsprechende Keton und nachfolgende Eliminierung von Wasser. Das Imin kann dann durch einen Hydrid-Donor wie NaBH$_4$ reduziert werden.

Lösung 185

a) Der erste Teilschritt ist jeweils eine Redoxreaktion. Startet man mit Salicylalkohol, so muss die primäre Alkoholgruppe zum Aldehyd oxidiert werden. Hierfür sind spezielle milde Oxidationsmittel (z.B. Ag$^+$ oder „Pyridiniumchlorochromat") erforderlich, da der entstehende Aldehyd leicht weiter zur Carbonsäure oxidiert wird. Ausgehend von Salicylsäure muss die Carboxylgruppe zum Aldehyd reduziert werden. Diese Reaktion ist in der Praxis schwierig, da der Aldehyd leicht weiter zum primären Alkohol reduziert wird. Ein gutes Reduktionsmittel für diese Reaktion ist Boran (BH$_3$), aber auch katalytische Hydrierung ist möglich. Die Redoxteilgleichungen lauten:

b) Im zweiten Schritt werden die beiden Iminbindungen gebildet. Als Nucleophil fungiert 1,2-Diaminoethan (Ethylendiamin), das die beiden Aldehyde über zwei Iminbindungen verbrückt. Dabei werden zwei Moleküle Wasser abgespalten.

+ 2 H₂O

Lösung 186

Die Verbindung enthält drei Esterbindungen in dem Ringsystem, ist also ein Tris-Lacton, das durch eine säurekatalysierte Veresterung aus der entspechenden Hydroxycarbonsäure gebildet werden kann. Die Schwierigkeit dabei ist, dass es nicht zur Bildung eines langkettigen Polykondensationsprodukts kommen darf, sondern genau drei Moleküle des Edukts zu einem Ring kondensieren sollen:

2-Hydroxy-
3-(1-methylethyl)-
benzoesäure

+ 3 H₂O

Das Edukt kann als 2-Hydroxy-3-(1-methylethyl)benzoesäure (= 2-Hydroxy-3-isopropyl-benzoesäure) bezeichnet werden.

Lösung 187

Die 4-Chlorbenzoesäure zeigt in wässriger Lösung deutlich saure Eigenschaften (pH-Wert-Erniedrigung); sie ist gut löslich in NaOH (ebenso aber das 2-Methylphenol) und reagiert als einzige der drei Verbindungen mit HCO_3^--Lösung unter CO_2-Entwicklung. Im Gegensatz zum 2-Methylphenol liegt in der 4-Chlorbenzoesäure ein wenig reaktiver Aromat vor, so dass keine elektrophile Substitution mit Br_2 erfolgt.

$$\text{4-Chlorbenzoesäure} + HCO_3^- \longrightarrow \text{4-Chlorbenzoat} + CO_2\uparrow + H_2O$$

$Cr_2O_7^{2-}$
keine Reaktion

Br_2
keine Reaktion in Abwesenheit einer Lewis-Säure als Kat.

$+ {}^{\ominus}OH$, $- H_2O$

2-Methylphenol zeigt in wässriger Lösung nur schwach saure Eigenschaften, es ist löslich in NaOH unter Bildung des Phenolat-Ions, nicht dagegen in HCO_3^--Lösung (keine Gasentwicklung); mit Br_2 erfolgt bereits ohne Katalysator elektrophile aromatische Substitution, d.h. eine zugegebene Brom-Lösung wird entfärbt.

$$\text{2-Methylphenol} + Br_2 \longrightarrow \text{(4-Brom-2-methylphenol)} + \text{(6-Brom-2-methylphenol)} + HBr$$

$Cr_2O_7^{2-}$
keine Reaktion

$HCO_3^{\ominus}$
keine Reaktion

$+ {}^{\ominus}OH$, $- H_2O$ → (2-Methylphenolat)

4-Methylhexan-2-ol besitzt in wässriger Lösung weder saure noch basische Eigenschaften ($\rightarrow$ keine Änderung des pH-Werts). Als sekundärer Alkohol ist es zum Keton oxidierbar; es reagiert also als einzige Verbindung z.B. mit $K_2Cr_2O_7$-Lösung, d.h. man beobachtet eine Farbänderung von orange ($K_2Cr_2O_7$) nach blaugrün (Cr^{3+}-Ionen).

$$3 \text{ (4-Methylhexan-2-ol)} + Cr_2O_7^{2-} + 8\,H^{\oplus} \longrightarrow 3 \text{ (Keton)} + 2\,Cr^{3+} + 7\,H_2O$$

${}^{\ominus}OH$
keine Reaktion

$HCO_3^{\ominus}$
keine Reaktion

Br_2
keine Reaktion

Lösung 188

Mit den Alkoholat-Ionen als starker Base und dem Sulfonat als guter Abgangsgruppe an einem sekundären C-Atom ist die vorherrschende Reaktion die E2-Eliminierung. Dabei steht an zwei Nachbar-C-Atomen ein abspaltbares H-Atom zur Verfügung, so dass regioselektiv zwei konstitutionsisomere Alkene gebildet werden können. Die sterisch gehinderte Base *tert*-Butanolat kann leichter das Proton vom primären C-Atom abspalten und bildet bevorzugt das weniger hoch substituierte Alken **B**, das sogenannte Hofmann-Produkt. Dagegen spaltet das kleinere Ethanolat-Ion bevorzugt das tertiäre H-Atom auf der anderen Seite ab, weil so das höher substituierte (stabilere) Alken entsteht (das sogenannte Sayzeff-Produkt).

80   20

Hofmann-Produkt bevorzugt

~ 20   80

Sayzeff-Produkt bevorzugt

Lösung 189

a) Piperidin kann aus Pyridin praktisch quantitativ durch katalytische Hydrierung in Anwesenheit eines Hydrierkatalysators (z.B. Raney-Nickel) erhalten werden:

Im Piperidin ist der Stickstoff sp^3-hybridisiert, im Pyridin dagegen sp^2. Aufgrund des höheren s-Charakters des sp^2-Hybridorbitals ist dieses energetisch etwas tiefer liegend als das sp^3-Hybridorbital; daher ist das freie Elektronenpaar im Pyridin stabiler und wird entsprechend weniger leicht protoniert. Piperidin ist also die stärkere Base.

b) Analog könnte man auf den ersten Blick eine höhere Basizität der Dimethylaminogruppe im 4-*N,N*-Dimethylaminopyridin erwarten. Im Gegensatz zum Piperidin ist das freie Elektronenpaar der Dimethylaminogruppe zumindest teilweise mit dem aromatischen System konjugiert. Betrachtet man die beiden möglichen protonierten Formen, erkennt man, dass nur bei

Protonierung des Ring-Stickstoffs eine zweite mesomere Grenzstruktur formuliert werden kann, die erheblich zur Stabilisierung der protonierten Form beiträgt. Dadurch steigt die Basizität gegenüber der Stammverbindung Pyridin deutlich an (der pK_S-Wert für das protonierte 4-*N,N*-Dimethylaminopyridin beträgt $\approx$ 9, derjenige für das Pyridinium-Ion dagegen nur $\approx$ 5).

4-*N,N*-Dimethyl-
aminopyridin

stabiler

Lösung 190

Schritt 1 ist eine nucleophile Substitution am gesättigten C-Atom; da es sich um ein primäres Halogenalkan handelt (Iodethan) ist zu erwarten, dass sie nach einem S_N2-Mechanismus verläuft.

In Schritt 2 erfolgt eine elektrophile aromatische Substitution. Als angreifendes Elektrophil fungiert das NO_2^+-Kation, das durch Protonierung von HNO_3 mithilfe konzentrierter Schwefelsäure unter Wasserabspaltung entsteht.

Schritt 3 ist eine Redoxreaktion, bei der der Stickstoff von der Oxidationsstufe +3 (in der Nitrogruppe) zur Oxidationsstufe −3 (in der Aminogruppe) reduziert wird.

Im letzten Schritt erfolgt eine nucleophile Acylsubstitution. Diese erfolgt nach einem Additions-Eliminierungsmechanismus, wobei im ersten Schritt das tetraedrische Additionsprodukt entsteht, aus dem dann die Abgangsgruppe (Cl⁻) eliminiert wird.

Lösung 191

Die Aminogruppe der 4-Aminobenzolsulfonsäure muss im ersten Schritt diazotiert werden. Dies geschieht typischerweise durch Umsetzung mit Natriumnitrit und HCl bei niedriger Temperatur, wobei zunächst die salpetrige Säure und daraus das Nitrosyl-Kation NO^+ entsteht, welches als Elektrophil vom freien Elektronenpaar der Aminogruppe angegriffen wird. Das primär gebildete *N*-Nitrosammoniumsalz zerfällt über mehrere Teilschritte schließlich zum Diazoniumsalz und Wasser, vgl. Lösung 221. Aromatische Diazoniumsalze reagieren mit aktivierten Aromaten (Phenole, Aminobenzole) unter Azokupplung zum entsprechenden Azofarbstoff.

Lösung 192

Eine Reaktion verläuft chemoselektiv, wenn von mehreren in Frage kommenden funktionellen Gruppen eine bevorzugt reagiert. Bei einer regioselektiven Reaktion reagiert eine Position der funktionellen Gruppe bevorzugt gegenüber einer anderen. Stereoselektiv ist eine Reaktion, wenn von mehren möglichen Stereoisomeren eines bevorzugt entsteht.

Alle drei Schritte sind offenbar chemoselektiv: Die Epoxidierung im ersten Schritt erfolgt an der Doppelbindung und nicht an der Dreifachbindung; auch die Estergruppe ist nicht beteiligt. Die katalytische Hydrierung im zweiten Schritt erfolgt selektiv an der Dreifachbindung, nicht an der Ester- oder der Epoxidgruppe. Im letzten Schritt schließlich wird chemoselektiv das Epoxid geöffnet. Während für die beiden ersten Schritte keine Regioselektivität möglich ist, ist dies im dritten Schritt der Fall. Sie verläuft über das protonierte Epoxid als Intermediat, das von dem Bromid-Ion bevorzugt am endständigen C-Atom angegriffen wird. Wäre die Selektivität umgekehrt, entstünde entsprechend das Ethyl-7-brom-8-hydroxyoct-5-*Z*-enoat.

Im ersten Schritt wird bei der Einführung des Epoxidrings ein Chiralitätszentrum (✱) gebildet. Da jedoch beide Enantiomere in gleicher Menge entstehen, ist die Reaktion nicht stereoselektiv. Schritt zwei dagegen ist eine typische stereoselektive Reaktion: Unter Verwendung des sogenannten Lindlar-Katalysators wird aus dem Alkin bevorzugt das Z-Isomer und nicht das E-Isomer des Alkens gebildet.

Lösung 193

a) Organische Peroxide (ROOR) enthalten eine relativ schwache O–O-Bindung (Bindungsdissoziationsenergie ca. 130–150 kJ/mol), die daher beim Erwärmen oder bei Bestrahlung mit UV-Licht leicht bricht, wobei zwei Alkoxy-Radikale (RO·) entstehen. Zur Schwäche der O–O-Bindung tragen die beiden freien Elektronenpaare an den O-Atomen durch ihre gegenseitige Abstoßung wesentlich bei.

$$RO{-}OR \quad \xrightarrow[\text{o. } h\nu]{\Delta} \quad 2\ RO\cdot$$

b) Bei einem unsymmetrischen Alken erfolgt der Angriff des Radikals in der Weise, dass als Intermediat aus dem Alken das stabilere Radikal gebildet wird. Dabei erhöht sich die Stabilität des Radikals mit steigender Anzahl von Alkylsubstituenten oder durch die Möglichkeit einer Mesomeriestabilisierung. Im Fall von Styrol greift das Alkoxy-Radikal daher regioselektiv am weniger substituierten (endständigen) C-Atom an, wodurch sich das höher substituierte und zusätzlich mesomeriestabilisierte Radikal-Intermediat bildet. Gleiches gilt für die folgenden Polymerisationsschritte.

mesomeriestabilisiert

Radikalkettenreaktion   z.B aus RH o. ROH
(Termination)

Lösung 194

Methanol ist ein polar protisches Solvens, das mit seiner polaren OH-Gruppe geladene Nucleophile durch Ausbildung von Wasserstoffbrücken gut solvatisieren kann. Durch diese Solvatation wird die Reaktivität des Nucleophils stark herabgesetzt, da die Solvensmoleküle einen nucleophilen Angriff auf das elektrophile C-Atom des Halogenalkans erheblich behindern. Im Gegensatz dazu ist Dimethylsulfoxid (DMSO) ein polar aprotisches Lösungsmittel. Es kann offensichtlich keine Wasserstoffbrücken zum Nucleophil ausbilden; zudem ist der positive Pol des Dipols (das Schwefelatom) sterisch relativ schlecht zugänglich für das Nucleophil. Dieses wird daher kaum solvatisiert und liegt quasi „nackt" vor, so dass es das Substrat wesentlich leichter nucleophil angreifen kann. Kationen dagegen können durch die freien Elektronenpaare am Sauerstoff (der den negativen Pol des Dipols bildet) gut solvatisiert werden.

Daher sind für S_N2-Substitutionen mit geladenen Nucleophilen polar aprotische Lösungsmittel wie DMSO oder Dimethylformamid (DMF) polar protischen (wie Alkoholen, Carbonsäuren) generell vorzuziehen.

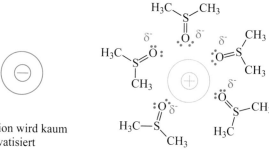

Anion wird kaum solvatisiert

Solvatation des Kations durch freie Elektronenpaare am Sauerstoff des DMSO

Solvatation des Anions durch Ausbildung von Wasserstoffbrücken mit Methanol

Solvatation des Kations durch freie Elektronenpaare am Sauerstoff des Methanols

Lösung 195

a) Es liegt ein primäres Halogenalkan mit einer guten Abgangsgruppe (I⁻) vor, außerdem ein starkes Nucleophil. Da die Reaktion in einem polar aprotischen Solvens abläuft, ist das CN⁻-Ion kaum solvatisiert und daher recht reaktiv. Es ist ein bimolekularer Mechanismus zu erwarten (S_N2). Da kein Stereozentrum vorhanden ist, spielt die Stereochemie hier keine Rolle.

b) Das Substrat 2-Chlor-4-methylpentan ist ein sekundäres Halogenalkan, das prinzipiell sowohl nach S_N1 als auch nach S_N2 reagieren kann. Methanol ist ein schwaches Nucleophil und ein polar protisches Solvens, das ein intermediär entstehendes Carbenium-Ion stabilisieren kann. Beides weist auf einen Reaktionsverlauf nach S_N1 hin, bei dem die stereochemische Information verloren geht. Der Methylether als Produkt entsteht in Form beider Enantiomere unter vollständiger oder zumindest teilweiser Racemisierung.

c) Auch das *cis*-1-Brom-3-methylcyclohexan ist ein sekundäres Substrat. Mit dem Iodid-Ion ist allerdings ein gutes Nucleophil anwesend, das in dem (mäßig) polar aprotischen Solvens Aceton kaum solvatisiert wird. Daher ist ein bevorzugter Reaktionsverlauf nach S_N2 zu erwarten. Dabei kommt es zu einer Inversion am Chiralitätszentrum; aus dem (S)-1-Brom-(R)-3-methylcyclohexan entsteht das (R)-1-Iod-(R)-3-methylcyclohexan.

Lösung 196

Unter UV-Licht wird das Peroxid (ROOR) in zwei Alkoxy-Radikale gespalten. Dieses abstrahiert in einer exergonen Reaktion (die O–H-Bindung ist stärker als die Bindung im HBr) das H-Atom von HBr unter Bildung eines Brom-Radikals. Dieses addiert an die Doppelbindung unter Ausbildung einer C–Br-Bindung und Bildung des entsprechenden Alkyl-Radikals.

Diese Reaktion verläuft regioselektiv unter Bildung des stabileren (höher substituierten) Alkyl-Radikals. Dieses muss anschließend aus HBr das H-Atom abstrahieren, damit ein neues Br-Radikal entsteht und eine Kettenreaktion zustande kommen kann. Da die C–H-Bindung stärker als die H–Br-Bindung ist, verläuft auch dieser Schritt exergon. Die radikalische Addition führt also zur umgekehrten Regioselektivität wie die polare Addition, bei der im ersten Schritt ein H⁺-Ion in der Weise addiert wird, dass dabei das stabilere (höher substituierte) Carbenium-Ion entsteht. Man spricht daher auch von Anti-Markovnikov-Orientierung.

b) Für die Addition nach einem Radikalkettenmechanismus müssen beide Schritte exergon sein; dies ist für die Addition von HBr an ein Alken der Fall. Im Gegensatz dazu ist bei einer Addition von HCl bzw. HI jeweils einer der beiden Schritte endergon. Die Bindung in HCl ist etwas stärker als eine C–H-Bindung, so dass die Abstraktion des H-Atoms durch das im ersten Schritt gebildete Alkyl-Radikal endergon wird. Für HI ist zwar dieser Schritt begünstigt, jedoch ist die Energie, die bei der Bildung der C–I-Bindung frei wird, nicht ausreichend, um die C=C-π-Bindung zu brechen und das Alkyl-Radikal zu bilden.

Lösung 197

a) Das gegebene tertiäre 2-Iod-2-methylpropan kann sowohl nach E1 wie auch nach E2 reagieren. Wasser ist ein polar protisches Lösungsmittel, das polare Intermediate gut stabilisiert; zugleich ist es nur eine schwache Base. Da für E2-Eliminierungen starke Basen erforderlich sind, wird die Reaktion bevorzugt nach dem E1-Mechanismus unter intermediärer Bildung des *tert*-Butyl-Kations verlaufen.

b) Hier liegt ein sekundäres Halogenalkan vor, das mit einem tertiären Alkoholat-Ion reagiert. Für sekundäre Substrate kommt sowohl eine E1- wie eine E2-Eliminierung in Frage; mit einer starken Base wie dem Alkoholat-Ion in dem polar aprotischen Solvens DMSO ist zu erwarten, dass der E2-Mechanismus bevorzugt wird. Dabei kann ein monosubstituiertes (endständig) und ein disubstituiertes Alken gebildet werden. Da es sich um eine große sterisch anspruchsvolle Base handelt ist zu erwarten, dass die Abspaltung des Protons bevorzugt vom endständigen C-Atom erfolgt (Hofmann-Eliminierung), so dass als Hauptprodukt das monosubstituierte Alken entsteht.

c) Das tertiäre Chloralkan kann sowohl nach E1 wie nach E2 reagieren. Da nur die schwache Base Methanol anwesend ist, die gleichzeitig als polar protisches Lösungsmittel fungiert, ist zu erwarten, dass eine E1-Eliminierung mit intermediärer Bildung des Carbenium-Ions stattfindet. Die Abspaltung des Protons im zweiten Schritt verläuft dann unter bevorzugter Bildung des höher substituierten Alkens; das weniger substituierte Alken entsteht als Nebenprodukt.

Lösung 198

Sie müssen sich die entsprechenden Sesselkonformationen vergegenwärtigen und dabei die Stellung der Substituenten beachten. Denken Sie daran, dass voluminöse Substituenten bevorzugt äquatoriale Positionen am Sechsring einnehmen!

Bei der ersten Verbindung stehen für eine *anti*-Eliminierung (E2) zwei zu Cl *trans*-ständige (im 180°-Winkel) H-Atome zur Verfügung; es können daher zwei verschiedene Produkte entstehen, wobei dasjenige mit der höher substituierten Doppelbindung bevorzugt ist.

Im anderen Fall steht in der begünstigten Ringkonformation (Substituenten äquatorial) die Abgangsgruppe Cl äquatorial. Da eine Eliminierung nach E2 aber praktisch nur aus einer axialen Stellung heraus möglich ist, muss der Ring erst in die weniger begünstigte Konformation umklappen. In dieser stehen alle Substituenten axial, und es steht nur an einem C-Atom benachbart zur C–Cl-Gruppe ein H-Atom für die Eliminierung zur Verfügung. Daher ist hier nur ein Produkt möglich; die Reaktion verläuft zudem langsam, weil das vorgelagerte Gleichgewicht der beiden Ringkonformationen diejenige begünstigt, aus der gerade keine *anti*-Eliminierung möglich ist.

anti-Eliminierung möglich, da Cl axial; zwei H-Atome (blau) stehen für *anti*-Eliminierung zur Verfügung

höher subst. Doppelbindung = Sayzeff-Produkt: stabiler!

keine *anti*-Eliminierung aus dieser Konformation: Cl äquatorial!

nur ein mögliches Produkt

ungünstige Konformation: große Substituenten axial! nur ein H-Atom (blau) steht für *anti*-Eliminierung zur Verfügung

Lösung 199

Die Eliminierung von Wasser aus dem Alkohol verläuft nach einem E1-Mechanismus, d.h. es entsteht intermediär ein Carbenium-Ion.

Das zunächst entstehende Carbenium-Ion ist sekundär und hat die Möglichkeit, ein Proton abzuspalten (→ Bildung des weniger stabilen terminalen Alkens = Nebenprodukt), oder zu einem stabileren tertiären Carbenium-Ion umzulagern. Die Abspaltung von H^+ aus diesem tertiären Carbenium-Ion ergibt dann das beobachtete Hauptprodukt.

Lösung 200

a) Es handelt sich offensichtlich um eine Reduktion der Ketogruppe an Position 11 zum sekundären Alkohol. Da außer Carbonylgruppen auch noch eine C=C-Doppelbindung vorhanden ist, die reduziert werden könnte, ist die Reaktion chemoselektiv. Gleichzeitig wird nur eine von drei möglichen Carbonylgruppen reduziert, d.h. die Reduktion verläuft auch regioselektiv. Schließlich erfolgt die Reduktion so, dass das neu entstehende Chiralitätszentrum mit (S)-Konfiguration entsteht: die Reduktion verläuft diastereoselektiv. Im Labor wäre dieses Maß an Selektivität nicht leicht zu erreichen. Es ist zwar kein Problem, Carbonylgruppen selektiv gegenüber Alkenen zu reduzieren (z.B. mit $NaBH_4$); die erforderliche Regioselektivität wäre aber bereits wesentlich schwieriger zu erreichen. Eine gewisse Diastereoselektivität wäre zwar aufgrund der chiralen Umgebung im Molekül zu erwarten; für eine hochgradig diastereoselektiv verlaufende Reduktion wäre aber vermutlich ein spezielles Reduktionsmittel oder ein spezieller chiraler Katalysator erforderlich.

b) Das synthetisch hergestellte Cortisonacetat wird nach oraler Verabreichung schnell resorbiert, da es hydrophober ist als das Cortison. Nach der Hydrolyse zu Cortison wird in der Leber daraus das biologisch aktive Cortisol gebildet.

Lösung 201

a) Metoclopramid enthält eine tertiäre aliphatische Aminogruppe, eine primäre aromatische Aminogruppe und ein sekundäres Carbonsäureamid. Das Elektronenpaar der aliphatischen Aminogruppe ist nicht delokalisiert und steht daher am leichtesten für eine Protonierung zur Verfügung; der typische pK_B-Wert für diese Gruppe beträgt ≈ 4. Das freie Elektronenpaar der primären aromatischen Aminogruppe befindet sich in einem p_z-Orbital und ist mit dem π-Elektronensystem des aromatischen Rings konjugiert. Diese Delokalisation erklärt die schwächer basische Eigenschaft mit einem pK_B-Wert von 9–10.

Der in der Amidbindung gebundene Stickstoff weist praktisch keine basischen Eigenschaften auf; Grund ist die effektive Konjugation mit der Carbonylgruppe, die bei einer Protonierung verloren ginge.

b) Zunächst kann durch eine elektrophile aromatische Substitution der Chlorsubstituent eingeführt werden. Da die Amino- und die Methoxygruppe beide in *o/p*-Position dirigieren, die Carboxylgruppe gleichzeitig in *m*-Position, kann damit gerechnet werden, dass das Cl-Atom mit hoher Selektivität an der richtigen Position eintritt, da die Position *ortho* zur Methoxygruppe sterisch stärker gehindert ist.

Für die Ausbildung der Amidbindung muss die Carboxylgruppe aktiviert werden, z.B. durch Umsetzung mit $SOCl_2$ zum Säurechlorid. Dieses wird im letzten Schritt mit dem entsprechenden Amin (*N,N*-Diethylaminoethanamin) in Anwesenheit eines tertiären Amins wie Pyridin als Hilfsbase zum Metoclopramid umgesetzt.

Lösung 202

Der einfachste Fall ist die Chlorierung an den beiden endständigen Methylgruppen. Dabei wird weder ein neues Chiralitätszentrum gebildet, noch ist das bestehende (am C-2) an der Reaktion beteiligt. Entsprechend liefert die Chlorierung am C-1 das 2-Brom-1-chlorbutan, Chlorierung am C-4 das 3-Brom-1-Chlorbutan (hier ändert sich die Numerierung der C-Atome, um möglichst niedrige Positionsziffern zu erhalten).

Das Produkt der Chlorierung von (*R*)-2-Brombutan am C-2, dem Chiralitätszentrum, ist das 2-Brom-2-chlorbutan. Die Verbindung ist nach wie vor chiral, allerdings ist der Drehwinkel des erhaltenen Produkts null. Die Halogenierung am Chiralitätszentrum liefert ein racemisches Gemisch aus den beiden Enantiomeren, da intermediär ein achirales Radikal gebildet wird.

Das ungepaarte Elektron befindet sich in einem sp^2-Hybridorbital; der Angriff von Chlor auf das (annähernd) planare Radikal erfolgt von beiden Seiten mit gleicher Wahrscheinlichkeit (mit gleicher Geschwindigkeit), so dass (*R*)- und (*S*)-Isomer in gleicher Menge gebildet werden.

Bei der Chlorierung am C-3 entsteht ein neues Chiralitätszentrum; es kommt zur Bildung von Diastereomeren. Die beiden H-Atome im Edukt sind nicht äquivalent (man bezeichnet sie als „diastereotop"), so dass sie nicht mit gleicher Wahrscheinlichkeit abgespalten werden. Durch Abspaltung eines der beiden H-Atome entsteht ein annähernd planares radikalisches Zentrum, dessen beide Seiten aber nicht spiegelbildlich zueinander sind. Daher erfolgt der Angriff von Chlor auf die beiden Seiten mit unterschiedlicher Geschwindigkeit, d.h. die entstehenden Diastereomere werden nicht in gleicher Menge gebildet. Experimentell findet man, dass etwa 75 % (2*R*,3*S*)-2-Brom-3-chlorbutan und ca. 25 % (2*R*,3*R*)-2-Brom-3-chlorbutan entstehen.

Lösung 203

a) Höchste Priorität der Substituenten am Chiralitätszentrum im Noradrenalin hat die OH-Gruppe, gefolgt von der CH_2NH_2-Gruppe und dem Aromaten. Der Substituent mit niedrigster Priorität (das H-Atom) weist nach hinten; es liegt daher (R)-Konfiguration vor.

b) Wird im Zuge einer radikalischen Oxidation eines der beiden H-Atome abstrahiert, so liegt ein annähernd planares achirales Radikal vor. Ober- und Unterseite dieses Radikals sind äquivalent; die Einführung der OH-Gruppe ergibt zwei Enantiomere. Die beiden H-Atome, die, wird eines von beiden substituiert, zu zwei Enantiomeren führen, werden daher als enantiotop bezeichnet.

c) Beide Übergangszustände sind von gleicher Energie; in Abwesenheit einer chiralen Umgebung (wie eines Enzyms) werden daher beide Enantiomere mit gleicher Geschwindigkeit gebildet und es entsteht ein Racemat. Aufgabe des Enzyms ist es, durch eine chirale Umgebung einen der beiden Übergangszustände selektiv energetisch abzusenken, um so mit hoher Selektivität nur eines der beiden Enantiomere zu bilden (Enantioselektivität).

d) Noradrenalin enthält eine primäre Aminogruppe mit basischen Eigenschaften. Durch Umsetzung mit einer chiralen Säure (beispielsweise (R)-Milchsäure; in der Praxis kommt häufig die (R,R)-2,3-Dihydroxybutandisäure = Weinsäure zum Einsatz) entsteht in einer Säure-Base-Reaktion das entsprechende Salz in Form von zwei Diastereomeren. Diese weisen unterschiedliche physikalische Eigenschaften auf und könnten z.B. anhand ihrer unterschiedlichen Kristallisationseigenschaften durch fraktionierte Kristallisation getrennt werden. Anschließend muss aus dem (R,R)-Salz das (R)-Noradrenalin wieder freigesetzt werden.

Lösung 204

a) Entscheidende Kriterien für den Ablauf einer Reaktion nach dem S_N2-Mechanismus sind die Anwesenheit eines guten Nucleophils, die Struktur des Substrats sowie das Vorhandensein einer guten Abgangsgruppe. Auch die Art des Lösungsmittels ist von Bedeutung. Im vorliegenden Fall sind Nucleophil und Lösungsmittel vorgegeben – das Interesse richtet sich also auf die Konstitution des Substrats und die Art der Abgangsgruppe.

Die Verbindungen **2**, **3** und **5** besitzen jeweils eine ziemlich schlechte Abgangsgruppe. Der Grund ist, dass CN^-, OH^- und NH_2^- in dieser Reihenfolge zunehmend starke Basen sind; starke Basen aber sind generell schlechte Abgangsgruppen. Die entsprechenden Verbindungen reagieren daher praktisch nicht in einer S_N2-Substitution.

Verbindung **4** enthält mit dem Cl-Atom zwar eine recht gute Abgangsgruppe (Cl^- ist eine sehr schwache Base!); sie befindet sich aber an einem tertiären C-Atom, das aufgrund der sterischen Hinderung nicht nach dem S_N2-Mechanismus reagiert. Die beiden übrigen Verbindungen sind gute Substrate für eine bimolekulare Substitution: Sie enthalten beide eine gute (sehr schwach basische) Abgangsgruppe, die sich zudem an einem primären, sterisch nicht gehinderten C-Atom befindet.

b) Ethanol ist ein polar protisches Lösungsmittel, welches das Azid-Ion (N_3^-) gut solvatisiert und daher in seiner Reaktivität abschwächt. Hilfreich ist es dagegen, wenn das Nucleophil nur wenig solvatisiert (also möglichst „nackt") vorliegt. S_N2-Reaktionen verlaufen deshalb besonders gut in polar aprotischen Lösungsmitteln wie Dimethylsulfoxid (DMSO) oder Dimethylformamid (DMF), die keine Wasserstoffbrücken mit dem Nucleophil ausbilden können und dieses kaum solvatisieren, da der positive Pol von DMSO bzw. DMF für das Nucleophil nur schlecht zugänglich ist (vgl. Lösung 194).

Lösung 205

Die potenzielle Abgangsgruppe, das Cl-Atom, ist an ein sekundäres C-Atom gebunden, d.h. es liegt ein sekundäres Substrat vor. Mit dem Ethanolat-Ion ist ein gutes Nucleophil vorhanden, das aber gleichzeitig auch (ebenso wie OH^-) eine starke Base ist. Starke Basen/Nucleophile favorisieren die Reaktion nach einem bimolekularen Mechanismus; in Frage kommen also in erster Linie eine S_N2-Substitution bzw. eine E2-Eliminierung. Für ein schwächer basisches Nucleophil und ein primäres Substrat würde man bevorzugt Substitution erwarten, wogegen das sekundäre Substrat (das zu einer gewissen sterischen Hinderung des nucleophilen Angriffs am Kohlenstoff führt) mit der starken Base eher nach E2 reagieren wird. Allerdings setzt dieser Reaktionsweg voraus, dass die Abgangsgruppe und das durch die Base abzuspaltende H-Atom eine geeignete räumliche (*anti*-periplanare) Konformation einnehmen können. Es muss also überprüft werden, ob die Stellung der Substituenten am Cyclohexanring eine derartige Konformation zulässt. Die stabilste Sesselform ist diejenige, bei der möglichst viele (insbesondere sterisch anspruchsvolle, voluminöse) Substituenten sich in äquatorialen Positionen befinden. Aufgrund der relativen Stellung der Substituenten zueinander ist zu erwarten, dass der größte Substituent, die 1-Methylethyl-Gruppe (= Isopropyl-) eine äquatoriale Position einnimmt; daraus ergibt sich für die Abgangsgruppe eine axiale Stellung. In dieser Sesselkonformation hat eines der benachbarten C-Atome ein axial-ständiges H-Atom, so dass die erforderliche *anti*-Orientierung für die E2-Eliminierung vorliegt. Am anderen Nachbar-C-Atom ist das H-Atom äquatorial (und damit *gauche*-ständig zum Cl), es wird daher nicht eliminiert. Die E2-Eliminierung verläuft konzertiert in einem Schritt, d.h. Abspaltung der Abgangsgruppe und Abstraktion des Protons erfolgen simultan, wie durch die Elektronenpfeile angedeutet wird. Es entsteht das entsprechende Cyclohexen mit der Methylgruppe in der Ebene der Doppelbindung; die räumliche Orientierung der Substituenten an den anderen C-Atomen bleibt unbeeinflusst.

Lösung 206

Der nucleophile Angriff des Methanolat-Ions kann entweder am primären oder am tertiären C-Atom des Oxacyclopropanrings erfolgen. Da ein solcher Angriff an einem weniger substituierten C-Atom leichter erfolgt, ist zu erwarten, dass selektiv (oder sogar ausschließlich) das 2-Ethyl-1-methoxybutan-2-ol gebildet wird, das durch nucleophilen Angriff am weniger substituierten (leichter zugänglichen) Kohlenstoff entsteht. Die nucleophile Ringöffnung erfolgt also regioselektiv am sterisch weniger gehinderten C-Atom des Rings. Falls es sich dabei um ein Chiralitätszentrum handelt (wie es bei 2-Ethyl-2-methyloxacyclopropan der Fall wäre), würde die Reaktion unter Inversion erfolgen.

Allgemein wird die Ringöffnung von Oxacyclopropanen durch Säure katalysiert. Diese protoniert das Ringsauerstoffatom zum Oxonium-Ion, das dadurch in eine wesentlich bessere Abgangsgruppe (–OH ggü. –O⁻) überführt wird, so dass die Ringöffnung auch durch schwache Nucleophile erfolgen kann. Erneut kann das intermediäre cyclische Alkyloxonium-Ion an beiden Ring-C-Atomen angegriffen werden. Im Unterschied zum Angriff durch das gute Nucleophil Methanolat wird das protonierte Intermediat aber bevorzugt am höher substituierten Ringkohlenstoffatom angegriffen. Der Grund ist, dass die positive Teilladung am tertiären C-Atom besser stabilisiert werden kann als am primären C-Atom, so dass ersteres positiver geladen ist als letzteres und daher leichter durch das schwache Nucleophil Methanol angegriffen wird. Die unsymmetrische Ladungsverteilung wirkt der stärkeren sterischen Hinderung am tertiären Kohlenstoff entgegen. Die säurekatalysierte Ringöffnung zeigt also genau umgekehrte Regioselektivität wie die Reaktion unter basischen Bedingungen. Unterscheiden sich die beiden Kohlenstoffe in ihrem Substitutionsmuster weniger, ist mit der Bildung eines Gemisches aus beiden möglichen Produkten zu rechnen.

ähnelt primärem
Carbenium-Ion

ähnelt tertiärem
Carbenium-Ion

Lösung 207

a) Die *N*-glykosidische Bindung entsteht durch Angriff der α-Aminogruppe auf das Halbacetal der Glucose. In Glykoproteinen ist diese Aminogruppe dagegen Bestandteil einer Peptidbindung; hier fungiert die NH_2-Gruppe der Seitenkette als Nucleophil.

b)

c)

In der Praxis wird während der Polymerisation ein Quervernetzer (N,N'-Methylenbisacrylamid) zugesetzt, der für eine Vernetzung einzelner Polyacrylamidstränge sorgt. Dadurch lässt sich die Porenweite des Gels durch die Wahl des Verhältnisses an monomerem Acrylamid und Vernetzer in weiten Bereichen einstellen und damit an das jeweilige Trennproblem anpassen.

Kapitel 13

Lösungen: Wichtige Reaktionen und ihre Mechanismen

Lösung 208

Aceton (Propanon) steht im Gleichgewicht mit dem entsprechenden Enol. Dieses liegt zwar weit auf der Seite des Ketons; die geringe Gleichgewichtskonzentration an Enol ist aber für die Reaktion ausreichend, da die Enolform durch den nucleophilen Angriff auf Benzaldehyd laufend aus dem Gleichgewicht entfernt und entsprechend aus Aceton nachgebildet wird. Prinzipiell könnte die Enolform von Aceton auch mit dem Aceton selbst reagieren; Benzaldehyd wird aber aufgrund seiner höheren Elektrophilie bevorzugt angegriffen.

(vorgelagertes Gleichgewicht)

4-Phenylbut-3-en-2-on

Lösung 209

a) Das OH$^-$-Ion ist aufgrund seiner starken Basizität eine schlechte Abgangsgruppe und kann daher nicht durch Nucleophile wie Halogenid-Ionen substituiert werden. Abhilfe schafft die Umwandlung der Hydroxygruppe in eine bessere Abgangsgruppe. Dies kann durch Protonierung mit einer starken Säure (z.B. HBr) geschehen; aus dem protonierten Alkohol kann H$_2$O als wesentlich bessere Abgangsgruppe durch Br$^-$ verdrängt werden. Anstelle einer starken Säure verwendet man häufig auch Sulfonylchloride in Anwesenheit einer Base wie Pyridin, um die OH-Gruppe in eine gute, weil nur schwach basische, Abgangsgruppe umzuwandeln.

b) Die Hydroxygruppe greift das elektrophile S-Atom im Sulfonylchlorid nucleophil an, wodurch (nach Deprotonierung) ein reaktives Sulfonat entsteht, das in der Folge leicht nucleophil angegriffen wird. Dies erfolgt umso leichter, je stärker der Elektronenzug der Abgangsgruppe (CH$_3$-SO$_3$– bzw. CF$_3$-SO$_3$–) auf das funktionelle C-Atom des ursprünglichen Alkohols ist. Da CF$_3$– im Gegensatz zu CH$_3$– einen starken –I-Effekt ausübt, ist das durch Umsetzung des Alkohols mit Trifluormethansulfonylchlorid gebildete Zwischenprodukt das reaktivere. Außerdem stabilisiert die CF$_3$-Gruppe die negative Ladung im CF$_3$SO$_3^-$-Ion, so dass es eine bessere Abgangsgruppe bildet als CH$_3$SO$_3^-$.

Lösung 210

Es handelt sich um eine sogenannte Transaminierung, bei der mit Hilfe des Coenzyms Pyridoxalphosphat aus einer α-Aminosäure eine α-Ketosäure entsteht. In Umkehrung dieser Reaktion kann aus einer α-Ketosäure eine α-Aminosäure gebildet werden.

Glutamat

Pyridoxalphosphat

+ H₂O

Tautomerisierung

α-Ketoglutarat

Pyridoxamin

Lösung 211

a) Bei der Esterkondensation greift das nucleophile Esterenolat-Ion (das sich in basischer Lösung im Gleichgewicht mit dem Thioester befindet) nucleophil ein Thioestermolekül an. Das Thiolat fungiert als Abgangsgruppe und es entsteht der β-Ketothioester.

b) Bei der Hydrolyse des β-Ketothioesters entsteht eine β-Ketocarbonsäure, die leicht über einen cyclischen Übergangszustand decarboxyliert. Das entstehende CO_2 lässt sich z.B. durch Einleiten in $Ba(OH)_2$ nachweisen, wobei $BaCO_3$ ausfällt, oder durch eine Glimmspanprobe.

Lösung 212

a) Es handelt sich um Keto-Enol-Tautomerie. Während bei einfachen Ketonen und Aldehyden die Ketoform gegenüber der Enolform begünstigt ist, führt im Fall des Curcumins die Ausbildung der Enolform zu einem vollständig durchkonjugierten π-Elektronensystem (rot). Diese Delokalisation trägt erheblich zur Stabilisierung der Enolform gegenüber der Ketoform bei.

b) Das Problem besteht darin, zu erreichen, dass das Diketon nicht jeweils an der CH_2-Gruppe zwischen den beiden Carbonylgruppen deprotoniert wird (der acideren Stelle aufgrund der doppelten Mesomeriestabilisierung des entstehenden Anions!), sondern an der terminalen CH_3-Gruppe. Dies gelingt nur durch Verwendung spezieller starker, aber sterisch gehinderter Basen (im Schema stark vereinfacht mit OR^- wiedergegeben), auf die hier nicht näher eingegangen werden soll.

Aus der bis-β-Hydroxycarbonylverbindung entsteht dann durch zweifache Wasserabspaltung das Diketon, welches mit der Zielverbindung im Tautomeriegleichgewicht steht.

Lösung 213

a) Das Gleichgewicht im ersten Schritt liegt zwar weit auf der linken Seite; da das entstehende Anion aber sofort abreagiert, wird es immer wieder nachgebildet. Durch nucleophilen Angriff entsteht ein aldolartiges Zwischenprodukt, das analog wie bei einer Aldolkondensation protoniert wird und anschließend Wasser abspaltet. Dieser Schritt wird durch die Ausbildung eines größeren konjugierten π-Elektronensystems begünstigt. Im letzten Schritt erfolgt die Hydrolyse des Anhydrids zur Zimtsäure.

b) Die beschriebene Kondensation mit *o*-Hydroxybenzaldehyd (Salicylaldehyd) führt entsprechend zur *o*-Hydroxyzimtsäure (Cumarinsäure). Diese kann, sofern sie in *Z*-Konfiguration vorliegt, in einer intramolekularen Veresterung (die sehr leicht verläuft) zum entsprechenden Lacton, dem Cumarin, reagieren. Cumarin ist der Riechstoff des Waldmeisters.

| Salicylaldehyd | (*Z*)-*o*-Hydroxy-zimtsäure | Cumarin (*o*-Hydroxyzimtsäurelacton) |

Lösung 214

a) Die säurekatalysierte Addition von Wasser an unsymmetrische Alkene verläuft nach der Regel von Markovnikov, d.h. die Addition des Protons im ersten Schritt verläuft regioselektiv unter Bildung des höher substituierten (stabileren) Carbenium-Ions, das von Wasser zum entsprechenden Alkohol abgefangen wird.

b) Die Addition von Quecksilberacetat an das gegebene Alken liefert im ersten Schritt das cyclische Mercurinium-Ion; dieses wird typischerweise durch einen nucleophilen Angriff von Wasser zum Additionsprodukt geöffnet. Im vorliegenden Beispiel ist mit der CH_2OH-Gruppe intramolekular ein entsprechendes Nucleophil vorhanden; die OH-Gruppe kann ebenso wie H_2O das Mercurinium-Ion öffnen, wobei statt eines Alkohols ein cyclischer Ether gebildet wird. Der nachfolgende Reduktionsschritt mit $NaBH_4$ entfernt die Quecksilberacetat-Gruppe und bildet das gezeigte Produkt.

+ Hg(OCOCH$_3$)$_2$ $\longrightarrow$

$+ H^{\oplus}$

NaBH$_4$ / NaOH $\longrightarrow$ $+$ Hg $+$ CH$_3$COO$^{\ominus}$

Lösung 215

a) Am α-C-Atom des 2-Cyanoacrylsäureethylesters befinden sich zwei elektronenziehende Gruppen mit –I- und –M-Effekt. Das β-C-Atom ist daher ziemlich elektronenarm und wird folglich leicht durch Nucleophile angegriffen. Durch einen Angriff am β-C-Atom kann die entstehende negative Ladung (Carbanion) effektiv auf die beiden –M-Substituenten delokalisiert werden, was bei einem Angriff auf die Cyanogruppe oder den Ester nicht der Fall wäre:

b) Das nach Angriff des OH$^-$-Ions entstandene mesomeriestabilisierte Carbanion fungiert nun seinerseits als Nucleophil und greift ein weiteres Molekül des 2-Cyanoacrylsäureethylesters am β-C-Atom an. Dieser Prozess setzt sich fort, bis es zur Abstraktion eines Protons durch das Carbanion kommt und die Polymerisation abbricht.

Poly(ethyl-2-cyanoacrylat)

Lösung 216

a) Bei einer nucleophilen Substitution eines primären Halogenalkans mit Ammoniak entsteht zwar im ersten Schritt das entsprechende primäre Amin, dieses ist aber ebenfalls ein recht gutes Nucleophil. Daher gelingt es nicht, die Reaktion auf der Stufe des primären Amins anzuhalten und es entsteht vielmehr ein Gemisch aus primärem, sekundärem und tertiärem Amin; auch quartäre Ammoniumsalze können sich bilden. Abgesehen davon, dass dieses Gemisch mühsam aufgetrennt werden muss, erhält man nur eine relativ geringe Ausbeute des gewünschten primären Amins.

b) Das Azid kann durch eine nucleophile Substitution des primären Halogenalkans mit Azid-Ionen (N_3^-) erhalten werden. Als Solvens sollte eine polar aprotische Verbindung wie DMSO oder DMF eingesetzt werden. Das Azid wird anschließend mit $LiAlH_4$ in einem inerten Lösungsmittel zum Amid-Ion ($R\text{-}NH^-$) reduziert, welches nach wässriger Aufarbeitung das gewünschte primäre Amin liefert.

Lösung 217

a) Im ersten Schritt der Addition von Brom an Alkene kommt es zur Bildung eines cyclischen Bromonium-Ions, welches im zweiten Schritt nucleophil von Br⁻ angegriffen wird. Arbeitet man nicht in einem inerten organischen Lösungsmittel, sondern in Anwesenheit von Wasser, so ist ein zweites Nucleophil anwesend, das mit dem Bromid-Ion konkurriert. Die Geschwindigkeit der Ringöffnung des Bromonium-Ions ist abhängig von der Konzentration des Nucleophils. Zwar ist das geladene Bromid-Ion gegenüber Wasser das stärkere Nucleophil; liegt letzteres aber in großem Überschuss vor, so wird zumindest ein Teil des Bromonium-Ions mit Wasser zum Bromalkohol reagieren. Um selektiv den Bromalkohol zu bilden, ist daher ein möglichst großer Überschuss an Wasser erforderlich.

b) 1-Ethylcyclohexen ist ein unsymmetrisches Alken, so dass bei der Addition die Regioselektivität eine Rolle spielt. Die beiden C–Br-Bindungen im Bromonium-Ion sind nicht identisch; vielmehr bildet das höher substituierte C-Atom eine schwächere und längere Bindung aus. Der Grund ist, dass eine positive Teilladung am höher substituierten C-Atom besser stabilisiert wird. Das Wassermolekül als Nucleophil greift daher regioselektiv am höher substituierten C-Atom an, auch wenn dieses sterisch stärker gehindert ist.

Da das Brommolekül im ersten Reaktionsschritt die Doppelbindung mit gleicher Wahrscheinlichkeit von beiden Seiten angreift, entsteht das Produkt als Racemat. Die beiden Konformationen des Produktes stehen miteinander im Gleichgewicht; dabei wird die rechte Form mit zwei äquatorialen Substituenten etwas begünstigt sein.

Lösung 218

Die Reaktion von Alkenen mit Percarbonsäuren verläuft in einem Schritt (konzertiert): Aufgrund des –I-Effekts der Carboxylgruppe ist der Sauerstoff der OH-Gruppe schwach elektrophil und wird von der nucleophilen Doppelbindung des Alkens angegriffen. Dadurch kommt es zum Bruch der schwachen O–O-Bindung und zur Ausbildung einer zweiten C–O-Bindung; das Proton der OH-Gruppe wird vom ursprünglichen Carbonyl-Sauerstoff übernommen.

Da die Reaktion in einem Schritt ohne ein Intermediat verläuft, besteht keine Möglichkeit zur Rotation um die C–C-Bindung des ursprünglichen Alkens. Dies bedeutet, dass die Stereochemie des Alkens erhalten bleibt, d.h. *cis*-Alkene bilden stereospezifisch das *cis*-Epoxid, *trans*-Alkene entsprechend das *trans*-Epoxid.

cis-Alken   cis-Epoxid

trans-Alken   *trans*-Epoxid

Lösung 219

Wie aus der Stereochemie der Produkte ersichtlich, verläuft die eine der beiden Reaktionen als *syn*-Addition (beide OH-Gruppen werden von derselben Seite der Doppelbindung eingeführt), die andere als *anti*-Addition. Beide Reaktionen müssen also stereospezifisch verlaufen.

Für eine *syn*-Dihydroxylierung kann das Alken mit Osmiumtetroxid (OsO_4) zu einem cyclischen Osmatester umgesetzt werden, der anschließend zum Diol hydrolysiert wird. Alternativ kann auch $KMnO_4$ bei niedrigen Temperaturen verwendet werden. Auch hierbei entsteht ein cyclischer Manganester, der durch OH^--Ionen zum Diol hydrolysiert wird. Führt man die Reaktion bei Raumtemperatur aus, so kommt es zur oxidativen Spaltung der Doppelbindung in zwei Carbonylverbindungen.

Für eine *anti*-Addition zweier OH-Gruppen an das Alken setzt man dieses mit einer Percarbonsäure zum Epoxid um, das anschließend in saurer oder basischer Lösung zum Diol hydrolysiert wird.

Mangan(V)ester

+ MnO$_2$

syn-Produkt

trans-Alken   *trans*-Epoxid

konzertiert

Percarbonsäure

anti-Produkt

Lösung 220

Bei der säurekatalysierten Reaktion wird im ersten Schritt ein H$^+$-Ion an die Doppelbindung addiert; dieser Schritt verläuft bei einem unsymmetrischen Alken regioselektiv unter bevorzugter Bildung des stabileren Carbenium-Ions, das im zweiten Schritt nucleophil durch H$_2$O angegriffen wird. Da das intermediäre Carbenium-Ion planar ist, verläuft dieser Angriff von beiden Seiten mit gleicher Wahrscheinlichkeit, so dass gegebenenfalls ein Racemat entsteht. Man spricht von „Markovnikov-Orientierung", d.h. das Proton wird im ersten Schritt an das weniger substituierte C-Atom der Doppelbindung addiert, so dass das stabilere (i.A. höher substituierte) Carbenium-Ion entsteht.

Bei der Hydroborierung addiert im ersten Schritt BH$_3$ stereoselektiv *syn* an die Doppelbindung unter Bildung eines Alkylborans. Die Reaktion verläuft über einen cyclischen 4-gliedrigen Übergangszustand; H und BH$_2$ werden von der gleichen Seite an die Doppelbindung addiert. Dabei addiert das Boratom regioselektiv an das weniger substituierte C-Atom der Doppelbindung. Zwei weitere *syn*-Additionen führen zum Trialkylboran. Dieses wird anschließend mit H$_2$O$_2$ in einer wässrigen NaOH-Lösung umgesetzt. Es kommt dabei insgesamt zur Substitution der C–B-Bindung durch eine OH-Gruppe (Bildung des Alkohols); als Nebenprodukt entsteht Borsäure (B(OH)$_3$). Da das Boratom im ersten Schritt an das weniger substituierte C-Atom gebunden wurde, resultiert insgesamt die umgekehrte Regioselektivität („Anti-Markovnikov") für die Bildung des Alkohols wie bei der säurekatalysierten Reaktion oder der Oxymercurierung. Zudem beobachtet man bevorzugte *syn*-Addition an die Doppelbindung, d.h. die Reaktion verläuft stereoselektiv.

Für 1-Methylcyclopenten als Substrat bedeutet dies, dass bei der säurekatalysierten Addition von Wasser als Produkt bevorzugt racemisches 1-Methylcyclopentanol erhalten wird, während die Hydroborierung mit nachfolgender Oxidation bevorzugt *trans*-2-Methylcyclopentanol liefert. Die Reaktion ist also diastereoselektiv, das *cis*-2-Methylcyclopentanol entsteht aufgrund der *syn*-Addition im ersten Schritt praktisch nicht.

Säurekatalysierte Addition von Wasser:

Hydroborierung/Oxidation:

Die Regioselektivität des ersten Reaktionsschritts ist jeweils durch den roten Pfeil gekennzeichnet.

Lösung 221

a) Die Überführung von Anilin in das Acetanilid im ersten Schritt erweist sich in zweifacher Weise als hilfreich. Zum einen ist die NH$_2$-Gruppe relativ oxidationsempfindlich, so dass es bei der Behandlung von Anilin mit HNO$_3$ zur Nitrierung aufgrund der oxidativen Eigenschaften der Salpetersäure leicht zur Oxidation kommt. Zum anderen ist mit der Bildung erheblicher Mengen an 2-Nitroanilin zu rechnen, da die kleine Aminogruppe kaum zu sterischer Hinderung der *o*-Positionen führt.

Durch die Acetylierung wird die Aminogruppe einerseits vor Oxidation geschützt, zum anderen dirigiert sie die neu eintretende Nitrogruppe überwiegend in *p*-Position, da der *o*-Angriff durch die voluminösere Acetylgruppe erschwert ist. Durch basische Hydrolyse wird der Acetylrest anschließend wieder entfernt.

Einführung der blockierenden
Gruppe zur Verbesserung der
p-Selektivität

Entfernung der
blockierenden Gruppe

b) Die direkte Herstellung von 1,3,5-Tribrombenzol durch Bromierung von Benzol ist aufgrund der zwar schwach desaktivierenden, aber aufgrund des +M-Effekts dennoch *o-/p*-dirigierenden Wirkung des ersten Bromsubstituenten nicht möglich. Die Synthese gelingt dadurch, dass intermediär eine Aminogruppe als aktivierender *o-/p*-dirigierender Substituent eingeführt wird (via Nitrierung von Benzol und anschließende Reduktion der Nitro- zur Aminogruppe). Die anschließende Bromierung von Anilin verläuft leicht und an den Positionen 2, 4 und 6 zum 2,4,6-Tribromanilin. Die Aminogruppe kann anschließend durch Diazotierung und nachfolgende Umsetzung des Diazonium-Ions mit H_3PO_2 aus dem Molekül entfernt werden; es entsteht das gewünschte 1,3,5-Tribrombenzol.

Überblick:

Einführung der aktivierenden Gruppe

Entfernung der aktivierenden
Gruppe via Diazotierung

Mechanismus der Diazotierung:

Entfernung der Diazoniumgruppe:

Lösung 222

Die Carboxylgruppe des Phenylalanins wird durch das Cyanid eingeführt, die α-Aminogruppe geht aus einer Aldehydfunktion hervor. Als Ausgangsmaterial wird daher Phenylethanal benötigt. Im ersten Teil der Reaktion wird daraus durch nucleophilen Angriff von NH_3 und nachfolgende Abspaltung von Wasser das Iminium-Ion gebildet. Dieses ist ein noch besseres Elektrophil als der ursprüngliche Aldehyd und wird von CN^- unter Bildung des α-Aminonitrils angegriffen.

$$NH_4Cl + NaCN \rightleftharpoons NH_3 + HCN + NaCl$$

Iminium-Ion

gutes El   2-Amino-3-phenylpropannitril

Im zweiten Teil der Reaktion erfolgt die Hydrolyse des Nitrils. Bevor das schwache Nucleophil Wasser das wenig reaktive C-Atom der Nitrilgruppe angreifen kann, muss diese protoniert werden, analog zur sauren Hydrolyse von Carbonsäureestern oder -amiden. Nach nucleophilem Angriff von H_2O und Protonentransfer entsteht zunächst die tautomere Form eines Carbonsäureamids, die durch erneuten Protonentransfer in das Amid übergeht. Dieses wird dann nach dem üblichen Mechanismus einer nucleophilen Acylsubstitution weiter zur Carbonsäure hydrolysiert, so dass schließlich die α-Aminosäure Phenylalanin entsteht, die bei neutralem pH-Wert in der zwitterionischen Form vorliegt.

Carbonsäureamid

Lösung 223

a) Amine sind verhältnismäßig starke Nucleophile; sie können daher Carbonylgruppen angreifen, ohne dass diese vorher durch Protonierung aktiviert werden. Eine zu stark saure Lösung würde im Gegenteil die Addition verhindern, weil das Amin dann vollständig protoniert würde und über kein freies Elektronenpaar mehr verfügt. Für den ersten Schritt der Reaktion wäre daher eine neutrale oder sogar schwach basische Lösung günstig – wie die Graphik zeigt, nimmt die Reaktionsgeschwindigkeit oberhalb von pH ≈ 5 aber wieder stark ab. Die Ursache ist der zweite Reaktionsschritt: das intermediär gebildete Halbaminal muss für die Bildung des Imins Wasser abspalten. Die Hydroxygruppe im Halbaminal ist aber eine zu schlechte Abgangsgruppe; sie muss protoniert werden, bevor sie das Molekül als Wasser (bessere, weil viel weniger basische Abgangsgruppe!) verlassen kann. Der zweite Schritt erfordert also die Anwesenheit von H^+-Ionen als Katalysator; ein niedriger pH-Wert beschleunigt diesen Schritt. Für eine insgesamt möglichst hohe Reaktionsgeschwindigkeit muss also ein Kompromiss zwischen den optimalen Bedingungen für den ersten und den zweiten Reaktionsschritt eingegangen werden; dieser findet sich im schwach sauren pH-Bereich, in dem einerseits noch etwas unprotoniertes Amin vorliegt und andererseits ausreichend Protonen, um das Halbaminal zu protonieren.

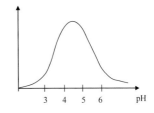

b) Unter drastisch sauren Bedingungen wird das Oxim durch Protonierung der OH-Gruppe aktiviert. Anschließend erfolgt die Umlagerung des Substituenten *trans* zur Hydroxygruppe unter Abspaltung von Wasser. Die Heterolyse der N–O-Bindung erfolgt gleichzeitig zur Umlagerung, damit die Bildung eines Nitrens (mit Elektronensextett am Stickstoff) vermieden werden kann. Im letzten Schritt der Reaktion kommt es zur Addition von Wasser. Die entstehende Imidsäure tautomerisiert sofort zum Amid.

Lösung 224

a) Das Boc-Anhydrid ist ein gutes Elektrophil; nach nucleophilem Angriff durch die Aminogruppe unter Bildung des tetraedrischen Intermediats erfolgt die Abgabe eines Protons an die Hilfsbase R_3N. Anschließend zerfällt das Intermediat unter Bildung des Carbamats und Freisetzung von CO_2.

Das Carbonyl-C-Atom in dem gebildeten Carbamat ist wenig reaktiv gegenüber Nucleophilen, da seine Elektrophilie durch die +M-Effekte des benachbarten N- bzw. O-Atoms stark verringert ist. Zudem erschwert die tertiäre Butylgruppe am Sauerstoff durch sterische Hinderung den Zugang zum Carbonyl-C-Atom.

+M-Effekt   +M-Effekt

b) In sehr ähnlicher Weise erfolgt die Einführung der Carboxybenzylgruppe. Wieder liefert der nucleophile Angriff der Aminogruppe auf das elektrophile C-Atom des Benzylchloroformiats das tetraedrische Zwischenprodukt, das nach Deprotonierung unter Abspaltung der guten Abgangsgruppe Cl⁻ in das Carbamat übergeht.

Lösung 225

Es handelt sich um eine Umesterung, d.h. ein Ester wird durch Reaktion mit einem Alkohol in einen anderen Ester überführt. Mechanistisch gesehen erfolgt dabei eine nucleophile Acylsubstitution. Da Alkohole nur schwache Nucleophile sind, erfordert die Reaktion Säurekatalyse: durch Protonierung des Esters nimmt dessen Elektrophilie erheblich zu. Durch den nucleophilen Angriff des Alkohols entsteht ein tetraedrisches Zwischenprodukt, aus dem nach Protonentransfer ein Molekül Methanol abgespalten wird. Beide Edukte sind difunktionelle Verbindungen, so dass es durch fortgesetzte Umesterung zur Bildung langer Ketten kommen kann. Da in Edukten und Produkten die gleichen Bindungstypen vorliegen, ist es nicht überraschend, dass es sich um eine typische Gleichgewichtsreaktion handelt. Sie lässt sich (gemäß dem allgemeinen Prinzip von Le Chatelier) auf die Seite der Produkte verschieben, wenn es gelingt, ein Produkt laufend aus dem Gleichgewicht zu entziehen. Dies geschieht bei der PET-Synthese dadurch, dass Methanol, das mit Abstand den niedrigsten Siedepunkt der Reaktionspartner aufweist, bei den Reaktionsbedingungen laufend aus der Mischung abdestilliert. Alternativ könnte anstelle des Esters (Benzol-1,4-dicarbonsäuredimethylester) ein reaktives Derivat der Benzol-1,4-dicarbonsäure wie das Dichlorid eingesetzt werden, was aber im großtechnischen Maßstab aus Kostengründen kaum in Frage kommt.

Polyethylenterephthalat (PET)

Lösung 226

a) Für Carbonsäure-Derivate liegt das Keto-Enol-Gleichgewicht noch weiter auf der Keto-Seite als für Aldehyde und Ketone. Entscheidend hierfür ist die etwas stärkere C=O-Bindung, die auf der Mesomeriestabilisierung durch den Substituenten mit freiem Elektronenpaar (z.B. –OR) im Carbonsäure-Derivat beruht.

Entsprechend enolisiert der 3-Oxopentansäuremethylester bevorzugt unter Erhalt der Ester-Carbonylgruppe, d.h. die Ketogruppe bildet das Enol.

bevorzugte Enolform

b) Die Umsetzung der Carbonsäure oder des sekundären Amids mit einer starken Base führt nicht zur Bildung eines Enolat-Ions, da beide Verbindungsklassen ein acideres Proton aufweisen, das von der Base bevorzugt abgespalten wird. Aus dem Carboxylat- bzw. Amid-Ion lässt sich nur noch mit extrem starken Basen ein weiteres Proton unter Bildung eines zweifach negativ geladenen Enolat-Ions abspalten.

c) Im ersten Schritt reagiert Phosphortribromid mit der Carbonsäure zum Säurebromid und HOPBr$_2$. Dieses bromiert ein weiteres Carbonsäuremolekül, so dass schließlich drei Moleküle des Säurebromids + H$_3$PO$_3$ (Phosphonsäure) entstehen (nicht gezeigt). In Anwesenheit der Phosphonsäure unterliegt das Säurebromid der Keto-Enol-Tautomerie; die Enolform reagiert als Nucleophil mit dem polarisierten Brommolekül zum α-Brombutansäurebromid. Aufgrund des –I-Effekts des α-ständigen Br-Atoms ist die Geschwindigkeit der Enolisierung im α-Brombutansäurebromid gegenüber dem Edukt verringert (geringere Basizität des Carbonylsauerstoffs), so dass keine Mehrfachhalogenierung am α-C-Atom eintritt. Im letzten Schritt wird das Säurebromid zur Carbonsäure hydrolysiert.

Lösung 227

a) Zur Deprotonierung des Esters am α-C-Atom verwendet man meist ein Alkoholat-Ion. Da der pK_S-Wert von Alkoholen deutlich niedriger ist, als der eines Esters, lässt sich dadurch allerdings nur eine geringe Gleichgewichtskonzentration an Esterenolat-Ion erzeugen. Um zu verhindern, dass es anstelle der Deprotonierung zu einer nucleophilen Acylsubstitution des Esters kommt, verwendet man als Alkoholat den gleichen Rest, der auch im Ester gebunden ist, also im Falle eines Ethylesters das Ethanolat-Ion. Ein nucleophiler Angriff auf die Estergruppe führt dann zu keiner Nettoumsetzung.

Nach dem nucleophilen Angriff des Esterenolats auf den Ester (→ Bildung des tetraedrischen Intermediats) wird das im ersten Schritt zur Deprotonierung verbrauchte Alkoholat-Ion zwar wieder regeneriert – der entstandene β-Ketoester ist aber relativ acide ($pK_S \approx 11$), so dass das Alkoholat sofort unter Abspaltung eines α-H-Atoms aus dem β-Ketoester weiter reagiert. Die Base muss daher in stöchiometrischer Menge eingesetzt werden.

b) Der Reaktionsverlauf für die Bildung von 3-Oxobutansäureethylester aus Essigsäureethylester ist im Folgenden gezeigt. Die Esterkondensation ist eine Gleichgewichtsreaktion. Entscheidend für die Verschiebung des Gleichgewichts auf die Produktseite ist dabei, dass der entstehende 3-Oxobutansäureethylester am α-C-Atom durch das Ethanolat-Ion in einer nahezu irreversiblen Reaktion deprotoniert und damit aus dem Gleichgewicht entzogen wird. Der letzte Schritt des Gesamtprozesses ist daher eine „saure Aufarbeitung" des Reaktionsgemisches, bei der das Enolat-Ion des β-Ketoesters wieder zum Produkt, dem 3-Oxobutansäureethylester, protoniert wird.

Dieser Mechanismus zeigt auf, warum die Reaktion mit 2-Methylpropansäureethylester nicht so erfolgreich verläuft. Hier ist nach dem Kondensationsschritt kein acides α-ständiges H-Atom vorhanden, das abgespalten werden könnte, um das Kondensationsprodukt aus dem Gleichgewicht zu entziehen. Ohne diesen Schritt ist die Gleichgewichtslage ungünstig.

kein acides α-H-Atom

Lösung 228

a) Das Edukt enthält primäre, sekundäre und ein tertiäres Wasserstoffatom, die substituiert werden können. Die primären H-Atome gehören zwei unterscheidbaren Methylgruppen an, so dass insgesamt vier verschiedene Monochlorierungsprodukte erhalten werden können. Wären alle H-Atome gleich reaktiv, so entsprächen die relativen Produktausbeuten der jeweiligen Anzahl an identischen H-Atomen. Tatsächlich aber sind tertiäre H-Atome am reaktivsten, gefolgt von den sekundären und (mit Abstand) den primären. Experimentelle Ergebnisse für die Chlorierung ergaben dabei folgende relative Reaktivität: tertiär:sekundär:primär ≈ 5:4:1.

Die relativen Ausbeuten ergeben sich dann aus dem Produkt der Anzahl der H-Atome und ihrer relativen Reaktivität. Die Farben sind hier ausnahmsweise nicht zur Kennzeichnung nucleophiler oder elektrophiler Eigenschaften eingesetzt, sondern nur zur Unterscheidung primärer (hell- bzw. dunkelblau), sekundärer (rot) und tertiärer (grün) Wasserstoffatome.

1-Chlor-2-methylbutan   1-Chlor-3-methylbutan   2-Chlor-3-methylbutan   2-Chlor-2-methylbutan

≈   6   :   3   :   8   :   5

Substitution am primären H   Substitution am sekundären H   Substitution am tertiären H

b) Alkane sind sehr wenig reaktiv; Radikalreaktionen sind praktisch die einzige Möglichkeit, sie zu funktionalisieren. Die Chlorierung ist eine typische Radikalkettenreaktion. Die Startreaktion ist die Spaltung von Chlormolekülen in zwei Cl-Radikale, die anschließend ein H-Atom aus dem Alkan abstrahieren, wobei HCl und ein Alkylradikal entsteht. Da tertiäre Alkyl-Radikale stabiler sind als sekundäre und diese stabiler sind als primäre, werden tertiäre H-Atome bevorzugt abstrahiert. Das Alkyl-Radikal reagiert anschließend mit Cl_2 zum Chloralkan; ein Chlor-Radikal wird regeneriert und kann den Kettenmechanismus fortsetzen. Ein Kettenabbruch erfolgt durch Rekombination zweier Radikale.

Kapitel 14

Lösungen: Synthetische Fingerübungen

Lösung 229

Um bezogen auf die Aminkomponente jeweils eine hohe Ausbeute zu erzielen, sollte ein tertiäres Amin (R_3N) als Hilfsbase zur Bindung des frei werdenden HCl eingesetzt werden. In der Praxis muss damit gerechnet werden, dass die erste Aminkomponente zweimal angreift und ein symmetrisches Harnstoff-Derivat liefert. Beide Amine könnten natürlich auch in der umgekehrten Reihenfolge eingesetzt werden.

Lösung 230

a) Zur Knüpfung der Amidbindung muss die 2,2-Dichlorethansäure zunächst zu einem reaktiven Derivat, z.B. dem Säurechlorid, aktiviert werden. Dieses kann dann mit der primären Aminogruppe (Nucleophil) reagieren. Die Zugabe des tertiären Amins ist sinnvoll, um eine Protonierung eines Teils des Edukts zum unreaktiven Ammoniumsalz zu verhindern.

b) Da neben der Aminogruppe auch die beiden Hydroxygruppen (wenn auch schwächere) nucleophile Eigenschaften aufweisen, ist auch mit einer Acylierung der OH-Gruppen zu rechnen.

c) Es sind zwei Chiralitätszentren vorhanden (siehe a).

Lösung 231

a) Die Doppelbindung im Achtring trägt einen elektronenziehenden (–I/–M-Effekt) Substituenten – die Aldehydgruppe. Diese Doppelbindung ist daher elektronenärmer und sollte somit weniger leicht durch Elektrophile angegriffen werden als die Doppelbindung in der Seitenkette, an die zwei elektronenschiebende Methylgruppen gebunden sind. Bei einer Addition von HBr ist also ein bevorzugter Angriff auf diese Doppelbindung zu erwarten, wobei als Zwischenprodukt überwiegend das stabilere tertiäre Carbenium-Ion gebildet werden sollte.

b) Es liegt ein α/β-ungesättigter Aldehyd vor, der durch Dehydratisierung aus dem entsprechenden β-Hydroxyaldehyd entstehen könnte. Als Edukt für diese Ringschlussreaktion wäre also der in nachfolgendem Schema gezeigte Dialdehyd erforderlich. Das Problem bei der skizzierten Aldolkondensation ist, dass sie mit vermutlich sehr ähnlicher Wahrscheinlichkeit mit der anderen möglichen Regioselektivität verlaufen könnte, wodurch ein isomerer α/β-ungesättigter Aldehyd gebildet würde.

Edukt: Dialdehyd

+ H₂O

+ H₂O

Lösung 232

Siphonarienon ist eine α/β-ungesättigte Carbonylverbindung, so dass zur Synthese eine Aldol-kondensation in Betracht kommt. Dafür wird zum einen als C-H-acide Komponente das symmetrische Keton Pentan-3-on benötigt, zum anderen ein Aldehyd, der das Oxidationspro-dukt des gezeigten Alkohols ist.

Zwei Schwierigkeiten sind hierbei zu beachten: Zum einen muss die Oxidation des primären Alkohols unter speziellen milden Bedingungen erfolgen (z.B. nicht durch $K_2Cr_2O_7$, sondern – für Chemiker! – durch eine sogenannte Swern-Oxidation), zum anderen muss möglichst ver-hindert werden, dass der Aldehyd, der die reaktivere Komponente darstellt, überwiegend mit sich selbst kondensiert. Dies kann erreicht werden, wenn man das Keton (das als Nucleophil fungieren soll!) durch eine starke Base wie „LDA" (Lithiumdiisopropylamid) vollständig deprotoniert und dann den Aldehyd langsam zutropft. Dadurch wird die Wahrscheinlichkeit minimiert, dass der Aldehyd selber ein Enolat-Ion bildet und anschließend mit einem nicht deprotonierten Aldehyd kondensiert.

Lösung 233

a) Nylon ist das Kondensationsprodukt aus einer Dicarbonsäure (bzw. deren reaktivem Derivat), z.B. Hexandisäure(dichlorid) (= Adipinsäure(dichlorid)) und einem Diamin wie Hexan-1,6-diamin.

b) Polystyrol und Polyvinylchlorid sind Produkte einer (radikalischen) Polymerisation; die π-Bindung in den Monomeren wird zugunsten einer neuen C–C-Bindung gebrochen.

Nylon ist ein Polykondensationsprodukt; hierbei wird pro Anknüpfung eines Monomers eine niedermolekulare Verbindung (z.B. H_2O oder HCl) frei.

c) Im folgenden Beispiel ist die Bildung von Nylon aus aktivierter Hexandisäure (Adipinsäuredichlorid) und Hexan-1,6-diamin in Anwesenheit eines tertiären Amins als Hilfsbase gezeigt.

Lösung 234

a) Im Zuge einer Säure-Base-Reaktion ist nur das entsprechende Salz entstanden.

b) In Abwesenheit eines aciden Protons und mit Acetat als guter Abgangsgruppe (grün) verläuft die gewünschte Reaktion mit guter Ausbeute. Die NH_2-Gruppe ist ein stärkeres Nucleophil als die OH-Gruppe und reagiert daher bevorzugt. Die Zugabe eines tertiären Amins wie Pyridin stellt sicher, dass nicht ein Teil des Edukts durch frei werdende Essigsäure protoniert wird, was die Ausbeute verringern würde.

c) 4-Aminophenol: $M = 109$ g/mol; Paracetamol: $M = 151$ g/mol

n (4-Aminophenol) $= 2,0 \times 10^6$ g $/ 109$ g mol^{-1} $= 18,4 \times 10^3$ mol

Bei einer Ausbeute von 86 % werden daraus $0,86 \times 18,4 \times 10^3$ mol $= 15,8 \times 10^3$ mol an Paracetamol.

m (Paracetamol) $= n$ (Paracetamol) $\times M$ (Paracetamol) $= 15,8 \times 10^3$ mol $\times 151$ g mol^{-1} $=$ $2,38 \times 10^3$ kg.

d) Die theoretische Maximalausbeute beträgt $18,4 \times 10^3$ mol $\times 151$ g mol^{-1} $= 2,77 \times 10^3$ kg. Die erhaltenen $2,90 \times 10^3$ kg sind demnach nicht rein, sondern beispielsweise durch anhaftende Lösungsmittelreste verunreinigt.

Lösung 235

Östradiol enthält zwei Hydroxygruppen, von denen eine (die phenolische) in den Methylether überführt werden muss. Außerdem muss eine C–C-Bindung geknüpft werden, um die Ethinylgruppe am Fünfring einzuführen. Endständige Alkine lassen sich durch sehr starke Basen deprotonieren; die entstehenden Carbanionen sind starke Nucleophile und reagieren bereitwillig mit elektrophilen C-Atomen. Ein entsprechendes elektrophiles Zentrum ist im Östradiol allerdings nicht vorhanden; es kann aber durch Oxidation des sekundären Alkohols zur Ketogruppe leicht generiert werden. Da die phenolische OH-Gruppe unter diesen Bedingungen nicht oxidiert wird, sind keine Regioselektivitätsprobleme zu gegenwärtigen. Die Ethinylgruppe kann anschließend durch nucleophile Addition an die Ketogruppe eingeführt werden.

Zu welchem Zeitpunkt sollte die Methylierung zum Ether erfolgen? Im Edukt Östradiol sind zwei potentiell (wenn auch unterschiedlich) reaktive Hydroxygruppen vorhanden, die beide alkyliert werden könnten. Es ist daher zweckmäßig, zunächst die sekundäre Hydroxygruppe zur Carbonylgruppe zu oxidieren, anschließend die verbliebene phenolische OH-Gruppe unter schwach basischen Bedingungen zu deprotonieren und zu alkylieren und im letzten Schritt die Ketogruppe durch nucleophilen Angriff des Carbanions in den (nach abschließender Protonierung im Zuge einer wässrigen Aufarbeitung) tertiären Alkohol zu überführen. Zwar muss dabei auch mit der Bildung des „falschen" Diastereomers (durch Angriff des Nucleophils auf die Ketogruppe von der anderen Seite) gerechnet werden; durch die abschirmende Wirkung der benachbarten Methylgruppe sollte der Angriff aber zumindest überwiegend wie gewünscht von der Unterseite erfolgen. Daraus ergibt sich die folgende Synthesestrategie:

$$HC{\equiv}CH \;+\; NaNH_2 \;\longrightarrow\; HC{\equiv}C^{\ominus} \;+\; Na^{\oplus} \;+\; NH_3$$

b) Die phenolische OH-Gruppe im Östradiol weist schwach saure Eigenschaften auf. Sie kann durch verdünnte wässrige NaOH-Lösung in das Phenolat überführt werden, das aufgrund der negativen Ladung wesentlich besser wasserlöslich sein sollte als Mestranol, das keine saure Gruppe aufweist und daher nicht deprotoniert wird. Während Mestranol nur sehr wenig wasserlöslich ist, sollten sich Reste von Östradiol durch Ausschütteln mit wässriger Base entfernen lassen.

Lösung 236

a) Für die Acetylierung wird ein reaktives Derivat der Essigsäure sowie ein tertiäres Amin R_3N als sogenannte Hilfsbase zur Bindung des entstehenden HCl benutzt.

Bei der anschließenden Oxidation wird die Methylgruppe (Oxidationszahl -3 für C) zur Carboxylgruppe (Oxidationszahl $+3$ für C) oxidiert.

Im letzten Schritt wird das Amid wieder hydrolysiert.

b) Es handelt sich um eine bimolekulare nucleophile Substitution am gesättigten C-Atom (S_N2). Als Elektrophil eignet sich ein Butan-Derivat mit einer guten Abgangsgruppe wie z.B. Br, also z.B. das gezeigte 1-Brombutan („Butylbromid"). Der zweite Schritt (Veresterung) ist eine nucleophile Acylsubstitution nach dem Additions-Eliminierungsmechanismus. Unter sauren Bedingungen liegt die Aminogruppe im Aminoalkohol protoniert vor, so dass eine Säure-Base-Reaktion mit der Carboxylgruppe als Nebenreaktion keine Rolle spielt. Es entsteht das protonierte Tetracain, das typischerweise als Chlorid-Salz (= Tetracainhydrochlorid) zum Einsatz kommt.

Lösung 237

Nach der elektrophilen Addition von Brom an die Doppelbindung werden im zweiten Schritt beide Bromatome im Zuge einer S_N2-Substitution durch das gute Nucleophil CN^- als Br^- verdrängt. Nitrile können unter drastischen (stark sauren oder stark basischen) Bedingungen hydrolysiert werden; als Zwischenprodukte treten dabei die entsprechenden Amide (hier: Butandisäurediamid) auf.

Lösung 238

Die Mercaptogruppe wird leicht zu einem Disulfid oxidiert (vgl. z.B. die Oxidation von Cystein zu Cystin). Um die Amidbindung knüpfen zu können, muss die Carboxylgruppe anschließend zu einem reaktiven Carbonsäure-Derivat aktiviert werden. Dann kann die Kopplung mit dem zweiten Baustein, der Aminosäure Prolin, erfolgen. Im letzten Schritt wird die Disulfidbrücke wieder reduktiv gespalten.

Lösung 239

Im ersten Schritt werden durch elektrophile aromatische Substitution die beiden Br-Atome in den aromatischen Ring eingeführt. Die NH_2-Gruppe ist stark aktivierend und dirigiert in o/p-Stellung. Als zweite Komponente wird *N*-Methylcyclohexanamin benötigt; dieses kann durch eine nucleophile Substitution (S_N2) aus Cyclohexanamin und Iodmethan hergestellt werden.

Dabei wird immer auch *N,N*-Dimethylcylohexanamin entstehen, das vor dem letzten Schritt abgetrennt werden muss. Durch nucleophile Substitution an der Brommethylgruppe am Aromaten durch das nucleophile sekundäre Amin entsteht dann das Produkt Bromhexin.

Eine denkbare (bessere) Alternative für die Bildung des *N*-Methylcyclohexanamins wäre die Umsetzung von Cyclohexanamin mit Methanal zum Imin (grüner Reaktionspfeil), das anschließend zum sekundären Amin reduziert wird. Dadurch lässt sich die Bildung des tertiären Amins durch zweifache Alkylierung des Stickstoffs vermeiden.

Lösung 240

Der erste Reaktionsschritt ist eine klassische Aldolkondensation mit Acetaldehyd als C–H-acider Komponente. Dieser könnte als Nebenreaktion auch mit sich selbst eine Aldolkondensation eingehen. Dagegen ist 4-Hydroxybenzaldehyd ein idealer Akzeptor, da dieser Aldehyd mangels acidem α-H-Atom nicht mit sich selbst reagieren kann und so eine relativ hohe Ausbeute des gewünschten Produkts entsteht. Die anschließende Dehydratisierung des β-Hydroxyaldehyds verläuft leicht, da hierdurch das konjugierte π-System vergrößert wird. Der ungesättigte Aldehyd wird dann in bekannter Weise zur Carbonsäure oxidiert, die mit dem entsprechenden Alkohol verestert wird. Im letzten Schritt muss durch eine nucleophile Substitution aus der aromatischen Hydroxygruppe noch die Methoxygruppe gebildet werden. Dafür eignet sich Iodmethan (Methyliodid) mit dem Iodid-Ion als guter Abgangsgruppe oder auch Dimethylsulfat ($H_3CO–SO_2–OCH_3$).

Lösung 241

Es soll eine Ketogruppe zum sekundären Alkohol reduziert werden. Da aber die Aldehyd-gruppe leichter reduziert wird, als die Ketogruppe, muss, um das Keton in Anwesenheit des Aldehyds selektiv zu reduzieren, die Aldehydgruppe vorher geschützt werden. Dies erfolgt am einfachsten durch Überführung in ein cyclisches Acetal mit Hilfe eines Diols und gelingt selektiv, da der Aldehyd das bessere Elektrophil ist. Nach Reduktion des Ketons mit einem Hydrid-Donor wie $NaBH_4$ kann das Acetal im Sauren wieder zum Aldehyd hydrolysiert wer-den.

Lösung 242

a) Als reaktives Derivat der Kohlensäure wird das Dichlorid (= Phosgen) eingesetzt. Als Pro-dukt des ersten Schritts entsteht der Chlormethansäurenaphthylester. Im zweiten Schritt greift Methanamin als Nucleophil an, wobei das Carbamat gebildet wird. Die Reaktion läuft nur dann annähernd vollständig ab, wenn frei werdendes HCl durch eine „Hilfsbase", i.A. ein tertiäres Amin wie das gezeigte Pyridin, gebunden wird, um eine Protonierung des Methan-amins zu verhindern.

b) Durch nucleophilen Angriff der OH-Gruppe auf das zentrale C-Atom des Isocyanats entsteht nach Protonentransfer unmittelbar das Carbaryl:

c) Gezeigt sind die an Position 6 hydroxylierte Verbindung und die Bildung des entsprechenden Sulfats bzw. Glucuronids mit aktivierter UDP-Glucuronsäure:

Lösung 243

a) Ketone besitzen pK_S-Werte von ungefähr 20; das Gleichgewicht der Deprotonierung mit OH⁻ liegt daher auf der Eduktseite. Es können zwei konstitutionsisomere Enolat-Ionen entstehen.

b) Nur die Aldolkondensation eines der beiden Enolat-Ionen führt zum gewünschten Produkt mit Sechsring-Struktur. Diese Reaktion ist gegenüber der Reaktion des anderen Enolats, bei der ein gespannter Vierring gebildet würde, stark begünstigt, so dass diese Nebenreaktion kaum eine Rolle spielt. Da beide Enolate miteinander im Gleichgewicht stehen, findet praktisch ausschließlich die Reaktion zum Sechsring statt.

c) 3-Methyl-5-propylcyclohex-2-enon

Lösung 244

a) Cyclofenil weist zwei Estergruppen auf. Diese werden unter den stark sauren Bedingungen im Magen zumindest teilweise hydrolysiert. Sofern nicht das Hydrolyseprodukt die eigentlich wirksame Substanz darstellt, ist eine orale Verabreichung weniger sinnvoll. Die Verbindung sollte besser direkt z.B. in den Muskel injiziert werden.

b) Nach der Addition des Carbanions liegt das tertiäre Alkoholat-Ion vor. Dieses wird bei wässriger Aufarbeitung in Anwesenheit von H^+-Ionen zum tertiären Alkohol protoniert. Gleiches gilt für die Phenolat-Ionen. Anschließend kommt es zu einer säurekatalysierten Eliminierung von Wasser. Durch geeignete Reaktionsbedingungen kann das Gleichgewicht in Richtung auf die Eliminierung verschoben werden.

Im letzten Schritt müssen die phenolischen OH-Gruppen acetyliert werden. Dies geht am besten mit Essigsäurechlorid oder Essigsäureanhydrid. Eine Veresterung mit Essigsäure ist weniger günstig, da diese Reaktion nicht vollständig abläuft.

c) Die Knüpfung der Doppelbindung könnte auch durch eine Wittig-Reaktion erfolgen.

Lösung 245

Für die Reaktion ausgehend von 1-Pentin muss dieses mit einer starken Base in sein Anion umgewandelt werden. Dieses kann in einer S_N2-Substitution mit einem Halogenalkan (Alkylhalogenid) reagieren, z.B. mit 1-Brompropan zu 4-Octin. Das Problem im vorliegenden Fall ist die Ketogruppe im Produkt, die eine direkte Substitution verhindert, da das stark basische und nucleophile Pentinyl-Anion auch am Carbonyl-C-Atom angreifen würde. Daher wird die Carbonylfunktion zunächst durch Bildung eines cyclischen Acetals (genauer: eines Ketals) geschützt. Cyclische Acetale / Ketale bilden sich leichter als offenkettige (intramolekulare Reaktion im 2. Schritt!) und sind unter basischen Bedingungen stabil. Die so geschützte Alkylhalogenid-Verbindung wird anschließend nucleophil substituiert, und anschließend die Schutzgruppe durch saure Hydrolyse entfernt.

gewünschte Reaktion

unerwünschte Reaktion

1. Schutz der Carbonylgruppe durch Acetalbildung

2. Deprotonierung

3. Nucleophile Substitution

4. Entschützen der Carbonylgruppe

4-Octin-2-on

Diese Strategie ist häufig nützlich, wenn Carbonylverbindungen unter basischen Bedingungen mit einem Nucleophil an einer anderen Stelle als der Carbonylgruppe reagieren sollen und die Carbonylfunktion dabei erhalten bleiben soll.

Lösung 246

Sulpirid ist offensichtlich ein Derivat der Salicylsäure (2-Hydroxybenzoesäure). Die Hydroxygruppe muss in den Methylether überführt und in *para*-Stellung zu diesem Substituenten eine Sulfonamidgruppe eingeführt werden. Die Säuregruppe ist zu einem Amid derivatisiert, wofür *N*-Ethyl-2-aminomethylpyrrolidin benötigt wird.

Die Überführung von Salicylsäure in den Methylether sollte keine größeren Schwierigkeiten bereiten. Da die Methoxygruppe *para*-dirigierend und die Carboxylgruppe *meta*-dirigierend ist, sollte eine Sulfonierung zur korrekten Stellung der Sulfonsäuregruppe führen. Anschließend müssten eine Carbonsäureamid- und eine Sulfonamidbindung geknüpft werden, wofür jeweils Aktivierung der Carbon- bzw. Sulfonsäure erforderlich ist. Die Aktivierung beider Gruppen könnte mit $SOCl_2$ erfolgen. Anschließend sind allerdings Regioselektivitätsprobleme zu erwarten, da die beiden aktivierten Gruppen jeweils selektiv mit dem richtigen Amin reagieren müssen. Da dies nicht erwartet werden kann, ist dieser einfache Syntheseweg für die Praxis nicht befriedigend.

+ mehrere Nebenprodukte

Lösung 247

Multistriatin ist ein Vollacetal (genauer: Vollketal) und kann daher aus einer Carbonylverbindung durch Reaktion mit zwei alkoholischen OH-Gruppen entstehen. Dasjenige C-Atom, das im Acetal mit zwei Sauerstoffatomen verknüpft ist, ist stets das ursprüngliche Carbonyl-C-Atom des Aldehyds bzw. Ketons; die beiden C–O-Bindungen werden also bei der Bildung neu geknüpft und entsprechend bei der retrosynthetischen Analyse des Zielmoleküls gebrochen. Aufgrund der bicyclischen Struktur des Multistriatins sind die beiden Hydroxygruppen und die Carbonylgruppe in einem Molekül vereint. Für die Knüpfung von C–C-Bindungen eignen sich z.B. Enolat-Ionen, die als Nucleophil ein elektrophiles C-Atom mit einer geeigneten Abgangsgruppe angreifen können. Ein Enolat-Ion kann durch Deprotonierung am α-C-Atom der Carbonylgruppe gebildet werden, so dass sich diese Bindung zur weiteren Fragmentierung empfiehlt. Das eine Fragment, das hierbei entsteht, ist ein symmetrisches Keton, das nur ein Enolat-Ion bilden kann, so dass keine Regioselektivitätsprobleme auftreten.

Das zweite Fragment muss eine Abgangsgruppe X und die Diolstruktur enthalten; letztere kann aus einem Alken durch eine Dihydroxylierung entstehen. Damit erhalten wir das folgende Retrosynthese-Schema:

Die im Folgenden gezeigte Synthese geht aus von 3-Pentanon und 2-Methylbut-3-en-1-ol. Die OH-Gruppe ist eine schlechte Abgangsgruppe und muss daher zunächst in eine bessere Abgangsgruppe umgewandelt werden, z.B. in ein Tosylat (das *p*-Toluolsulfonsäure-Derivat). 3-Pentanon wird durch eine starke Base zumindest teilweise zum entsprechenden Enolat-Ion deprotoniert, das als Nucleophil fungiert und die *p*-Toluolsulfonsäure als Abgangsgruppe verdrängt. Das entstandene ungesättigte Keton muss nun noch in das entsprechende Diol überführt werden. Eine solche Dihydroxylierung ist auf zwei Wegen möglich (die sich in ihrem stereochemischen Ablauf unterscheiden). Mit einer Percarbonsäure wie der *m*-Chlor-perbenzoesäure entsteht aus dem Alken das Epoxid, welches anschließend in saurer oder basischer wässriger Lösung zum Diol hydrolysiert wird. Alternativ käme eine Dihydroxylierung mit Osmiumtetroxid (OsO$_4$) oder mit KMnO$_4$ in basischer Lösung bei niedriger Temperatur in Frage. Das entstehende Diol reagiert in saurer Lösung spontan unter Abspaltung von Wasser zum gewünschten Vollacetal, dem Multistriatin.

Lösung 248

Es muss ein Ether gebildet werden. Ein gängiger Syntheseweg wird als Williamson-Synthese bezeichnet; man setzt hierbei ein Alkoholat als Nucleophil mit einem geeigneten Elektrophil um. Welche der beiden OH-Gruppen reagiert, hängt mit ihrer jeweiligen basischen bzw. nucleophilen Eigenschaft zusammen. Die Carboxylgruppe ist deutlich stärker sauer als die phenolische OH-Gruppe; entsprechend ist das Phenolat-Ion die stärkere Base und auch das deutlich bessere Nucleophil. In basischer Lösung wird daher bevorzugt das Phenol alkyliert. Die nucleophile Substitution muss an einem sekundären Substrat erfolgen. Diese sind i.A. recht wenig reaktiv, so dass eine möglichst gute Abgangsgruppe (z.B. I$^-$) gewählt werden sollte.

Lösung 249

a) Das bei einer Alkylierung von H_2S entstehende Thiol RSH ist mindestens ebenso reaktiv (nucleophil) wie das Ausgangsmaterial H_2S, so dass damit zu rechnen ist, dass ein größerer Teil weiter zum entsprechenden Sulfid R_2S reagiert:

b) Die Retrosynthese ergibt sich entlang des vorgestellten Weges wie in der folgenden Übersicht gezeigt ist.

In der zweiten Abbildung auf der folgenden Seite ist eine mögliche Syntheseroute dargestellt. Das Benzolthiol (Thiophenol) wird bereits durch relativ schwache Basen zum Anion deprotoniert, das als gutes Nucleophil leicht in einer S_N2-Reaktion mit einem primären Halogenbutan zum Sulfid (**1**) reagiert. Dieses wird in einer Friedel-Crafts-Acylierung mit Benzoesäurechlorid umgesetzt. Da die Sulfidgruppe ein aktivierender Substituent ist, erfolgt die Orientierung nach *o/p* und es kann aus sterischen Gründen überwiegend mit der Bildung des *p*-Produkts (**2**) gerechnet werden. Die Ketogruppe wird mit $NaBH_4$ zum sekundären Alkohol reduziert, der mit Thionylchlorid ($SOCl_2$) in das Chlorid (**3**) überführt wird. Dieses wird anschließend nach der in der Aufgabenstellung gezeigten Thioharnstoff-Methode in das Thiol (**4**) umgewandelt, das im letzten Schritt in einer S_N2-Substitution zum Produkt reagiert.

Retrosynthese:

Synthese:

Lösung 250

Die chlorhaltige Verbindung kann zunächst auf den entsprechenden Alkohol (**1**) zurückgeführt werden, dieser wiederum auf das sekundäre Amin (**2**) und den cyclischen dreigliedrigen
Ether Ethylenoxid (Oxiran). Eine weitere typische Position zur Spaltung ist die Estergruppe,
und man kann erkennen, dass der dabei entstehende Alkohol (**3**) wie bereits oben beschrieben
durch Reaktion des Amins mit Oxiran entstehen kann. Man gelangt auf diese Weise zu den
beiden Ausgangsverbindungen *o*-Aminobenzoesäure (Anthranilsäure) (**4**) und Oxiran.

Die Synthese stellt sich dann als erstaunlich leicht heraus. Die Umsetzung von *o*-Amino-
benzoesäure mit einem Überschuss an Ethylenoxid führt direkt zu (**1**), das anschließend mit
$SOCl_2$ oder $POCl_3$ in die Zielverbindung überführt werden kann.

Lösung 251

Das Spiro-C-Atom ist (*S*)-konfiguriert.
Priorität 1 hat das an den Phenylring
gebundene Sauerstoffatom, Priorität 2
offensichtlich das zweite O-Atom. Priorität 3 kommt dem C-Atom des Benzolrings zu (3 weitere C–C-Bindungen), vor
dem sekundären C-Atom. Da dieser Substituent nicht nach hinten weist, ist die
Konfiguration entgegen der Drehrichtung
(→ Pfeil) gleich (*S*).

b) Es handelt sich um ein Spiroacetal (präziser: ein –ketal), das aus einer Carbonylverbindung durch nucleophile Addition von zwei Hydroxygruppen und Eliminierung von Wasser gebildet werden kann. Die Reaktion erfordert Säurekatalyse, um aus der OH-Gruppe des Halbacetals (genauer: Halbketals) die bessere Abgangsgruppe Wasser zu bilden. Das nach Abspaltung von H_2O gebildete Oxocarbenium-Ion wird dann von der zweiten Hydroxygruppe unter Bildung des Acetals angegriffen. Welche der beiden OH-Gruppen dabei im ersten und welche im zweiten Schritt angreift, spielt letztlich keine Rolle. Da das freie Elektronenpaar der phenolischen OH-Gruppe mit dem aromatischen Ring konjugiert ist, kann man vermuten, dass die primäre Hydroxygruppe etwas reaktiver ist.

c) Da die Acetalbildung unter sauren Bedingungen erfolgen muss, kann es zu einer säurekatalysierten Eliminierung der sekundären Hydroxygruppe kommen, zumal die entstehende Doppelbindung mit dem aromatischen Ring konjugiert ist.

Lösung 252

Im ersten Schritt wird das Phenol in einer elektrophilen aromatischen Substitution chloriert; dabei lassen sich die Bedingungen so steuern, dass überwiegend das 2,4-Dichlorphenol erhalten wird. Dieses wird durch die Deprotonierung in ein besseres Nucleophil überführt, welches mit Chloressigsäure in basischer Lösung zum Natriumsalz der 2,4-Dichlorphenoxyessigsäure reagiert, aus dem durch Erniedrigung des pH-Werts das Produkt freigesetzt werden kann.

Lösung 253

a) Bei der katalytischen Hydrierung werden offensichtlich 2 mol Wasserstoff pro Mol Lina-lool addiert; es sind also zwei C=C-Doppelbindungen im Molekül vorhanden (alternativ könnte prinzipiell auch eine Dreifachbindung vorliegen).

b) Aus dem in der Aufgabenstellung gezeigten Schema für die Ozonolyse mit nachfolgender Oxidation geht hervor, dass sich an demjenigen C-Atom, das zu einer Carbonsäure oxidiert wurde, jeweils eine Doppelbindung befunden hat. Das Ergebnis erlaubt aber keine Zuord-nung, an welcher Seite des Moleküls sich die endständige Doppelbindung (liefert als zweites Produkt die Methansäure) bzw. die zweifach methylsubstituierte Doppelbindung befindet (liefert das Propanon). Folglich sind die beiden folgenden Strukturen mit dem Reaktionser-gebnis von **2** vereinbar:

c) Eine Hydroborierung mit nachfolgender Oxidation führt zur Umwandlung eines Alkens in einen Alkohol. Dabei wird regioselektiv die OH-Gruppe an das weniger substituierte C-Atom addiert (Anti-Markovnikov-Orientierung). Da Linalool zwei C=C-Doppelbindungen aufweist, wäre eigentlich eine zweifache Addition von Wasser zu erwarten; mit BH_3 als Reagenz würde dies auch beobachtet. Im vorliegenden Fall erfolgt mit Diisoamylboran als Reagenz nur eine Addition an die terminale Doppelbindung, was offensichtlich auf die starke sterische Hinde-rung des Boratoms zurückzuführen ist. Die interne dreifach substituierte Doppelbindung kann nicht angegriffen werden und wird daher im Schritt 2 durch Ozonolyse mit nachfolgender Reduktion gespalten, wobei die Aldehydgruppe gebildet und Propanon abgespalten wird.

Die rationelle Bezeichnung für das (S)-Linalool lautet (S)-3,7-Dimethyl-1,6-octadien-3-ol.

Lösung 254

a) Ibuprofen-Lysinat ist ein Salz aus Ibuprofen und der Aminosäure Lysin. Im Magen ist dieses Salz besser löslich als das kaum wasserlösliche Ibuprofen, so dass es schneller vom Körper resorbiert werden kann und dadurch zu einem rascheren Wirkungseintritt führen soll.

b) Bei einer Friedel-Crafts-Acylierung bildet zunächst das Säurechlorid mit AlCl$_3$ eine Koordinationsverbindung, die zu einem stark elektrophilen Acylium-Ion + AlCl$_4^-$ zerfällt. Dieses wird nucleophil vom Aromaten unter Bildung des kationischen nichtaromatischen σ-Komplexes angegriffen, der unter Abspaltung von H$^+$ rearomatisiert. Das AlCl$_3$ wird dabei regeneriert, reagiert aber in einem Folgeschritt mit dem Keton zu einem Koordinationskomplex, der abschließend durch „wässrige Aufarbeitung" zum Acylbenzol + Al(OH)$_3$ hydrolysiert wird.

Koordinationskomplex

Acylium-Ion

σ-Komplex
(mesomeriestabilisiert)

3 H$_2$O

+ Al(OH)$_3$ + 3 HCl

Die Acylgruppe muss anschließend zum Alkylrest reduziert werden. Ein übliches Verfahren hierbei ist die sogenannte „Clemmensen-Reduktion", mit der Ketone und Aldehyde durch Umsetzung mit amalgamiertem Zink („Zn/Hg") in Salzsäure zu den zugrunde liegenden Alkanen reduziert werden können.

Zn/Hg
HCl

c) Bei Friedel-Crafts-Alkylierungen ist in vielen Fällen mit zweierlei Problemen zu rechnen. Insbesondere bei primären Chlor- und Bromalkanen erhält man stets mehrere Produkte. Zum einen unterliegt der mit der Lewis-Säure gebildete Koordinationskomplex in vielen Fällen einer Umlagerung durch einen 1,2-Hydrid-Shift. Auf diese Weise entsteht im vorliegenden Beispiel aus dem primären Halogenid 1-Chlor-2-methylpropan ein tertiäres Carbenium-Ion, das wesentlich stabiler ist als ein primäres.

Daher entsteht als Hauptprodukt bei der Alkylierung von Benzol mit 1-Chlor-2-methylpropan nicht das Isobutyl- sondern das tertiäre Butylbenzol.

Das zweite Problem ergibt sich aus der Tatsache, dass das Produkt der Alkylierung (das Alkylbenzol) aufgrund des +I-Effekts der Alkylgruppe reaktiver ist, als die Ausgangsverbindung Benzol. Somit erfolgt leicht eine zweite Alkylierung und (je nach sterischen Eigenschaften der Alkylgruppe und Reaktionsbedingungen) unter Umständen auch noch eine weitere Reaktion zu höher substituierten Produkten. Die Reaktion lässt sich also kaum auf der Stufe der Monoalkylierung stoppen, sondern man erhält i.A. Produktgemische aus unterschiedlich alkylierten Aromaten.

ähnelt einem
1° Carbenium-Ion

3° Carbenium-Ion
(stabiler)

Hauptprodukt

reaktiver als Benzol   mehrfach alkylierte Produkte

Lösung 255

a) Die Ethoxygruppe in 2-Position leitet sich von einer Hydroxygruppe ab, so dass sich als Ausgangsmaterial die Salicylsäure (2-Hydroxybenzoesäure) anbietet. Die Einführung der Ethylgruppe ist durch eine S_N2-Reaktion möglich, wobei dafür Sorge zu tragen ist, dass die phenolische OH-Gruppe und nicht diejenige der Carboxylgruppe reagiert. Da ein Phenolat-Ion ein deutlich besseres Nucleophil darstellt als ein Carboxylat, erscheint es zweckmäßig, die Salicylsäure zum Phenolat zu deprotonieren und anschließend mit einem entsprechenden Halogenalkan (Iodethan) umzusetzen. Im zweiten Schritt muss die Sulfonsäuregruppe eingeführt werden; dies kann mit H_2SO_4/SO_3 oder mit Chlorsulfonsäure ($HOSO_2Cl$) geschehen. Dabei ist die Regioselektivität zu beachten, d.h. in welche Ringposition die Sulfonsäuregruppe durch die bereits anwesenden Substituenten gesteuert wird.

Die Ethoxygruppe ist ein aktivierender Substituent und dirigiert in die *o/p*-Position, während die Carbonsäuregruppe desaktivierend und *m*-dirigierend ist. Es dirigieren folglich beide Gruppen in die gleichen Positionen (3 und 5). Aufgrund der sterischen Hinderung benachbart zur Ethoxygruppe kann man davon ausgehen, dass die Sulfonierung bevorzugt an der Position 5 erfolgen wird, also überwiegend die gewünschte 2-Ethoxy-5-sulfobenzoesäure entsteht.

b) In diesem Schritt entsteht ein Sulfonsäureamid. Für die Reaktion mit der sekundären Aminogruppe im Piperazinring muss die Sulfonsäure aktiviert werden, z.B. durch Überführung in das entsprechende Sulfonsäurechlorid. In der Praxis wären Regioselektivitätsprobleme zu erwarten, da die Carbonsäure in gleicher Weise aktiviert werden und reagieren könnte.

Lösung 256

a) Während Alkylgruppen in *o/p*-Position dirigieren, ist die stark desaktivierende Nitrogruppe *m*-dirigierend. Sie muss daher nach dem Propylrest eingeführt werden. Die direkte Alkylierung mit Hilfe einer Friedel-Crafts-Reaktion ist aber nicht empfehlenswert, da einerseits mit einer Umlagerung des Alkylrestes und andererseits mit Mehrfachalkylierung zu rechnen ist.

Besser ist daher eine Friedel-Crafts-Acylierung mit Propansäurechlorid und einer Lewis-Säure zum (*m*-dirigierenden) Acylbenzol, das durch Reduktion in das Alkylbenzol umgewandelt wird. Dieses kann dann im abschließenden Schritt zum Produkt 1-Nitro-4-propylbenzol nitriert werden, wobei allerdings auch mit der Entstehung von 1-Nitro-2-propylbenzol als Nebenprodukt zu rechnen ist.

b) Diese Verbindung enthält zwei *o/p*-dirigierende Substituenten in *m*-Position zueinander –
egal, welcher der beiden Substituenten als erster eingeführt wird, dirigiert er den zweiten
Substituenten in die falsche Position. Die Lösung besteht darin, dass mit der Nitrogruppe
zunächst ein *m*-dirigierender Substituent eingeführt wird, der in der folgenden Bromierung
für die richtige Position des Broms sorgt. Im letzten Schritt wird die Nitrogruppe dann zur
Aminogruppe reduziert.

c) Die Aminogruppe im Anilin ist stark aktivierend und *o/p*-dirigierend. Unterwirft man Anilin einer Sulfonierung, ist zum einen mit teilweiser Oxidation durch die konzentrierte Schwefelsäure zu rechnen, zum anderen entstünden neben dem *p*- auch größere Mengen des *o*-
Produkts. Daher wird die Aminogruppe zuerst acetyliert, was einerseits vor Oxidation schützt
und durch den größeren sterischen Anspruch des Acetamids eine höhere Regioselektivität
zugunsten des *p*-Produkts ergibt. Für den letzten Schritt, die Einführung des Chlors, dirigieren
dann beide vorhandenen Substituenten in die richtige Richtung. Dies wäre nicht der Fall,
würde man vor der Sulfonierung zunächst versuchen, das Cl-Atom in *o*-Position einzuführen.

Lösung 257

a) Es handelt sich um ein Imid, das als zweifach acyliertes Amin aufgefasst werden kann. Typisch für Imide wie auch das Phenobarbital ist, dass der Stickstoff trotz des freien Elektronenpaars keine basischen Eigenschaften aufweist. Der Grund ist die Konjugation innerhalb der Imidgruppe; das freie Elektronenpaar kann zu beiden Carbonylgruppen hin delokalisiert werden, so dass es für eine Protonierung praktisch nicht zur Verfügung steht. Vielmehr weisen Imide sogar schwach saure Eigenschaften auf, da die nach Deprotonierung am Stickstoff entstehende negative Ladung so gut stabilisiert werden kann.

b) Malonsäurediethylester ist eine 1,3-Dicarbonylverbindung und wird daher wesentlich leichter deprotoniert, als ein gewöhnlicher Ester; das Anion ist zu beiden Estergruppen hin mesomeriestabilisiert. Es reagiert in einer S_N2-Substitution mit einem primären Halogenalkan, in diesem Fall mit 1-Brompropan. In gleicher Weise wird durch erneute Deprotonierung und Alkylierung der zweite Alkylrest eingeführt. Anschließend werden die beiden Estergruppen hydrolysiert; die entstehende β-Dicarbonsäure decarboxyliert (ebenso wie β-Ketocarbonsäuren) leicht zum Produkt, der 2-Propylpentansäure.

Lösung 258

a) Bei einer Synthese unter Verwendung von Acetessigester wird die Bindung zum α-C-Atom neu geknüpft. Dieser Kohlenstoff fungiert als Nucleophil in einer Substitutionsreaktion, nachdem das Edukt durch Deprotonierung in das (mesomeriestabilisierte) Enolat-Ion überführt wurde.

Als Elektrophil wird eine Verbindung mit einer guten Abgangsgruppe benötigt; im vorliegenden Fall befindet sie sich an einem allylischen C-Atom und wird daher sehr leicht substituiert.

Das Allylhalogenid kann durch 1,4-Addition von HX an Isopren (2-Methyl-1,3-butadien) gewonnen werden; das 1,4-Additionsprodukt mit der höher substituierten Doppelbindung ist gegenüber dem 1,2-Additionsprodukt das thermodynamisch stabilere. Nach der Substitution wird der β-Ketoester hydrolysiert und anschließend decarboxyliert, wobei das gewünschte Keton sowie CO_2 entsteht.

b) Das 1,3-Diol kann durch Reduktion des entsprechenden Diesters entstehen; bei letzterem handelt es sich um ein Malonsäure-Derivat, das sich aus Malonsäurediethylester durch eine nucleophile Substitution gewinnen lässt.

Hierfür wird der Malonsäureester in das Anion überführt und mit dem geeignet substituierten Benzylhalogenid zur Reaktion gebracht. Benzylhalogenide sind reaktive Substrate, die sowohl nach S_N2 (da primär) wie auch nach S_N1 (da das gebildete Benzyl-Kation mesomeriestabilisiert ist) leicht reagieren. Im folgenden Schritt werden die beiden Estergruppen mit einem Hydridübertragungsreagenz reduziert. Hierfür kommt typischerweise $LiAlH_4$ zum Einsatz; $NaBH_4$ reagiert dagegen nicht mit Estergruppen.

Lösung 259

Für die Reduktion von C=C-Doppelbindungen eignet sich die katalytische Hydrierung. Dies ist eine nicht-ionische Reaktion, bei der bevorzugt die schwächere Doppelbindung gebrochen wird. Da C=C-Doppelbindungen schwächer als C=O-Doppelbindungen sind, erfolgt bei Reduktion mit H_2/Katalysator die Reduktion der olefinischen Doppelbindung zum gesättigten Ester.

Für die selektive Reduktion der Estergruppe zum primären Alkohol setzt man ein Hydrid-Reduktionsmittel ein. Während Aldehyde und Ketone mit $NaBH_4$ reduziert werden können, wird für den weniger reaktiven (schwächer elektrophilen) Ester das reaktivere $LiAlH_4$ benötigt. Das zunächst gebildete Alkoholat-Ion wird durch wässrige Aufarbeitung zum Alkohol protoniert.

Lösung 260

Bei einer Dehydratisierung eines Alkohols wäre mit der Bildung mehrerer konstitutionsisomerer Alkene zu rechnen, da mehrere α-ständige H-Atome vorhanden sind, die zusammen mit der OH-Gruppe eliminiert werden könnten. Die Position der Doppelbindung lässt sich so nicht hinreichend steuern, wenngleich das gewünschte Alken aufgrund der am höchsten substituierten Doppelbindung das stabilste sein sollte.

Für die Wittig-Reaktion wird das Zielmolekül an der Doppelbindung gespalten; eines der bei-den Fragmente ist die Carbonylverbindung, das andere ein Halogenalkan, das in das Wittig-Reagenz überführt wird. Dabei kann entweder von einem Aldehyd (Butanal) und einem se-kundären Halogenalkan (2-Brombutan) oder von einem Keton (2-Butanon) und einem primä-ren Halogenalkan (1-Brombutan) ausgegangen werden. Für die Deprotonierung des Phospho-niumsalzes wird eine sehr starke Base benötigt, z.B. Butyllithium (BuLi).

Lösung 261

Epoxide lassen sich aus Alkenen durch Reaktion mit einer Percarbonsäure (häufig: *m*-Chlorperbenzoesäure) gewinnen. Diese Reaktion verläuft stereospezifisch, d.h. aus dem *cis*-Alken entsteht das *cis*-Epoxid, aus dem *trans*-Alken das *trans*-Epoxid. Für die Synthese von Disparlur wird dementsprechend das *cis*-Alken benötigt; es lässt sich mit hoher Selektivität durch eine Wittig-Reaktion darstellen:

Hierfür benötigt man einen Aldehyd und ein Halogenalkan; dabei spielt es in diesem Fall kaum eine Rolle, welcher der beiden Reste die Aldehydfunktion trägt und welcher das Halogen. Eine der beiden Varianten ist im Folgenden gezeigt; die umgekehrte Kombination wäre aber genauso möglich.

Lösung 262

Alkene können mit Hilfe von Percarbonsäuren in Epoxide überführt werden, die anschließend durch Nucleophile unter Bildung der entsprechend substituierten Alkohole geöffnet werden können. Man setzt also das Styrol-Derivat im ersten Schritt zum Epoxid um; als typisches Reagenz dient dabei die *m*-Chlorperbenzoesäure. Dieses Epoxid wird anschließend mit Hexan-1,6-diamin geöffnet, wobei beide Aminogruppen mit je einem Epoxid reagieren; beide Reagenzien müssen also im entsprechenden Stoffmengenverhältnis eingesetzt werden.

Das Epoxid wird bevorzugt am weniger substituierten C-Atom angegriffen, so dass als Hauptprodukt das Hexoprenalin entstehen sollte.

Lösung 263

Die beiden Bromatome müssen offensichtlich durch eine elektrophile aromatische Substitution eingeführt werden. Glücklicherweise befinden sie sich in *o*- bzw. *p*-Position zur aktivierend wirkenden Aminogruppe (und *m*-ständig zur desaktivierenden Säuregruppe), so dass eine Bromierung von 2-Aminobenzoesäure das richtige Stellungsisomer ergibt. Zur Knüpfung einer Amidbindung aktiviert man anschließend die Säure zum Säurechlorid, z.B. mit SOCl₂, und setzt das Chlorid mit dem sekundären Amin um. Der Einsatz eines tertiären Amins wie Pyridin dient dazu, frei werdendes HCl abzufangen, das ansonsten das umzusetzende sekundäre Amin protonieren würde. Anschließend kann das Amid zum Amin reduziert werden (z.B. mit LiAlH₄). Damit ergibt sich der folgende Syntheseplan:

Lösung 264

a) Das Menthol weist drei Chiralitätszentren auf, deren absolute Konfiguration bei der korrekten Bezeichnung der Verbindung mit angegeben werden muss. Es handelt sich um (1R,2S,5R)-2-Isopropyl-5-methylcyclohexanol. In diesem Stereoisomer neh-

men alle drei Substituenten am Cyclohexanring äquatoriale Positionen ein. Diese sind, insbesondere für sterisch anspruchsvollere Substituenten wie den Isopropylrest, energetisch günstiger, weil dadurch ungünstige 1,3-diaxiale Wechselwirkungen vermieden werden. Bei drei Chiralitätszentren und dem Fehlen einer Symmetrieebene existieren für das Menthol $2^3 = 8$ Stereoisomere. Das hier vorliegende ist aufgrund obiger Überlegungen das stabilste.

b) Das Crotamiton ist ein aromatisches Amid einer ungesättigten Carbonsäure, der E-But-2-ensäure. Es lässt sich bezeichnen als (E)-N-Ethyl-N-2-methylphenylbut-2-ensäureamid.

Eine offensichtliche Schnittstelle ist die Amidbindung, die zu der α,β-ungesättigten Carbonsäure und dem aromatischen Amin führt. Letzteres lässt sich durch Abspaltung der Ethylgruppe auf das kommerziell erhältliche 2-Methylanilin zurückführen, welches sich durch Nitrierung von Toluol, Trennung von o- und p-Isomer und anschließende Reduktion der Nitro- zur Aminogruppe herstellen ließe.

Da bei einer Alkylierung von Aminen immer mit einer Mehrfachalkylierung als Nebenreaktion zu rechnen ist, bietet es sich an, die C–N-Bindung auf einer höheren Oxidationsstufe zu knüpfen, d.h. zum Amin durch Reduktion eines Imins zu gelangen, das durch eine Reaktion des Amins mit dem entsprechenden Aldehyd (Ethanal) erhalten wird.

Die α,β-ungesättigte Carbonsäure lässt sich an der Doppelbindung weiter in zwei C_2-Bausteine zerlegen, die durch eine Kondensationsreaktion miteinander verknüpft werden können. Berücksichtigt man, dass die Carboxylgruppe leicht durch Oxidation einer Aldehydgruppe erhalten werden kann, bietet sich eine Aldolkondensation an, die nur einen Baustein erfordert (Ethanal). Dabei sollte bevorzugt das benötigte E-Isomer entstehen.

Damit lässt sich die folgende Retrosynthese formulieren, die auf nur zwei unterschiedliche, einfache Edukte zurückführt:

Die Synthese des Imins erfolgt typischerweise in schwach saurer Lösung (pH ≈ 4,5–5,5). Das Imin lässt sich im folgenden Schritt leicht zum Amin reduzieren, z.B. mit $NaBH_4$. Für die Synthese des Säurebausteins führt man eine Aldolkondensation mit Ethanal (Acetaldehyd) durch; das zunächst gebildete 3-Hydroxybutanal spaltet im Sauren leicht Wasser ab unter Bildung von But-2-enal. Dieses kann durch gängige Oxidationsmittel, wie z.B. $Cr_2O_7^{2-}$, zur Carbonsäure oxidiert werden. Zur Knüpfung der Amidbindung muss die Säure aktiviert werden, z.B. durch Bildung des Säurechlorids mit Hilfe von $SOCl_2$. In Anwesenheit eines tertiären Amins als sogenannte Hilfsbase (zur Bindung frei werdender Protonen) wird dann im letzten Schritt die Amidbindung zum gewünschten Produkt ausgebildet.

Lösung 265

Die ungesättigte C_3-Kette muss offensichtlich durch eine elektrophile aromatische Substitution eingeführt werden. Da eine Friedel-Crafts-Alkylierung mit einem primären Halogenalkan stets das Problem einer Mehrfachalkylierung sowie von Umlagerungen mit sich bringt, ist es besser, stattdessen eine Friedel-Crafts-Acylierung vorzunehmen. Das hierfür benötigte Carbonsäurechlorid lässt sich aus der Propensäure (Acrylsäure) durch Aktivierung mit $SOCl_2$ oder PCl_5 gewinnen. Safrol enthält außerdem ein Acetal. Um diese Funktionalität zu erhalten, müssen die beiden Hydroxygruppen im Edukt mit Methanal (Formaldehyd) reagieren. Um eine Acylierung der Hydroxygruppen im Zuge der Friedel-Crafts-Acylierung zu verhindern, ist es sinnvoll, diese im ersten Schritt durch die Bildung des Acetals zu schützen und anschließend mit Propensäurechlorid in Anwesenheit einer Lewis-Säure zu acylieren. Aus sterischen Gründen kann damit gerechnet werden, dass die Acylierung bevorzugt in *p*- bzw. *m*-Stellung zu den beiden Sauerstoffen erfolgt und nicht in *o*-Position. Im letzten Schritt muss dann die Carbonylgruppe zur Methylengruppe (-CH_2-) reduziert werden. Da bei einer unter sauren Bedingungen stattfindenden Clemmensen-Reduktion das Acetal wieder hydrolysiert würde und anschließend erneut gebildet werden müsste, erscheint eine Reduktion unter basischen Bedingungen vorteilhaft. Eine solche ist die sogenannte Wolf-Kishner-Reduktion, die mit Hydrazin in basischer Lösung erfolgt. Damit ergäbe sich folgende Syntheseroute:

Lösung 266

a) Die beiden *o*-ständigen Hydroxygruppen können leicht in ein cyclisches Vollacetal bzw. Vollketal umgewandelt werden. Hierbei bildet sich ein Fünfring, was i.A. recht leicht erfolgt, während für die anderen Hydroxygruppen die Bildung eines cyclischen Acetals aus geometrischen Gründen nicht begünstigt ist. Die Reaktion zum Acetal (bzw. Ketal, falls ein Keton eingesetzt wird) erfordert eine Carbonylverbindung (z.B. Aceton) sowie Säurekatalyse.

b) Die Umwandlung einer Hydroxygruppe in einen Benzylether kann durch eine Ethersynthese nach Williamson erfolgen, eine typische S_N2-Reaktion. Dabei wird die nur schwach nucleophile Hydroxygruppe mit einer Base in einem polar aprotischen Lösungsmittel wie z.B. Dimethylformamid (DMF) in das stärker nucleophile Anion überführt, das mit dem Benzylhalogenid zum Benzylether reagiert. In gleicher Weise erfolgt auch die Einführung der Methylcarboxymethylgruppe durch eine S_N2-Reaktion; hier fungiert der α-Brom-substituierte Ester als Elektrophil mit Bromid als guter Abgangsgruppe. Auf das Problem, diese Reaktionen möglichst selektiv an der gewünschten Hydroxygruppe durchzuführen, sei an dieser Stelle nicht näher eingegangen.

Lösung 267

β-Dicarbonylverbindungen lassen sich durch Kondensation eines Esters mit einem Keton bzw. Aldehyd herstellen. Dabei fungiert die Esterkomponente als Elektrophil, der Aldehyd bzw. das Keton als Nucleophil. Aufgrund ihrer stärker aciden α-H-Atome sind Aldehyde/ Ketone leichter enolisierbar. Da sie auch elektrophiler sind als ein Ester, ist als Nebenreaktion mit einer Aldolkondensation zu rechnen. Besitzen beide Carbonylkomponenten jeweils mindestens ein α-H-Atom, können daher im Prinzip vier verschiedene Kondensationsprodukte entstehen. Zu bevorzugen sind daher Kombinationen von Carbonylverbindungen, bei denen ein Partner kein enolisierbares α-H-Atom aufweist. Zudem ist es hilfreich, die Base und den Aldehyd bzw. das Keton, der/das als nucleophiler Partner fungieren soll, langsam tropfenweise zum Ester hinzuzugeben, um die Aldolkondensation möglichst zu unterdrücken.

Für die gezeigte Zielverbindung (1-(4-Methylphenyl)butan-1,3-dion) sind die beiden folgenden Paare von Edukten möglich:

Während im Fall **b** beide Komponenten enolisierbar sind (jeweils ein α-H-Atom aufweisen), kann bei der Kombination **a** nur das Keton enolisieren; eine Reaktion des Esters als Nucleophil mit dem Keton ist also nicht möglich. Weg **a** ist daher zu bevorzugen. Um die Kondensation von Aceton mit sich selbst zu unterdrücken wird man, wie oben beschrieben, das Keton (Aceton) und die Base tropfenweise zum Ester hinzufügen, so dass jedes Acetonmolekül, das deprotoniert wird, auf einen großen Überschuss an Ester trifft, während kaum (elektrophilere!) Ketonmoleküle anwesend sind.

Das Produkt besitzt ein relativ acides H-Atom am C-Atom zwischen beiden Carbonylgruppen und wird daher durch die bei der Reaktion entstandenen Alkoholat-Ionen deprotoniert. An die eigentliche Kondensation schließt sich daher noch ein Aufarbeitungsschritt an, bei dem das entstehende mesomeriestabilisierte Anion zum Produkt protoniert wird.

unterdrückt durch tropfenweise Zugabe

mesomeriestabilisiert

"Aufarbeitung"

Lösung 268

a)

Da für die Veresterung eine möglichst vollständige Umsetzung anzustreben ist (der Alkohol ist verglichen mit dem Acetylierungsmittel das wesentlich wertvollere Edukt!), sollte anstelle der Essigsäure (⇔ Gleichgewichtsreaktion) ein reaktiveres Carbonsäure-Derivat, wie das Acetanhydrid oder das Säurechlorid verwendet werden. Es läuft eine typische nucleophile Acylsubstitution über ein tetraedrisches Intermediat ab. Das Acetat-Ion fungiert dabei als gute Abgangsgruppe.

b) Da es keine Hinweise auf eine sterische Hinderung gibt, müssen elektronische Effekte den Ausschlag geben. Die Estergruppe an C-3 des Sterolgerüstes ist offenbar elektrophiler als diejenige, die im ersten Schritt eingeführt worden ist. Der Grund ist die Bindung des Sauerstoffs an einen sp^2-Kohlenstoff; dadurch kann das freie Elektronenpaar des Sauerstoffs nicht nur zum Carbonyl-C-Atom hin delokalisiert werden, sondern auch in das π-Elektronensystem des Diens hinein. Dadurch ist dieses Carbonyl-C-Atom elektronenärmer (elektrophiler) als dasjenige der anderen Estergruppe und wird daher bevorzugt nucleophil angegriffen.

c) Durch Reaktion der Ketogruppe mit Hydroxylamin (H_2N-OH) entsteht ein sogenanntes Oxim. Der Reaktionsablauf ist identisch zur Bildung eines Imins. Nach Addition zum tetraedrischen Zwischenprodukt erfolgt ein Protonentransfer und nachfolgend die Abspaltung von Wasser.

Lösung 269

a) Für die Wittig-Reaktion wird neben dem Keton ein Phosphor-Ylid benötigt, das mit Hilfe einer starken Base aus dem entsprechenden Bromalkan gebildet werden kann. Das erforderliche Bromcyclohexan kann aus Cyclohexen leicht durch elektrophile Addition von Bromwasserstoff gewonnen werden. Die Umsetzung von Cyclohexanon mit dem Phosphor-Ylid nach Wittig ergibt dann das Alken.

Für die Dihydroxylierung kommen zwei Wege in Frage: Die Umsetzung des Alkens mit einer Percarbonsäure (häufig: *m*-Chlorperbenzoesäure) ergibt ein Epoxid, das anschließend zum Diol hydrolysiert werden kann. Betrachtet man die Stereochemie, so handelt es sich in der Summe dieser beiden Schritte um eine *anti*-Dihydroxylierung.

Die andere Möglichkeit, die eine *syn*-Dihydroxylierung ergibt, ist die Umsetzung des Alkens mit $KMnO_4$ (oder alternativ mit Osmiumtetroxid, OsO_4). Letzteres ist sowohl sehr toxisch als auch teuer; in Anwesenheit von stöchiometrischen Mengen eines Oxidationsmittels wie H_2O_2 reichen davon jedoch katalytische Mengen aus. Im katalytischen Cyclus entsteht durch Verschiebung von zwei Elektronen vom Alken auf das Metall zunächst ein cyclischer Ester mit Os(VI). Aus sterischen Gründen müssen dabei beide Sauerstoffatome von derselben Seite her auf das Alken übertragen werden. Der cyclische Ester wird dann oxidativ hydrolysiert, wobei das vicinale *syn*-Diol und OsO_4 freigesetzt werden. Mit dem älteren Reagenz $KMnO_4$ läuft die Reaktion nach einem vergleichbaren Mechanismus ab, man erhält aber geringere Ausbeuten, da es häufig zu einer Überoxidation des Diols kommt.

$$+ Ph_3P=O$$

anti-Diol

syn-Diol

b) Tertiäre Alkohole können in saurer Lösung in einer E1-Reaktion Wasser abspalten, da sich hierbei ein verhältnismäßig stabiles Carbenium-Ion ergibt. Dieses kann durch Abspaltung von H⁺ ein Alken bilden oder mit einem Nucleophil zum Substitutionsprodukt reagieren. Eine dritte Möglichkeit bildet die Umlagerung zu einem (stabileren) Carbenium-Ion. Im vorliegenden Fall kann sich durch die Wanderung einer Alkylgruppe ein Oxocarbenium-Ion bilden, das durch das freie Elektronenpaar des Sauerstoffs zusätzlich stabilisiert wird. Durch Abspaltung von H⁺ entsteht daraus das gezeigte Keton.

Lösung 270

a) Mit dem entsprechenden Ethylcuprat (Et₂CuLi) kann folgende Addition formuliert werden. Wässrige Aufarbeitung des Enolats liefert das 3-Ethylcyclohexanon.

b) Aus dem 2-Methylcyclohexanon wird zunächst mit einer starken Base wie dem Ethanolat-Ion das entsprechende Enolat-Ion gebildet. Bei einem unsymmetrischen Keton wie dem 2-Methylcyclohexanon können dabei zwei regioisomere Enolate entstehen; je nach experimentellen Bedingungen erhält man dabei überwiegend das gezeigte stabilere höher substituierte Enolat oder aber (unter „kinetischer Kontrolle" und mit sterisch gehinderten Basen) das weniger substituierte Enolat. Das Enolat fungiert anschließend als Nucleophil in der konjugierten 1,4-Addition (Michael-Addition) an das α,β-ungesättigte Keton. Das zunächst gebildete Additionsprodukt steht im Gleichgewicht mit einem regioisomeren Enolat; nur dieses kann mit der Carbonylgruppe intramolekular unter Bildung eines Sechsrings reagieren, wogegen das andere Enolat einen gespannten Vierring ergäbe, vgl. Aufgabe 243. Unter sauren Bedingungen wird das entstandene Alkoholat-Ion protoniert und reagiert unter Wasserabspaltung zum α,β-ungesättigten Keton.

Kapitel 15

Lösungen: Einfache Reaktionen mit Naturstoffen

Lösung 271

a) Anwendung der Prioritätsregeln ergibt für beide Chiralitätszentren (*S*)-Konfiguration, wie sie auch in den Aminosäuren, die in Proteinen vorkommen, vorliegt. Die Ausnahme bildet das *L*-Cystein, das aufgrund der höheren Priorität der Seitenkette gegenüber der Carboxylgruppe infolge des Schwefelatoms (*R*)-Konfiguration aufweist.

b) Durch säurekatalysierte Hydrolyse werden die Peptidbindung zwischen den beiden Aminosäuren sowie die Esterbindung gespalten. Es entstehen die beiden proteinogenen Aminosäuren Asparaginsäure und Phenylalanin sowie Methanol.

Lösung 272

a) Das Disaccharid Saccharose ist nicht-reduzierend, da an der glykosidischen Bindung die beiden Halbacetalgruppen der Monomere beteiligt sind.

b)

I) Als Produkt der sauren Hydrolyse entsteht ein Gemisch aus α- und β-*D*-Glucose sowie β-*D*-Fructose, die im Gleichgewicht mit der jeweiligen offenkettigen Form stehen.

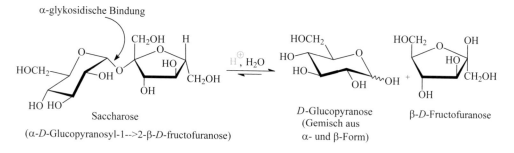

Durch Natriumborhydrid ($NaBH_4$) wird die Aldehyd- oder Ketofunktion der offenkettigen Form eines Zuckers zur Hydroxygruppe reduziert. Die Reduktion der Carbonylgruppe der *D*-Glucose liefert den Polyalkohol *D*-Glucitol (auch als *D*-Sorbitol bezeichnet). Die Reduktion der Ketogruppe an C-2 der Fructose erzeugt ein neues Chiralitätszentrum, so dass hierbei zwei epimere Polyalkohole, nämlich *D*-Mannitol und wiederum *D*-Glucitol erhalten werden.

$$D\text{-Glucitol} \qquad D\text{-Mannitol}$$

II) Dimethylsulfat (($CH_3)_2SO_4$) ist ein gutes Methylierungsmittel (ebenso wie CH_3I). Es methyliert alle freien Hydroxygruppen der Saccharose im Sinne einer S_N2-Substitution zu Methoxygruppen. Die Reaktion entspricht einer Ether-Synthese nach Williamson.

III) Hydroxylamin reagiert mit Carbonylgruppen der offenkettigen Form von Aldosen und Ketosen. Da Saccharose als Vollacetal jedoch nicht im Gleichgewicht mit einer offenkettigen Form steht (und demnach auch keine reduzierenden Eigenschaften aufweist, vgl. a)), kommt es zu keiner Reaktion mit NH_2OH.

Lösung 273

Wie sich anhand von Molekülmodellen leicht verifizieren lässt, führt bei einer Fischer-Projektion jeder einfache Platztausch von zwei Substituenten zur Darstellung des Spiegelbilds (d.h. des Enantiomers zur ursprünglichen Verbindung). Bei zweimaligem Platztausch erhält man wieder die ursprüngliche absolute Konfiguration. In gleicher Weise führt die Drehung einer Fischer-Projektion in der Papierebene um 90° zur Darstellung des Enantiomers, eine Drehung um 180° lässt die Verbindung unverändert. Auf die gezeigten Fischer-Projektionen angewandt identifiziert man so nach zweifachem Platztausch **a** als *D*-Glycerolaldehyd, Drehung von **b** um 180° ergibt die gängige Projektion der *D*-Glucose und zweifacher Platztausch an beiden Chiralitätszentren von **c** liefert die *D*-Erythrose.

a

$$\underset{H}{\overset{OH}{HOCH_2-\!\!\!\!\!-\!\!\!\!\!-CHO}} \Longrightarrow \underset{H}{\overset{CHO}{HOCH_2-\!\!\!\!\!-\!\!\!\!\!-OH}} \Longrightarrow \underset{CH_2OH}{\overset{CHO}{H-\!\!\!\!\!-\!\!\!\!\!-OH}}$$

D-Glycerolaldehyd

b

$$\begin{array}{c} CH_2OH \\ HO-\!\!\!\!\!-H \\ HO-\!\!\!\!\!-H \\ H-\!\!\!\!\!-OH \\ HO-\!\!\!\!\!-H \\ CHO \end{array} \quad \xrightarrow{\text{Drehung um }180°} \quad \begin{array}{c} CHO \\ H-\!\!\!\!\!-OH \\ HO-\!\!\!\!\!-H \\ H-\!\!\!\!\!-OH \\ H-\!\!\!\!\!-OH \\ CH_2OH \end{array}$$

D-Glucose

c

$$\begin{array}{c} H \\ HO-\!\!\!\!\!-CHO \\ HOCH_2-\!\!\!\!\!-H \\ OH \end{array} \Rightarrow \begin{array}{c} CHO \\ HO-\!\!\!\!\!-H \\ HOCH_2-\!\!\!\!\!-H \\ OH \end{array} \Rightarrow \begin{array}{c} CHO \\ H-\!\!\!\!\!-OH \\ H-\!\!\!\!\!-CH_2OH \\ OH \end{array} \Rightarrow \begin{array}{c} CHO \\ H-\!\!\!\!\!-OH \\ H-\!\!\!\!\!-OH \\ CH_2OH \end{array}$$

D-Erythrose

Lösung 274

a) In der Glucose nehmen die OH-Gruppen an den C-Atomen 2–5 sowie die CH$_2$OH-Gruppe äquatoriale Positionen ein. Die anomere OH-Gruppe an C-1 steht in der α-D-Glucose axial, in der β-D-Glucose äquatorial. Die Halbacetalgruppe wird leicht zum Lacton (cyclischer Ester) oxidiert.

b)

Ox:

$+ 2\,e^\ominus + 2\,H^\oplus$

Red: $\overset{0}{O_2} + 2\,e^\ominus + 2\,H^\oplus \longrightarrow \overset{-1}{H_2O_2}$

Lösung 275

Gezeigt ist als eines von vielen möglichen Beispielen das Tripeptid Glu–Ala–Lys mit der sauren Aminosäure

Glu-Ala-Lys

Glutaminsäure, dem neutralen Alanin und der basischen Aminosäure Lysin, jeweils in der in Proteinen vorkommenden (S)-Konfiguration. Der N-Terminus sowie die basische Seitenkette von Lysin sind bei sauren pH-Werten positiv geladen, auch die Carbonsäuregruppen liegen undissoziiert vor.

Lösung 276

a) Es handelt sich um eine einfache alkalische Esterhydrolyse. Die hydrolysierbaren Bindungen sind durch Pfeile gekennzeichnet:

b) Die Phosphorsäureanhydridbindung wird durch den nucleophilen Angriff der OH-Gruppe der Carboxylgruppe gespalten; dabei wird Diphosphat abgespalten und das gemischte Anhydrid aus Hexansäure und Adenosylmonophosphat (AMP) gebildet.

c) AMP ist eine gute Abgangsgruppe und wird von dem guten Nucleophil HS-CoA in einer nucleophilen Acylsubstitution unter Bildung des Thioesters verdrängt.

Lösung 277

In der Praxis würden beide Reaktionen ein kompliziertes Gemisch an Produkten liefern. Die Hydroxylierung könnte an verschiedenen Stellen erfolgen und für die Veresterung kämen prinzipiell alle OH-Gruppen in Frage.

Lösung 278

a) Die beiden Verbindungen sind Konstitutionsisomere, da sie sich in der Stellung der Doppelbindung unterscheiden, aber die gleiche Summenformel aufweisen.

b) I) Oxidation (Dehydrierung, d.h. − 2 H) zum Aromaten

   II) Decarboxylierung

c) Hierbei entsteht eine neue C=C-Doppelbindung, so dass aus dem Dien ein aromatischer Ring entsteht, sowie eine Carbonylgruppe. Insgesamt werden dabei sechs Elektronen frei.

Lösung 279

a) Epimere sind Stereoisomere, die sich nur in der Konfiguration an einem asymmetrischen C-Atom unterscheiden. Mannose und Galaktose sind zwei Epimere der Glucose.

b) Die primäre OH-Gruppe wird weniger leicht oxidiert als die Halbacetalgruppe. Während mit einem milden Oxidationsmittel wie Cu^{2+} bevorzugt die Halbacetalgruppe zum Lacton oxidiert wird, werden durch ein starkes Oxidationsmittel (wie HNO_3) beide Gruppen oxidiert. Eine selektive Oxidation der primären OH-Gruppe ist nur durch Einführung von Schutzgruppen oder durch ein selektives Enzym zu bewerkstelligen.

c) Die Bildung der glykosidischen Bindung verläuft unter Säurekatalyse. Dabei muss die OH-Gruppe des Halbacetals als H_2O abgespalten werden (→ mesomeriestabilisiertes Oxocarbenium-Ion), bevor der Alkohol (2-Isopropyl-5-methylphenol) als Nucleophil angreifen kann.

Lösung 280

Es liegt ein Glucosid vor, das bei Spaltung der glykosidischen Bindung *D*-Glucose freisetzt. Die zweite Verbindung (die auf jeden Fall eine OH-Gruppe aufweisen muss) besitzt schwach saure Eigenschaften (löslich in NaOH, aber kaum im schwach basischen $NaHCO_3$). Die Anzahl der H-Atome in der Summenformel legt nahe, dass es sich um eine stark ungesättigte (aromatische) Verbindung handelt. Aufgrund der schwach sauren Eigenschaften liegt der Schluss auf ein Phenol nahe. Es kommen 1,2-, 1,3- oder 1,4-Dihydroxybenzol (Hydrochinon) in Frage; aufgrund des fehlenden Dipolmoments muss es sich bei Verbindung **X** um 1,4-Hydrochinon handeln.

Lösung 281

a) Es bildet sich eine Phospholipiddoppelschicht. Hierbei sind die hydrophilen Kopfgruppen nach außen zum Wasser hin orientiert, während die hydrophoben Alkylketten den Kontakt zu Wasser meiden. Gegenüber einzelnen solvatisierten Phospholipidmolekülen ergibt sich so eine starke Zunahme der Entropie durch die freigesetzten Wassermoleküle, was als Triebkraft zur Ausbildung der Doppelschicht wirkt (sogenannter hydrophober Effekt).

hydrophile Kopfgruppen

lipophile Fettsäureketten

b) Die Verbindung enthält zwei Carbonsäure- und zwei Phosphorsäureesterbindungen (Pfeile), die hydrolysiert werden können.

$$\text{(Struktur)} + 5\ OH^{\ominus} \longrightarrow$$

Glycerol: CH_2-OH, $H-C-OH$, CH_2-OH

$+ \ HO\text{—}NH_2$ Ethanolamin

$+ \ PO_4^{3\ominus}$

Linolat

Oleat

c) Die Stoffmengenverhältnisse ergeben sich aus den entsprechenden Redoxgleichungen:

$$Br_2 + 2\ I^- \rightleftharpoons 2\ Br^- + I_2$$

$$I_2 + 2\ S_2O_3^{2-} \rightleftharpoons 2\ I^- + S_4O_6^{2-}$$

$$\rightarrow n(Br_2)\ /\ n(S_2O_3^{2-}) = 1\ /\ 2$$

Aus dem Titrationsergebnis für Probe und Blindprobe kann auf die umgesetzte Stoffmenge an Brom geschlossen werden.

$$\Delta V(S_2O_3^{2-}) = 12{,}0\ mL \quad \rightarrow \quad \Delta n = \Delta V \times c = 6{,}0\ mmol$$

$$\rightarrow n(I_2) = n(Br_2)_{\text{addiert}} = \tfrac{1}{2}\,\Delta n(S_2O_3^{2-}) = 3{,}0\ mmol$$

Das Phospholipid enthält drei Doppelbindungen $\rightarrow n(\text{Lipid}) = 1/3\ n(Br_2)_{\text{addiert}} = 1{,}0\ mmol$

$$\rightarrow m = n \times M = 1{,}0\ mmol \times 741\ mg/mmol = 741\ mg$$

Lösung 282

Da Melibiose reduzierend ist und Mutarotation zeigt, muss sie eine freie Halbacetalgruppe aufweisen. Aufgrund der Hydrolyseprodukte muss sie Galaktose und Glucose enthalten. Da die glykosidische Bindung durch eine α-Galaktosidase gespalten wird, muss die Galaktose in α-Konfiguration am nicht-reduzierenden Ende vorliegen. Dies bestätigt die dritte Eigenschaft. Das Monomer mit der freien Halbacetalgruppe muss Glucose sein, da sie bei der Oxidation zu Gluconsäure oxidiert wird. Eine mögliche Struktur mit 1→4-Verknüpfung ist nebenstehend gezeigt.

Melibiose

Lösung 283

a)

b) Die Primärstruktur des humanen Peptids Oxytocin besteht aus neun Aminosäuren mit der Sequenz Cys–Tyr–Ile–Gln–Asn–Cys–Pro–Leu–Gly. Die Peptidbindungen sind jeweils fett (schwarz) hervorgehoben; ebenso die Disulfidbrücke (orange), die von den beiden Cystein-resten (unter Oxidation) ausgebildet wird und die zum Ringschluss führt. Prinzipiell könnte der Ringschluss auch durch Ausbildung einer der Peptidbindungen zwischen zwei Peptid-fragmenten erfolgen, die über die beiden Cysteinreste miteinander verbunden sind.

Cys-Tyr-Ile-Gln-Asn-Cys-Pro-Leu-Gly

$^{-2}$SH $^{-2}$SH

Cys-Tyr-Ile-Gln-Asn-Cys-Pro-Leu-Gly

$^{-1}$S————————$^{-1}$S

$+ 2\ e^{\ominus} + 2\ H^{\oplus}$

Lösung 284

a) Die beiden Formen unterscheiden sich durch die Stellung der OH-Gruppe am anomeren C-Atom (= C-1 in der offenkettigen Aldehydform). In der α-Form steht die OH-Gruppe an C-1 *trans* zur CH_2OH-Gruppe, in der β-Form *cis*.

b) Es handelt sich um Diastereomere, da sie gleiche Konstitution besitzen, sich aber nicht wie Bild und Spiegelbild verhalten.

c) $[\alpha\,(\beta\text{-DGl})] = 19° \text{ mL g}^{-1} \text{ dm}^{-1}$

$\alpha\,(t = 0)(\beta\text{-DGl}) = [\alpha\,(\beta\text{-DGl})] \cdot \text{Massenkonzentration} \cdot \text{Schichtdicke} =$

$= 19° \text{ mL g}^{-1} \text{ dm}^{-1} \cdot 7{,}5 \dfrac{\text{g}}{50 \text{ mL}} \cdot 1 \text{ dm} = 2{,}85°$

spezifischer Drehwinkel des Gleichgewichtsgemisches $[\alpha_{\text{Gleich}}]$:

$$[\alpha\,(\text{Gleich})] = \frac{\alpha\,(\text{Gleich})}{\text{Massenkonzentration} \times \text{Schichtdicke}}$$

$$= \frac{7{,}65°}{0{,}15 \text{ g mL}^{-1} \cdot 1 \text{ dm}} = 51° \text{mL g}^{-1} \text{ dm}^{-1}$$

d)

$[\alpha_{\text{Gleich}}] = \chi\,(\alpha\text{-DGl})\,[\alpha(\alpha\text{-DGl})] + \chi\,(\beta\text{-DGl})\,[\alpha\,(\beta\text{-DGl})] =$

$= \chi\,(\alpha\text{-DGl}) + (1 - \chi\,(\alpha\text{-DGl}))\,[\alpha\,(\beta\text{-DGl})]) =$

$= \chi\,(\alpha\text{-DGl})\,([\alpha(\alpha\text{-DGl})] - [\alpha\,(\beta\text{-DGl})]) + [\alpha\,(\beta\text{-DGl})]$

$\chi\,(\alpha\text{-DGl}) = \dfrac{[\alpha_{\text{Gleich}}] - [\alpha\,(\beta\text{-DGl})]}{([\alpha(\alpha\text{-DGl})] - [\alpha\,(\beta\text{-DGl})])} = \dfrac{51 - 19}{111 - 19} = 0{,}348$

Der Anteil an α-*D*-Glucose im Gleichgewicht beträgt 34,8 %, der an β-*D*-Glucose 65,2 %.

Lösung 285

a) Zusätzlich zu den beiden hydrolysierbaren Peptidbindungen liegt eine Thioesterbindung vor; die freie SH-Gruppe im Glutathion ist mit Methansäure (Ameisensäure) acyliert.

b) Bei der alkalischen Hydrolyse der drei mit einem Pfeil markierten Bindungen im *S*-Formylglutathion entstehen vier Produkte. Bei hohen pH-Werten liegt auch die Thiolgruppe in der Seitenkette von Cystein deprotoniert vor.

c) Es entsteht dabei ein Thiohalbacetal. Im zweiten Schritt muss eine Oxidation zum Thioester erfolgen.

S-Formylglutathion

Lösung 286

a) Der obere Fünfring stellt ein Harnstoff-Derivat dar (Diamid der Kohlensäure), der untere Ring enthält einen Thioether (Sulfid).

b) Die Aktivierung kann z.B. durch Überführung in das Carbonsäurechlorid erfolgen. Dieses reagiert dann mit der Aminogruppe von Lysin zum Amid. *In vivo* werden Carboxylatgruppen häufig mit Hilfe von ATP aktiviert, wobei unter Abspaltung von PP$_i$ ein gemischtes Anhydrid aus der Carbonsäure und AMP entsteht.

c) Die Carboxylierung des Biotinyl-Enzyms ist eine nucleophile Additionsreaktion der NH-Gruppe an CO_2. Dieses wird intermediär durch ATP zu Carboxyphosphat aktiviert.

Beim Produkt handelt es sich um ein Carbamat.

Lösung 287

a) Das Peptid enthält eine große Zahl saurer Aminosäuren (Glu, Asp) und nur einige wenige basische (His, Lys). Der isoelektrische Punkt ist daher im Sauren zu erwarten.

b) Tyrosin muss acetyliert werden; dazu eignet sich als Reagenz Acetylchlorid (reaktives Carbonsäure-Derivat). Die C-terminale Aminosäure Phenylalanin muss in das Carbonsäure-amid überführt werden.

Hierzu muss Phenylalanin zunächst aktiviert werden (z.B. in Form des Anhydrids oder Carbonsäurechlorids – es gibt auch zahlreiche weitere Methoden zur Kopplung von Amidbindungen mit speziellen Reagenzien, auf die hier nicht näher eingegangen wird) und dann mit NH_3 umgesetzt werden. Diese beiden Reaktionen müssen vor dem Aufbau des Peptids erfolgen, da in den Nebengruppen der Aminosäuren sowohl NH_2-Gruppen vorkommen (die anstelle des N-Terminus acetyliert werden könnten), als auch viele Carboxylatgruppen, die anstelle des C-Terminus reagieren könnten.

N-Terminus:

C-Terminus:

Lösung 288

a) Es liegt ein Vollacetal (glykosidische Bindung) sowie ein Schwefelsäureester vor.

Bei der Hydrolyse entstehen Glucose, Schwefelsäure und die 3,4,5-Trihydroxybenzoesäure (Gallussäure).

b) Es muss v.a. mit Regioselektivitätsproblemen gerechnet werden. Die Gallussäure (3,4,5-Trihydroxybenzoesäure) besitzt drei OH-Gruppen, die mit ähnlicher Wahrscheinlichkeit die glykosidische Bindung mit Glucose ausbilden könnten. Die primäre CH_2OH-Gruppe der Glucose ist zwar reaktiver als die übrigen sekundären OH-Gruppen, dennoch ist auch hier die Reaktion ohne zusätzliche Maßnahmen (wie Einführung von Schutzgruppen) kaum regioselektiv zu gestalten.

c) Durch säurekatalysierte Umsetzung mit 1-Propanol entsteht der entsprechende Propylester. Selbstverständlich ist es auch hier möglich, die Carbonsäure zunächst in ein reaktives Carbonsäure-Derivat zu überführen, um einen vollständigeren Reaktionsablauf zu erreichen. Das Produkt kann im Prinzip zu einem *ortho*-chinoiden System oxidiert werden.

Lösung 289

a) Bei der Reduktion werden zwei Elektronen und zwei Protonen aufgenommen:

b) Bei dem Monomer handelt es sich um Isopren (2-Methyl-1,3-butadien). Das Monomer ist aus der folgenden Reaktionsgleichung ersichtlich.

c) Zur Initiation der Polymerisation ist ein Startmolekül erforderlich. Dies kann z.B. ein Elektrophil sein, das die Doppelbindung im 2-Methyl-1,3-butadien angreift und dadurch ein positiv geladenes Zwischenprodukt (ein Carbenium-Ion) erzeugt. Als Terminationsreaktion bei einer kationischen Polymerisation kommt allgemein der Verlust eines H^+-Ions oder die Addition eines Nucleophils in Frage.

Lösung 290

a) Die Hydrolyse sollte unter basischen Bedingungen ausgeführt werden, da der letzte Schritt der Esterhydrolyse (Säure-Base-Reaktion zwischen Carbonsäure und Alkoholat-Ion) dann irreversibel verläuft. Anschließend muss das Reaktionsgemisch schwach angesäuert werden, um die freien Carbonsäuren zu erhalten.

b) Durch säurekatalysierte Addition von H_2O an die Δ^{12}-Doppelbindung der Linolsäure entsteht die Ricinolsäure:

Als Nebenprodukte können entstehen:

13-Hydroxy-Δ^9-Octadecensäure, 9- bzw. 10-Hydroxy-Δ^{12}-Octadecensäure sowie

9,12- / 9,13- / 10,12-/ bzw. 10,13-Dihydroxyoctadecansäure

c) Die Stoffmengenverhältnisse ergeben sich aus den entsprechenden Redoxgleichungen:

$$Br_2 + 2\,I^- \rightleftharpoons 2\,Br^- + I_2$$

$$I_2 + 2\,S_2O_3^{2-} \rightleftharpoons 2\,I^- + S_4O_6^{2-}$$

$$\rightarrow n(Br_2)\,/\,n(S_2O_3^{2-}) = 1\,/\,2$$

$$\Delta V\,(S_2O_3^{2-}) = 60\ \text{mL} \;\rightarrow\; \Delta n = \Delta V \times c = 0{,}024\ \text{mol}$$

$$\rightarrow n\,(I_2) = n\,(Br_2)_{\text{addiert}} = \tfrac{1}{2}\,\Delta n\,(S_2O_3^{2-}) = 0{,}012\ \text{mol}$$

$$n\,(\text{Linolsäure}) = 2{,}8\ \text{g}\,/\,280\ \text{g mol}^{-1} = 0{,}010\ \text{mol}$$

Wäre die Reaktion (Addition von Wasser an eine Doppelbindung) gar nicht abgelaufen, wären noch 0,020 mol Doppelbindungen vorhanden; es wären dann 0,020 mol Br_2 addiert worden. Wäre die Reaktion dagegen vollständig zu Ricinolsäure (bzw. den anderen konstitutionsisomeren Hydroxysäuren) abgelaufen, wären nur noch 0,010 mol Doppelbindungen vorhanden. Bezeichnet man mit x die umgesetzte Stoffmenge, so gilt daher:

$$(0{,}010 \text{ mol} - x) \times 2 + x = 0{,}012 \text{ mol} = n \, (Br_2)_{\text{addiert}}$$

$$0{,}020 \text{ mol} - x = 0{,}012 \text{ mol} \rightarrow x = 0{,}0080 \text{ mol}$$

$$\rightarrow \text{ Ausbeute} = 0{,}0080 \,/\, 0{,}010 = 80 \, \%$$

Lösung 291

Aus der folgenden Abbildung sind die einzelnen Komponenten ersichtlich, die (*formal!*) unter Abspaltung von zwei Molekülen Wasser zum Pantethein verknüpft werden können.

2,4-Dihydroxy-3,3-
dimethylbutansäure   β-Alanin   Cysteamin

Pantethein

Lösung 292

a) Zu jeder optisch aktiven Verbindung gibt es stets genau ein Enantiomer; die beiden Enantiomere weisen an allen Chiralitätszentren entgegengesetzte Konfiguration auf. So weist das C-2-Atom der (−)-Arabinose (*S*)-Konfiguration auf; C-3 ist (*R*)- und C-4 ebenfalls (*R*)-konfiguriert. Entsprechend ist das rechts gezeigte Enantiomer, die (+)-Arabinose, die Verbindung (2*R*,3*S*,4*S*)-2,3,4,5-Tetrahydroxypentanal. Ein weiteres Enantiomer ist definitionsgemäß nicht möglich.

b) Diastereomere unterscheiden sich in nicht allen Chiralitätszentren. Weist ein Molekül beispielsweise zwei Chiralitätszentren mit (S)-Konfiguration auf, so existieren zwei
Diastereomere, bei denen jeweils eines der beiden Chiralitätszentren (R)-konfiguriert ist.

$$
\begin{array}{ccc}
\text{O}\diagdown\text{C}\diagup\text{H} & & \text{H}\diagdown\text{C}\diagup\text{O} \\
\text{H}-\text{C}-\text{OH} & & \text{HO}-\text{C}-\text{H} \\
\text{H}-\text{C}-\text{OH} & & \text{H}-\text{C}-\text{OH} \\
\text{H}-\text{C}-\text{OH} & & \text{HO}-\text{C}-\text{H} \\
\text{CH}_2\text{OH} & & \text{CH}_2\text{OH} \\
(2R,3R,4R) & & (2S,3R,4S)
\end{array}
$$

Ein Diastereomer zur gezeigten Arabinose ist also die
Verbindung (2R,3R,4R)-2,3,4,5-Tetrahydroxypentanal; es
existieren aber noch weitere Diastereomere, z.B. mit
(2S,3R,4S)-Konfiguration.

c) Zwei zueinander enantiomere Verbindungen zeigen stets den gleichen Betrag des Dreh-
winkels, aber unterschiedliche Drehrichtung. Die (+)-Arabinose wird daher einen spezifischen Drehwinkel von +105° haben.

d) Zwei Diastereomere weisen dagegen (von zufälliger Übereinstimmung abgesehen) betrags-
mäßig unterschiedliche Drehwinkel auf; auch die Drehrichtung lässt sich nicht vorhersagen.
Die spezifische Drehung der beiden in b) gezeichneten Diastereomere ist daher nicht aus der
bekannten Drehung der (−)-Arabinose ableitbar.

e) Ein optisch inaktives Diastereomer zur (−)-Arabinose müsste eine Spiegelebene aufweisen;
dies wäre nur möglich, wenn sich an C-1 und C-5 dieselben funktionellen Gruppen befinden.

Lösung 293

a) Die Verbindung **2**, ein Sulfid, kann durch eine Oxidation in das Sulfoxid **1** überführt werden. Die Verbindungen **4** und **5** sind Konstitutionsisomere; sie unterscheiden sich in der Stellung der Doppelbindung.

b) Die Aminosäure Cystein verfügt über eine nucleophile SH-Gruppe, die durch ein geeignetes Elektrophil (hier ein Allylhalogenid) alkyliert werden kann. Im zweiten Schritt muss dann
die unter a) erwähnte Oxidation erfolgen.

Wählt man den pH-Wert so, dass das Cystein überwiegend in der zwitterionischen Form vorliegt, so sollte die mögliche Alkylierung der Aminogruppe als Nebenreaktion kaum eine Rolle
spielen.

Um im zweiten Schritt eine Oxidation der Aminogruppe zu verhindern, müsste (hier nicht gezeigt) das gereinigte Produkt aus Schritt 1 mit einer geeigneten Schutzgruppe versehen werden (vgl. c), die dann nach erfolgter Oxidation am Schwefel wieder zu entfernen ist.

Schritt 1:

Cystein

Schritt 2:

c) Deoxyalliin **2** enthält eine Peptidbindung; es handelt sich um das *N*-Glutamylderivat von Deoxyalliin. Im Prinzip muss letzteres also mit Glutaminsäure acyliert werden. Allerdings kann für diese Reaktion nicht einfach Glutaminsäure verwendet werden, da diese bevorzugt im Sinne einer Säure-Base-Reaktion mit der Aminogruppe von **2** reagieren würde. Außerdem sind in der Glutaminsäure zwei Carbonsäuregruppen vorhanden, so dass nicht gewährleistet wäre, dass die richtige Gruppe mit **2** reagiert. Es müssen also, wie stets in der Peptidsynthese, Schutzgruppen verwendet werden.

Diejenige Säuregruppe der Glutaminsäure, die zur Reaktion kommen soll, muss in aktivierter Form vorliegen (z.B. als Säurechlorid oder sogenannter „Aktivester"), die andere Säuregruppe sowie die Aminogruppe müssen geschützt werden, um ihre Teilnahme an der Reaktion zu verhindern. Ein geeignetes Glutaminsäure-Derivat für diese Verknüpfung könnte also z.B. folgendermaßen aussehen:

Lösung 294

a) Die Umsetzung von Chitin zu Chitosan gelingt durch basische Hydrolyse der Carbonsäure-amidbindungen. Eine saure Hydrolyse könnte hingegen auch die glykosidischen Bindungen spalten; in basischer Lösung sind die Vollacetalgruppen dagegen stabil.

b) Chitosan weist pro Monomer eine basische primäre Aminogruppe auf. Es liegt daher im physiologischen pH-Bereich als Polykation vor.

c) Benzaldehyd ist eine elektrophile Verbindung. Mit Alkoholen kann es zur Bildung von Halb- und Vollacetalen kommen, mit primären Aminen zu Bildung von Iminen. Da die Aminogruppe (im deprotonierten Zustand!) gegenüber den ebenfalls im Chitosan vorhandenen primären und sekundären OH-Gruppen das stärkere Nucleophil darstellt, läuft bevorzugt die Bildung des Imins ab, wenn die pH-Bedingungen so gewählt werden, dass ausreichend unprotonierte NH_2-Gruppen vorliegen. Da diese durch die Iminbildung verbraucht werden, verschiebt sich das Protonierungsgleichgewicht im Zuge der Reaktion auf die Seite der freien NH_2-Gruppen. Es ist also nicht erforderlich, dass bereits zu Beginn der Reaktion alle NH_2-Gruppen in unprotonierter Form vorliegen.

Lösung 295

Die *ortho*-OH-Gruppe der Zimtsäure ist in einer glykosidischen Bindung mit einem Molekül Glucose verknüpft. Diese Bindung lässt sich durch wässrige Säure hydrolysieren, wobei die *o*-Zimtsäure (3-(2-Hydroxyphenyl)-*E*-propensäure) entsteht. Damit im folgenden Schritt eine intramolekulare Veresterung zum Lacton stattfinden kann, muss die *o*-Zimtsäure aus der *trans*-(*E*) in die *cis*-(*Z*)-Form isomerisiert werden. Diese Reaktion ist im Labor nicht ohne weiteres zu bewerkstelligen, kann aber unter Katalyse entsprechender Enzyme in der Natur ablaufen. Die 3-(2-Hydroxyphenyl)-*Z*-propensäure kann intramolekular leicht zum entsprechenden Lacton, dem sogenannten Cumarin, reagieren.

Lösung 296

a) Die Azetidin-2-carbonsäure besitzt ein stereogenes Zentrum am α-C-Atom, ist also chiral. Es gibt zwei Enantiomere: (*S*)-Azetidin-2-carbonsäure und (*R*)-Azetidin-2-carbonsäure. Letztere besitzt nur geringe Bedeutung.

b) Azetidin-2-carbonsäure ähnelt der proteinogenen Aminosäure Prolin; im Vergleich zu dieser fehlt eine Methylengruppe im Ring, so dass nur ein Vierring vorliegt, der eine höhere Ringspannung aufweist.

Falls Fressfeinde (Herbivore) die Maiglöckchen und damit das Gift verzehren, wird die Azetidin-2-carbonsäure aufgrund ihrer strukturellen Ähnlichkeit anstelle von (*S*)-Prolin bei der Proteinbiosynthese des Fressfeindes eingebaut. Infolgedessen kann sich die Tertiärstruktur neu synthetisierter Proteine ändern, so dass diese ihre biologischen Aktivität verlieren oder gar toxisch wirken.

(*S*)-Azetidin-2-carbonsäure

(*S*)-Prolin

Es sind mehrere Synthesen für (*S*)-Azetidin-2-carbonsäure sowie des Racemates in der Literatur beschrieben. Generell können Azetidine durch Reduktion von β-Lactamen gewonnen werden. Derivate der Azetidincarbonsäure werden als Medikamente (*ABT-594* als Nichtopioid-Analgetikum, *Melagatran* als Thrombin-Inhibitor), als Pflanzenschutzmittel sowie als Katalysatoren eingesetzt. Die Synthese und Verwendung von (*S*)-Azetidin-2-carbonsäure-Derivaten als Katalysatoren in der enantioselektiven Boranreduktion prochiraler Ketone ist in der Literatur beschrieben.

Lösung 297

a) Die Verbindung weist in der Seitenkette eine zusätzliche sekundäre Aminogruppe auf, es handelt sich also um eine basische Aminosäure. Ähnlich wie für Ornithin und Lysin ist der isoelektrische Punkt daher im basischen pH-Bereich (bei ca. 9) zu erwarten.

b) Für den Einbau in eine wachsende Peptidkette muss eine Säureamidbindung geknüpft werden. Dafür muss die Peptidkette am C-Terminus in aktivierter Form (z.B. als AMP-Derivat) vorliegen. Erfolgt die Knüpfung der Peptidbindung mit der α-Aminogruppe von β-Methyl-amino-*L*-Alanin, so resultiert eine gewöhnliche Peptidbindung. Prinzipiell kann jedoch auch die sekundäre Aminogruppe der Seitenkette unter Bildung einer tertiären Amidgruppe reagieren.

Lösung 298

a) Reserpin enthält eine tertiäre aliphatische Aminogruppe, die schwach basische Eigenschaften aufweist. Da gleichzeitig keine saure Gruppe vorliegt, weist Reserpin insgesamt schwach basische Eigenschaften auf (der pK_B-Wert beträgt 6,6). Im Magen liegt die Verbindung daher überwiegend in protonierter (kationischer) Form vor, die schlechter resorbiert wird als die neutrale Form. Im schwach basischen Milieu des Darms dagegen ist Reserpin vorwiegend unprotoniert, so dass es dort bevorzugt resorbiert wird.

b) Die sekundäre Hydroxygruppe muss mit der entsprechenden Carbonsäure (der 3,4,5-Trimethoxybenzoesäure, bzw. einem reaktiven Derivat davon, wie dem gezeigten CoA-Derivat) verestert werden. Aus der Carbonsäuregruppe der Reserpsäure muss der Methylester gebildet werden, wozu die Carboxylgruppe ebenfalls am besten zunächst aktiviert wird, z.B. durch Überführung in das Säurechlorid.

Lösung 299

a) Das Thromboxan A_2 enthält die Carbonsäuregruppe der Arachidonsäure, ferner noch die Z-konfigurierte Doppelbindung an C-5. Dagegen ist deren Z-konfigurierte Doppelbindung an C-14 im Thromboxan A_2 zur Position 13 gewandert und weist nun E-Konfiguration auf. Ferner findet man eine sekundäre (allylische) Hydroxygruppe sowei ein bicyclisches Acetal.

b) Die Umwandlung von Thromboxan A_2 in Thromboxan B_2 erfordert die Hydrolyse des Acetals zum Halbacetal. Diese Reaktion verläuft im vorliegenden Fall sehr leicht, da an diesem Acetal ein 4-gliedriger Ring beteiligt ist, der hohe Ringspannung aufweist. Entsprechend wird bei der Hydrolyse des Acetals diejenige C–O-Bindung gebrochen, die zur Öffnung des Vierrings führt.

Lösung 300

a) Das Myxochromid enthält zwar zahlreiche Stickstoffatome mit freiem Elektronenpaar; diese sind jedoch alle Bestandteil einer Säureamidbindung, so dass das freie Elektronenpaar mit der Carbonylgruppe konjugiert ist und daher praktisch keine basischen Eigenschaften aufweist. Auch saure Gruppen sind keine vorhanden, so dass sich die Verbindung im Wesentlichen neutral verhält und Säure- bzw. Basenzusatz bei der Extraktion keinen Effekt zeigt.

b) Die beobachtete gelbe Färbung des Pigments weist auf die Absorption der Komplementärfarbe (violett bis blau) hin. Violett-blaues Licht entspricht einem Wellenlängenbereich von 400–450 nm; tatsächlich weist das Absorptionsspektrum ein Maximum bei $\lambda = 411$ nm auf. Diese Absorption ist auf das ausgedehnte konjugierte π-Elektronensystem der Heptaencarbonsäure-Einheit mit 7 C=C-Doppelbindungen zurückzuführen.

c) Der Makrocyclus enthält fünf Amidbindungen und eine Esterbindung; man spricht deshalb auch von einem makrocyclischen „Lactam-Lacton". Man findet die Aminosäuren Isoleucin, Prolin, 2×Alanin, Glutaminsäure und Threonin. Bei der Glutaminsäure ist die α-Carboxylgruppe zum primären Amid derivatisiert; die Carboxylgruppe der Seitenkette bildet mit der OH-Gruppe der Seitenkette des Threonins eine Estergruppe. Die Aminogruppe des Threonins ist mit der ungesättigten langkettigen Carbonsäure in einer Amidbindung verknüpft.

Lösung 301

a) Die hellblaue Cu^{2+}-Lösung verfärbt sich orangerot infolge der Reduktion zu Cu_2O, das als schwerlöslicher Niederschlag ausfällt.

b)

α-*D*-Glucopyranose

Lacton (cyclischer Ester)
einer On-Säure (Gluconolacton)

$$2\ Cu^{2+} + 2\ e^{\ominus} + 2\ ^{\ominus}OH \longrightarrow Cu_2O + H_2O$$

$$\text{α-}D\text{-Glucopyranose} + 2\ Cu^{2+} + 4\ ^{\ominus}OH \longrightarrow \text{Gluconolacton} + 3\ H_2O$$

c) Eine positive Fehling-Probe setzt das Vorhandensein einer reduzierend wirkenden Aldehyd- oder Halbacetalgruppe voraus. Ist diese dagegen zu einem Vollacetal derivatisiert, liegt keine reduzierende Wirkung vor. Dies ist der Fall im α-Methylglucopyranosid, sowie den Disacchariden Trehalose (1,1-glykosidische Bindung zwischen zwei Molekülen Glucose) und Saccharose (1,2-glykosidische Bindung zwischen Glucose und Fructose). In Polysacchariden wie der Stärke liegt neben vielen Vollacetalgruppen zwar ein sogenanntes reduzierendes Ende mit Halbacetalgruppe vor, im Vergleich zu einer Lösung eines Monosaccharids mit vergleichbarer Stoffmengenkonzentration ist die Konzentration an reduzierenden Enden in der Stärkelösung aber so gering, dass die Reaktion nicht mehr detektierbar ist.

d) Raffinose weist die folgende Struktur auf:

Die Raffinose enthält zwei Vollacetalgruppen, dagegen (ebenso wie auch die Saccharose) keine Halbacetalgruppe. Es handelt sich also um einen nicht-reduzierenden Zucker.

Lösung 302

Die optische Reinheit beträgt offensichtlich nur 6°/24° = 0,25 = 25 %. Ein Viertel der Probe ist reines (S)-Enantiomer, die restlichen drei Viertel bilden ein Racemat (optische Drehung = 0). Geht man z.B. von 8 Anteilen aus, so entfallen zwei davon auf das reine (S)-Enantiomer und sechs auf das Racemat (3 Teile (R)- und 3 Teile (S)-Enantiomer. Die beiden Enantiomere liegen also im Verhältnis 5:3 vor, d.h. 62,5 % sind das (S)-Enantiomer, 37,5 % das (R)-Enantiomer.

Lösung 303

a)

Die Synthese des Peptids erfolgte an einer Festphase unter Verwendung der entsprechend geschützten bzw. zusätzlich glykosylierten Aminosäuren. Für die Cyclisierung des Peptids muss eine weitere Amidbindung geknüpft werden; dazu muss die Carboxylgruppe der C-terminalen Aminogruppe aktiviert werden. Dies geschieht in der Peptidchemie häufig durch Reaktion mit einem Carbodiimid (wie dem gezeigten Dicyclohexylcarbodiimid, DCC) oder durch Umwandlung in einen sogenannten „Aktivester", der eine gute Abgangsgruppe enthält und von der primären Aminogruppe des N-Terminus leicht angegriffen werden kann. Dies erfüllt denselben Zweck wie die bekannte Aktivierung zum Säurechlorid, erlaubt aber wesentlich mildere Reaktionsbedingungen.

Dicyclohexylharnstoff

b) Für die Ausbildung einer *N*-glykosidischen Bindung kommen im Tyrocidin prinzipiell die Aminosäuren Asparagin, Glutamin und Ornithin in Frage, die jeweils einen Stickstoff in der Seitenkette aufweisen. In der Natur findet man *N*-glykosidische Bindungen stets unter Beteiligung von Asparagin; *O*-glykosidische Bindungen werden von Serin oder Threonin gebildet.

Im 2-*N*-Acetylglucosamin ist die OH-Gruppe an Position 2 der Glucose durch eine acetylierte Aminogruppe ersetzt, dementsprechend liegt die nebenstehend gezeigte Struktur vor:

Lösung 304

Das Glutathion ist ein Tripeptid; seine Sequenz ist γ-Glu–Cys–Gly. Es reagiert mit dem elektrophilen Benzolepoxid im ersten Schritt unter Ringöffnung, katalysiert durch die Glutathion-Transferase. Anschließend werden die beiden Peptidbindungen hydrolytisch gespalten, so dass nur noch das Cystein an den Aromaten gebunden ist. Für die Acetylierung im letzten Schritt wird ein reaktives Derivat der Essigsäure benötigt; der Organismus verwendet hierfür i.A. das Acetyl-CoA.

Lösung 305

Der erste, von der Dihydropteroat-Synthetase katalysierte, Schritt ist eine nucleophile Substitution mit *p*-Aminobenzoesäure, wobei die Diphosphateinheit im Edukt als gute Abgangsgruppe fungiert. Dieser Schritt wird durch Sulfonamide reversibel gehemmt, die vom Enzym anstelle der *p*-Aminobenzoesäure als Substrat akzeptiert werden. Insbesondere beim einfachsten Sulfonamid, dem Sulfanilamid, fällt die strukturelle Ähnlichkeit mit dem korrekten Substrat unmittelbar ins Auge. Es wird anstelle der *p*-Aminobenzoesäure gebunden und blockiert damit deren Bindungsstelle, so dass die Synthese von Dihydropteroat kompetitiv gehemmt wird. Einige Organismen, wie Staphylokokken und Pneumokokken können darauf durch vermehrte Synthese von *p*-Aminobenzosäure reagieren, was bedeutet, dass auch mehr Sulfonamid gegeben werden muss, um noch eine Wirkung zu erzielen. Ein alternativer Mechanismus zur Resistenzentwicklung sind Mutationen, die zu einer Modifikation des Zielenzyms führen, so dass dieses eine geringere Affinität zu Sulfonamiden aufweist.

Im folgenden Schritt muss eine Amidbindung zur Aminosäure *L*-Glutamat geknüpft werden. Hierfür muss die Carbonsäuregruppe im Dihydropteroat in üblicher Weise zunächst aktiviert werden, z.B. durch Bildung des CoA-Derivats. Der letzte Schritt ist eine Reduktion, katalysiert durch die Dihydrofolat-Reduktase, die als Coenzym und Reduktionsmittel $NADPH/H^+$ verwendet.

Das Enzym Dihydrofolat-Reduktase ist zwar auch in Säuger-Zellen vorhanden; seine Struktur ist aber hinreichend unterschiedlich, so dass das Bakterienenzym selektiv gehemmt werden kann, z.B. mit Trimethoprim, das häufig zusammen mit Sulfonamiden verabreicht wird.

Kapitel 16

Lösungen: Streifzüge durch Pharmakologie und Toxikologie

Lösung 306

a) Permethrin ist ein Ester und kann demnach in basischer Lösung hydrolysiert werden. Dabei entsteht das Anion der Carbonsäure und der 3-Phenoxybenzylalkohol. Dieser wird im zweiten Schritt zur 3-Phenoxybenzoesäure oxidiert.

Permethrin

3-Phenoxybenzoesäure

b) Glucuronsäure entsteht aus Glucose durch vollständige Oxidation der primären Alkohol-gruppe der Glucose. Sie kann (in aktivierter Form als UDP-Glucuronsäure) mit dem Phen-oxybenzylalkohol unter Ausbildung einer glykosidischen Bindung und Abspaltung von Was-ser reagieren.

c) Es findet sich eine Carbonsäure (bzw. Carboxylat)-Gruppe sowie ein (dichlorsubstituiertes) Alken.

Lösung 307

a) Es handelt sich um die Hydrolyse eines (substituierten) Hydrazons nach dem Additions-Eliminierungsmechanismus, also um eine nucleophile Acylsubstitution. Wasser fungiert als Nucleophil, vgl. folgende Seite.

b) Das entstandene Furan-Derivat trägt zwei elektronenziehende Gruppen (Aldehydgruppe, Nitrogruppe) und ist damit wesentlich elektronenärmer als das zugrunde liegende unsubstituierte Furan. Die elektrophile aromatische Substitution wird durch Substituenten mit –I/–M-Effekt, welche die π-Elektronendichte verringern, erschwert; die Verbindung wird daher wesentlich schwieriger zu substituieren sein, als Furan.

Lösung 308

a) Es entstehen die beiden gezeigten Verbindungen:

Die beiden sekundären Hydroxygruppen im Lovostatin werden jeweils zur Ketogruppe oxidiert, die primäre OH-Gruppe im Mevalonat zur Carbonsäure.

b) Es bildet sich ein cyclischer Ester (Lacton):

c) An ein Mol Lovostatin werden (in Anwesenheit eines Katalysators) zwei Mol H_2 addiert. 1,50 mmol addieren demnach 3,0 mmol $\rightarrow$ m (H_2) = 3,0 mmol × 2,016 g/mol = 6,048 mg.

Lösung 309

a) Es handelt sich um eine Acylierungsreaktion mit einem reaktiven Derivat der Pentansäure (Valeriansäure).

b) Betamethason enthält zusätzlich zur tertiären OH-Gruppe an C-17 eine primäre (an C-21) und eine sekundäre Hydroxygruppe an C-11 (rot), die ebenso leicht oder sogar bevorzugt acyliert würden.

c) Es handelt sich um den zweifach negativ geladenen Phosphorsäureester und um den Essigsäureester.

Betamethason-21-dinatriumphosphat

Betamethason-21-acetat

Lösung 310

a) Primidon weist zwei Carbonsäureamidgruppen auf. Da sie sich in einer Ringstruktur befinden, kann man auch von einem Bis-Lactam sprechen. Durch die zusätzliche Carbonylguppe im Phenobarbital existiert hier ein C-Atom in der höchstmöglichen Oxidationsstufe +4, so dass man von einem Diacyl-substituierten Harnstoff sprechen könnte. Durch Verknüpfung der beiden NH-Gruppen mit nicht nur einer, sondern zwei Carbonylgruppen erhält man zweimal die Struktur eines Imids (anstelle eines Amids, wie im Primidon).

Carbonsäureamide verhalten sich in wässriger Lösung praktisch neutral, da das Elektronen-paar aufgrund der Konjugation mit der Carbonylgruppe delokalisiert ist, und damit kaum für die Bindung eines Protons zur Verfügung steht. In der Imidstruktur des Phenobarbitals ist dieser Effekt noch ausgeprägter; hier ist das freie Elektronenpaar gleichzeitig mit zwei Car-bonylgruppen konjugiert. Dies führt dazu, dass Imide nicht nur keine basischen, sondern sogar (schwach) saure Eigenschaften aufweisen, d.h. das H-Atom am Stickstoff kann unter Bildung des entsprechenden Anions (das sehr gut mesomeriestabilisiert ist) abgespalten wer-den. Daher rührt auch die Bezeichnung „Barbitursäure" für das dem Phenobarbital zugrunde-liegende Ringsystem her.

b) Die Bildung von Phenobarbital aus Primidon ist eine Oxidation.

Lösung 311

a) Die Oxidation des Schwefels erhöht die Oxidationszahl um vier Einheiten:

b) Als Amin wird 2-Aminopyridin benötigt.

c) Es soll eine Amidbindung mit 2-Aminopyridin ausgebildet werden. Die Carbonsäure (Oxi-dationsprodukt aus a) liegt aber nicht als reaktives Derivat (z.B. Carbonsäurechlorid oder Carbonsäureanhydrid) vor; daher kommt es mit dem Amin nur zur Säure-Base-Reaktion.

Lösung 312

a) Die Prioritäten der Substituenten, die zur Klassifizierung als (*S*)-Enantiomer führen, sind durch die Numerierung gezeigt.

b) Die Verbindung besitzt eine Carbonsäuregruppe. Wie auch für andere einfache Carbonsäuren empfiehlt sich daher die Umsetzung mit einem chiralen Amin (z.B. mit (*R*)-Konfiguration) zu einem diastereomeren Salz (*S,R*, bzw. *R,R*). Anschließend erfolgt die Trennung der Diastereomeren aufgrund ihrer unterschiedlichen physikalischen Eigenschaften. Im letzten Schritt muss (*S*)-Levofloxacin aus dem Salz durch Zugabe von Säure freigesetzt werden.

c) Aufgrund der Doppelbindung im Ring (roter Pfeil) ist die üblicherweise im Zuge der Decarboxylierung von β-Ketosäuren auftretende Enolform hier nicht möglich, so dass die Reaktion nicht über den energetisch günstigen 6-gliedrigen Übergangszustand verlaufen kann (Abb. oben rechts).

Lösung 313

a) Bei den Microcystinen handelt es sich um cyclische Heptapeptide. Es liegen 7 hydrolysierbare Peptidbindungen vor (Pfeile), deren Spaltung die entsprechenden Aminosäuren freisetzt.

b) Die Verbindung besitzt zwei saure Carboxylgruppen, die bei physiologischen pH-Werten praktisch vollständig deprotoniert vorliegen. Da keine positiv geladenen basischen Aminogruppen vorhanden sind besitzt das Molekül also zwei negative Ladungen und wandert daher zur Anode.

Lösung 314

a)

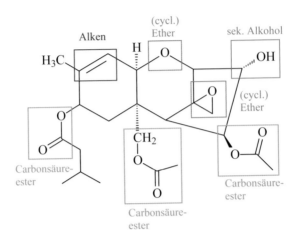

b) Die Verbindung reagiert mit Bromwasser im Sinne einer elektrophilen Addition an die Doppelbindung. Dabei tritt Entfärbung der zugegebenen Brom-Lösung ein, bis alle Doppelbindungen abgesättigt sind. Gezeigt ist nur die Bildung eines der beiden entstehenden Enantiomere.

c) Bei einer milden Oxidation der Verbindung wird die sekundäre Hydroxygruppe zur Ketogruppe oxidiert. Da das C-Atom, das die Hydroxygruppe trägt, ein Chiralitätszentrum ist, verringert sich die Anzahl der Chiralitätszentren durch die Oxidation.

Lösung 315

a) Die beiden hydrolysierbaren Gruppen im Aflatoxin sind die cyclische Estergruppe (Lacton) und das Vollacetal. Dabei entsteht u.a. ein Enol, das leicht zum entsprechenden Aldehyd tautomerisiert. Die Methoxygruppe im Aflatoxin wird nur unter sehr speziellen Bedingungen hydrolysiert.

Ochratoxin A enthält ebenfalls eine cyclische Estergruppe und eine Amidbindung, die beide hydrolysiert werden können.

Aflatoxin

Ochratoxin A

b) Guanin greift mit dem Stickstoff an Position 7 (N-7) am elektrophilen C-Atom des gespannten Dreirings an. Es handelt sich um eine nucleophile Substitution am gesättigten C-Atom. Gleiches gilt für den Angriff durch die nucleophile SH-Gruppe des Glutathions.

Lösung 316

a) Die Verbindung weist vier Chiralitätszentren auf; es sind $2^4 = 16$ Stereoisomere denkbar.

b) Die Verbindung enthält eine schwach sauer reagierende phenolische OH-Gruppe. Bei pH-Werten > 9 liegt diese überwiegend deprotoniert vor. Durch die negative Ladung steigt die Hydrophilie und damit die Löslichkeit der Verbindung in Wasser.

c) Es handelt sich um einen cyclischen Ester (Lacton), der unter stark sauren Bedingungen im Magen hydrolysiert wird. Je nach den Resorptionseigenschaften ist es daher möglich, dass bei oraler Gabe ein großer Teil der Verbindung hydrolysiert wird, bevor er seinen Wirkungsort erreicht. Bei längerer Säureeinwirkung kann auch die Amidbindung hydrolysiert werden.

Lösung 317

a) Es muss eine säurekatalysierte (z.B. mit H_2SO_4) Addition von Wasser an die exocyclische Doppelbindung erfolgen. Als Alternative bietet sich die Oxymercurierung-Demercurierung an (vgl. A214), die unter milderen Bedingungen verläuft und ebenfalls überwiegend den tertiären Alkohol ergibt.

Methacyclin   Oxytetracyclin

b) Die Hydratisierung der exocyclischen Doppelbindung kann anstelle des tertiären Alkohols auch den primären Alkohol liefern. Allerdings bildet sich bevorzugt das tertiäre Carbenium-Ion, das zum gewünschten Oxytetracyclin führt. Als weitere Nebenreaktionen kämen eine Addition an die enolischen Doppelbindungen oder die – unter schwach sauren Bedingungen – sehr langsame Hydrolyse des Carbonsäureamids in Frage.

Nebenprodukt (via 1° Carbenium-Ion)

Lösung 318

a)/b) Die Zuordnungen sind aus der folgenden Abbildung ersichtlich. Die sp^2-hybridisierten Stickstoffe im Pyridin- und im Pyrimidinring sind ebenso wie die an den Aromaten gebundene sekundäre Aminogruppe schwach basisch. Die beiden aliphatischen N-Atome im Piperazinring sind demgegenüber deutlich stärker basisch (keine Delokalisation des freien Elektronenpaars). Der Amidstickstoff weist aufgrund der Delokalisation des freien Elektronenpaars in der Amidbindung praktisch keine basischen Eigenschaften auf.

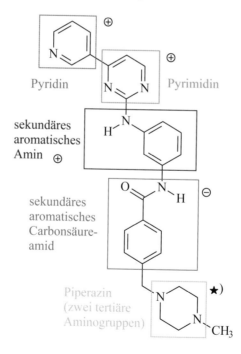

Pyridin

Pyrimidin

sekundäres aromatisches Amin

sekundäres aromatisches Carbonsäureamid

Piperazin (zwei tertiäre Aminogruppen)

Lösung 319

a) Es sind drei Chiralitätszentren vorhanden, in der folgenden Gleichung mit einem Stern gekennzeichnet.

b) Verbindung **2** ist ein Hydrat und spaltet (in Umkehrung seiner Bildungsreaktion via Addition von Wasser an die Carbonylgruppe) leicht Wasser ab. Es entsteht 2-Methylpropanal.

Lösung 320

a) Es handelt sich um ein Vollacetal, das durch wässrige Säure hydrolytisch gespalten werden kann. Als zweites Produkt entsteht Formaldehyd (Methanal).

b) Methanal wird leicht zu Kohlendioxid oxidiert; dabei werden vier Elektronen abgegeben, die durch O_2 aufgenommen werden können:

$$\text{Ox:} \quad \overset{0}{H_2C}=O + H_2O \longrightarrow \overset{+4}{CO_2} + 4\,e^{\ominus} + 4\,H^{\oplus}$$

$$\text{Red:} \quad \overset{0}{O_2} + 4\,e^{\ominus} + 4\,H^{\oplus} \longrightarrow 2\ \overset{-2}{H_2O}$$

$$\text{Redox:} \quad H_2C=O + O_2 \longrightarrow CO_2 + H_2O$$

Lösung 321

a) Ja. Das dem aromatischen Ring benachbarte C-Atom ($\star$) ist ein Chiralitätszentrum.

b) Es sind drei acetylierbare (nucleophile) Gruppen vorhanden (–NHR, –NH$_2$, –OH). Demnach können drei einfach-, drei zweifach- und ein dreifach acetyliertes Produkt (nachfolgende Reaktionsgleichung) entstehen.

Lösung 322

a) Die Verbindung besitzt, wie der Ausschnitt unten zeigt, (S)-Konfiguration.

b) Durch Reduktion der Carbonylgruppe entsteht ein neues Chiralitätszentrum mit (R)- oder (S)-Konfiguration; entsprechend verdoppelt sich die Anzahl möglicher Stereoisomere.

c)

- Elektrophile Addition an ein Alken

- Elektrophile aromatische Substitution

d) Zearalenon sollte leichter eine elektrophile aromatische Substitution eingehen als Benzol. Dies ist auf den starken +M-Effekt der phenolischen OH-Gruppen am Aromaten zurückzuführen, die das Zwischenprodukt (σ-Komplex) stabilisieren.

e) Aufgrund des aktivierten Aromaten kommt es neben der Addition an die olefinische Doppelbindung zur aromatischen Substitution. Daher werden pro Mol Zearalenon (bei vollständigem Reaktionsverlauf) drei Mol Brom verbraucht.

f) Die Stoffmengenverhältnisse ergeben sich aus den entsprechenden Redoxgleichungen:

$$Br_2 + 2\,I^- \rightleftharpoons 2\,Br^- + I_2$$

$$I_2 + 2\,S_2O_3^{2-} \rightleftharpoons 2\,I^- + S_4O_6^{2-}$$

$$\rightarrow n(Br_2)\,/\,n(S_2O_3^{2-}) = 1\,/\,2$$

$$\Delta V(S_2O_3^{2-}) = 6{,}0\ \text{mL} \rightarrow \Delta n = \Delta V \times c = 1{,}2\times10^{-4}\ \text{mol}$$

$$\rightarrow n(I_2) = n(Br_2)_{\text{addiert}} = \tfrac{1}{2}\,\Delta n(S_2O_3^{2-}) = 6{,}0\times10^{-5}\ \text{mol}$$

$$n(\text{Zearalenon}) = 1/3\ n(Br_2)_{\text{addiert}} = 2{,}0\times10^{-5}\ \text{mol}$$

$$\rightarrow c(\text{Zearalenon}) = n(\text{Zearalenon})\,/\,V = 2{,}0\times10^{-5}\ \text{mol}\,/\,0{,}025\ \text{L} = 0{,}80\ \text{mmol/L}$$

Lösung 323

Im ersten Schritt handelt es sich um eine katalytische Hydrierung der Doppelbindung, bei der allerdings darauf geachtet werden muss, dass der aromatische Ring erhalten bleibt und nicht ebenfalls reduziert wird. Im zweiten Schritt wird die sekundäre OH-Gruppe zur Ketogruppe oxidiert. Die Summenformel des Produkts entspricht der des Morphins, es handelt sich also um Konstitutionsisomere.

Anschließend wird die phenolische OH-Gruppe methyliert; es handelt sich um eine S_N2-Reaktion. Ein gutes Methylierungsmittel ist Iodmethan (Methyliodid, CH_3I), da das Iodid eine sehr gute Abgangsgruppe bildet.

Für die (zweifache) Acetylierung von Morphin zu Heroin kann beispielsweise Essigsäureanhydrid verwendet werden; als Nebenprodukt entsteht dabei Essigsäure.

Lösung 324

a) Das Isosorbid-5-mononitrat weist eine freie Hydroxygruppe auf und ist somit wesentlich polarer (weniger lipophil). Damit ist es weniger membrangängig, was einen verzögerten Wirkungseintritt bedingt, während es beim akuten Anfall auf eine rasche Wirkung ankommt.

b) Es handelt sich offensichtlich um eine Hydrolyse, bei der der Ester der Salpetersäure gespalten wird. Da Wasser nur ein schwaches Nucleophil ist, muss ebenso wie bei der Hydrolyse von Carbonsäureestern die Reaktion unter Säurekatalyse (→ Protonierung am Sauerstoff erhöht die Elektrophilie des Stickstoffs und schafft eine bessere Abgangsgruppe) oder im Basischen (→ OH^- als besseres Nucleophil) erfolgen. Im Körper wird die Reaktion durch eine Reduktase (Glutathion-Nitratreduktase) katalysiert; so dass salpetrige Säure gebildet wird, die leicht unter Freisetzung von NO zerfällt.

c) Bei der Kopplung von Isosorbid-5-mononitrat an Glucuronsäure wird eine glykosidische Bindung (Acetal) gebildet. Es handelt sich um eine typische Biotransformation, die (aufgrund der zahlreichen OH-Gruppen der Glucuronsäure) zu hydrophilen, leicht ausscheidbaren Konjugaten führt. Die Glucuronsäure muss dafür in aktivierter Form vorliegen, i.A. als UDP-Glucuronsäure mit UDP als guter Abgangsgruppe.

UDP-Glucuronsäure   Isosorbid-5-mononitratglucuronid

Lösung 325

a) Für die reduktive Spaltung der Azogruppe in zwei Aminogruppen müssen vier Elektronen und vier Protonen aufgenommen werden.

b) Beim Versuch einer Acetylierung der OH-Gruppe von 5-Aminosalicylsäure würde bevorzugt zunächst die stärker nucleophile Aminogruppe acetyliert.

c) Sulfonamide werden analog wie Carbonsäureamide hydrolytisch in Anwesenheit starker Säuren oder Basen gespalten. In basischer Lösung erhält man das Anion der Sulfonsäure sowie das aromatische Amin 2-Aminopyridin.

4-Aminobenzolsulfonat   2-Aminopyridin

Lösung 326

a) Da es sich um einen cyclischen Ester handelt, kann der Ring durch eine Hydrolyse geöffnet werden. Wählt man basische Bedingungen, so würde auch der Acetylrest abgespalten, nicht aber die beiden Zuckerreste. Eine gleichzeitige Spaltung der Esterbindungen sowie der glykosidischen Bindungen ist nur unter H$^+$-Katalyse möglich, wenngleich dann die Esterhydrolyse nicht vollständig abläuft.

b) Es sind vier oxidierbare sekundäre OH-Gruppen sowie eine Aldehydgruppe vorhanden; somit werden insgesamt 10 Elektronen und 10 H$^+$-Ionen frei. Es verbleiben nur noch zwei Chiralitätszentren (mit $\star$ gekennzeichnet), dementsprechend $n = 2^2 = 4$ Stereoisomere.

Lösung 327

Bevor eine Bildung des Imins durch intramolekularen Ringschluss erfolgen kann, ist eine (enzymatische) Oxidation der sekundären Hydroxy- zur Ketogruppe erforderlich. Durch nucleophilen Angriff der Aminogruppe könnte es dann zur Ausbildung des ungesättigten heterocyclischen Dreirings (Aziridin) kommen, bevor schließlich der primäre Alkohol an C-1 zur Säure oxidiert und diese mit Methanol verestert wird.

enzym. Ox.

1. Ox.

2. CH$_3$OH

+ H$_2$O

Lösung 328

a) Die Verbindung besitzt zwei Chiralitätszentren (an die die beiden OH-Gruppen gebunden sind). Beide sind (R)-konfiguriert. Zwei Chiralitätszentren ermöglichen $2^2 = 4$ Stereoisomere.

b) Eine der beiden (nucleophilen) OH-Gruppen reagiert zunächst mit Methanal zum Halbacetal. Anschließend erfolgt säurekatalysiert die Abspaltung von Wasser und der intramolekulare Angriff der zweiten OH-Gruppe unter Ausbildung des cyclischen Acetals.

+ H$_2$O

2

c) Die Acetalbildung ist in saurer Lösung reversibel. Will man die Amidbindung spalten und soll das Acetal dabei erhalten bleiben, muss die Hydrolyse im Basischen erfolgen. Die Amidbindung lässt sich dann unter Freisetzung von Aminobenzol (Anilin) hydrolysieren; daneben entsteht die Dicarbonsäure aus **2** in der dianionischen Form.

2

+ 2 $^\ominus$OH ⟶

Lösung 329

a) Propranolol enthält ein Chiralitätszentrum (das C-Atom des sekundären Alkohols, ★), kann also in Form von zwei Enantiomeren auftreten. Es ist somit erforderlich zu untersuchen, ob und inwiefern sich beide Enantiomere in ihrer Wirkung auf den Organismus unterscheiden. Tatsächlich wirkt (S)-Propranolol blutdrucksenkend, (R)-Propranolol besitzt dagegen antikontrazeptive (!) Wirkung.

b) Es handelt sich um die Einführung einer Hydroxygruppe am Aromaten, also um eine Oxidation:

Diese Reaktion ist im Labor (auf nicht-enzymatischem Weg) nicht ohne Weiteres durchzuführen. Behandelt man Propranolol mit einem Oxidationsmittel, wie z.B. $Cr_2O_7^{2-}$, so wird bevorzugt der sekundäre Alkohol zum Keton oxidiert. Die Einführung einer OH-Gruppe in Aromaten erfordert spezielle Reaktionen. Zudem kommen verschiedene Ringpositionen für die Hydroxylierung in Frage, was das Problem weiter erschwert.

c) Glucuronsäure ist ein Oxidationsprodukt von Glucose, bei der die primäre OH-Gruppe an C-6 zur Carbonsäure oxidiert wurde. Durch die glykosidische Bindung von Propranolol an Glucuronsäure wird die Polarität und damit die Wasserlöslichkeit des Konjugats erheblich verbessert und dadurch die Ausscheidung mit dem Harn erleichtert. Im Folgenden ist die Bildung einer O-glykosidischen Bindung mit der sekundären OH-Gruppe formuliert; es könnte aber auch eine N-glykosidische Bindung mit der sekundären Aminogruppe entstehen. Im Organismus erfolgt die Kopplung mit UDP-Glucuronsäure, die UDP als gute Abgangsgruppe trägt.

Lösung 330

a) Es werden zwei Esterbindungen hydrolytisch gespalten. Das Produkt Morphin besitzt eine phenolische und eine alkoholische Hydroxygruppe; beide kommen für die Bildung einer glykosidischen Bindung in Frage. *In vivo* wird auch die Bildung beider Glucuronide (durch Reaktion mit aktivierter UDP-Glucuronsäure) beobachtet, wobei das gezeigte Morphin-3-glucuronid gegenüber dem Morphin-6-glucuronid überwiegt.

	$H^{\oplus}$, H_2O		$H^{\oplus}$, H_2O	

CH_3COOH CH_3COOH

Heroin   6-Acetylmorphin   Morphin

+ UDP

Morphin-3-glucuronid
(Hauptmetabolit)

b) Das Problem dieser Reaktion besteht darin, dass im Morphin drei nucleophile Gruppen anwesend sind, von denen die tertiäre Aminogruppe das beste Nucleophil darstellt. Es können also verschiedene Methylderivate entstehen, die anschließend separiert werden müssten. Das Codein ist nur eines der möglichen Produkte.

+ CH_3–I S_N2 + HI

Codein

Lösung 331

a) Nach den Prioritätsregeln hat am linken C-Atom der Doppelbindung der obere (substituierte) Phenylring höhere Priorität. Am rechten C-Atom ist es ebenfalls der Phenylrest, dem gegenüber dem Ethylrest die höhere Priorität zu geben ist. Damit stehen beide Substituenten höherer Priorität auf der gleichen Seite der Doppelbindung; diese ist daher Z-konfiguriert.

b) Die Wasserlöslichkeit der Verbindung ist ziemlich gering. Polaren Charakter besitzt im Wesentlichen die tertiäre Aminogruppe und in geringem Maße die Etherfunktion. Dem steht ein großer unpolarer Molekülanteil entgegen. Im sauren pH-Bereich wird die Aminogruppe protoniert; durch die positive Ladung im Molekül wird die Wasserlöslichkeit etwas verbessert werden.

c) Eine Addition von Wasser an die C=C-Doppelbindung liefert unabhängig von der Regioselektivität einen tertiären Alkohol und erzeugt zwei Chiralitätszentren. Aufgrund des +M-Effekts der Alkoxygruppe könnte das obere Produkt leicht bevorzugt sein.

Lösung 332

a) Indinavir enthält zwei aliphatische tertiäre N-Atome (im Sechsring), welche auch die höchste Basizität aufweisen (pK_B-Werte 3–4). Der Pyridinring enthält ein tertiäres aromatisches N-Atom; hier ist das freie Elektronenpaar in einem sp^2-Hybridorbital lokalisiert. Aufgrund des höheren s-Anteils dieses Orbitals ($\rightarrow$ niedrigere Energie) wird das freie Elektronenpaar weniger bereitwillig für die Bindung eines Protons zur Verfügung gestellt, so dass dieses N-Atom schwächer basisch ist. Die beiden restlichen N-Atome sind Teil einer Amidbindung und weisen aufgrund der effektiven Mesomeriestabilisierung des freien Elektronenpaars praktisch keine basischen Eigenschaften auf.

b) Es finden sich zwei sekundäre Hydroxygruppen, die leicht zu Ketogruppen oxidiert werden können. Beide C-Atome, welche OH-Gruppen tragen, sind Chiralitätszentren; nach der Oxidation sind so zwei Chiralitätszentren verloren gegangen. Da die Anzahl möglicher Stereoisomere gleich 2^n ist (n = Anzahl an Chiralitätszentren), führt der Verlust von zwei Chiralitätszentren zu einer Reduktion möglicher Stereoisomere auf ein Viertel der ursprünglichen Zahl.

c) Es sind zwei unter drastischen Bedingungen hydrolysierbare Amidbindungen vorhanden. Als Produkte unter stark sauren Bedingungen entstehen daher eine Dicarbonsäure sowie zwei Amine in der protonierten Form.

Lösung 333

Durch eine milde Oxidation wird die sekundäre Alkoholgruppe oxidiert; dabei geht ein Chiralitätszentrum ($\star$) verloren. Durch die basische Hydrolyse werden die beiden Estergruppen gespalten; aus dem Lacton entsteht dabei ein Enol, das zum Aldehyd tautomerisieren kann.

Dadurch entsteht ein neues Chiralitätszentrum ($\star$), so dass deren Gesamtzahl sowie die Anzahl möglicher Stereoisomere unverändert bleibt. Die ebenfalls mögliche Hydrolyse des cyclischen Ethers (Epoxide sind als Spezialfall cyclischer Ether aufgrund ihrer hohen Ringspannung ebenfalls leicht zu öffnen) bleibt hier der Übersichtlichkeit halber unberücksichtigt.

Dadurch ist insgesamt ein Chiralitätszentrum verloren gegangen; die Anzahl möglicher Stereoisomere hat sich dadurch halbiert.

Wird erst hydrolysiert und anschließend oxidiert, erhält man durch die Hydrolyse zusätzliche oxidierbare Gruppen: den Aldehyd (nach Tautomerisierung des Enols) und eine weitere sekundäre Hydroxygruppe. Diese beiden Gruppen werden ebenfalls oxidiert, so dass am Ende ein höher oxidiertes Produkt resultiert, das aufgrund der Oxidation der OH-Gruppe zum Keton ein weiteres Chiralitätszentrum verloren hat. Dadurch sind insgesamt zwei Chiralitätszentren (★) verloren gegangen, ein neues (★) ist hinzugekommen, so dass sich die Anzahl möglicher Stereoisomere auf die Hälfte reduziert.

Lösung 334

a) Die primäre und eine der sekundären Hydroxygruppen im Nivalenol müssten acetyliert werden. Die große Schwierigkeit wäre dabei in der Praxis, die zweite sekundäre OH-Gruppe am Fünfring vor der Veresterung zu schützen, bzw. im Falle einer Reaktion die Acylgruppe wieder selektiv abzuspalten.

Außerdem muss die Ketogruppe (möglichst stereoselektiv!) zum Alkohol reduziert und anschließend mit einem entsprechenden Carbonsäure-Derivat der 3-Methylbutansäure acyliert werden. Da hierbei ein anderer Säurerest eingeführt werden muss, wäre es sinnvoll, die Reduktion erst nach der Acetylierung der beiden anderen OH-Gruppen durchzuführen. Die erwähnten Probleme zeigen, dass es sich hierbei sicherlich in erster Linie um eine „Papiersynthese" handelt, die so in der Praxis kaum erfolgreich wäre.

b) Da beide Verbindungen eine C=C-Doppelbindung aufweisen, könnte man an eine Bestimmung nach der Iodzahl-Methode denken. Man setzt die Probe und eine Blindprobe mit einem Überschuss Brom-Lösung um; nicht addiertes Brom wird anschließend mit Iodid reduziert und die gebildete äquivalente Stoffmenge an Iod durch Rücktitration mit Thiosulfat-Lösung bestimmt.

Die Stoffmengenverhältnisse ergeben sich aus den entsprechenden Redoxgleichungen:

$$Br_2 + 2\,I^- \rightleftharpoons 2\,Br^- + I_2$$

$$I_2 + 2\,S_2O_3^{2-} \rightleftharpoons 2\,I^- + S_4O_6^{2-}$$

$$\rightarrow n(Br_2)\,/\,n(S_2O_3^{2-}) = 1\,/\,2$$

Aus der Differenz des Verbrauchs an Thiosulfat für beide Proben kann anschließend auf die Stoffmenge an addiertem Brom und damit auf die Stoffmenge an Doppelbindungen geschlossen werden. Da beide gezeigten Verbindungen genau eine C=C-Doppelbindung enthalten (die vermutlich sehr ähnliche Reaktivität aufweisen), ließe sich auf diese Weise nur die Gesamtstoffmenge beider Verbindungen ermitteln.

c) Im Nivalenol ist eine primäre Hydroxygruppe vorhanden, die im T2-Toxin fehlt. Unterwirft man daher ein Gemisch beider Verbindungen einer Oxidation z.B. mit $K_2Cr_2O_7$ in saurer Lösung, so wird die primäre OH-Gruppe zur Carbonsäure oxidiert. Da das T2-Toxin keine saure Gruppe aufweist, ließe sich durch eine acidimetrische Titration mit NaOH-Lösung selektiv die Stoffmenge an Nivalenol in einem Gemisch beider Verbindungen ermitteln. Die gleichzeitige Oxidation der sekundären OH-Gruppen spielt dabei keine Rolle.

Lösung 335

a) Es handelt sich um ein cyclisches tertiäres Carbonsäureamid (Lactam) und um ein Imin (Schiffsche Base).

b) Die im Zuge der Metabolisierung von Diazepam entstehenden Verbindungen sind im Folgenden gezeigt. Durch die Oxidation von Nordazepam wird die Hydroxygruppe eingeführt, die für die anschließende Glykosylierung mit UDP-Glucuronsäure benötigt wird.

Diazepam   Nordazepam   Oxazepam

Glucuronidierung

UDP

Glucuronsäure-konjugierter Metabolit (inaktiv)

Lösung 336

a) Das Naltrexon ist offensichtlich ein tertiäres Amin, das zu einem quartären Ammoniumsalz methyliert werden muss. Typische Reagenzien für eine solche Umsetzung sind Brom- oder Iodmethan oder Dimethylsulfat, z.B.

b) Die Bildung eines Schwefelsäureesters (eines Sulfats) kann an den beiden Hydroxygruppen erfolgen:

Durch die geladene Sulfatgruppe wird die Verbindung deutlich hydrophiler, was die Ausscheidbarkeit aus dem Körper i.A. erleichtert.

Lösung 337

a) Für die enzymatische Aktivität der Cyclooxygenase 1 ist ein reaktiver Serinrest im aktiven Zentrum verantwortlich, der die Acetylgruppe der Acetylsalicylsäure nucleophil angreift und dadurch acetyliert wird:

b) Die Summenformel des Acetylsalicylsäure-Anions ist $C_9H_7O_4$, entsprechend einer molaren Masse von 179 g/mol. Die molare Masse des Wirkstoffs Calciumbisacetylsalicylat zusammen mit einem Mol Harnstoff errechnet sich zu 458 g/mol. Beträgt die Masse des Wirkstoffs in der Brausetablette 100 mg, wird daraus eine Masse an Acetylsalicylsäure-Anion von 358/458 × 100 mg = 78 mg freigesetzt.

Lösung 338

a) Im Prinzip enthält das Lipstatin mehrere elektrophile Gruppen, die durch den reaktiven Serinrest angegriffen werden könnten. Aufgrund des gespannten Vierrings ist der β-Lactonring jedoch deutlich reaktiver als die zweite Estergruppe im Molekül. Die geringste Reaktivität ist für die N-Formylgruppe (Säureamid) zu erwarten. Es kommt also zu einem nucleophilen Angriff des Serinrests im aktiven Zentrum der Lipase auf das Carbonyl-C-Atom des β-Lactons unter Ringöffnung und irreversibler Acylierung des Enzyms.

b) Lipstatin enthält die Aminosäure *L*-Leucin; sie ist mit der Hydroxygruppe der langen Al-kylkette verestert. Zusätzlich ist die Aminogruppe formyliert, d.h. sie liegt als Amid der Me-thansäure (Ameisensäure) vor.

c) Lipstatin enthält zwei olefinische *cis*-Doppelbindungen, die zum Tetrahydrolipstatin hyd-riert werden können. Dafür wird neben Wasserstoff auch ein Katalysator benötigt, da die Hydrierung zwar exergon ist, aber unkatalysiert nur extrem langsam verläuft. In Frage kom-men z.B. sogenanntes Raney-Nickel oder fein verteiltes Platin.

Lösung 339

Die Nähe des nucleophilen Stickstoffs im Mechlorethamin (Stickstoff-Lost) ermöglicht einen intramolekularen nucleophilen Angriff auf das positivierte (elektrophile) C-Atom, das als Abgangsgruppe das Cl-Atom trägt. Dabei entsteht als reaktives Intermediat das Aziridinium-Ion, das leicht durch Nucleophile wie das N^7-Atom der Base Guanin in der DNA angegriffen wird. Da noch eine zweite Chlorethylgruppe vorhanden ist, kann sich diese Reaktionssequenz wiederholen; es entsteht erneut ein Aziridinium-Ion, das von einer zweiten nucleophilen Base eines weiteren DNA-Strangs angegriffen werden kann, so dass es zur kovalenten Quervernet-zung kommt.

Lösung 340

a) Die Chloressigsäure muss zunächst zum entsprechenden Säurechlorid aktiviert werden, welches dann mit 2,6-Dimethylanilin unter Ausbildung einer Amidbindung reagiert. Das entstehende HCl kann durch Einsatz eines tertiären Amins als Hilfsbase abgefangen werden. Im letzten Schritt erfolgt dann eine S_N2-Substitution durch Diethylamin zum gewünschten Produkt.

Denkbar erscheint statt dem Einsatz von Chloressigsäure auch die Verwendung der Aminosäure Glycin, die nach Aktivierung eine Amidbindung ausbilden kann. Anschließend müsste
dann die primäre Aminogruppe im Produkt durch nucleophile Substitution, z.B. mit Iodethan,
in das tertiäre Amin überführt werden.

b) Der Stickstoff in der Amidbindung weist aufgrund der Mesomeriestabilisierung des freien
Elektronenpaars praktisch keine basischen Eigenschaften auf; somit bezieht sich der angegebene pK_S-Wert auf die konjugierte Säure des tertiären Amins, das entsprechende Ammonium-
Ion. Geht man vom physiologischen pH-Wert 7,4 aus, lässt sich leicht mit Hilfe der Hender-
son-Hasselbalch-Gleichung berechnen, welcher Anteil des Lidocains in neutraler, also
nichtprotonierter Form vorliegen sollte. Da die Zellmembran im Inneren sehr hydrophob ist,
kann der Anteil der Lidocainmoleküle, der geladen vorliegt, die Membran kaum durchdrin-
gen. Die Berechnung zeigt aber, dass ca. ein Viertel in der ungeladenen, membrangängigen
Form vorliegen sollte.

c) Der langsamere Wirkungseintritt könnte auf eine schlechtere Membrangängigkeit hindeu-
ten. Der pK_S-Wert der konjugierten Säure von Bupivacain beträgt 8,1 und ist damit etwas
größer als von Lidocain, d.h. der Anteil, der in der unprotonierten (membrangängigen) Form
vorliegt, ist geringer. Auch der sterisch anspruchsvollere Butyl-substituierte Piperidinring
könnte zu einer langsameren Membranpermeation beitragen.

Im Gegensatz zum Lidocain besitzt das Bipuvacain ein Chiralitätszentrum, liegt also als Paar
von Enantiomeren vor. In der Praxis wird die Substanz als Racemat eingesetzt.

Lösung 341

Die drei in Frage kommenden H-Atome (β-ständig zur quartären Ammoniumgruppe) unterscheiden sich in ihrer Acidität. Am acidesten (und damit am leichtesten abspaltbar) ist aufgrund des elektronenziehenden Effekts der Estergruppe dasjenige H-Atom, das sich am α-C-
Atom der Estergruppe befindet.

Daher verläuft die Hofmann-Eliminierung bevorzugt wie nachfolgend gezeigt unter Abstraktion des blau hervorgehobenen Wasserstoffs zu zwei Molekülen Laudanosin und Penta-
methyldiacrylat.

Bei der alternativen Spaltung durch eine Esterase bleibt die quartäre Ammoniumverbindung
erhalten; die Verbindung ist aber nicht mehr aktiv.

2-fache Hofmann-Eliminierung

Spaltung durch Esterasen

H_2O

Laudanosin

Lösung 342

a) Benzol wird im Körper mit Hilfe von Cytochrom P450 und Sauerstoff zum Benzolepoxid oxidiert. Dieses kann durch Wasser zum *trans*-Diol geöffnet werden, welches nach weiterer Oxidation Catechol bildet, das wesentlich besser wasserlöslich und leichter ausscheidbar ist.

b) Das reaktive Benzolepoxid kann jedoch statt von Wasser auch durch andere Nucleophile angegriffen und geöffnet werden. So reagieren die heterocyclischen Basen in der DNA (z.B. Guanin) auf diese Weise. Die gebildeten Addukte stören die Doppelhelix-Struktur der DNA; es kommt zu Mutationen.

Cytochrom P450
O_2

reaktives
Epoxid (EI)

(Nu)

trans-Diol

Oxidation
$-2\,H$

Catechol

Cytochrom P450
O_2

leichtere Ausscheidung,
z.B. nach Glucuronidierung

reaktives
Epoxid (EI)

heterocyclische
DNA-Base (Nu)

DNA-Addukt

Lösung 343

a) Es handelt sich um das (*R*)-Enantiomer (s.u.).

b) Die Hydroxygruppe im Edukt ist stark aktivierend und *o-/p*-dirigierend, während die Ester-gruppe desaktivierend und *m*-dirigierend wirkt. Aus sterischen Gründen ist die Substitution an Position 5 gegenüber der Position 3 (in *o*-Position zur OH-Gruppe) bevorzugt.

$AlCl_3$ H_2O

S_E

weitere 4 Schritte

Lösung 344

a) Der reaktive Serinrest fungiert als Nucleophil und greift das elektrophile Phosphoratom an. Das *p*-Nitrophenolat ist eine relativ schwache Base und daher eine recht gute Abgangsgruppe; es wird daher bevorzugt gegenüber einem der beiden Ethoxyreste abgespalten und anschließend protoniert.

b) Oxime entstehen in einer Reaktion analog zur Bildung von Iminen durch nucleophilen Angriff von Hydroxylamin auf eine Carbonylgruppe eines Aldehyds oder eines Ketons. Als Edukt für die Synthese von Pralidoxim bietet sich also der Pyridin-2-carbaldehyd an. Zunächst wird in einer typischen S_N2-Reaktion der Stickstoff des Pyridins zur quartären Ammoniumverbindung methyliert; anschließend reagiert die elektrophile Aldehydgruppe mit Hydroxylamin als Nucleophil unter Abspaltung von Wasser zum Oxim.

c) Die Reaktivierung der Acetylcholinesterase kann nach Wilson, der Pralidoxim in die Therapie eingeführt hat, folgendermaßen interpretiert werden: Durch die Bindung des quartären Stickstoffatoms an das anionische Zentrum der Acetylcholinesterase (das normalerweise mit der quartären Ammoniumgruppe des Acetylcholins in Wechselwirkung tritt) gelangt die reaktivierende Gruppe in eine günstige Position zum blockierten esteratischen Zentrum. Es folgt der nucleophile Angriff des Oxims bzw. des Oxim-Anions auf das positivierte Phosphoratom, das an das Serin gebunden ist. Unter Bildung eines Oximphosphats wird die Esterbindung gelöst und das Enzym somit reaktiviert (Entgiftung). Allerdings erfolgt die Übertragung des Phosphorylrests auf die Oximgruppe nur bis zu einem Gleichgewicht.

anionisches Zentrum   esteratisches Zentrum   anionisches Zentrum   esteratisches Zentrum

blockiertes Enzym   reaktiviertes Enzym

Lösung 345

a) Der aromatische Grundkörper ist das Pyridin; in der Isonicotinsäure ist die Carboxylgruppe an Position 4 (*para*) gebunden (in der Nicotinsäure an Position 3). Isoniazid ist das Hydrazin-Derivat der Isonicotinsäure; es kann demnach als Pyridin-4-carbonsäurehydrazid bezeichnet werden. Bei der Umwandlung in die Isonicotinsäure (Pyridin-4-carbonsäure) muss demnach die Amidbindung hydrolysiert werden; es wird Hydrazin (H_2N-NH_2) frei.

Da beide benachbarten N-Atome im Hydrazin noch je ein freies Elektronenpaar aufweisen, welche sich abstoßen, ist die N–N-Bindung (mittlere Bindungsenergie ca. 160 kJ/mol) im Vergleich zu einer C–C-Bindung (mittlere Bindungsenergie ca. 350 kJ/mol) ziemlich schwach.

Isoniazid
(Pyridin-4-carbon-
säurehydrazid)

Isonicotinsäure
(Pyridin-4-carbonsäure)

Hydrazin

b) Glycin ist eine Aminosäure; zur Konjugation mit der Isonicotinsäure muss also eine Amidbindung ausgebildet werden. Dafür muss die Säure zunächst aktiviert werden. In der Zelle wird die Säure dafür mit ATP zum gemischten Carbonsäure-Phosphorsäure-Anhydrid (Acyl-AMP) umgesetzt, welches mit Coenzym A zum Acyl-CoA reagiert. Dieser Thioester wird dann mit der Aminogruppe des Glycins zum Glycin-Konjugat verknüpft.

Lösung 346

a) Eine Möglichkeit, die konformelle Flexibilität einzuschränken ist, die Seitenkette in einen Ring zu inkorporieren. Dies könnte die Aktivität erhöhen, wenn sich dadurch eine günstige Konformation für die Annäherung an die Bindungsstelle ergibt; es könnte aber auch sein, dass sich die aktive Konformation auf diese Weise gar nicht mehr einstellen kann. In der Praxis erwies sich die unten gezeigte Verbindung **1**, bei der ein Teil der Seitenkette durch den zusätzlichen Ring konformell eingeschränkt vorliegt, als aktiver als die Ausgangsverbindung.

b) Die Aktivitätssteigerung, die durch den Ersatz des Cl-Atoms durch eine Nitrogruppe erzielt wurde (**2**), zeigt, dass ein elektronenärmerer Aromat günstig ist. Eine mögliche Erklärung ist, dass durch einen stark elektronenziehenden Aromaten das freie Elektronenpaar am ringständigen Stickstoff vermehrt in den Ring delokalisiert wird, und dadurch seine Basizität abnimmt. Dies entspräche einer Erhöhung des pK_B-Werts und damit einer erschwerten Protonierung, so dass die Substanz leichter durch Zellmembranen gelangen kann.

c) Wird der Substituent zu groß, kann man sich vorstellen, dass der Wirkstoff aufgrund von sterischer Hinderung nicht mehr in die Bindungsstelle passt. Durch eine Verzweigung (**3**) könnte die Van der Waals-Wechselwirkung mit einem hydrophoben Bereich der Bindungsregion zunehmen, oder durch eine Erhöhung der Lipophilie der Verbindung ihre Membrangängigkeit verbessert werden. Der Verlust der Aktivität durch Acylierung des Stickstoffs der Seitenkette zeigt, dass hier ein aliphatisches Amin erforderlich ist. Dieses liegt wahrscheinlich in der protonierten Form vor und bildet eine ionische Wechselwirkung zum Rezeptor aus. Durch Acylierung (Amidbildung) ginge die basische Eigenschaft verloren, die ionische Wechselwirkung würde aufgrund fehlender Protonierung entfallen.

Die Einführung der Hydroxymethylgruppe im Oxaminique anstelle der Methylgruppe in **3** ergab sich aus Metabolismus-Studien, die zeigten, dass die Methylgruppe am Aromaten zur CH_2OH-Gruppe oxidiert wird, und die Metaboliten erhöhte Aktivität aufwiesen. Es wurde vermutet, dass die zusätzliche Hydroxygruppe an der Ausbildung einer Wasserstoffbrücke mit der Bindungsstelle beteiligt ist und die Verbindung **3** selbst inaktiv ist, also erst durch die metabolische Aktivierung in die eigentliche Wirksubstanz übergeht. Im Jahr 1975 wurde als Ergebnis dieser Studien die Verbindung Oxaminique am Markt eingeführt.

Lösung 347

Die kurze Wirkungsdauer von Procain kommt durch die Esterbindung zustande, welche rasch hydrolysiert wird. Der Einsatz einer weniger reaktiven Amidbindung im Lidocain anstelle des Esters verringert die Hydrolyseneigung. Desweiteren tragen die beiden *o*-Methylgruppen am aromatischen Ring zu einer Abschirmung der Carbonylgruppe gegenüber einem nucleophilen Angriff durch ein Nucleophil oder ein Enzym bei. Diese Kombination aus sterischen und elektronischen Einflüssen erklärt die Bezeichnung „stereoelektronische Modifikation" und führt zu der verlängerten Wirkungsdauer von Lidocain gegenüber Procain.

Lösung 348

Die Verbindung UK 143220 enthält eine Estergruppe, die rasch durch Esterasen im Blut zur inaktiven Carbonsäure hydrolysiert wird. Phenolische OH-Gruppen wie im UK 157147 unterliegen typischerweise einer sogenannten Phase II-Reaktion, die durch Transferasen katalysiert wird. Die gebildeten Konjugate sind meist inaktiv. Besonders häufig erfolgt die Bildung von Glucuronsäure-Konjugaten mit aktivierter UDP-Glucuronsäure; ausgehend von Alkoholen, Phenolen oder Carbonsäuren entsteht ein stark polares *O*-Glucuronid, das über den Urin ausgeschieden werden kann.

Lösung 349

a) Prontosil® enthält eine Azogruppe, in der die beiden N-Atome die Oxidationszahl −1 aufweisen. Sie werden durch Aufnahme von jeweils zwei Elektronen zu primären Aminogruppen (Oxidationszahl −3) reduziert. NADPH/H⁺ fungiert als Zwei-Elektronendonor und wird zu NADP⁺ oxidiert.

b) Die Acetylierung im Körper erfolgt mit Acetyl-CoA als Acylierungsmittel:

Sulfadiazin enthält anstelle des Thiazolrings einen Pyrimidinring. Der Grund für die verbesserte Löslichkeit ist die dadurch erhöhte Acidität des H-Atoms der Sulfonamidgruppe. Im Sulfathiazol bzw. seinem Metabolit ist sein pK_S-Wert zu hoch, als dass es beim pH-Wert des Blutes in signifikantem Maß dissoziieren könnte. Der Pyrimidinring weist durch die beiden Stickstoffatome einen stärkeren Elektronenzug auf und erhöht die Acidität der −NH-Gruppe durch Stabilisierung des resultierenden Anions. Daher liegen das Sulfadiazin und sein Metabolit beim pH-Wert des Blutes teilweise dissoziiert vor; beide Verbindungen sind damit wesentlich besser wasserlöslich und weniger toxisch.

c) Die Succinyleinheit im Succinylsulfathiazol enthält eine saure Carboxylgruppe, was dazu führt, dass das Pro-Drug unter den schwach alkalischen Bedingungen im Darm dissoziiert vorliegt und eine negative Ladung trägt. Daher wird es kaum durch die Darmmucosa hindurch in den Blutstrom aufgenommen (geladene Verbindungen sind i.A. schlecht membrangängig) und verbleibt somit im Darmlumen, wo es langsam durch enzymatische Hydrolyse in die aktive Verbindung umgewandelt wird.

Lösung 350

a) Das tertiäre Amid ist Bestandteil eines bicyclischen Ringsystems mit einem stark gespannten Vierring (β-Lactam). Aufgrund der Ringspannung sind β-Lactame deutlich reaktiver gegenüber Nucleophilen als offenkettige Amide. Durch hydrolytische Spaltung wird die Ringspannung aufgehoben, was eine zusätzliche Triebkraft für die Reaktion liefert. Ein gewöhnliches Amid ist zudem mesomeriestabilisiert; die C–N-Bindung besitzt erheblichen Doppelbindungscharakter. Diese mesomere Grenzstruktur spielt für das bicyclische Ringsystem kaum eine Rolle, weil durch eine Doppelbindung im Ring (bzw. steigenden Doppelbindungscharakter der C–N-Bindung) die Ringspannung noch größer würde.

größere Ringspannung

b) Anstelle der Phenylessigsäure im Penicillin G muss die Phenoxyessigsäure mit der 6-Aminopenicillansäure verknüpft werden. Dazu muss die Carbonsäure zunächst in ein reaktives Derivat, z.B. ein Säurechlorid, überführt werden. Für die Bildung der Amidbindung wird ein tertiäres Amin als Hilfsbase zugesetzt, um die frei werdenden Protonen zu binden.

c) β-Lactamasen verfügen über einen reaktiven Serinrest im aktiven Zentrum, der den β-Lactamring nucleophil angreift und öffnet. Eine Strategie zur Gewinnung sogenannter Penicillinase-fester Penicilline beruht darauf, durch sterisch anspruchsvolle Acylreste den Zugang der Lactamase zum β-Lactamring zu hindern.

Methicillin war das erste Penicillinase-feste Penicillin mit einer schmalen Bandbreite in der Therapie. Es wurde von Beecham im Jahre 1959 entwickelt. Im Gegensatz zum Benzylpenicillin (Penicillin G) ist der β-Lactamring durch die beiden *ortho*-ständigen Methoxygruppen sterisch abgeschirmt, so dass er schlechter durch Penicillinasen gespalten und inaktiviert werden kann. Methicillin ist inzwischen nicht mehr im Handel. An seiner Stelle werden Oxacillin, Dicloxacillin und Flucloxacillin verwendet.

Sachverzeichnis

E

R

S